Pflanzen-Physiologie.

Die

Lebenserscheinungen und Lebensbedingungen

der Pflanzen

von

Dr. Adolph Hansen,

Professor der Botanik und Direktor des Botanischen Gartens an der Universität zu Gießen.

Mit 160 Holzschnitten.

Neue Ausgabe.

Gießen.

J. Ricker'sche Verlagsbuchhandlung

1898.

Dem

Andenken seines Vaters

Johannes Hansen.

Vorrede.

Das vorliegende Buch ist kein Lehrbuch, es wendet sich an einen weiteren Kreis von Lesern, (namentlich auch an die Vertreter anderer Naturwissenschaften,) welche sich mit der Pflanzenphysiologie bekannt zu machen wünschen. Von den beiden hervorragendsten Werken unserer Fachlitteratur, den „Vorlesungen über Pflanzenphysiologie" von Sachs und der „Pflanzenphysiologie" von Pfeffer, wendet sich das erstere zwar nicht ausschließlich an Fachkreise, doch ist es immerhin nicht leicht mit einem so umfassenden und bedeutenden, fachmännische Kritik voraussetzenden Werke seine Studien zu beginnen. Pfeffers, durch seine Kritik und eine reiche Litteraturangabe für den Spezialforscher unentbehrliches Handbuch, wendet sich nur an diesen, die kleineren Lehrbücher der Botanik dagegen, welche die Physiologie mit behandeln, sind für Unterrichtszwecke bestimmt. Der Verfasser glaubt daher mit der vorliegenden Darstellung eine Lücke auszufüllen, um einem größeren Leserkreis Thatsachen zuzuführen, welche leider viel unbekannter sind, als die fundamentalen Thatsachen der Chemie und Physik, obgleich jene als Grundlagen der rationellen Land- und Forstwirtschaft, des Obst- und Weinbaues nicht weniger in naher Beziehung zur Praxis stehen. Es liegt weder in den Kräften noch in der Aufgabe des Verfassers, in dem vorliegenden Buch zahlreiche eigene bedeutende Ideen mitzuteilen, derselbe glaubt jedoch nicht nur als Referent aufzutreten, sondern seinen Gegenstand in selbständig durchdachter Weise vorgetragen zu haben. In der Einteilung der Organe in Ernährungs- und Fortpflanzungsorgane wurde Decandolle gefolgt, weil in dieser Trennung der logischste Gegensatz ausgedrückt ist. Die von Sachs in die Wissenschaft eingeführte Einteilung der Pflanzenglieder in Wurzeln und Sprosse wurde nicht aus Bequemlichkeit angenommen, sondern weil dieselbe schon früher in einem Aufsatze (Biol. Centralblatt 1881, p. 97) im Gegensatz zu der damals herkömmlichen Einteilung in vier Kategorien benutzt wurde, womit selbstverständlich kein Prioritätsanspruch erhoben, sondern nur das Motiv für diese Entlehnung angegeben werden soll.

Das Studium der pflanzlichen Lebensvorgänge ist deshalb ein schwierigeres, weil die Vorgänge im allgemeinen langsam und ruhig verlaufen und sich der Wahrnehmung nur selten aufdrängen. Es wird deshalb für pflanzenphysiologische Beobachtungen eine größere Aufmerksamkeit verlangt, als sie dem gewöhnlichen Leben eigen ist und die Beobachtungen gelingen auch in vielen Fällen nur nach sorgfältiger Auswahl geeigneter Versuchspflanzen. Leider fällt bei einem Versuch, die Pflanzenphysiologie in einem Buche darzustellen, die Erläuterung an der lebendigen Pflanze fort. Um diesen Mangel in etwas zu ersetzen, ist besondere Mühe auf die Herstellung lehrreicher Abbildungen verwendet, welche, wo es anging, nach der Natur gemacht wurden. Abbildungen anderer Autoren sind durch Anführung ihres Namens bezeichnet. Die Litteraturangaben können in einem solchen Buche nicht die Vollständigkeit, wie in einem Handbuch besitzen, dieselben ganz fortzulassen, schien mir den wissenschaftlichen Wert des Buches zu vermindern. Ich wünschte vielmehr auch über die Litteratur eine gedrängte Übersicht zu geben.

So sei das Buch einer nachsichtigen Beurteilung übergeben, in der Hoffnung, daß es dazu beiträgt, pflanzenphysiologische Kenntnisse allgemeiner zu verbreiten.

Darmstadt, September 1890.

Dr. Adolph Hansen.

Inhalt.

I. Die Organe der Pflanzen.

Ernährung und Fortpflanzung sind die beiden Thätigkeiten, welche das Leben des pflanzlichen Organismus ausmachen. In stets wiederkehrendem Rhythmus werden durch sie die beiden Ziele des Pflanzenlebens, die Erhaltung des Einzelwesens während seines kurzen Daseins und die Erhaltung der Art, welche Jahrtausende überdauern soll, erreicht. Der Tod des Individuums, welcher dessen Stoffe löst aus dem gesetzlichen Bande, welches man Leben nennt, wird überwunden durch die Kräfte, die bei der Fortpflanzung vererbt werden und welche im stande sind, aufs neue den Stoff zu neuen Lebewesen zu formen.

Diesen beiden Verrichtungen gemäß besitzen die Pflanzen im großen Ganzen nur zweierlei Organe, Ernährungs- und Fortpflanzungsorgane. Nur ein verhältnismäßig kleiner Teil der Pflanzen ist, um Unvollkommenheiten auszugleichen, welche sie sonst verhindern würden, die äußeren Lebensbedingungen auszunutzen, noch mit anderen Organen ausgerüstet. So besitzen z. B. die Rankenpflanzen in ihren Ranken Organe zum Greifen und Festhalten, welche ihnen ermöglichen, mit ihrem schwachen Stengel in die Höhe zu klettern und dadurch die aufrechte Stellung zu gewinnen, welche für ihr Gedeihen notwendig ist; auch Organe der Ortsbewegung finden sich bei Pflanzen; die im Wasser schwärmenden Algenzellen z. B. besitzen solche, allein auch derartige Zugaben vollkommenerer Organisationen dienen indirekt der Ernährung oder der Fortpflanzung. Sinnesorgane und ein Nervensystem, welche bei den Tieren die wichtigsten Lebensäußerungen beherrschen, indem sie durch Reize erregt die Thätigkeit der Organe auslösen, haben dagegen die Pflanzen nicht. Daher kommt es besonders, daß die Pflanzen dem gewöhnlichen Beobachter so durchaus verschieden von den Tieren erscheinen, denn das Fehlen besonderer Sinnesorgane und eines Nervensystems ist es vorwiegend, weshalb die Pflanzen nicht so schnell und energisch auf von außen wirkende Reize reagieren. Die Pflanzen erscheinen daher dem oberflächlichen Blick als passive Geschöpfe, an denen die meisten Einwirkungen äußerer Anstöße scheinbar wirkungslos vorübergehen. Das ist aber ein großer Irrtum. Alle Organe der Pflanzen sind äußerst reizbar. Warum ist es denn so schwierig, Pflanzen zu kultivieren, sei es im Kleinen oder im Großen? Weil die Pflanzen reizbar sind und auf jeden Einfluß der umgebenden Bedingungen reagieren. Wären die Pflanzen nicht reizbar, dann würden die Resultate der Forstkultur, des Weinbaues und anderer Zweige der Landwirtschaft bessere sein und die unendliche Mühe, welche die Menschheit auf ihre Pflanzenkulturen verwenden muß, um die eigene Existenz zu sichern, würde nicht so häufig ohne die entsprechende Belohnung bleiben. Die Reizbarkeit der Pflanzenorgane liegt nur deshalb nicht so auf der Hand, weil alle Erscheinungen langsamer verlaufen als bei den Tieren, wenigstens als bei den Warmblütern. Nehmen wir eine Sonnenrose oder Tabakspflanze, welche im Garten stand und von allen Seiten das Tageslicht empfing, in das Zimmer und stellen sie ans Fenster, so fangen die Stengel an, Bewegungen zu machen. Freilich sind dieselben langsam, allein das Endresultat wird nach einiger Zeit von jedermann wahrgenommen: Der vorher senkrechte Gipfel der Pflanze hat sich gegen das Licht des Fensters gekrümmt und auch die Stellung der Blätter hat sich, soviel ihre Anheftung eine solche Bewegung ermöglicht, geändert, indem sie sich so gedreht haben, daß die Lichtstrahlen senkrecht auf die Blattfläche fallen. Drehen wir die Pflanze um, so verharrt sie nicht in ihrer Lage, sondern macht aufs neue so lange Bewegungen ihres Gipfels und ihrer Blätter, bis beide wieder ihre vorige Lage zum Licht eingenommen haben. Das ist eine Reizerscheinung, welche das einseitig auf die Pflanze einwirkende Licht verursachte. Jeder, der an seinem Fenster Pflanzen kultiviert, hat Gelegenheit, dies zu beobachten. Nehmen wir im zeitigen Frühjahr, wo es draußen noch kühl ist, einen Topf mit Crocus oder Tulpen aus unserem Garten in das geheizte Zimmer; die geschlossenen Blüten öffnen sich in kurzer Zeit und bleiben nun offen. Auch das ist eine Reizerscheinung, welche in diesem Falle der Wechsel der Temperatur, dem die Blumenkronen unterlagen, hervorgerufen hat.

Wie in diesen als vorläufige Beispiele herausgehobenen Erscheinungen, so haben wir es überall in der Physiologie mit Reizwirkungen zu thun. Es ist das Verdienst von Sachs, diese Anschauung in seinen „Vorlesungen über Pflanzenphysiologie" als leitenden Faden durchgeführt zu haben, wodurch im Gegensatz zu einer einseitig physikalischen Erklärung der Lebensvorgänge eine ersprießlichere Bahn gewiesen wird. Die Reizbarkeit ist vor allem geeignet, den Unterschied zwischen Mechanismus und Organismus hervorzuheben und der beliebte Vergleich der Pflanze und eines jeden Organismus mit einer Maschine erscheint gerade von diesem Gesichtspunkte aus in seiner ganzen Unvollkommenheit. Die Hebel und Räder einer Maschine bestehen aus totem Material, in der Pflanze bestehen alle Teile aus lebendiger Substanz und was das Merkwürdigste ist, diese Teile verändern sich nicht nur in jedem Moment durch chemische Prozesse, sondern auch durch Wachstum, ohne daß die Maschine stillsteht. Man kann also nur ganz im allgemeinen einen Vergleich des Pflanzenorganismus mit einer Maschine zulassen, insofern man damit ausdrücken will, daß auch die Thätigkeit der lebendigen Pflanze durch Einwirkung von Kräften auf gegebene Strukturverhältnisse zu stande kommt und daß diese Kräfte nicht besondere Lebenskräfte, sondern dieselben sind, welche die Chemie und Mechanik als Ursachen der Bewegungen erkannt hat. Die Hauptsache bleibt aber immer, daß im Organismus die Resultate derselben Kräftewirkungen meistens andere sind, als in der unbelebten Welt, denn die Schwerkraft wirkt auf einen wachsenden Pflanzenstengel ganz anders als auf einen Stein. Aber auch die Mittel, welche der Organismus zur Erreichung eines Zweckes anwendet, sind oft außerordentlich verschieden von denen, welche ein Chemiker oder Mechaniker anwenden müßte, um denselben Zweck zu erreichen. So manche Substanz, welche die Pflanzen produzieren, kann auch im Laboratorium dargestellt werden, aber nur mit Hilfe starker Säuren oder Alkalien und unter Anwendung hoher Temperaturen. Die Pflanze macht das alles ohne Gegenwart starker Reagenzien und die chemischen Vorgänge in ihr verlaufen alle bei gewöhnlicher Temperatur. Wenn also auch im Organismus nichts vorkommen kann, was den chemischen und physikalischen Gesetzen widerspricht, so ist man doch noch weit davon entfernt, mit Hilfe dieser Gesetze alle Lebensvorgänge des Organismus zu erklären.

Ehe von diesen allgemeinen Betrachtungen auf die besonderen Leistungen der einzelnen Organe, der Blätter, Wurzeln u. s. w. übergegangen wird, ist es nötig, sich mit ihnen selbst vorläufig etwas näher bekannt zu machen. Dabei sollen zunächst die anatomischen Verhältnisse bis auf spätere Gelegenheiten verschoben bleiben. Wer eine Tierphysiologie schreibt, ist in der glücklichen Lage, eine allgemeine Kenntnis der Apparate des Tierkörpers voraussetzen zu können. Er braucht nicht erst zu sagen, wo man die einzelnen Organe zu suchen habe, braucht nicht hervorzuheben, daß die Extremitäten Organe der Bewegung und der Magen ein Ernährungswerkzeug sei. Bei den Pflanzen ist das anders und zwar deshalb, weil in der That ein großer Unterschied zwischen Pflanze und Tier vorhanden ist, welcher vollkommen erklärt, daß man über die Bedeutung der Pflanzenorgane ohne Studium im Irrtum sein kann. Die Ernäherungsorgane der Tiere liegen in den Höhlungen des Körpers und die Gliederung des Tierleibes wird durch die Extremitäten, durch die Organe der Bewegung veranlaßt. Bei den Pflanzen ist es fast umgekehrt, gerade die Ernährungsorgane, die Sprosse, Blätter und Wurzeln sind es, welche die äußeren Glieder des Pflanzenkörpers ausmachen und ihre ganze Gestalt bedingen. Was uns also an einer Pflanze als deren ganze Individualität entgegentritt, ist der Ernährungsapparat. Eine Eiche mit ihrem System von Ästen und ihrer Laubmasse, der Stamm einer Palme mit seiner Blätterkrone ebenso wie der krautige Stengel einer Kartoffelpflanze oder die fleischigen Blattrosetten einer Aloe oder Agave sind Organe der Ernährung, welche den eigentlichen Körper der Pflanze bilden. Die Fortpflanzungsorgane dagegen treten meistens erst in einer bestimmten Zeit der Entwickelung auf, sie sind immer von mikroskopischer Kleinheit und machen sich nur bei vielen Pflanzen deshalb bemerkbar, weil sie von besonderen oft lebhaft gefärbten Hüllorganen umgeben sind, in welchem Fall man das ganze der Fortpflanzung dienende Gebilde bekanntlich eine Blüte nennt.

Was man bei den Landpflanzen in der Regel von der Pflanze sieht, ist jedoch bekanntlich nur die eine Hälfte der Ernährungsorgane, das System der blättertragenden Sprosse; die andere Hälfte, die Wurzel oder das System der Wurzeln ist gewöhnlich im Boden verborgen. Damit sind aber auch die beiden, in ihren wesentlichen Eigenschaften verschiedenen Glieder genannt, welche man an jeder Pflanze, abgesehen von den niederen Organismen, bei denen überhaupt eine äußere Gliederung fehlt, wahrnimmt. Auf Sprosse und Wurzeln läßt sich die Gestaltung der Pflanze immer zurückführen und erst durch die Feststellung dieser Begriffe wird es möglich, sich in der ungeheuren Anzahl von Pflanzenformen zurechtzufinden. Statt einer scheinbar unverständlichen Menge von Einzelheiten ergiebt sich, daß der Formenreichtum der Pflanzen nur der Ausdruck dafür ist, daß in der Natur ganz dasselbe Ziel auf tausenderlei Weise erreicht wird.

Sprosse und Wurzeln.

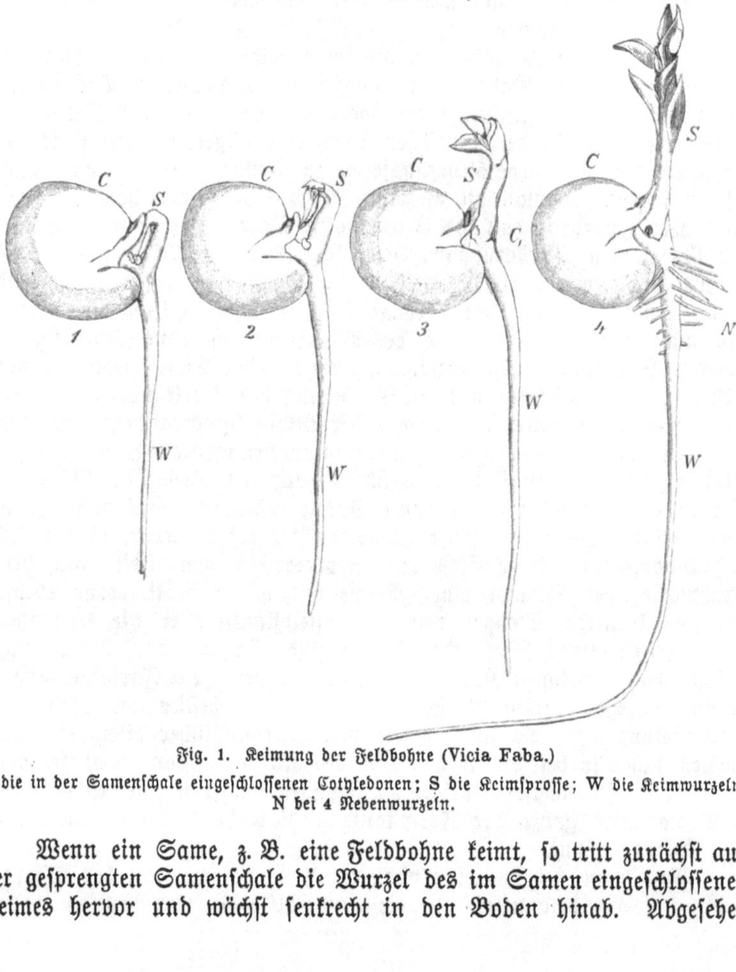

Fig. 1. Keimung der Feldbohne (Vicia Faba.)
C die in der Samenschale eingeschlossenen Cotyledonen; S die Keimsprosse; W die Keimwurzeln; N bei 4 Nebenwurzeln.

Wenn ein Same, z. B. eine Feldbohne keimt, so tritt zunächst aus der gesprengten Samenschale die Wurzel des im Samen eingeschlossenen Keimes hervor und wächst senkrecht in den Boden hinab. Abgesehen davon, daß sie hier sogleich ihre nun notwendig gewordene Ernährungsthätigkeit in der Aufnahme von Wasser und Salzen beginnt, wird die Keimpflanze durch die Wurzel auch im Boden befestigt, was besonders dadurch unterstützt wird, daß die Keimwurzel bald zahlreiche, nach allen Seiten ausstrahlende Seitenwurzeln erzeugt.

Über dem Boden erhebt sich der Stengel, wie man gewöhnlich sagt, mit seiner Knospe am Gipfel, welche, wie die Abbildung erläutert, durch das Wachstum der unteren Partie des Stengels langsam aus dem Samen herausgezogen und in ihrer nach abwärts gebogenen Stellung über den Boden gehoben wird. Die überhängende Stellung der Knospe gewährt natürlich den zarten Organen beim Durchbrechen durch den Boden einen Schutz, da die festere gekrümmte Partie des Keimstengels den Weg bahnt. Sobald derselbe aber über dem Boden angelangt ist, richtet sich die Knospe auf und beginnt ihre Blätter zu entfalten. In der botanischen Sprache nennt man diesen blättererzeugenden oberirdischen Teil der Pflanze den Sproß und zwar bei allen Pflanzen, mag derselbe nun später zum krautigen Stengel werden, wie bei unserer Bohne, zu einem holzigen Stamme, wie bei der Tanne, oder zu einem dünnen, schlingenden Stengel heranwachsen, wie beim Hopfen und anderen Schlingpflanzen. Wie kompliziert auch die ganze äußere Organisation einer Pflanze erscheinen mag, es handelt sich doch immer nur um Sprosse und Wurzeln.

Immer ist der Sproß derjenige Teil der Pflanze, welcher die Blätter und Fortpflanzungsorgane erzeugt. Bei manchen Pflanzen freilich, z. B. den Kaktusarten u. a. sind die Sprosse dicke ungegliederte Gestalten ohne eigentliche Blätter, aber auch in diesen Fällen sind die Sprosse die alleinigen Träger des ernährenden Gewebes und der Fortpflanzungsorgane, welche niemals an einer Wurzel entstehen. Ebenso können auch bei niederen Pflanzen die Sprosse eine von derjenigen der höheren Gewächse sehr abweichende Form besitzen, und ich will in dieser Hinsicht nur an die flachen, bandförmigen Sprosse vieler Lebermoose erinnern. Die Funktion aller dieser Sproßformen ist aber immer die gleichbleibende, Ernährung und Erzeugung von Fortpflanzungsorganen.

Es ist kaum nötig, hervorzuheben, daß die Sprosse der Pflanzen sich gewöhnlich über dem Boden oder einem anderen Substrate, auf dem die Pflanze wächst, erheben, während die Wurzeln in denselben eindringen. Allein es wäre doch unrichtig, in diesem Verhalten ganz durchgreifende allgemeine Merkmale für die Sprosse und Wurzeln zu erblicken. Es giebt Sprosse, welche ihr Leben lang unterirdisch bleiben und daher meistens irrtümlich für Wurzeln gehalten werden. Als Beispiele mögen hier nur die Schachtelhalme, die Schwertlilien, das Maiglöckchen und viele Riedgräser genannt werden.

Derartige Sprosse, welche horizontal im Boden hinkriechen, werden Rhizome genannt. Die Sproßachsen werden häufig zu dicken, fleischigen Organen, ihre Blätter aber verkümmern unter der Erde zu kleinen, häutigen oder schuppenförmigen Gebilden, deren Vorhandensein jedoch immer von vornherein Auskunft giebt, daß man es mit einem Sproß und

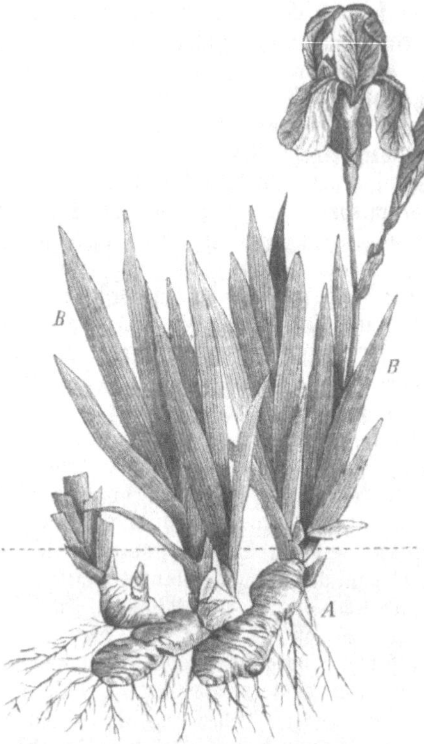

Fig. 2. Schwertlilie (Iris pumila.)
A der horizontal im Boden hinkriechende Stamm (Rhizom). — B die oberirdischen Sprosse.

nicht mit einer Wurzel zu thun hat, da die letztere niemals auch nur reduzierte Blätter bildet. Die Wurzeln solcher Pflanzen entspringen seitlich und an der Unterseite des horizontalen Rhizoms und wachsen senkrecht abwärts. Um die Ernährung zu besorgen, sendet aber das Rhizom im Frühjahr grüne Laubblätter über den Boden, welche sich normal entwickeln und das Ernährungsgeschäft betreiben. In anderen Fällen ist es ein Seitenspross des unterirdischen Rhizoms, welcher sich in die Luft erhebt, seine Blätter entfaltet und später auch die Fortpflanzungsorgane erzeugt. Dabei wächst die Hauptknospe des Rhizoms unterirdisch immer weiter und es kommt nicht selten vor, daß dasselbe ebenso langsam an seinem hinteren Ende abstirbt. Auf diese Weise wandert das Rhizom durch sein Wachstum im Boden weiter und ermöglicht dadurch, daß seine Wurzeln immer neue Bodenstrecken zur Aufnahme von Nährsalzen ausnutzen können. Viele Pflanzen erobern sich durch die Wanderung ihrer Rhizome einen weiten Bezirk und dann erscheinen ihre oberirdischen Sprosse plötzlich an Orten, wo man sie nicht erwartet, wie das viele Unkräuter oft in unliebsamer Weise thun. Wenn im Herbst die oberirdischen Sprosse und Blätter absterben, so überwintert das Rhizom unter dem Schutz der Erde. Die von den oberirdischen Organen während des Sommers produzierten Nährstoffe sind in das Rhizom hinabgewandert und dieses bildet nun einen Speicher von Nährstoffen, welche für die Triebe des nächsten Jahres bestimmt sind.

Nicht immer ist das Rhizom ein so massiges fleischiges Gebilde, wie bei der abgebildeten Schwertlilie. Viele Gräser und Riedgräser z. B. haben ganze dünne Rhizome, welche aber in derselben Weise im Boden fortkriechen und ihre Seitensprossen nach oben senden.

Ebenso wie die Rhizome sind auch die Zwiebeln unterirdische Sprosse, welche ihrer Lebensweise und physiologischen Bestimmung gemäß eine

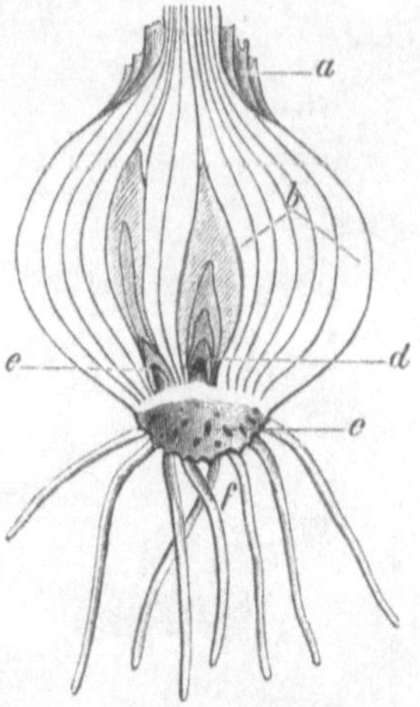

Fig. 3. Durchschnitt durch eine Zwiebel (Allium Cepa).

c die kurze Sproßachse, aus welcher die Wurzeln f entspringen; b die fleischigen Blätter (Zwiebelschuppen); d die Hauptknospe der Zwiebel, welche im Frühjahr als oberirdischer Sproß über den Boden tritt; e eine in der Achsel einer Zwiebelschuppe stehende Seitenknospe, welche das nächste Jahr treibt; a die vertrockneten äußersten Zwiebelschuppen.

von den gewöhnlichen grünen Laubsprossen ganz abweichende Form angenommen haben, so daß der Nichtbotaniker kaum daran denkt, daß eine Küchenzwiebel nichts weiter ist als ein Sproß. Wenn bei den Rhizomen die Sproßachse, abgesehen von ihrer veränderten Form, ein lebhaftes Wachstum besitzt, während die Blätter ganz reduziert sind, ist es bei der Zwiebel umgekehrt. Die Sproßachse der Zwiebel bleibt sehr kurz und ist eigentlich nur eine kuchenförmige Scheibe, aus der die dicht gedrängten Blätter entspringen; der untere Teil dagegen erzeugt Wurzeln. Die Blätter der Zwiebel sind nun wie alle unterirdischen Blätter nicht grün, sondern farblos, aber sie sind dick und fleischig und bilden ein ganzes System von Schalen, welche die Sproßaxe umhüllen. Im gewöhnlichen Leben nennt man die Blätter der Zwiebel Zwiebelschuppen.

Die Knospe der kurzen Sproßachse sitzt tief im Innern der Schuppen verborgen. Im Sommer wächst sie jedoch aufwärts und wird zum oberirdischen Sproß mit Blättern und Blüten. Die physiologische Bedeutung der Zwiebel ist ganz die nämliche, wie die der Rhizome, jede Zwiebel ist ein Speicher für Nahrungsstoffe, nur sind hier die dicken Blätter die Speicherräume, während beim Rhizom in der Sproßaxe selbst die Aufspeicherung stattfindet.

Noch eine dritte Form unterirdischer Sprosse ist hier mit anzuschließen, nämlich die Knollen. Sie haben mit manchen Rhizomen insofern Ähnlichkeit, als auch bei den Knollen die Sproßachse dick und fleischig ist, während die Blätter zu oft kaum bemerkbaren Schüppchen verkümmern. Die Knolle hat im allgemeinen, wie das durch das deutsche Wort ausgedrückt wird, eine mehr gedrungene, häufig kugelige Form.

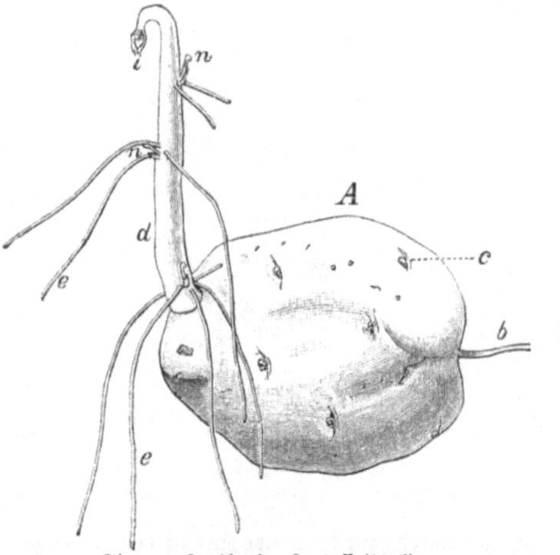

Fig. 4. Treibende Kartoffelknolle.

d wachsender Sproß mit der Endknospe (i) und den Seitensprossen (n); e Wurzeln, welche aus der Sproßachse d entspringen; c andere Seitensprosse der Kartoffel (Augen), welche unter Umständen, z. B. wenn die Kartoffel durchschnitten wird, ebenfalls austreiben; b Stück des Stolonen, mittels dem die Knolle an der Pflanze saß.

Das bekannteste Beispiel für eine derartige Sproßform ist wohl die Knolle der Kartoffel. Daß dieselbe nichts anderes ist, als das dicke angeschwollene Ende eines ursprünglich fadenförmigen Sprosses, erläutert unsere Abbildung, Fig. 5, in welcher man die verschiedensten Stadien der Umbildung gewöhnlicher Sprosse zu Knollen wahrnehmen kann.

Während der Keimsproß der Kartoffel sich entwickelt und später als Kartoffelkraut den oberirdischen Teil der Pflanze darstellt, entstehen dünne unterirdische Seitensprosse, sogenannte Ausläufer, Stolonen, welche in den Boden eindringen. Ihr Ende beginnt sich knollig zu verdicken und ausgewachsen ist jedes solche Sproßende eine Kartoffel. Was man an der Kartoffel Augen nennt, sind die Seitenknospen des eigenartigen kugeligen Sproßgebildes und zwar sitzen diese Seitensprosse in der Achsel von schuppenförmigen reduzierten Blättern, die eben die Kartoffelknolle als Sproß charakterisieren. Legt man die

Kartoffel in die Erde, so beginnen, wie bekannt, die Seitensprosse auszutreiben, sich zu bewurzeln und erzeugen eine neue Kartoffelpflanze.

Daß auch die Kartoffel für die Pflanze die Bedeutung eines Reservestoffbehälters hat, in welchem das von den grünen Blättern produzierte Stärkemehl, Eiweißstoffe u. s. w. aufgespeichert werden, leuchtet ein, da jedermann weiß, daß eine Kartoffel voll Stärke steckt.

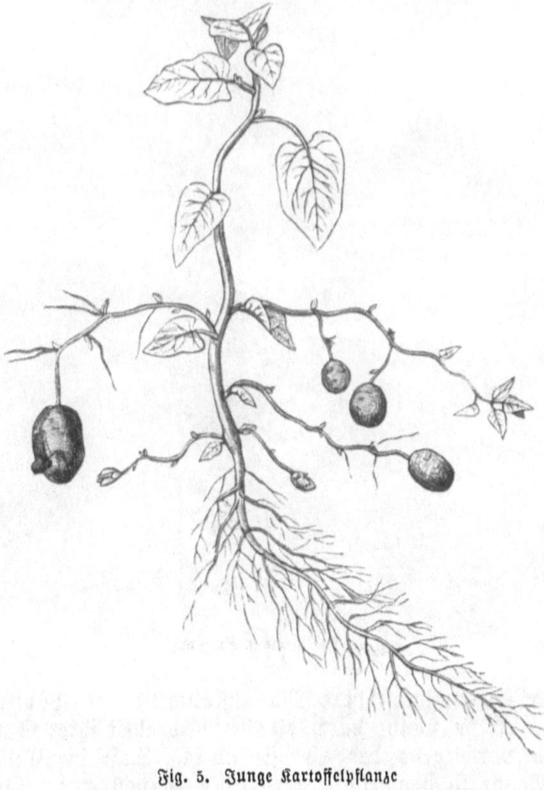

Fig. 5. Junge Kartoffelpflanze
mit in den Boden eindringenden Seitensprossen (Ausläufer oder Stolonen), deren Ende knollig anschwillt und die Kartoffeln erzeugt (nach Duchartre).

Treibt die Kartoffel aus, so wandert die Stärke in die wachsenden Stengel und Blätter wieder hinauf, die alte Knolle wird entleert und vertrocknet, während die neue Pflanze wieder ihre eigenen Knollen bildet.

Alle diese Sproßformen, welche etwas ausführlicher besprochen wurden wegen des allgemeinen Interesses, welches sie haben, weil man diesen Dingen täglich begegnet, sind, wenn man die grünen Laubsprosse als die vollkommensten, typischen betrachtet, metamorphosierte Sprosse,*) abgeändert durch die ganz besondern Bedingungen, unter denen sie entstehen, abgeändert, um eine besondere physiologische Aufgabe bei der

*) Sachs, Vorlesungen p. 9.

Ernährung der Pflanzen zu erfüllen. Kehren wir nach dieser Abschweifung zu den vollkommenen, typischen Sprossen, den Laubsprossen zurück, so wird es uns nach dem bis jetzt Erfahrenen nicht schwer werden, uns unter der Mannigfaltigkeit der Pflanzengestalten zurechtzufinden.

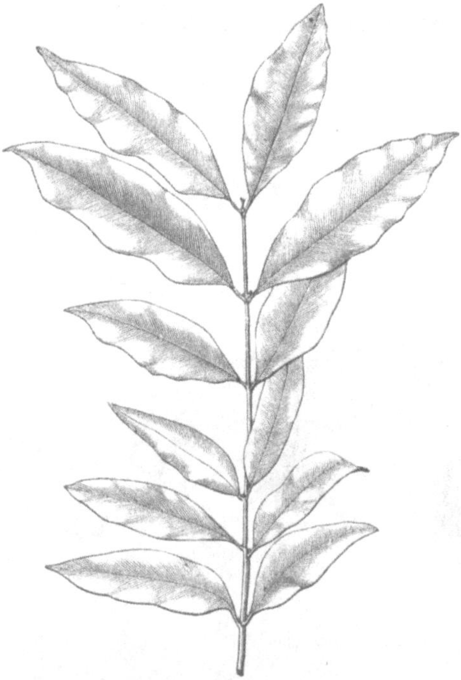

Fig. 6. Zweig einer Eugenia.

Die scheinbar so unübersehbare Mannigfaltigkeit der Pflanzenformen kommt eben nur zu stande durch die Verschiedenheit ihrer Sprosse und Wurzeln, ja vorwiegend der Sprosse allein. Daß die Gestalt einer Aloe oder Agave so himmelweit verschieden ist von einem Grashalme, kommt daher, daß bei den beiden erstgenannten Pflanzen die Sproßachse kurz bleibt, während die Blätter dicke, fleischige Organe werden, welche wegen der Kürze der tragenden Achse eine dichtgedrängte Rosette bilden müssen. Der Sproß der Gräser, der Grashalm, streckt sich dagegen lang in die Höhe und seine wenigen Blätter rücken dadurch weit auseinander. Auch bei der Ulme oder Eiche und anderen Bäumen ist die Sproßachse lang und die breiten Blätter stehen von einander entfernt. Beim Hopfen, bei der Winde und anderen Schlingpflanzen ist der Sproß ein dünner Stengel, der sich um eine senkrechte Stütze herumschlingen muß, um sich aufrecht zu erhalten, während der Sproß der Palme einer festen Säule ähnlich ist, die den Träger der mächtigen Blattrosette bildet. Hervorzuheben ist noch, daß der Sproß in der Regel nicht einfach bleibt, wie ein Palmenstamm oder die Stämme anderer Monokotylen, sondern sich verzweigt, indem er Seitensprosse bildet, welche ihm in allen wesentlichen Eigenschaften gleichen. Dadurch entsteht das Verzweigungssystem, welches man an fast jeder beliebigen Krautpflanze beobachten kann, welches aber seine höchste Ausbildung bei den Bäumen erhält. Die Krone der Eichen, Buchen und der andern Laubbäume ist ein Verzweigungssystem von Sprossen, welche aus einem Anfangssproß sich alle entwickelten und welche die Sprache ihrem verschiedenen Alter nach als Äste und Zweige unterscheidet.

Wir wollen uns nun denjenigen Teilen der Sprosse zuwenden, welche für die Ernährung der Pflanzen die allerwichtigsten sind. Es sind die Blätter. Sie sind diejenigen Organe, welche die Kohlensäure der Luft zersetzen und organische Substanz, Stärke und Zucker und damit das Material erzeugen, welches den Ausgangspunkt zur Bildung aller anderen Pflanzensubstanzen bildet. Wenn man die Blätter der Pflanzen betrachtet, fällt gerade bei ihnen der unendliche Formenreichtum auf und es ist erklärlich, daß die richtige Erkenntnis der Bedeutung der Blätter lange zurückgedrängt wurde durch die höchst unfruchtbare intensive Beschäftigung mit den Blattformen, welche man aufs eingehendste studierte, ohne zu irgend einem wissenschaftlichen Resultat zu gelangen. Was kann es wohl Verschiedeneres geben als die Blätter eines Ricinus

Fig. 7. Blatt eines Ricinus (nach Baillon).

und einer Akazie, oder das feinverzweigte Blatt einer Anthemis. Wie absolut anders erscheint eine Tannennadel, welche doch auch nur ein Blatt ist, und das Blatt der Linde. Und dennoch sind alle diese Formunterschiede vollkommene Nebensache für die physiologische Leistung der Blätter. Ob das Blatt eine Nadel ist wie bei der Tanne, ob es breit und einfach ist, oder bis in die feinsten Fiedern geteilt, ist ganz gleichgültig, mögen die Gestalten noch so wenig Ähnlichkeit mit einander haben, es ist doch überall dasselbe Organ, das Organ der Kohlensäurezersetzung. Es hat lange gedauert, ehe sich diese Erkenntnis Bahn brechen konnte, denn die formale Betrachtung der Pflanzen hinderte das Durchbrechen physiologischer Gedanken jahrhundertelang. Das vereinzelte Aufblitzen richtiger Gedanken, welche schon 1671 von Malpighi

Fig. 8. Blühende Pflanze von Anthemis als Beispiel für verzweigte Blätter (nach Baillon).

ausgesprochen wurden, indem er die Blätter bestimmt als Organe der Ernährung bezeichnete, ohne freilich in die stofflichen Vorgänge dabei weiter einzudringen, fanden keinen Anklang und wurden hundert Jahre lang vergessen. Erst das Ende des vorigen Jahrhunderts war der Anfang eines neuen Tages und erst in unseren Tagen ist durch die Entdeckung der Bedeutung des Chlorophylls, welche anschließend an die epochemachenden Untersuchungen von Ingenhousz und Saussure von Sachs 1862 gemacht wurde, ein Verständnis der Blattfunktion eröffnet worden. Freilich ist im einzelnen noch vieles der wissenschaftlichen Forschung vorbehalten, ganz besonders die rein chemische Seite der Blattthätigkeit, allein man kann doch sagen, daß man eine abgerundete Vorstellung der Leistung der Blätter für die Ernährung der Pflanzen nicht mehr entbehrt. Das ist natürlich keine Nebensache, denn es beruht auf der Thätigkeit der Blätter nicht nur die Ernährung der Pflanzen, sondern die Ernährung aller lebenden Wesen auf unserem Erdball; doch können erst die späteren Kapitel einen vollen Einblick in diese eminent wichtigen Beziehungen eröffnen.

Die Sprosse sind aus so vielen Gesichtspunkten zu betrachten, daß es nicht möglich ist, in kurzem darüber hinwegzukommen; einfacher liegen die Verhältnisse bei den Wurzeln, über welche jetzt noch einiges mitgeteilt werden muß. Nimmt man eine Pflanze aus der Erde, so repräsentiert sich gewöhnlich das untere Ende als ein Gewirre von Fäden, die einer aus dem andern herauswachsend ein System bilden, welches man in der gewöhnlichen Sprache immer kurz als die Wurzel der Pflanze bezeichnet. Das ist nun wissenschaftlich ungenau, denn thatsächlich ist jeder einzelne Faden, den wir an dem ausgegrabenen Teil der Pflanze bemerken, eine vollständige Wurzel und was man populär die Wurzel einer Pflanze nennt, ist in der Regel ein Verzweigungssystem, welches aus zahllosen einzelnen Wurzeln besteht.

Darin stimmen nämlich die Wurzeln mit den Sprossen überein, daß sie sich verzweigen, also auch gleichnamige Organe aus sich erzeugen können. Über die eigentliche typische Form der Wurzel orientiert man sich am besten, wenn man eine Keimwurzel betrachtet, weil hier noch alle Verhältnisse einfach sind. Wir brauchen nur noch einmal auf unsere Abbildung Seite 4 zurückzugreifen, um zu sehen, daß die Wurzel im allgemeinen ein fadenförmiges Organ ist, welches sich am Ende kegelförmig zuspitzt. Noch viel seltener als die Sprosse bleiben die Wurzeln einfach und bei ihnen ist ja die Verzweigung noch viel notwendiger als bei den Sprossen. Die Wurzeln sollen Wasser und die Salze des Bodens aufnehmen und es ist klar, daß eine Wurzel dieser Aufgabe viel besser nachkommen kann, wenn sie nicht bloß als einfacher Faden in den Boden dringt, sondern sich verzweigend denselben nach allen Seiten durchzieht.

Ebensowenig wie die Sprosse während des ganzen Lebens der Pflanze ihre Anfangsgestalt behalten, sondern durch Verholzung und Dickenwachstum sich mannigfach verändern, bleiben die Wurzeln auf der Stufe ihrer ersten Ausbildung stehen. Man braucht sich nur daran zu erinnern, daß die Wurzel nicht bloß Ernährungsorgan ist, sondern auch die Pflanze im Boden befestigt, um zu begreifen, daß die Wurzel eines Baumes, welche unsere Abbildung Fig. 13 im Jugendzustande zeigt, später ganz anders aussehen muß. Ein Baumstamm mit seinen Ästen kann hundert Zentner und mehr wiegen, daher müssen auch die Wurzeln verholzen, um die Last tragen zu können. Auf jedem Markte, wo Rüben und Rettiche verkauft werden, kann man sehen, daß die Wurzeln nicht immer fadenförmige Organe bleiben. Es handelt sich auch bei diesen Wurzelformen um ein nachträgliches Dickenwachstum, welches die ursprünglich fadenförmigen Wurzeln der genannten Kulturpflanzen zu massiven Körpern umformt.

Das Dickenwachstum kann dabei die Hauptwurzel allein betreffen, wie z. B. bei der abgebildeten Rübe (Fig. 9a), in anderen Fällen jedoch sind es die Nebenwurzeln, welche knollig anschwellen, z. B. bei den Georginen (Fig. 9b).

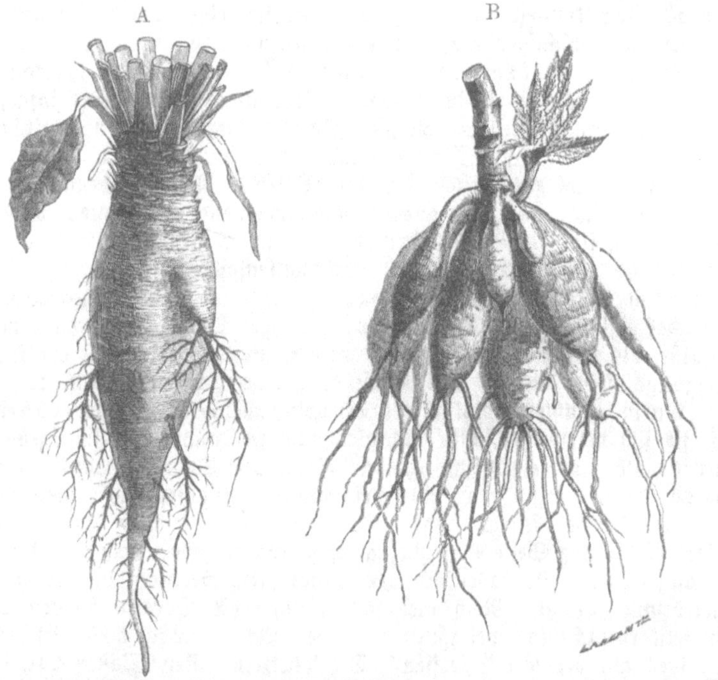

Fig. 9. A Rübe, fleischig verdickte Hauptwurzel. B Georgine, verdickte Seitenwurzeln (nach Baillon).

Verdickte Wurzeln, wie die als Beispiele angeführten, finden sich bei solchen Pflanzen, deren oberirdischer Sproß alljährlich abstirbt, die aber im Frühjahre wieder neue Sprosse austreiben, also mehrjährig oder ausdauernd sind. Die massige Wurzel solcher Pflanzen ist ihr Reservestoffbehälter, der im Sommer angefüllt wurde mit Zucker, Stärkemehl, Eiweißstoffen, als Material für die Bildung von Sprossen, Wurzeln und Fortpflanzungsorganen im nächsten Jahre und nun unterirdisch den Winter, der auf der Oberfläche der Erde das Pflanzenleben aufhebt, überdauern kann.

Um wenigstens in der Hauptsache einen Überblick über die einschlägigen Thatsachen zu geben, müssen wir noch einen Augenblick auf solche Wurzeln eingehen, welche im Gegensatz zu dem gewöhnlichen und allgemein bekannten Fall nicht unterirdisch sind oder wenigstens es anfangs nicht sind und deshalb des Gegensatzes wegen Luftwurzeln genannt werden. Als Beispiele für solche nicht im Boden wachsenden Wurzeln drängen sich zunächst die Pflanzen auf, welche überhaupt nicht, wie es Regel ist, auf dem Erdboden wachsen, sondern auf anderen Pflanzen sich häuslich niederlassen, ohne jedoch eigentliche Schmarotzer zu sein. In unseren Klimaten ist das zwar auch kein seltener Fall, aber vorzugsweise sind es bei uns nur Moose und Flechten, welche so leben. Um so bedeutungsvoller treten solche Pflanzen, die sogenannten Epiphyten, dem Besucher der Tropenländer entgegen und zwar sind es hier nicht bloß unscheinbare niedere Pflänzchen, sondern große Gewächse mit mächtigen Blättern und farbenprächtigen Blüten. Von ihnen sind namentlich die Orchideen, welche mit märchenhaften Blütenformen aus dem Dunkel der Urwälder hervorleuchten, bekannter, weil dieselben in großen Gewächshäusern häufiger kultiviert werden. Die tiefe Dämmerung, welche unter dem Laubdache der Urwaldbäume herrscht, würde es anderen Pflanzen nicht ermöglichen, sich auf dem Erdboden anzusiedeln, wie das die Kräuter unserer Wälder thun. Die Pflanzen brauchen Licht zu ihrer Ernährung und die Erreichung desselben ist das Maßgebende für das Verhalten der Epiphyten; sie siedeln sich, indem ihre leichten oder sogar mit besonderen Flugapparaten versehenen Samen vom Winde aufwärts getragen oder auch von Vögeln, Affen und anderem Getier, welches die Früchte verspeist, mitgeschleppt werden, dreißig Meter und höher über dem Boden auf Baumstämmen und Ästen an und erkämpfen sich so das Licht zurück, welches ihnen das Laubdach eben jener Bäume raubte. Da sind ihnen denn ihre Wurzeln wichtige Organe zur Erreichung dieses Zieles, denn mit ihnen klammern sich die Epiphyten an den Baumästen fest. Die Wurzeln dringen nicht, wie die der wirklichen Schmarotzer, in die Rinde der Bäume ein, um ihnen Nährstoffe zu entreißen, sondern legen sich nur fest an deren Oberfläche an oder in Risse der Rinde hinein und benützen nur die an den Stämmen haftende Feuchtigkeit noch als einen notwendigen Tribut.

Weiter sind die verschiedenen Arten der Gattung Philodendron, die man auch auf unsern Blumentischen freilich nur in kleinen Exemplaren antrifft, durch ihre Luftwurzeln ausgezeichnet. In ihrer Heimat klettern die Philodendren 30, 40 Meter hoch empor und halten sich dabei mit den Luftwurzeln, die ihrem Stamm entspringen, fest, indem sie damit einen Baum des Urwaldes umklammern. Durch diese Hilfe kann die Pflanze ihre Blätter oben ausbreiten und ihren Blütenkolben entwickeln. Dem Stamm entspringen aber immer neue Luftwurzeln, welche langsam senkrecht nach unten wachsen und wenn sie den Boden erreicht haben, in denselben eindringen und sich dann, während sie als Luftwurzeln ganz einfach bleiben, verzweigen. Die Wurzeln verkürzen sich nachher etwas und werden dadurch straff, so daß es schließlich aussieht, als sei ein solcher Philodendron durch zahlreiche Taue aufrechterhalten. Die Wurzeln, welche in unzähligen Strängen den Raum im Urwald durchkreuzen, bilden eine allbekannte Charakteristik seiner Vegetation. Beiläufig mag erwähnt werden, daß der Tropenbewohner die tauähnlichen Wurzeln thatsächlich wie Tauwerk bei seinen Arbeiten

Fig. 10. Philodendron Sellowi mit Luftwurzeln.

benützt. Er zieht damit seine Boote stromauf, braucht sie zum Anbinden des Viehs und prügelt damit seinen Jungen.

Die abgebildete Pflanze, Philodendron Sellowi (Fig. 10), welche dem Würzburger Gewächshaus angehört, mag die Vorstellung von Form und Ursprung der Luftwurzeln unterstützen, wenn dieselbe auch natürlich wie alle kultivierten Exoten weit entfernt ist, einer Pflanze des Urwaldes an Größe und charakteristischem Aussehen zu gleichen.

Ein Baum Ostindiens, Ficus indica, die Baniane, bildet Luftwurzeln an seinen horizontal weit ausgebreiteten Ästen, die wie beim Philodendron den Boden erreichen. Dann scheint endlich die riesige Krone des Baumes von zahlreichen Stämmen getragen zu werden, welche doch nichts sind als Wurzeln, aber dem einen Baum das Aussehen eines kleinen Waldes verleihen.

Bei allen diesen Pflanzen tritt die zweite Aufgabe der Wurzeln in den Vordergrund, nämlich die, nicht bloß Ernährungsorgan, sondern auch Haftorgan zu sein, und es ist wohl angezeigt, eine allbekannte einheimische Pflanze schließlich zu erwähnen, welche zum Zwecke des Anklammerns ebenfalls mit Luftwurzeln versehen ist, den Epheu. Der an senkrechten Wänden hinaufkletternde Epheu haftet sich mit seinen Luftwurzeln fest, die zahlreich an der Rückseite der Sprosse entstehen und sich verzweigend fest an die Wand anlegen. Auch hier ist also die Wurzel zunächst ein Klammerorgan, wenn man jedoch einen Epheusproß abschneidet und in die Erde einsetzt, so fungieren dieselben Wurzeln als Organe der Wasser- und Salzaufnahme also als Organe der Ernährung und sind im Wesen von andern Wurzeln nicht verschieden.

Wenn in dem Vorstehenden eine allgemeine Vorstellung der Pflanzenwurzeln zu geben versucht wurde, so ist dazu zu erinnern, daß dabei die höheren Pflanzen im Auge behalten wurden. Ganz ebenso, wie ein tierisches Organ, z. B. das Auge, bei den niederen Tieren ganz anders gebaut ist, als bei Säugetieren, Vögeln oder Fischen, wird man natürlich auch bei den niedern Pflanzen endlich auf Formen stoßen, die mit den Wurzeln von Blütenpflanzen oder Farnen zwar noch äußere Ähnlichkeit besitzen, in ihrem anatomischen Bau natürlich aber viel einfacher sind und bei Moosen, Algen und Pilzen zur Form einfacher Schläuche ähnlich den Wurzelhaaren höherer Pflanzen herabsinken können. Dennoch wird man mit demselben Recht, wie man das Facettenauge einer Fliege ebenso nennt wie das Auge eines Säugetieres, weil es in beiden Fällen zum Sehen dient, auch die einfachen Wurzeln der niedern Pflanzen mit diesem Namen belegen, weil sie nicht nur als Organe zum Aufnehmen von Wasser und Nährstoffen aus dem Substrate oder in andern Fällen, z. B. bei vielen Algen, als Haftorgane dienen, sondern auch dieselbe Reizbarkeit gegen Licht, Feuchtigkeit und Schwerkraft zeigen, wie die typischen Wurzeln höherer Pflanzen. Die Worte, welche die Sprache lange vor Begründung der Fachwissenschaften für die Organe gewählt hat, sind eben auf die Anschauung gegründet, die auch die Basis in der Naturwissenschaft ist, und diese kann in bezug auf die Benennung nur die wissenschaftliche Kritik üben. Definitionen a priori zu geben, welche allgemein gültig sind, ist auch die Physiologie nicht im stande.

Die Vegetationspunkte.

Die Pflanze unterscheidet sich vom Tier in ganz merkwürdiger Weise dadurch, daß sie nicht mit einer begrenzten Anzahl von Organen ihrer Existenz genügt, sondern während ihres Lebens immer neue Organe erzeugt. Die Tiere bilden im allgemeinen die Organe, welche sich am Embryo entwickeln, aus und sind ebenso wie der Mensch in einem bestimmten Stadium ihres Lebens ausgewachsen. Das läßt sich von der Pflanze im ganzen nicht sagen. Einzelne Teile ihres Körpers gelangen zwar endlich auch zum Stillstand im Wachstum, allein die ganze

Pflanze ist niemals ausgewachsen, sondern kann immer wieder zur Bildung von neuen Organen schreiten.

Diese Möglichkeit ist dadurch bedingt, daß an der Pflanze an ganz bestimmten Stellen Gewebepartien in einem entwicklungsfähigen Zustande erhalten bleiben, welchen die Fähigkeit zukommt, neue Organe, Sprosse, Blätter, Wurzeln und Blüten zu bilden. Man nennt diese Stellen embryonalen Gewebes Vegetationspunkte. Die Vegetationspunkte sind, obgleich sie für alle Sprosse, Blätter und Wurzeln einer Pflanze die Ursprungsorte sind, selbst mikroskopisch klein und natürlich sind auch die ersten Anlagen der genannten Organe von mikroskopischer Kleinheit und erreichen ihre ansehnliche Größe erst durch nachträgliches Wachstum. So kommt es denn, daß das Vorhandensein der Vegetationspunkte dem Nichtbotaniker meistens ganz unbekannt und ihm der eigentliche Ursprung der neuen Blätter, Sprosse und Wurzeln, welche man immerfort an einer Pflanze entstehen sieht, verborgen ist. Trotzdem wird jedermann, der auch nur oberflächlich die Pflanzen beobachtet, zugeben, daß eine Gesetzmäßigkeit der Organbildung vorhanden sein muß, da die Sprosse, Blätter und Wurzeln nicht regellos aus einer Pflanze hervorwachsen, sondern in einer gewissen regelmäßigen Verteilung entstehen, durch welche die Architektonik der Pflanze zu stande kommt. Wenn man eine Pflanze beobachtet, so wird man niemals finden, daß neue Blätter einfach zwischen den älteren am Stengel hervorwachsen. Am Hauptsproß bilden die Blätter verschiedenen Alters eine genau verfolgbare Stufenleiter von unten nach oben und die allerjüngsten nehmen den Sproßgipfel ein, sich dort endlich zu einem dichten Komplex zusammendrängend, welchen man Knospe nennt. Die Knospe wird also von den jüngsten Blättern gebildet und wenn man dieselbe zergliedert, so wird sich das weitere Resultat ergeben, daß in der Knospe wieder die Blätter ein abnehmendes Alter nach innen zu besitzen und die allerjüngsten tief im Innern der Knospe sitzen. Das deutet darauf hin, daß in der Knospe der Ursprungsort zunächst der Blätter zu suchen ist, und so ist es in der That. Die jungen Blätter der Knospe umhüllen den eigentlichen Ort der Blattbildung, den Vegetationspunkt, welcher nichts anderes ist als das Ende der Sproßachse, welche alle Blätter trägt. Er besitzt die Form eines flacheren oder gewölbteren Hügels, was bei verschiedenen Pflanzen ganz verschieden ist. Wir wollen uns mit demselben etwas eingehender beschäftigen und die Entstehung der Organe am Vegetationspunkt verfolgen. Die Wichtigkeit der Vegetationspunkte leuchtet ohne weiteres ein — ohne Vegetationspunkte könnte die Pflanze keines von den Organen, welche wir ausführlich besprochen haben, bilden.

Da wie bemerkt in der Regel der äußerst kleine Vegetationspunkt von den jüngsten Blättern der Knospe ganz eingehüllt wird, so kann man sich nur an einem mikroskopischen Knospendurchschnitt eine Anschauung der Verhältnisse verschaffen. Ein Knospendurchschnitt giebt natürlich je nach der gewählten Pflanze ein etwas verschiedenes Bild, das im allgemeinen dem hier abgebildeten Schema (Fig. 11) entspricht.

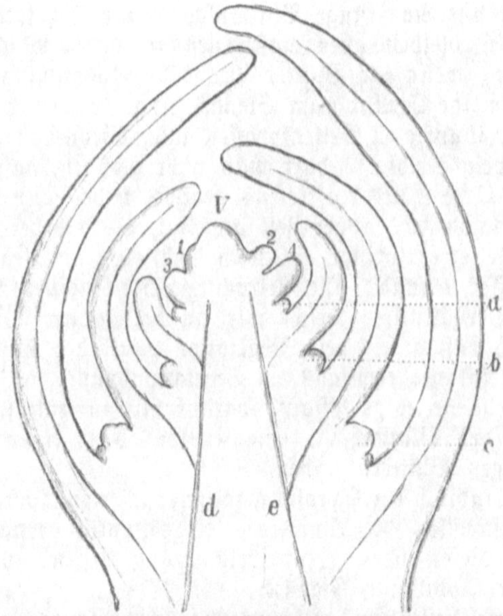

Fig. 11. Schematische Darstellung eines Vegetationspunktes in einer Knospe mit seinen jungen Blättern. d, e Gefäßbündel.

V ist der Vegetationspunkt, an dem links unterhalb seiner Spitze als kleiner Gewebehügel das jüngste Blatt (1) entsteht, (2) ist das nächstältere, dann folgen (3), (4) und die übrigen. Die Hauptsache ist hier, klar zu machen, daß alle Blätter als solche Hügel aus dem Vegetationspunkt hervorgewachsen sind und durch das Wachstum unterhalb des Vegetationshügels erst allmählich am Stengel nach unten rücken, während oben immer wieder neue Blattanlagen entstehen. Da diese Streckung der zwischen zwei Blättern liegenden Zone erst später eintritt, so kommt es, daß die Blätter in der Knospe so dicht übereinander sitzen. Die jungen Blätter zeigen außerdem die Eigentümlichkeit, daß diejenige Seite, welche später ihre Unterseite werden soll, solange die Blätter sich in der Knospe befinden, stärker wächst als die spätere Oberseite. Durch dieses ungleichmäßige Wachstum wird die Unterseite der jungen Blätter konvex, die Oberseite konkav, und alle wölben sich daher über den Vegetationspunkt wie eine schützende Kuppel, die ganze Bildung der Knospe kommt eben nur durch diese Wachstumsart der jungen Blätter zu stande.

Der Vegetationspunkt ist nun aber nicht bloß der Ort für die Entstehung der Blätter, sondern auch für die Entstehung neuer Laub- und Blütensprosse. Kurze Zeit nach Bildung eines Blattes entsteht nämlich in dem Winkel, den dasselbe an seiner Ansatzstelle mit der Sproßachse bildet, in der sogenannten Blattachsel, z. B. bei a, b, c in der Figur, ein neuer Vegetationspunkt, der sich nicht bloß zum Blatt ausbildet, sondern ein ganzer Sproß wird, trotzdem er anfangs genau aussieht wie eine junge Blattanlage. Die Vegetationspunkte in den Blattachseln bleiben aber einstweilen in ihrem Wachstum zurück und erst später, wenn die Blätter ihre volle Ausbildung erlangt und längst ihre definitive Stellung am Stengel eingenommen haben, wachsen diese Vegetationspunkte zu Seitensprossen aus. Wenn daher eine Pflanze einen Seitenzweig treibt, so darf man nicht glauben, daß derselbe sich soeben erst am Orte seines Auftretens gebildet habe. Ein solcher Sproß wurde immer schon vor langer Zeit angelegt, als das betreffende Blatt, ans dessen Achsel er entspringt, sich noch hoch oben am Vegetationspunkt des Hauptsprosses befand. Die Betrachtung des Knospenschemas erklärt uns also die Verhältnisse, welche wir an der ganzen übrigen Pflanze finden, nämlich daß außer dem Vegetationspunkt des Gipfels in jeder Blattachsel der Pflanze ebenfalls ein Vegetationspunkt sich findet. Man braucht nur jede beliebige Pflanze darauf hin zu untersuchen, immer wird man in den Blattachseln eine Knospe, d. h. einen Vegetationspunkt mit jungen Blättern finden.

Um das Studium der Sproßvegetationspunkte zunächst zu beendigen, haben wir einstweilen die Wurzelvegetationspunkte vernachlässigt und gehen jetzt zu diesen über. Zur Erläuterung dessen, was mitgeteilt wird, diene die Abbildung Fig. 12.

Eine Wurzel besteht aus weichem parenchymatischem Gewebe, welches den die Mitte desselben einnehmenden Gefäßbündelcylinder g umschließt. Dieser mittlere Strang endigt in der Nähe der Spitze. Dort liegt der Vegetationspunkt der Wurzel (in der Zeichnung bei d) ebenfalls, wie am Sproß ein zartes Gewebe, dessen Ausdehnung in der Zeichnung durch dunklere Schraffierung angedeutet ist. Bei der Wurzel bildet also, wie man sieht, der Vegetationspunkt scheinbar nicht wie beim Sproß die äußerste Spitze, das scheint aber nur so, denn thatsächlich ist bei (d) die Spitze der Wurzel. Diese Spitze ist aber noch bedeckt von einer Kappe, die aus Zellgewebe besteht und sich bei einigen Wurzeln wie ein Handschuhfinger abstreifen läßt. Diese Kappe heißt Wurzelhaube und dient dazu, das zarte Gewebe des Vegetationspunktes beim Vordringen der Wurzel im harten Boden zu schützen. Dazu ist die Wurzelhaube durchaus geeignet, denn ihre eigene äußere Zellschicht besteht immer aus abgestorbenen Zellen, die also keinen Schaden mehr erleiden können. Die Oberfläche der Wurzelhaube ist durch die Zerfallprodukte dieser Zellen schlüpfrig, wodurch die Wurzelspitze, welche in den Boden hineindringt, noch geeigneter wird, vorwärts zu gleiten. Während jedoch die Oberflächenzellen der Wurzelhaube stets absterben, wird vom Vegetationspunkte an ihrer Innenseite neues Zellgewebe gebildet, welches die Wurzelhaube immer wieder regeneriert. Selbstverständlich muß auch die Wurzel, da sie ja in der Regel Seitenwurzeln erzeugt, noch weitere Vegetationspunkte besitzen, als den an ihrer Spitze. Die Vegetationspunkte für die Seitenwurzeln bilden sich nun aber in etwas anderer Weise als diejenigen der Seitensprosse; es sind nicht einfache Auswüchse des Hauptvegetationspunktes an der Spitze, sondern die Vegetationspunkte der Nebenwurzeln entstehen ganz nahe an der

Spitze, aber im Innern des Wurzelkörpers an der Peripherie des Gefäßbündelcylinders, z. B. bei a_3. Da differenziert sich im Parenchym ein embryonaler Hügel, die Anlage der jungen Nebenwurzel, die aber zunächst völlig eingeschlossen ist. Diese Anlage wächst nun zur jungen Wurzel heran und ist als solche schon durch ihre Wurzelhaube, welche sie bildet, bald zu erkennen (bei a_2 und a_1); sie ist aber immer noch

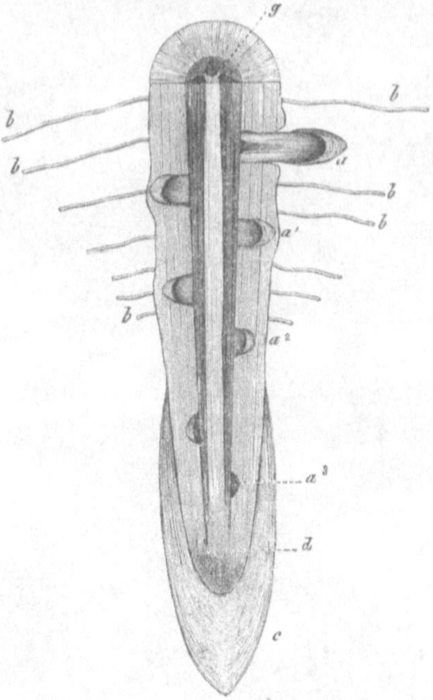

Fig. 12. Durchschnitt durch eine Wurzel.
g Gefäßbündelcylinder; d Vegetationspunkt; c Wurzelhaube; a a_1 a_2 Nebenwurzeln in verschiedenen Graden der Entwickelung; b Wurzelhaare.

vom Gewebe der Hauptwurzel eingeschlossen, bis sie endlich durch weiteres Wachstum dieses durchbricht (bei a) und ins Freie tritt. Jede Nebenwurzel ist, wie oben hervorgehoben wurde, selbst eine vollständige Wurzel und erzeugt in derselben Weise, wie ihre Mutterwurzel selbst, Vegetationspunkte, wodurch das Verzweigungssystem ein immer komplizierteres wird. Die Vegetationspunkte der Nebenwurzeln entstehen in einer gewissen regelmäßigen Anordnung um den Gefäßbündelcylinder der Hauptwurzel, indem sie drei oder vier Reihen um denselben bilden. Demnach stehen dann später die Nebenwurzeln in ebensovielen senkrechten Reihen um ihre Hauptwurzel und ein Wurzelsystem erhält dadurch ein bestimmtes regelmäßiges Ansehen, wie z. B. das Fig. 13 abgebildete einer jungen Roßkastanie.

Nach dieser Besprechung der Sproß- und Wurzelvegetationspunkte wird sich dem Leser die Frage nach der Herkunft der Fortpflanzungsorgane von selbst aufdrängen, da ja, wie oben erwähnt, alle Organe aus Vegetationspunkten hervorgehen. Wo sind also diejenigen der Blüten (da wir hier zunächst nur die höheren Pflanzen im Auge haben) zu suchen? Diese Frage beantwortet sich ziemlich einfach, die Vegetationspunkte der Blüten sind mit den Sproßvegetationspunkten identisch, da eine Blüte thatsächlich nur ein zu Fortpflanzungszwecken besonders

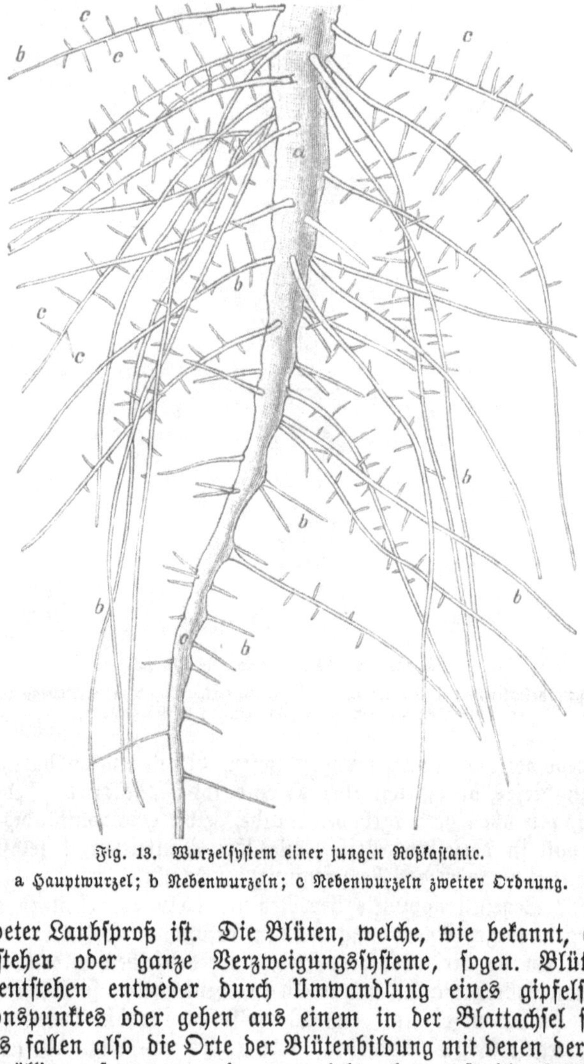

Fig. 13. Wurzelsystem einer jungen Roßkastanie.
a Hauptwurzel; b Nebenwurzeln; c Nebenwurzeln zweiter Ordnung.

ausgebildeter Laubsproß ist. Die Blüten, welche, wie bekannt, entweder einzeln stehen oder ganze Verzweigungssysteme, sogen. Blütenstände bilden, entstehen entweder durch Umwandlung eines gipfelständigen Vegetationspunktes oder gehen aus einem in der Blattachsel stehenden hervor, es fallen also die Orte der Blütenbildung mit denen der Sproßbildung völlig zusammen und es ergiebt eben erst die spätere Entwickelung, ob ein Vegetationspunkt, der z. B. in einer Blattachsel steht, ein Laubsproß oder eine Blüte oder Blütenstand wird. Ausführlicher wird noch später auf die Blütenentwickelung eingegangen werden, es kam hier nur darauf an, keinen Zweifel darüber zu lassen, wo die Vegetationspunkte der Fortpflanzungsorgane zu suchen seien.

Es ist damit über die Orte, wo die Organe an der Pflanze gebildet werden, vorläufig genügende Aufklärung gegeben worden, es wird aber dem Verständnis nützen, das Gesagte noch durch ein Schema zu erläutern.

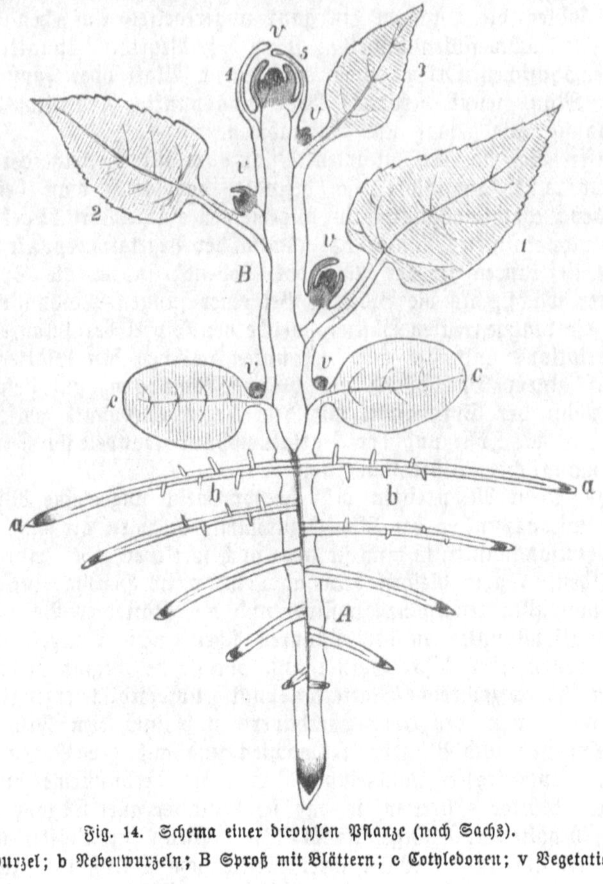

Fig. 14. Schema einer dicotylen Pflanze (nach Sachs).
A Hauptwurzel; b Nebenwurzeln; B Sproß mit Blättern; c Cotyledonen; v Vegetationspunkte.

Das Schema (Fig. 14) bedeutet eine beliebige dicotyle Pflanze. A ist die Wurzel mit ihren Nebenwurzeln, B der Sproß mit seinen Blättern. Am Gipfel des Sprosses ist die Hauptknospe, der Hauptvegetationspunkt, der alle neuen Blätter des Sprosses erzeugt, zugleich aber auch jedem Blatte einen Achselvegetationspunkt mitgiebt, welcher später die Seitensprosse erzeugt. — Demnach sehen wir, daß die älteren Blätter am Sprosse alle einen Vegetationspunkt in ihrer Achsel besitzen, sogar die Kotyledonen, die Keimblätter (c), welche meistens bei den Pflanzen eine andere Form haben, als die späteren Laubblätter. Ebenso erläutert unser Schema die Lage der Wurzelvegetationspunkte, es sind die dunkel gezeichneten kleinen Gewebepartien, welche unter der Wurzelhaube liegen.

Die Lage der Vegetationspunkte ist also eine gesetzmäßige an der Pflanze und dadurch kommt, wie leicht einzusehen, der geregelte Habitus der Pflanzen, auch wenn sie sich verzweigen, zu stande. Würden an jeder beliebigen Stelle des Stengels Vegetationspunkte entstehen, so müßten später die Pflanzen ein ganz ungeregeltes Aussehen erhalten, Nur in Ausnahmefällen findet es statt, daß Vegetationspunkte einmal an ungewöhnlichen Orten, etwa auf einem Blatt oder sonst wo sich bilden. Man nennt derartige Vegetationspunkte Adventivbildungen, doch sind sie, wie gesagt, nur Ausnahmen.

Unser Schema der dikotylen Pflanze erläutert, daß der Hauptvegetationspunkt am Gipfel sich befindet, doch muß man beim Aufsuchen des Vegetationspunktes im allgemeinen einige Vorsicht gebrauchen. Bei den monokotylen Pflanzen sitzt nämlich der Vegetationspunkt anfangs meistens tief unten in der Nähe des Bodens, indem die Sproßachse langsamer wächst, als die Blätter. Bei einer jungen Maispflanze z. B. sind es die langgestreckten Blätter, welche den Gipfel der Pflanze bilden; der Vegetationspunkt sitzt noch tief unten zwischen den Blättern, was man auf einem Durchschnitt mit bloßem Auge ganz gut sieht. Erst später wächst der Sproßgipfel mit dem Vegetationspunkt zwischen den Blättern in die Höhe und der Vegetationspunkt wandelt sich beim Mais in den männlichen Blütenstand um.

Aus allem Mitgeteilten geht hervor, welch ungemeine Wichtigkeit den Vegetationspunkten der Pflanze zukommt. Nehmen wir einer Pflanze ihre Vegetationspunkte, so kann sie zwar noch fortleben, aber keine Organe mehr bilden. Daher bleiben denn auch, wenn im Herbste eine zahllose Menge von Pflanzenorganen abstirbt und die Blätter zu Boden fallen, die Vegetationspunkte an den Pflanzen sitzen. Die Wurzel oder das Rhizom, dessen oberirdische Blätter und Sprosse bei Beginn des Winters absterben, haben zahlreiche Vegetationspunkte unterirdisch erzeugt, welche den Winter unter der Erde überdauern und mit dem Frühling zu neuen Sprossen und Blättern auswachsen und aus dem Boden hervorkommen. Auch unsere Laubbäume, denen die Herbststürme die längst vergilbten Blätter abstreifen, so daß sie scheinbar aller Organe beraubt dastehen, behalten ihre Vegetationspunkte. Wenn die Blätter abfallen, so lösen sie sich an der Basis ihrer Stiele vom Sproß los, allein der Vegetationspunkt, welcher in der Achsel der Blätter sitzt, bleibt am Sproß zurück. Er ist zum Schutz gegen winterliche Unbilden mit einer mehrfachen Decke fest zusammenschließender brauner Schuppen umhüllt und wir nennen ihn eine Winterknospe (Fig. 15). Alle Winterknospen sind Vegetationspunkte, welche die Pflanzen im Sommer erzeugten und unter den Schuppen ist schon der junge Sproß mit seinen winzigen Blättern und Blüten fertig und ruht den Winter über ohne zu wachsen. Die Frühlingssonne erweckt alle diese ruhenden Vegetationspunkte, die Knospenschuppen öffnen sich, der junge Sproß streckt sich hervor und entfaltet seine Blätter. Es ist ein ziemlich verbreiteter Irrtum unter denen, die diesen Dingen ferner stehen, daß das junge Grün der Laubbäume und Sträucher, oder die schneeigen Blüten der Obstbäume erst im Frühling plötzlich entstünden. Alle diese jungen Laub- und Blütensprosse sind längst im Sommer vorher angelegt und brauchten auch diese längere Zeit zu ihrer Ausbildung.

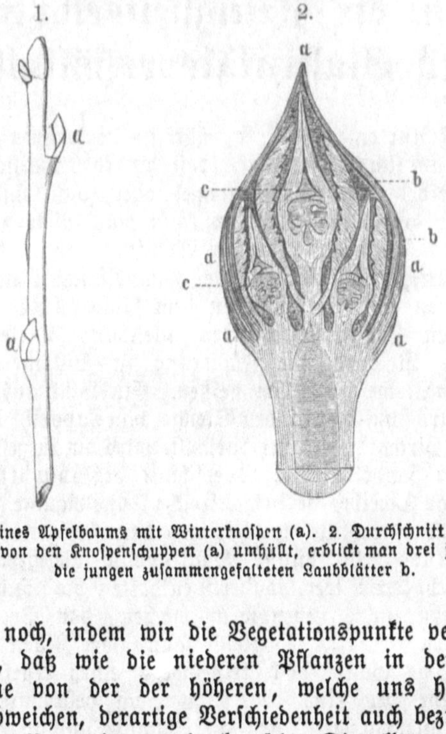

Fig. 15. 1. Zweig eines Apfelbaums mit Winterknospen (a). 2. Durchschnitt durch eine Winterknospe (vergrößert); von den Knospenschuppen (a) umhüllt, erblickt man drei junge Blüten c und die jungen zusammengefalteten Laubblätter b.

Es möge noch, indem wir die Vegetationspunkte verlassen, hinzugefügt werden, daß wie die niederen Pflanzen in der Form ihrer fertigen Organe von der der höheren, welche uns hier namentlich interessieren, abweichen, derartige Verschiedenheit auch bezüglich der Lage und Form ihrer Vegetationspunkte herrscht. Die allgemeine Bedeutung der Bildung neuer Glieder haben aber auch bei den niederen Pflanzen die Vegetationspunkte ebensowohl als bei den Bäumen.

II. Der innere Bau der Pflanzen, die Festigkeitseinrichtungen und Elastizitätsverhältnisse.

Es bedarf nur einer wenig geschärften Beobachtung von beliebigen Pflanzenteilen, um sich zu überzeugen, daß ihre Körpermasse keine homogene ist. Durchschneidet man einen Stengel oder sonst einen Pflanzenteil der Quere oder der Länge nach, so kann man nicht zweifelhaft sein, daß derselbe eine bestimmte innere Struktur besitzt, die sich einmal durch sehr ungleichartige Widerstände beim Zerschneiden und meistens auch in sichtbaren Formunterschieden dem bloßen Auge oder doch dem mit einer guten Loupe bewaffneten offenbart. Diese Struktur des Pflanzenkörpers ist durch die Fächerung in Billionen mikroskopische Kammern bedingt, welche Zellen heißen. Ein Blick auf die Abbildung, welche einen Durchschnitt durch den Stengel von Capsella bursa pastoris, dem bekannten Hirtentäschelkraut darstellt, wird am kürzesten klar machen, um was es sich handelt. Der Querschnitt des cylindrischen Stengels, eine kreisförmige Scheibe, ist in zahlreiche kleine Räume getrennt. Jeder solcher Raum ist eine Zelle, welcher von den übrigen durch ihre aus Zellstoff bestehende sehr dünne Haut völlig abgegrenzt ist. Diese Räume sind nicht etwa leer, sondern enthalten die Substanzen, welche die Zelle eben zu etwas Lebendigem machen, das Protoplasma, den Zellkern und den Zellsaft. Obgleich kaum zwei Zellen einander gleich sind, so macht das Ganze doch keineswegs einen regellosen Eindruck, sondern vielmehr den eines Aufbaus nach bestimmtem Plan. Es gruppieren sich gleichartige Zellen an einander und so entstehen Zonen oder auch Gruppen von Zellen, die dem Querschnitt des Stengels ein mosaikartiges Aussehen geben. Diese bestimmte Anordnung geht nämlich schon bei der Entstehung eines Pflanzenteils vor sich, indem schon frühzeitig aus gleichartigen Zellen zusammengesetzte Gewebesysteme entstehen. Bei den vollkommeneren Pflanzen sind es immer drei Gewebesysteme, welche die Organe zusammensetzen: 1) das Hautgewebe oder die Epidermis, 2) das Grundgewebe, 3) die Gefäßbündel oder das Stranggewebe.*)

Mit Leichtigkeit erkennt man an unserem Stengelquerschnitt (Fig. 16) das Vorhandensein dieser drei Gewebeformen. Die äußerste Zellschicht E ist die Epidermis, die Haut des Stengels, die hier, wie in den allermeisten Fällen, nur aus einer einzigen Zellschicht besteht. Die ganze

*) Sachs, Lehrbuch der Botanik, § 15 ff.

große Gewebemasse, welche von der Epidermis umgeben wird, ist das Grundgewebe des Stengels und in diesem liegen die Gefäßbündel G, als kreisförmig angeordnete, auf dem Querschnitt keilförmige Gruppen. Statt des Stengels könnte man auch ein anderes Organe untersuchen, den Aufbau aus den drei Gewebesystemen würde man überall wieder antreffen. Man braucht nur den im Kapitel „Ernährung" abgebildeten Blattdurchschnitt anzusehen. Das Blatt hat beiderseits eine Epidermis,

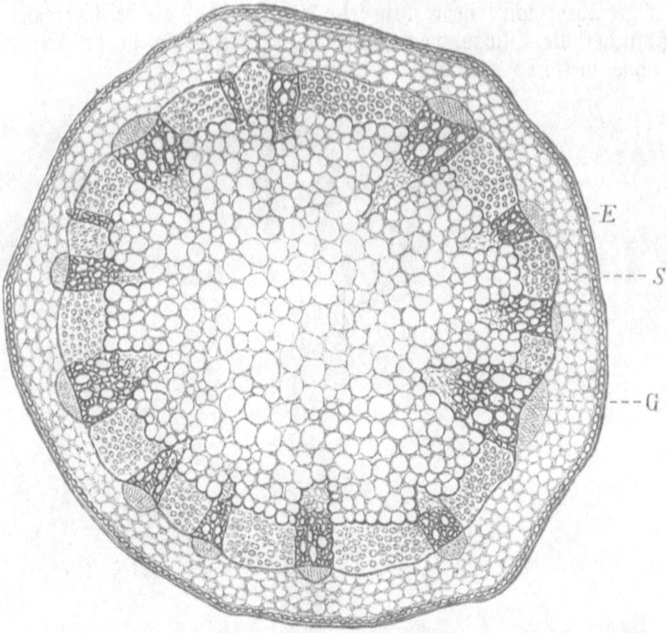

Fig. 16. Durchschnitt durch den Stengel von Capsella bursa pastoris (Hirtentäschel). E Oberhaut (Epidermis); G Gefäßbündel; S Sklerenchym. Alles andere ist Grundgewebe.

die Hauptmasse der Blattfläche besteht aus dem chlorophyllhaltigen Grundgewebe und Gefäßbündel durchziehen das Blatt nach allen Richtungen, sie werden beim Blatte gewöhnlich mit dem alten Namen Blattnerven bezeichnet, obgleich sie mit Nerven nichts zu thun haben.

Daß die Gefäßbündel langestreckte im Stengel verlaufende Stränge sind, läßt sich natürlich auf dem Querschnitt nicht sehen. Erst auf einem Längsschnitte durch den Stengel läßt sich dies entscheiden, dazu bedarf es aber gar nicht des Mikroskops, sondern mit bloßem Auge schon kann man in vielen Fällen sehen, daß die Gefäßbündel als lange festere Fäden im weichen saftigen Grundgewebe des Stengels von oben nach unten verlaufen. Man braucht zu dem Ende nur einen Kürbisstengel oder einen Balsaminenstegel ꝛc. der Länge nach zu durchschneiden. Ganz besonders deutlich lassen sich die Gefäßbündel bei der Balsamine wahrnehmen, wenn man einen solchen Stengel längere Zeit in Alkohol legt, wodurch er durchscheinend wird. Ein sehr geeignetes Objekt um sich von der äußeren Form der Gefäßbündel zu überzeugen sind auch die Blätter des Wegerichs (Plantago). Zieht man den Blattstiel fest in seiner Längsrichtung auseinander, so reißt er ab, aber bei der Gelegenheit werden die dehnbareren Gefäßbündel zunächst nur in die Länge gezogen und erscheinen nun als parallele dünne Fäden zwischen den beiden Blattstielstücken a a, wie in der Fig. 17 abgebildet ist. Des Raumes wegen ist vom Blatt nicht die ganze Fläche, sondern nur dessen unterer Teil abgebildet; man sieht nun sehr deutlich, daß die bei G freigelegten Gefäßbündel die Blattnerven sind, deren Fortsetzung in der Blattfläche man ohne weiteres erkennt.

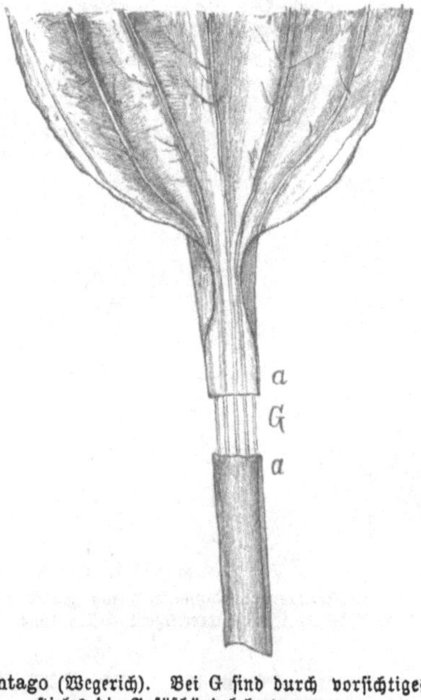

Fig. 17. Blatt von Plantago (Wegerich). Bei G sind durch vorsichtiges Zerreißen des Blattstieles die Gefäßbündel hervorgezogen.

Um sich über die komplizierte Organisation der Pflanzen zu unterrichten, läßt es sich nicht umgehen, wie es bis jetzt geschehen, die Organe einzeln zu betrachten. Man muß sich nun aber immer wieder daran erinnern, daß dies nur einen didaktischen Grund hat und daß an der lebenden Pflanze Stengel, Blätter, Wurzeln u. s. w. zusammenhängen. Dem entsprechend ist denn auch der Verlauf der Gefäßbündel durch die ganze Pflanze bei weitem nicht so einfach, als es bei der Untersuchung eines einzelnen Teiles derselben scheinen könnte. Man kann sich etwa vorstellen, daß das ganze System der Gefäßbündel wie ein Skelett in der Pflanze steckt, von der Wurzelspitze bis zur Knospe sich verbreitet, aber auch in alle seitlichen Organe, Blätter, Seitenzweige, Blüten eintretend, ein reichverzweigtes Gerüst bildet. In der That kann dies System als Skelett bezeichnet werden, weil die Gefäßbündel meistens verholzen und hart werden und daher im Gegensatz zum weichen Grundgewebe die festen Teile des Pflanzenkörpers darstellen.

Gehen wir, um uns eine möglichst vollkommene Vorstellung über diesen wichtigen Gegenstand zu verschaffen, vom einfachsten Fall aus. In der Wurzel verläuft ein einziger zentraler großer Gefäßbündelstrang von der Wurzelspitze beginnend nach oben, etwa wie unser früher benutztes Schema auf Seite 23 dies andeutet; an ihn setzen sich die Stränge für die Nebenwurzeln an. Unterhalb der Kotyledonen teilen sich die Stränge in mehrere nach oben laufende und jedesmal, wo ein Blatt am Stengel steht, biegt ein Strang oder mehrere in den Blattstiel ein, tritt in die Blattfläche und bildet hier das Adernetz. Im Stengel selbst laufen aber andere Zweige aufwärts weiter, gehen teils in die Seitenzweige, teils in die nächst höheren Blätter und endigen oben am Vegetationspunkt des Gipfels. So einfach ist nun die Sache sehr selten. In der Wurzel freilich finden wir überall den zentralen einfachen Gefäßbündelcylinder, im Stengel dagegen können die zehn, fünfzig oder hundert Gefäßbündel (ihre Zahl kann die allerverschiedenste sein), sich in sehr komplizierter Weise mit einander verbinden, indem sie sich nach unten gabeln und höher liegende Stränge mit einem oder mehreren tiefer liegenden verschmelzen (Fig. 18).

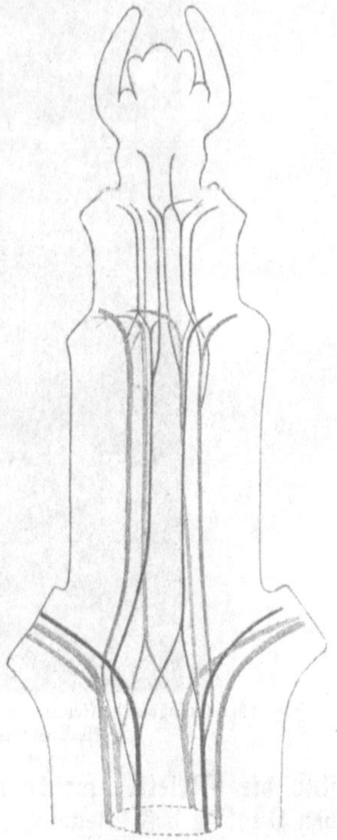
Fig. 18. Gefäßbündel-Verlauf im Stengel von Clematis (nach Nägeli).

Von außerordentlichem Vorteil für das Studium der Gefäßbündel ist es, daß man nicht bloß auf schematische Darstellungen der Verhältnisse angewiesen ist, sondern daß man von vielen Pflanzen die Gefäßbündelsysteme als zusammenhängende Skelette isolieren kann, die dann besonders anschaulich alles eben Mitgeteilte demonstrieren. Es wurde schon erwähnt, daß die Gefäßbündel eine größere Festigkeit besitzen, als das Grundgewebe. Beim Absterben der Pflanzenstengel im Herbst fällt alles weichere Gewebe der Zerstörung durch Pilze, der Fäulnis anheim, die Gefäßbündel halten Stand und bleiben nach der Zerstörung des weichen Grundgewebes übrig. Man erhält dann Skelette, wie die umstehend genau nach der Natur abgebildeten. Es sind allerdings nur kürzere Stücke, da der Raum des Papiers beschränkt ist. Dennoch werden die Abbildungen eine Vorstellung von den wahren Verhältnissen geben, wenn man sich denkt, daß die hier flach ausgebreiteten

Skelettstücke flach gelegte Teile eines Cylinders sind, den man sich nur in einen Stengel hineinzudenken braucht, um sich vorstellen zu können, wie alles in der lebendigen Pflanze sich ausnimmt. Wie von Stengeln kann man auch von Blättern Skelette erhalten; indem das weiche Blattgewebe verschwindet, bleibt das Gefäßbündelnetz zurück und erlaubt uns eine besonders schöne Einsicht in die bis aufs feinste gehende Verzweigung, welche die Gefäßbündel im Blatte erleiden. Sehr zierlich

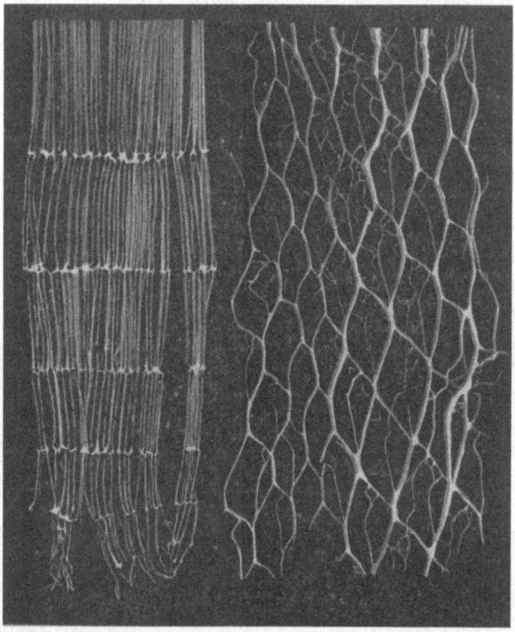

Fig. 19. Gefäßbündelskelette (nach der Natur). Das erste vom Wasserfenchel (Oenanthe Phellandrium), das zweite von einer Opuntia.

sind die Skelette, welche man von manchen trockenen Früchten, z. B. den Kapseln des Stechapfels, Datura Stramonium, erhält, welche zeigen, daß auch Früchte aufs ausgiebigste mit Gefäßbündeln versehen sind. Ganz von selbst muß sich beim Auffinden dieses komplizierten Netzes der Gefäßbündel in allen Pflanzenorganen die Frage aufdrängen, wozu dies in alle Organe eindringende System da ist. Tragen auch die Gefäßbündel zur Festigkeit der Pflanzenteile bei, so ist doch ihre eigentliche Aufgabe die Fortleitung des Wassers. Die Unentbehrlichkeit des Wassers für das Pflanzenleben macht die auffallend feinen Verhältnisse der Gefäßbündelverzweigung verständlich. Allen Zellen eines Organs wird dadurch die in jedem Momente notwendige Zuführung von Wasser gesichert. Im Kapitel der Ernährung wird darauf ausführlich eingegangen werden.

Soweit man sich ohne eingehende mikroskopische Beobachtung über die Gewebeformen orientieren kann, ist dies im Vorstehenden geschehen. Es ist jedoch nicht zu umgehen, etwas tiefer in die mikroskopischen

Verhältnisse der Gewebe einzudringen, da sich manche äußerlich sichtbare Lebensvorgänge der Pflanze doch erst durch die Einsicht in den mikroskopischen Bau in ihrem vollen Zusammenhang verstehen lassen. Es soll so kurz wie möglich das für unser Ziel unbedingt Nötige hier mitgeteilt werden, obgleich es schwierig ist, ohne eigene mikroskopische Beobachtung des Lesers ein volles Verständnis anzubahnen, da selbst die besten Zeichnungen doch nur Abbildungen und keine Natur sind. Wir wollen auch bei diesen mikroskopischen Studien die drei Gewebeformen einzeln vornehmen. Wie schon hervorgehoben, bildet das Hautgewebe

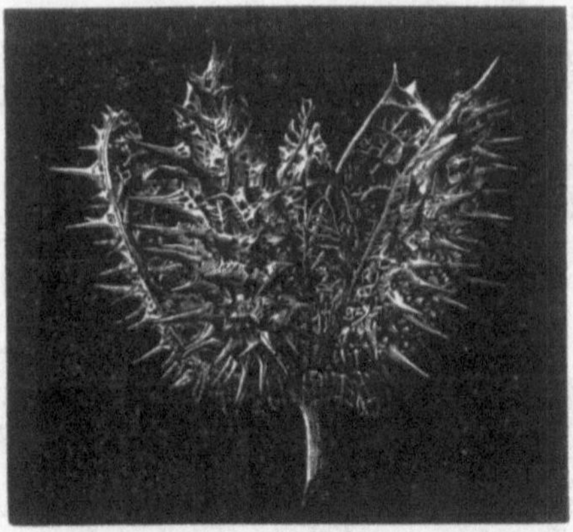

Fig. 20. Gefäßbündelskelett von einer Frucht des Stechapfels (Datura Stramonium). Alles weiche Gewebe ist durch Fäulnis zerstört und das durchbrochene feste Skelett der Frucht allein übrig geblieben.

immer die äußere Bedeckung der Pflanzenorgane. Die Oberhaut hat den Zweck, die Pflanze vor zu starker Verdunstung zu schützen und dieser Aufgabe entspricht ihr mikroskopischer Bau. In der Regel besteht die Epidermis aus einer einzigen Schicht von tafelförmigen Zellen, welche ohne Zwischenräume fest aneinanderschließen. Nur an bestimmten Stellen besitzt die Epidermis Öffnungen, die Spaltöffnungen, welche aber den

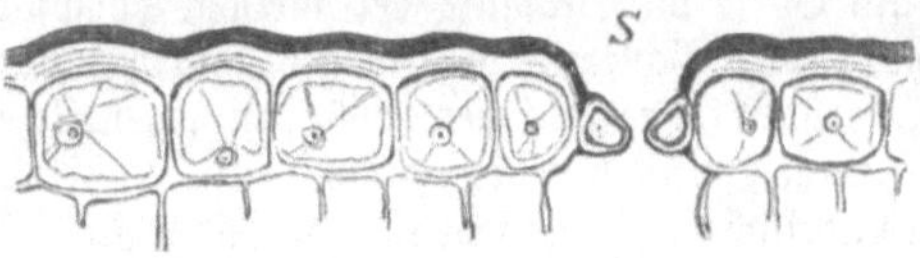

Fig. 21. Durchschnitt durch ein Stück Epidermis. S eine Spaltöffnung.

Schutz gegen Verdunstung nicht illusorisch machen, da deren Eingänge sich nach Bedarf öffnen und schließen können. Dem Schutze vor Verdunstung kommt die größere Dicke der Außenwände der Epidermiszellen entgegen und endlich ist, um dieses Ziel noch mehr zu sichern, die ganze Epidermis von einem mehr oder weniger dicken Überzuge, einer von Wasser und Wasserdampf schwer durchdringlichen Substanz, der Cuticula, bedeckt, welche in der Abbildung dunkel ist. Vielfach ist die Cuticula noch mit feinkörnigen oder stäbchenförmigen Ausscheidungen von Wachs bedeckt, wodurch die Pflanzenorgane dann ein bläulich bereiftes Aussehen erhalten. Bei vielen Blättern und Früchten, z. B. Pflaumen, ist dies leicht zu sehen und man kann den Wachsüberzug bekanntlich leicht abwischen. Derartige Überzüge, von denen ein Wassertropfen abläuft, schützen dann die betreffenden Organe vor dem Eindringen des Wassers von außen her. Den beschriebenen Bau der Oberhaut findet man als den allgemeinen bei den von Luft umgebenen oberirdischen Pflanzenorganen. Es ist leicht einzusehen, daß die Epidermis in andern Fällen ganz anders konstruiert sein kann, z. B. brauchen untergetaucht lebende Wasserpflanzen keinen Schutz gegen Verdunstung und bei ihnen ist daher zuweilen die Oberhaut nicht wesentlich verschieden von dem darunterliegenden Gewebe.

Was bei der Untersuchung von Stengeln und Blättern leicht in das Auge fällt, ist, daß dieselben nicht immer glatt und glänzend sind, sondern eine Bedeckung von oft weichen oft auch starren und scharfen Haaren besitzen. Diese Haare gehören dann auch zur Oberhaut und sind einfach Auswüchse einzelner Epidermiszellen, welche sich bei den verschiedenen Pflanzenarten in mannigfachster Weise ausgestalten und entweder einfache dünne Schläuche oder verzweigte, sternförmige und anders geformte Gebilde darstellen, die zuweilen zugleich als Sekretionsorgane dienen und Harze, ätherische Öle und andere Auswurfstoffe des pflanzlichen Stoffwechsels ausscheiden. Der Inhalt der Epidermiszellen ist Protoplasma, Zellkern und Zellsaft, dagegen enthalten dieselben auch bei grünen Pflanzenteilen gewöhnlich kein Chlorophyll. Man kann sich über den Bau der Epidermis nur an jüngeren Pflanzenteilen Auskunft verschaffen. Bei Organen, welche Jahre überdauern, z. B. den Stämmen und älteren Zweigen von Holzpflanzen, wird die Epidermis später durch andere Schutzgewebe ersetzt. Es bilden sich nämlich unterhalb der anfänglich vorhandenen Epidermis Schichten von Korkgewebe, die Epidermis stirbt ab und der Kork bildet dann die äußere Umhüllung des Organs oder die infolge von tiefer im Grundgewebe entstandenen neuen Korkschichten absterbenden außerhalb derselben liegenden Gewebemassen, welche als Borke die Stämme der meisten Holzpflanzen bedecken, geben einen schützenden Panzer um den lebendigen Pflanzenkörper ab. Setzt sich die Oberhaut der Pflanzen aus den eigentlichen Epidermiszellen, Spaltöffnungen und Haaren zusammen, so bietet das Grundgewebe noch mannigfachere Verschiedenheiten seiner Zellformen dar, die aber erst bei der Umbildung eines Organes aus der ursprünglichen Form des Grundgewebes, dem dünnwandigen Parenchym hervorgehen. Bei aller Verschiedenheit der Form, welche die Parenchymzellen haben können, sei diese nun kugelförmig, prismatisch oder von komplizierterer Gestalt, ist ihre Wand eine dünne Membran aus Cellulose, welche den lebendigen Inhalt einschließt. In jungen Zellen ist der Raum ganz von Protoplasma angefüllt, in dem der Zellkern eingebettet ist. Wachsen die Zellen heran, so gewinnt die Konfiguration des Inhaltes ein anderes charakteristisches Aussehen. Es entstehen, da die Masse des Protoplasmas beim Wachstum der Zelle nicht entsprechend zunimmt, um dieselbe auch später ganz ausfüllen zu können, Hohlräume (Vacuolen) im Protoplasma, die sich mit wässerigem Zellsaft, einer Lösung von Kohlehydraten, Salzen ꝛc. anfüllen. Indem sich die Vacuolen vergrößern, wird das Protoplasma immer mehr gegen die Zellwand gedrängt und bildet hier eine dünne Tapete, im übrigen bleibt der Zusammenhang des Protoplasmas nur an einzelnen Stellen erhalten und es bildet dünne Fäden, welche den Raum der Zelle durchkreuzen und den Wandbeleg mit derjenigen Protoplasmamasse verbindet, welche den Zellkern umgiebt, der einen beliebigen

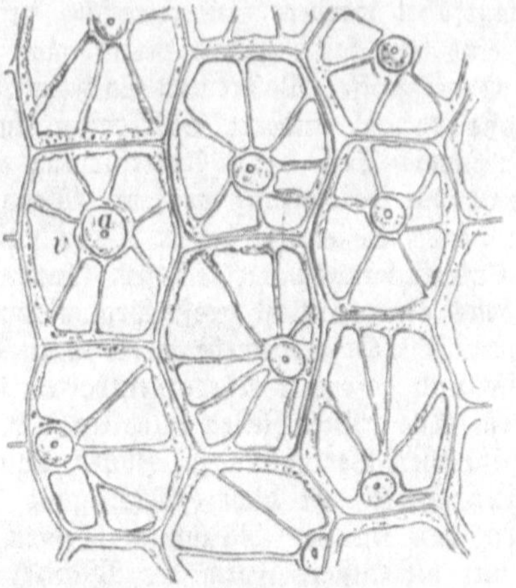

Fig. 22. Parenchymzellen. a Zellkerne; v Vacuolen vom Zellsaft erfüllt.

Platz in der Zelle, bald mehr im Zentrum, bald an der Zellwand anliegend, einnimmt. So bildet jede Zelle anscheinend etwas ganz in sich Abgeschlossenes, allein das hat nur den Anschein. Die Zellwände haben an zahlreichen Stellen außerordentlich feine siebartige Durchbohrungen, die man jedoch nur mit den stärksten Vergrößerungen sehen kann. Durch diese Kanäle gehen feine Protoplasmafäden hindurch, so daß also die Protoplasmakörper der Zellen mit einander in Verbindung stehen und den zusammenhängenden lebendigen Körper der Pflanze bilden. Die Zellwände erscheinen demnach nur als Gerüst, welches der an sich formlosen Masse des lebendigen Protoplasmas die Form verleiht. Denn daß das Protoplasma der eigentliche Träger aller Lebenserscheinungen bei den Pflanzen ebensowohl als bei den Tieren ist, und chemische Vorgänge oder Reizerscheinungen die Resultate seiner Thätigkeit sind, ist ausgemacht. Trotz dieser Erkenntnis weiß man doch immer noch sehr wenig vom Protoplasma selbst. Es ist eine halbweiche, durchsichtige Substanz, welche jedoch selten ganz gleichförmig ist, sondern in die zahlreiche punktförmige Körnchen (Mikrosomen) eingestreut sind.

Daß diese Protoplasmamasse lebendig ist, offenbart sich ganz besonders durch die stetige Bewegung, welche man bei starker Vergrößerung unter dem Mikroskop wahrnehmen kann. Wenn man z. B. die schönen großen Haare an der Oberhaut junger Kürbisblätter, welche sich wegen ihrer Durchsichtigkeit besonders dazu eignen, unter dem Mikroskop beobachtet, so sieht man, daß nach einiger Zeit das Fadennetz von Protoplasma in der Zelle sich verändert, indem die Fäden durch zuströmendes Protoplasma bald anschwellen oder im Gegenteil dünner werden und durch Bewegung des ganzen Protoplasmas ihre Form in mannigfaltiger Weise ändern. Andererseits bemerkt man aber die Strömung des Protoplasmas auch an den Mikrosomen, welche in den Protoplasmafäden oder im Wandbeleg nach verschiedenen Richtungen durch die Strömung mit- und in der Zelle herumgeführt werden. Die chemische Zusammensetzung des Protoplasmas ist eine sehr komplizierte. Kann man als seine wesentlichen Bestandteile Eiweißstoffe, Wasser und Salze bezeichnen, so nehmen doch noch eine große Anzahl anderer Substanzen an der Zusammensetzung des Protoplasmas Teil, deren Untersuchung großen Schwierigkeiten begegnet, weil die Beschaffung größerer Mengen Protaplasmas unmöglich ist. In dieser Beziehung haben bisher nur die Schleimpilze oder Myxomyceten Untersuchungsmaterial liefern können, weil sie in einem Stadium ihres Lebens eine hautlose große Protoplasmamasse darstellen. Daß das parenchymatische Grundgewebe neben dem Protoplasma noch andere Inhaltsstoffe und geformte Körper enthalten kann, werden wir später mehrfach sehen. Alle grünen Zellen enthalten z. B. noch Chlorophyllkörner und von chemischen Verbindungen, Zucker, Stärke, Fetten, Gerbstoffen ist das Grundgewebe oft dicht erfüllt, ganz besonders in den Reservestoffbehältern, den Knollen, Rhizomen, Samen 2c.

Es ist nicht nur die äußere Form der Pflanze, welche sich durch das Wachstum ihrer Organe verändert. Mit dem äußeren Wachstum geht die innere Ausbildung der Gewebe Hand in Hand und aus anfangs gleichartiger Zellenmasse gewinnen bald größere oder kleinere Komplexe andere Gestalt, um den sich häufenden Aufgaben zur Erhaltung der Pflanze zu dienen. Eine Veränderung, welche besonders bei bestimmten Zonen oder Gruppen der anfangs dünnwandigen Gewebe hervortritt, ist, daß sie ihre Zellwand verdicken. So bildet sich häufig aus der gleich unter der Epidermis liegenden Grundgewebeschicht ein Zellgewebe, welches Collenchym heißt und durch eine eigentümliche Form der Zellwandverdickung ausgezeichnet ist.

In anderen Zellen des Grundgewebes findet die Wandverdickung in ganz bedeutender Weise durch Auflagerung neuer Zellhautsubstanz auf die Innenseite der Wand statt, wobei sich zugleich Stoffe in der dicken Wand ablagern, welche derselben eine harte, holzige Konsistenz verleihen, weshalb man den chemisch immerhin noch verwickelten Vorgang auch kurz als Verholzung bezeichnet. Die verholzten Zellen (Sklerenchym genannt) verlieren dann in der Regel ihren protoplasmatischen Inhalt, sind dann leer und stellen nichts weiter mehr vor, als tote Gerüste von Zellwänden, deren Zweck sein kann, das Wasser in der Pflanze fortzuleiten oder auch als Festigkeitseinrichtungen rein mechanische Leistungen zu übernehmen. Da diesen Zellen das Protoplasma fehlt, so können sie chemisch nicht mehr thätig sein, sie zeigen weder Wachstum mehr noch finden in ihnen Stoffwechselprozesse statt, denn diese Vorgänge können ohne das lebende Protoplasma in keiner Zelle stattfinden. Die verdickte Wand der Sklerenchymzellen zeigt gewöhnlich eine vielfache Schichtung, außerdem verlaufen aber zahlreiche feine Kanäle in der Wand

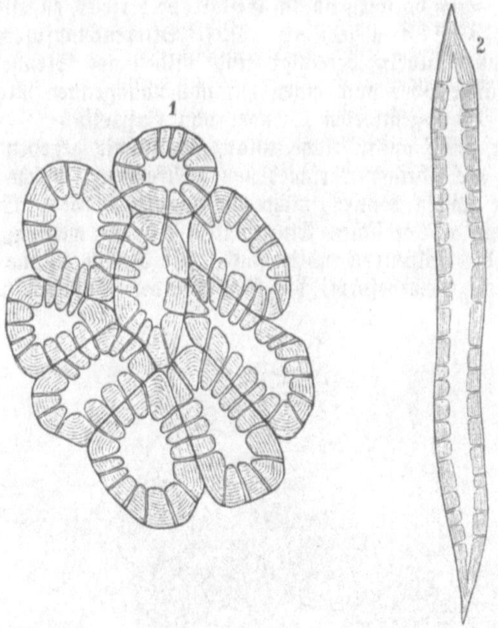

Fig. 23. Sklerenchymzellen. 1. kurze Sklerenchymzellen (Steinzellen) aus der Haselnußschale; 2. lange Sklerenchymfaser.

und stoßen mit denen der anliegenden Zelle zusammen. Ich glaube, daß man das Zustandekommen dieser Kanäle, über welche in den anatomischen Lehrbüchern keine Ansicht geäußert wird, wohl in folgender Weise erklären kann. Es wurde oben mitgeteilt, daß, so lange die Zellen noch Protoplasma enthalten, an zahlreichen Stellen feine Fäden desselben durch die gemeinsame Wand zweier Zellen hindurchgehen. An diesen Orten kann nun, wenn die Auflagerung neuer Wandsubstanz erfolgt, keine Wandverdickung stattfinden, sondern immer nur zwischen den Verbindungsfäden des Protoplasma, welche natürlich so lange erhalten bleiben, als noch Wandsubstanz abgelagert wird. Der zwischen den Protoplasmaverbindungen liegende Wandbeleg wird durch die zunehmenden Verdickungen der Wand allmählich ins Innere der Zelle zurückgedrängt. Ist die Wandverdickung vollendet, so verschwindet das Protoplasma und die Kanäle zeigen noch an, wo früher die Protoplasmaverbindungen vorhanden waren.

Die Sklerenchymzellen können ihrer Gestalt nach mehr oder weniger kugelförmig sein und sehen dann im Quer- und Längsschnitt ganz gleich aus. Derartige kurze Sklerenchymzellen finden sich in harten Geweben, z. B. in den Schalen vieler Samen, doch bilden sie auch Gruppen und Nester im weichen Grundgewebe, z B. die harten steinigen Partien im Fleische der Birnen bestehen aus derartigen Sklerenchymzellen. Abgesehen von prismatischen oder anderen komplizierten Formen kommt das Sklerenchym ganz vorwiegend in Gestalt beiderseits zugespitzter Fasern vor, wie in Fig. 23 abgebildet. Diese Sklerenchymfasern sind dann gewöhnlich zu Bündeln vereinigt und bilden im Stengel regelmäßig verteilte Stränge oder auch einen zusammenhängenden Ring, wie z. B. in dem Fig. 16 abgebildeten Stengel von Capsella.

Da hier keine ausführliche Pflanzenanatomie gegeben werden soll, so kann auf die übrigen verschiedenen Zellformen, welche sich noch im Grundgewebe finden können, nicht eingegangen werden. Es sollen hier nur diejenigen anatomischen Einzelheiten erörtert werden, welche zum Verständnis des folgenden nötig sind. In diesem Sinne müssen wir noch die dritte Gewebeform, die Gefäßbündel studieren und es wird

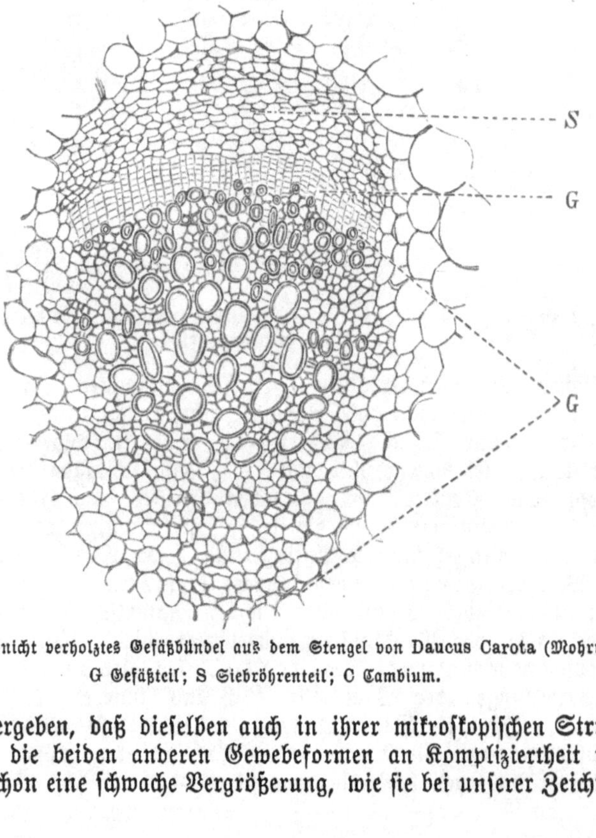

Fig. 24. Ein nicht verholztes Gefäßbündel aus dem Stengel von Daucus Carota (Mohrrübe). G Gefäßteil; S Siebröhrenteil; C Cambium.

sich dabei ergeben, daß dieselben auch in ihrer mikroskopischen Struktur bei weitem die beiden anderen Gewebeformen an Kompliziertheit übertreffen. Schon eine schwache Vergrößerung, wie sie bei unserer Zeichnung

Fig. 16 angewendet wurde, giebt darüber Auskunft, daß ein Gefäßbündel, welches dem bloßen Auge als solider Faden erscheint, ebenfalls aus Zellen zusammengesetzt ist. Zum eingehenderen Studium eines Gefäßbündels möge die Fig. 24 dienen, welche den Querschnitt eines Stranges aus dem Stengel von Daucus Carota (Mohrrübe) darstellt.

Ein solches Gefäßbündel besteht aus drei Teilen. Bei C liegt eine schmale Zone eines Gewebes, dessen Zellen sich immer von neuem wieder teilen und so die Gewebemasse des Gefäßbündels vermehren. Dies Gewebe heißt Cambium und besteht aus jungen, zartwandigen Zellen, die sich allmählich zu den Zellen des Gefäßbündels umbilden. Es ist klar, daß durch die Thätigkeit des Cambiums das Gefäßbündel in die Dicke wächst und da dieser Vorgang in einem Stengel bei allen zu einem Kreise gruppierten Gefäßbündeln stattfindet, so nimmt durch die Cambiumthätigkeit der ganze Stengel an Umfang zu. Die Zone des Cambiums trennt zwei von einander sehr verschiedene Teile des Gefäßbündels. In der mit G bezeichneten nach innen gewendeten Partie fallen größere Kreise und Ovale am meisten in die Augen. Es sind die Querschnitte der Gefässe und da sie einen bemerkenswerten

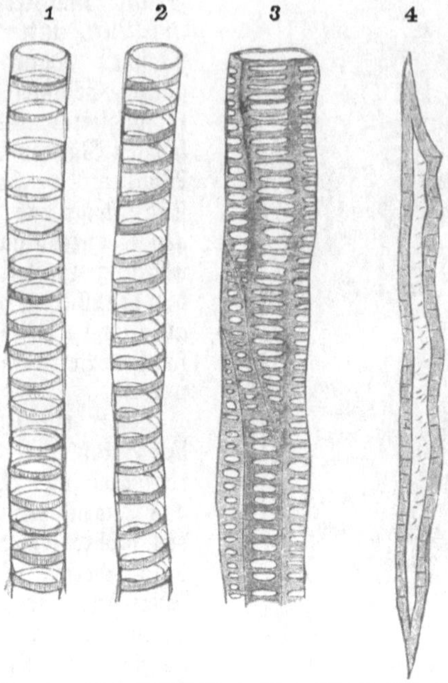

Fig. 25. 1.—3. Gefäßformen aus dem Gefäßteile; 1. Ringgefäß; 2. Spiralgefäß; 3. Tüpfelgefäß: 4. Holzfaser.

Bestandteil dieses Teiles ausmachen, so nennt man denselben „Gefäßteil" des Gefäßbündels. Die Gefässe sind längere Röhren, welche durch ihre eigentümlichen Wandverdickungen ausgezeichnet sind. (Vgl. Fig. 25, 1—3). Durch ringförmige Celluloseauflagerungen oder durch Schraubenbänder wird dem dünnwandigen Gefäßrohr die nötige Festigkeit verliehen. Derartige Verdickungsformen findet man immer bei den am frühesten im Stengel gebildeten Gefäßen, während die später entstandenen den größten Teil ihrer Wand verdicken, so daß nur kleinere, scharf umschriebene Partien dünn bleiben, welche man als Tüpfel des Gefäßes bezeichnet. Die übrigen Zellen des Gefäßteiles, welche viel enger sind, als die Gefäße, sind faserförmig wie Fig. 25, 4. In geringerer Menge findet sich dazwischen noch etwas Parenchym. Das Verhältnis der Gefäße zu den Fasern ist bei verschiedenen Pflanzen sehr verschieden, und durch die wechselnde Anzahl und Anordnung der Gefäße erhalten die Querschnitte solcher Gefäßbündel ein sehr charakteristisches Aussehen je nach der Pflanze, welche man untersucht.

Anfangs besitzen auch die Elemente des Gefäßteiles eine weiche Konsistenz, später aber werden die Zellwände dick und verholzen. Daher nennt man denn auch später den Gefäßteil Holz. Der lebendige Inhalt verschwindet aus den Zellen und sowohl die Fasern als die Gefäße sind leer und enthalten nur Luft, unter Umständen auch Wasser. Dann stellt also der ganze Gefäßteil nur noch ein kompliziertes Gerüst von verholzten Wänden dar und in diesen Wänden, welche quellungsfähig sind, steigt das Wasser, welches den Pflanzenorganen für ihre Ernährung zugeleitet werden muß, von der Wurzel, welche das Wasser aufnimmt, aufwärts bis in die feinsten Verzweigungen der Blattnerven.

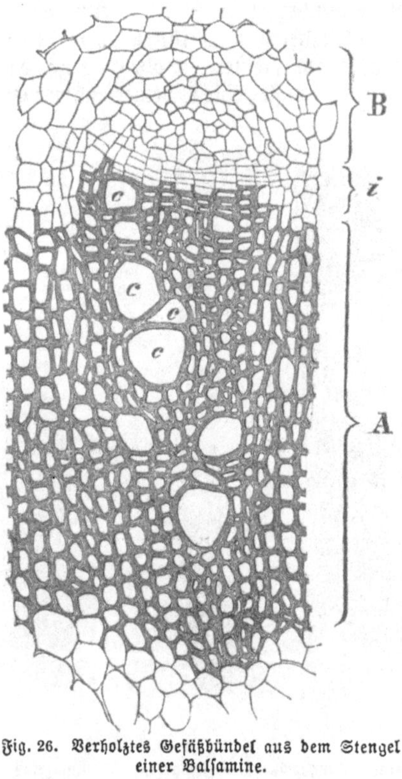

Fig. 26. Verholztes Gefäßbündel aus dem Stengel einer Balsamine.
A Gefäßteil; B Siebröhrenteil; i Cambium; C Gefäße.

Der mit B bezeichnete Teil des Gefäßbündels heißt der Siebröhrenteil und besteht vorwiegend aus langen, dünnwandig bleibenden Röhren, welche mit siebartig durchlöcherten Querplatten versehen sind und einen eiweißähnlichen Schleim enthalten. Sehr häufig liegt an der Außenseite des Siebröhrenteils noch eine Gruppe von Sklerenchymfasern, welche bei vielen Pflanzen als feste, zusammenhängende Bänder abgeschält werden können und unter dem Namen „Bast“ zum Binden benutzt werden. Wie man den Gefäßteil mit dem in der Sprache schon lange vor Entstehung der Botanik gebräuchlichen Namen Holz bezeichnet, so nennt man auch den Siebröhrenteil häufig Bast und sagt, ein Gefäßbündel besteht aus Holz, Bast und Cambium.

Hier sind bezüglich des Gefäßbündelbaues nur die Verhältnisse der dikotylen Pflanzen und Nadelhölzer ins Auge gefaßt. Bei den Monokotylen liegen die Verhältnisse etwas anders. Auch hier findet sich zwar Gefäß- und Siebröhrenteil, es fehlt aber das Cambium und infolgedessen besitzen die Monokotylen im allgemeinen kein Dickenwachstum. Außerdem tritt bei vielen Monokotylen, z. B. den Palmen, Gefäß- und Siebröhrenteil ganz zurück vor einer mächtigen Sklerenchymscheide, welche jedes einzelne Gefäßbündel umgiebt und dessen Hauptmasse darstellt. Die physiologische Bedeutung der Gefäßbündel ist natürlich auch hier dieselbe wie bei den Dikotylen.

Wir haben uns mit den Zellen-Elementen vertraut gemacht, welche ein Pflanzenorgan zusammensetzen: weiches Parenchym und härtere Stränge sind immer die Bausteine, welche überall wiederkehren, allein es würde ein Irrtum sein, zu glauben, die Pflanzenformen kämen einfach durch Zusammensetzung der verschiedenen Zellenformen zu stande, wie man ein Haus aus dem Balkengerüste und Steinen zusammensetzt. In der unbelebten Welt ist die Form eines Gegenstandes bedingt durch die Festigkeit des Materials, aus dem derselbe besteht. Aus Flüssigkeiten oder sehr weichen Substanzen kann man keinen Gegenstand formen. Die Form einer Gipsfigur oder einer Marmorstatue beruht auf der Festigkeit des Stoffes und die einmal gegebene Form ist eine konstante, wenn sie nicht absichtlich zerstört wird. In den Pflanzenorganen müssen aber ganz andere Probleme gelöst werden als die bloße Herstellung einer festen Form. Ein Stengel, ein Blatt oder eine Frucht haben keine dauernde Form, sie wachsen und verändern dabei Gestalt und Volumen und das ist eben der hochmerkwürdige Punkt bei den Pflanzenorganen und bei den Organismen überhaupt, daß sie trotz dieser Veränderungsfähigkeit durch Wachstum doch in jedem Moment eine feste Gestalt haben. Können wir auch durch die Kunst die kompliziertesten Naturformen nachahmen, so bleiben das doch immer gleichsam nur Momentaufnahmen; einen Körper, der wächst, kann die Kunst nicht herstellen. In den organisierten Gestalten kommen nicht bloß Kohäsionskräfte ins Spiel, welche die Stoffe in eine Form bannen, sondern ganz vorwiegend ist es der hydrostatische Druck und dadurch bewirkte Gewebespannungen, welche den aus weichem Material bestehenden Pflanzenorganen ihre Gestalt geben.

Nehmen wir einen Apfel zur Hand. Wenn wir denselben auspressen, so fließt ein wässeriger Saft ab und der Rückstand ist eine schwammige biegsame Masse, welche aus Zellwänden besteht. Also Wasser und weiche Zellhäute sind das einzige Material, aus dem der Apfel besteht und doch ist der Apfel eine feste, sogar harte Kugel. Wie etwas derartiges mechanisch möglich ist, wollen wir uns zunächst an einem Beispiel erläutern. Jedermann sind die roten Kautschukluftballons bekannt, die auf der Messe die Sehnsucht der Jugend erregen. Der Luftballon, ein weicher Kautschukbeutel, erhält durch Aufblasen, d. h. durch Hineinpressen von Luft oder Leuchtgas unter Druck seine Kugelform, die rote Kugel besteht also, obgleich sie einen steifen Körper darstellt, trotzdem aus zwei an sich nicht steifen Stoffen, aus Luft und einer biegsamen Kautschukhaut. Die Form kommt erst durch den Zustand gegenseitiger Spannung, in welchem sich Luft und Kautschuk befinden, zu stande. Ganz ähnlich ist es bei der Pflanzenzelle. Aus ihrer Umgebung ziehen die Substanzen, welche im Zellsafte gelöst und im ganzen osmotisch wirksame Substanzen sind, Wasser an und das sich vergrößernde Saftvolum übt auf die Zellhaut eine Dehnung aus, während diese ihrerseits vermöge ihrer Elastizität dem Drucke einen Widerstand entgegensetzt und den Zellinhalt zusammenpreßt. Erst durch diese antagonistischen Kräfte wird die Zelle prall und nimmt ihre bestimmte Gestalt an, die bei einer isolierten Zelle eine Kugel ist, welche Form bei den zu einem Gewebe verbundenen natürlich durch den Druck der umgebenden Zellen modifiziert wird. Man nennt den Zustand der Straffheit einer Zelle durch den hydrostatischen Druck ihres Inhalts Turgor. Es leuchtet ein, daß wenn alle Zellen, welche ein Organ, z. B. einen Stengel ꝛc. zusammensetzen, im Zustande des Turgors, der Saftfülle, sich befinden, das ganze Organ steif ist und, trotzdem es eigentlich aus an sich flüssigen und biegsamen Bestandteilen erbaut ist, fest und hart sein kann, wie ein Apfel, ein Kürbis u. s. w. Es läßt sich auf die einfachste Weise beweisen, daß der Turgor der Zellen von wesentlicher Bedeutung für die Gestalt der Pflanzen ist. Man kann den Turgor eines Pflanzenstengels ja sehr leicht aufheben, indem man den Zellen, welche durch Verdunstung in jeder Sekunde Wasser verlieren (also ihren Turgor vermindern), einen Nachschub neuen Wassers abschneidet. Was dann geschieht, ist bekannt, ein solcher Stengel welkt und die auffallendste Erscheinung des Welkens ist eben, daß alle Organe ihre Gestalt einbüßen. Der straff aufrechtstehende Sproß neigt sich zur Erde, die horizontal ausgebreiteten Blätter sinken als schlaffe Lamellen nach abwärts, die ganze Form des Pflanzenteils ist vernichtet, alles nur infolge der gesunkenen Turgescenz, denn wenn man einen welken Sproß in Wasser stellt, so kann er bekanntlich nach einiger Zeit seine frühere normale Form wieder annehmen, indem durch erneute Wasseraufnahme alle Zellen wieder straff werden und damit Stengel und Blätter wieder in ihre Form zurückkehren. Man kann die Turgescenz eines welken Sprosses auch in der Weise wiederherstellen, daß man denselben auf einem U-förmig gebogenen Rohr befestigt, dasselbe mit Wasser füllt und in den einen Schenkel des Rohres Quecksilber gießt. Der Quecksilberdruck preßt nun mit Gewalt Wasser in die Gewebe ein und der welke Sproß richtet sich alsbald wieder frisch auf.

Wir haben aber noch andere Momente außer dem Turgor hervorzuheben, welche die Festigkeit der Pflanzenteile verursachen, zunächst die Gewebespannung. Da Stengel oder andere Pflanzenorgane, wie oben mitgeteilt, nicht aus gleichartigem Gewebe bestehen, sondern aus sehr verschieden konstruierten Gewebesystemen zusammengesetzt sind, so ergiebt eine einfache Überlegung, daß dadurch die mannigfachsten Spannungen in der Pflanze veranlaßt werden. Wie oben erörtert, verlieren die verholzenden Gewebe ihren Inhalt, bei solchen Zellen ist also von Turgor keine Rede mehr. Diese Gewebe haben vielmehr das Bestreben, in ihrem Zustande zu beharren, da sie aber mit anderem nach Ausdehnung strebendem saftigen Gewebe fest verbunden sind, so liegt es auf der Hand, daß das letztere einen Zug auf die ersteren ausübt, daß das turgescente Gewebe aber seinerseits auch wieder durch die passiven harten Zellgewebe einen Druck erleidet. Auch diese Spannungen sind wesentliche Ursachen der äußeren Pflanzengestalt, wie wir an einem Beispiel erläutern wollen.

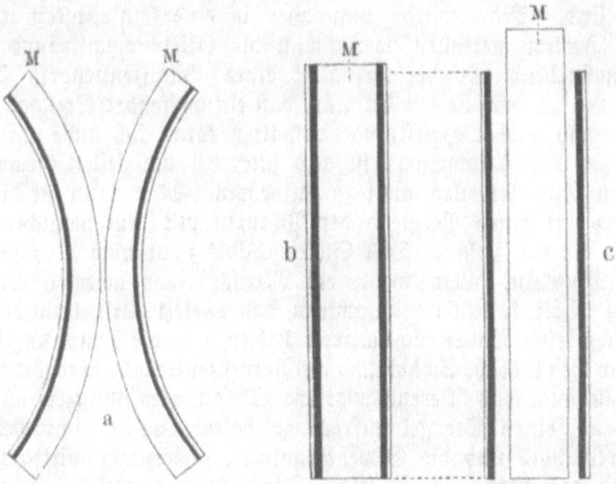

Fig. 26. Zur Erläuterung der Gewebespannung (nach Detleffen). M Mark.

Schneidet man aus dem noch im Wachstum begriffenen Stengel einer Sonnenrose z. B. eine Längslamelle aus der Mitte des Stengels heraus und halbirt nun mit einem scharfen Messer das Stück (Fig. 26 a), so krümmen sich die beiden Teile und werden nach außen konkav. Diese Krümmung kommt natürlich, wie leicht einzusehen, daher, daß die konvexe Seite sich während des Durchschneidens verlängert, das Mark (M) ist also länger als Epidermis, Rinde und Holz. Das ergibt sich ganz klar, wenn man statt den Streifen wie bei a zu halbieren, zu beiden Seiten Haut, Rinde und Holz vom Mark trennt (c). Da sich das Mark nun ungehindert strecken kann, so krümmt es sich nicht mehr, ist aber nach der Trennung länger als die abgetrennten Streifen (vgl. b u. c), welche sich ihrerseits etwas verkürzt haben. Alle diese Streifen sind nach ihrer Trennung meist sehr biegsam, während der Stengel, aus dem sie herausgeschnitten wurden, doch völlig steif ist. Diese Steifheit wird durch die Spannung hervorgerufen, in welcher sich Rinde und Markgewebe im unverletzten Stengel befinden. Auch so lange der Stengel nicht zerschnitten ist, sucht sich das Mark zu verlängern, wird aber durch die Holz- und

Rindenschichten daran gehindert und zusammengepreßt, und durch diese Kräftewirkungen steht das Ganze aufrecht.

Die Festigung der Pflanze wird aber endlich auch neben diesen hochwichtigen, eben erörterten Ursachen, durch noch andere Einrichtungen erreicht, nämlich durch Mitwirkung von an sich schon festen Geweben, also solchen, welche aus dickwandigen Zellen bestehen. Holz und Sklerenchymstränge sind also in dieser Beziehung von Bedeutung, wenn auch ihre Hauptaufgabe die der Wasserleitung ist. Es kommt eben mehrfach bei den Pflanzen vor, daß Gewebe ebenso wie Organe zwei Leistungen für die Existenz der Pflanze übernehmen. Wir haben ja oben schon gesehen, daß die Wurzeln Haftorgane und Ernährungsorgane zugleich sind. Man würde nun aber in eine Einseitigkeit und durch diese in Irrtum verfallen, wenn man die Sklerenchymstränge als ganz allein maßgebend für die Festigkeit eines Pflanzenstengels betrachten wollte. Es ist den Lesern bekannt, daß ein welkender Stengel, trotzdem er Sklerenchym- oder Holzstränge enthalten kann, sich nicht aufrecht hält, der Turgor des Parenchyms ist also auch bei mit festen Geweben ausgerüsteten Pflanzenteilen nicht zu entbehren. Man kann in dieser Hinsicht ganz gut einen Vergleich der Pflanzen mit dem menschlichen oder tierischen Körper ziehen. Das Skelett bildet zwar auch ein festes Gerüst für die Muskeln, allein wenn ein Mensch einen heftigen Schlag auf den Kopf erhält, so bricht er zusammen, das Skelett allein kann den Körper trotz seines festen Baues nicht aufrecht halten, weil die Spannung der Muskeln durch die plötzliche Schädigung des Nervenzentrums aufgehört hat. Ganz ähnlich ist auch das sklerenchymatische Skelett der Pflanzen allein nicht ausreichend, einen Stengel aufrecht zu halten, wenn nicht der Turgor des Parenchyms und die Gewebespannung gleichzeitig wirksam sind.

Und das muß auch so sein. Die Pflanzen, welche nicht fußdicke Stämme haben, wie die Bäume, könnten nicht existieren, wenn sie aus hartem unbiegsamem Material bestünden. In der Natur sind die Pflanzen heftigen mechanischen Wirkungen durch Wind und Stürme ausgesetzt, dünne Pflanzenstengel aus hartem unbiegsamem Gewebe würden unter diesen Wirkungen abbrechen, würde ein Stengel aber im Gegenteil ganz biegsam konstruiert sein, so würde der Wind denselben niederlegen und die Pflanze wäre in ihrem Dasein ebenfalls gestört. Es wäre also ganz verfehlt, wenn ein Pflanzenstengel nach den Vorschriften der Ingenieur-Mechanik z. B. wie eine Eisenbrücke konstruiert wäre. Bei starker Belastung soll sich die Eisenbrücke möglichst wenig biegen, sie soll also tragfähig und u n b i e g s a m sein. Ein Stengel soll aber tragfähig und b i e g s a m sein, und um zu sehen daß das der Fall ist, braucht man nur ein Kornfeld im Winde zu betrachten, wo die Halme mit ihrer für ihre Körpermasse starken Belastung durch die Ähren sich dem leisesten Winde neigen, um doch immerfort wieder wie tragende Säulen aufrecht dazustehen. Auch solche Aufgaben des Organismus, welche sich rein physikalisch betrachten lassen, sind trotzdem viel zu verwickelt, als daß man sie durch eine einfache Konstruktion der Technik lösen könnte.

Biegsamkeit und zugleich Widerstand gegen dauernde Verbiegung, das ist die Aufgabe, welche für die Konstruktion eines Pflanzenstengels gestellt ist, sehen wir, wie die Thatsachen zu dieser Forderung passen. Bei der Biegung eines Pflanzenstengels durch den Wind werden natürlich bestimmte Gewebe in die Länge gedehnt, dabei sollen sie aber nicht zerreißen. Es ist klar, daß je dickwandiger und härter die Sklerenchymfasern sind, um so größer ihr Widerstand gegen eine solche Dehnung in die Länge ist.

Nach Angaben von E. Detlefsen dehnt sich eine verholzte Zellwand bei einer Belastung von 1 kg pro qmm um $\frac{1}{3000}$ bis $\frac{1}{1200}$ ihrer Länge. Unter gleichen Umständen verlängern sich Metalldrähte viel bedeutender, nämlich gegossenes Blei $\frac{1}{1770}$, Zinn $\frac{1}{3840}$, Schmiedeeisen $\frac{1}{20000}$, Gußstahl $\frac{1}{29000}$. Es ist also die Steifheit der Pflanzenstengel gewöhnlich etwas größer, als wenn sie aus einem Material von der Härte des Bleies bestünden. Eine wichtige Eigenschaft der verholzten Zellwände gegenüber den Metallen ist aber die, daß die Metalle nur sehr geringe Ausdehnungen ohne bleibende Veränderung ertragen, während die verholzten Zellwände erst bei bedeutender Dehnung oder Zusammenpressung dauernd ihre Länge verändern.

Diese Untersuchungen ergeben, daß das Material des Sklerenchyms die Biegungselastizität der Stengel ganz besonders unterstützt. Der Wind mag einen Stengel bis auf die Erde niederlegen, das Sklerenchym verträgt die Dehnung und die nicht verholzten Zellwände des Parenchyms vertragen sie noch viel mehr. Aber beide halten die Dehnung nicht bloß aus, sondern kehren vermöge ihrer Elastizität nach Aufhören des Anstoßes in ihre Form zurück und der Pflanzenstengel zeigt keine Formveränderung.

Für den einzelnen Fall kommt es nun noch besonders auf die Anordnung der harten Stränge im Stengel an, ob derselbe mehr oder weniger biegungsfähig und elastisch ist. Häufig bildet das Sklerenchym einen geschlossenen Ring, welcher nahe unter der Oberhaut liegt. Der Ring kann auch dem Zentrum des Stengels näher liegen und die Gefäßbündel mit aufnehmen, wie in unserer Fig. 16. Je näher der Ring der Oberfläche des Stengels liegt, wobei dann natürlich sein Durchmesser größer ist, je größer ist seine Steifheit und also auch die Steifheit des Stengels, desto geringer aber wird zugleich seine Biegungsfähigkeit. Es ist nun leicht einzusehen, wie mannigfach durch Verschiedenheit der Anordnung eines Sklerenchymringes im Stengel die Biegungsfähigkeit und Steifheit bei den zahllosen Pflanzenarten sein kann und wie in der Natur eigentlich alles durch Kombination und viel weniger durch große Zahl der Mittel erreicht wird. So können denn auch die Sklerenchymstränge in anderer Weise als in Ringform im Stengel angeordnet sein. Vielfach z. B. bei den Monocotylen werden die zahlreichen Gefäßbündel von starken Sklerenchymsträngen begleitet, so daß immer an jedem Gefäßbündel ein solcher mechanischer Strang liegt und es wird dadurch wieder ein anderes Verhältnis von

Steifheit und Biegungsfähigkeit erlangt als beim Vorhandensein eines Sklerenchymringes.

Es ist gewiß außerordentlich interessant, daß man die Pflanzen auch von derartigen rein mechanischen Gesichtspunkten betrachten kann, nur muß man dabei sich nicht dem Irrtum hingeben, in der Pflanze seien diese Einrichtungen alle gerade so hergestellt, wie sie ein Mechaniker, dem dieselbe Aufgabe gestellt sei, machen würde. Daß in der Natur alles nach unseren Begriffen zweckmäßig sei, ist weder in dieser noch andern Beziehungen der Fall.

Von aus gleichem Material bestehenden Stäben mit regelmäßigem prismatischem Querschnitt besitzt ein dreikantiger am meisten Steifheit, und diese nimmt ab, je mehr sich der Querschnitt der Form des Cylinders nähert. Trotzdem ist die größte Mehrzahl der Pflanzenstengel cylindrisch und nur wenige drei- oder vierkantig. Bei der Pflanze wird also gar nicht immer die größte Steifheit mit dem geringsten Materialaufwande erreicht, es kommt in der Natur nicht auf das Material an, sondern auf Lösung der Aufgabe. Ebenso würde ein Mechaniker lauter Pflanzen mit hohlen Stengeln konstruieren, denn bekanntlich ist eine Röhre viel weniger biegsam als ein Cylinder von gleichem Querschnitt. Trotzdem sind hohle Stengel nicht allgemein und gerade bei Bäumen, wo es sich um sehr bedeutende Tragfähigkeit handelt, sind die Stämme massive Cylinder.

Da gerade diese mechanischen Verhältnisse in weiteren Kreisen ganz unbekannt sind und man sich hier gewöhnlich wundert, daß man in dieser streng physikalischen Weise auch die Pflanzen erforscht, so schien es nützlich, auch darüber die Hauptpunkte hier hervorzuheben. Ich glaube, es ist damit zugleich den Lesern eine hinreichendere Vorstellung gegeben, was eine Pflanze sei, als die, auf welche man gewöhnlich bei den Gebildeten trifft, die in der Regel darauf hinausläuft, daß die Pflanzen wohl ganz liebenswürdige, sogar interessante Geschöpfe sein mögen, jedoch wissenschaftlich nicht viel über sie zu sagen sei.*)

Alles bisher mitgeteilte bezog sich wesentlich auf Formverhältnisse. Die Hauptsache ist uns aber das Leben, und wir wenden uns jetzt den Lebenserscheinungen der Pflanzen zu, die uns als eine Fülle von hochwichtigen und wissenswerten Thatsachen nun entgegentreten werden. Es liegt auf der Hand, daß für das Leben des Organismus die Ernährung als eine der allerwichtigsten Lebensbedingungen anzusehen ist und wir stellen die Pflanzenernährung deshalb auch hier voran, weil sie zugleich die allerwichtigste Bedeutung für die übrige Lebewelt besitzt.

---

*) Litteratur: Schwendener, Das mechan. Prinzip im anatom. Bau der Monokotylen, 1874. Detleffen, Über die Biegungselastizität von Pflanzenteilen. Arbeiten des bot. Instituts zu Würzburg, Bd. III.

III. Die Ernährung.

1. Die Nährstoffe der Pflanzen und ihre Herkunft.

Während eine Eichel, der Same der Eiche wenige Gramm wiegt, kann ein Baum, der aus diesem Samen erwuchs, ein Gewicht von mehreren hundert Zentnern besitzen. Diese ungeheure Zunahme an Stoff und zwar nicht nur an Wasser, sondern an fester Substanz, ist das Resultat seiner Ernährung. Es handelt sich also, wie bei aller Ernährung, auch bei der Ernährung der Pflanzen um die Einverleibung von Stoffen in den Körper, welche das Trockengewicht desselben vermehren. Auf diesen Punkt ist Gewicht zu legen, um sich vor dem Irrtum zu hüten, eine bloße Volumenzunahme durch Wachstum der Ernährung gleichzuachten. Ein Organ kann wachsen, ohne daß zugleich eine Vermehrung des Trockengewichtes stattfindet, ja es kann sogar bei einem derartigen Wachstum Stoffverlust stattfinden. Wachstum und Ernährung sind also nicht identisch.

Die Stoffe, welche die Pflanze zum Aufbau ihrer Organe braucht, sind dieselben, welche auch den tierischen Körper bilden, Eiweißstoffe, Kohlehydrate, Fette, Salze und Wasser. Es ist nicht nötig, die Frage aufzuwerfen, woher der Tierkörper seine Nährstoffe nimmt. Der tierische Organismus gewinnt seinen Bedarf an Eiweißstoffen, Kohlehydraten, Fetten u. s. w., indem er andere Tiere oder Pflanzen als Nahrung genießt und durch Zerstörung anderen Lebens das eigene erhält. Von den Pflanzen ist es jedoch nur ein Bruchteil des gesamten Pflanzenreiches, der sich auf eine ähnliche Weise ernährt und merkwürdigerweise sind es gerade die niederen Pflanzen, welche sich von Substanzen anderer Pflanzen oder von tierischen Stoffen ernähren, nämlich die Pilze, Bakterien und Myxomyceten. Die Werke der Zerstörung, welche diese Pflanzen nicht nur an abgestorbenen andern Organismen, sondern sogar an lebenden Pflanzen und Tieren anrichten, sind die Folgen ihrer Ernährungsweise. Von den höheren Pflanzen schließen sich nur solche den ebengenannten in der Art ihrer Ernährung an, welche man beinahe als Abtrünnige von dem naturgesetzlichen Wege bezeichnen könnte, die phanerogamen Schmarotzer, deren ganze Organisation sich denn auch durch ihr Parasitenleben so geändert hat, daß man sie oft kaum als nächste Verwandte höherer Pflanzen wiedererkennt. Später werden wir ausführlicher auf die eigenartigen Ernährungsverhältnisse der Schmarotzerpflanzen zurückkommen. Vorerst wenden wir uns dem Gros des Pflanzenreiches zu, an das man in der Regel denkt, wenn von Pflanzen im allgemeinen geredet wird, nämlich den grünen Pflanzen. Dies Beiwort ist nicht willkürlich gewählt, um aus der Gesamtheit der Pflanzenwelt einen Teil herauszuheben, sondern weil in der That in der grünen Farbe die Ursache und die Befähigung dieser Pflanzen liegt, sich in ganz anderer Art als Tiere und pflanzliche Schmarotzer zu ernähren. Die grüne Farbe der Pflanzenorgane ist durch eine Substanz bedingt, welche sich in Form grüner Körnchen in den Zellen der Ernährungsorgane, also im allgemeinen der Blätter und grünen Sprosse, finden. Diese Körnchen heißen Chlorophyllkörner und sie allein befähigen die grünen Organe dazu, die Kohlensäure der Luft zu zersetzen und daraus die komplizierten Kohlenstoffverbindungen herzustellen, welche man allgemein als organische Substanzen bezeichnet und welche das Baumaterial für den Pflanzenkörper abgeben. Es ist demnach der fundamentale Unterschied zwischen der Ernährung der Chlorophyllpflanzen und der Tiere darin gegeben, daß die Pflanzen die organischen Baustoffe für ihren Körper nicht als Nahrung von außen aufnehmen und nur durch ihren Stoffwechsel verarbeiten, sondern daß sie sich aus einfacheren Stoffen, welche man gewöhnlich unorganische Substanzen nennt, aus Kohlensäure, Wasser und einigen Salzen die Kohlenhydrate, Eiweißstoffe und Fette zunächst selbst fabrizieren müssen, ehe sie dieselben zur Ernährung ihrer Blätter, Sprosse, Wurzeln, Blüten u. s. w. verwenden können. Kein Tier kann sich von Kohlensäure und Wasser, welches einige Salze aufgelöst enthält, ernähren, weil es nicht im stande ist, aus so einfachen Generatoren Stärke, Zucker, Eiweißstoffe und Fette herzustellen. Nur die Pflanze kann dies und diese Fähigkeit beruht einzig und allein auf ihrer Begabung mit dem grünen Farbstoff, dem Chlorophyll. Wenn es möglich wäre, in einem Augenblicke allen Pflanzenwuchs, oder mit andern Worten alles Chlorophyll auf unserer Erdoberfläche dauernd zu vernichten, so wäre damit das Schicksal aller Tiere und Menschen besiegelt. Es hätte dann die Produktion der für unsere eigene Körperernährung nötigen Stoffe, die sonst nirgends in der Natur gebildet werden, aufgehört und tierisches Leben würde nur so lange dauern, als man Gelegenheit hätte, sich gegenseitig aufzuzehren. Dann aber würde alles Leben ein Ende haben. Darum leuchtet ein, welche ungeheuer wichtige Rolle die Pflanzen auf unserem Erdball spielen. Sie sind unsere Ernährer, indem sie aus der Kohlensäure der Luft und Wasser die Stoffe produzieren, von denen wir leben oder von denen die Tiere leben, welche wir zur Erhaltung unseres Lebens verspeisen. Das ist die Aufgabe und die Arbeit der Pflanzen und die Sentenz, die Pflanzen arbeiten nicht und sammeln nicht in die Scheunen, hat bloß eine rhetorische Bedeutung. Im Gegenteil ist die Arbeit der Pflanzen eine ganz kolossale, die nur deshalb von einzelnen übersehen wird, weil sie so geräuschlos verläuft und weil man über den Resultaten von Millionen Tonnen Substanz, welche die Pflanzen erarbeiten, die Arbeiter selbst vergißt, denn sie sind dann längst dahin. Der gesamte Ernteertrag der wichtigsten Feldfrüchte des deutschen Reiches im Jahr 1884 betrug:

	Tonnen zu 1000 Kilo
Roggen	5 450 992
Weizen	2 478 883
Gerste	2 229 598
Kartoffeln	24 019 601
Hafer	4 236 665
Wiesenheu	17 350 503.

Diese vielen tausend Millionen Kilogramm Substanz sind von den Pflanzen während eines kurzen Sommers von drei Monaten erarbeitet und zwar nur aus Kohlensäure, Wasser und ein paar Bodensalzen hergestellt worden.

Die eminent wichtige Erkenntnis, daß die Pflanzen sich von Kohlensäure, Wasser und einigen Salzen ernähren, ist gewiß ebenso bedeutend, als die Entdeckung der Gravitation oder andere epochemachende Geisteserrungenschaften. Doch ist auch sie noch nicht gar so alt. Das Mittelalter wußte von diesen Sachen nichts, sondern glaubte, da das Wort Forschung damals nur einigen wenigen Menschen bekannt war, an eine von Aristoteles aufgestellte Lehre, daß die Pflanzen ihre Nährstoffe alle fertig im Boden vorfänden und mit ihrer Wurzel nur aufnähmen, wie der Mensch seine Suppe aus der Schüssel. Daher sei denn die Wurzel auch eigentlich der Mund der Pflanzen und also, meinte der Vater der Scholastik, sei die Pflanze eigentlich ein auf den Kopf gestelltes Tier. Durch derartige freilich nicht unlogische aber doch unrichtige Lehrmeinungen des Aristoteles, die ein jahrhundertelanger Glaube hegte, wurde der Fortschritt der Wissenschaft in mehr als einem Falle aufgehalten. So kam es, daß erst am Ende des 18. Jahrhunderts die Kohlensäurezersetzung der Pflanzen durch den Holländer Jan Ingenhousz entdeckt wurde und erst in unserem Säkulum durch die bedeutenden Untersuchungen von Th. de Saussure, dem Liebig, Boussingault und Sachs nachfolgten, die thatsächlichen Vorgänge der Pflanzenernährung aufgedeckt wurden. Von welcher Bedeutung diese rein wissenschaftlichen Entdeckungen sind, geht daraus hervor, daß man erst auf der Basis derselben eine rationelle Land- und Forstwirtschaft gründen konnte, Dinge, die nicht nur eine erfreuliche Errungenschaft gelehrter Intelligenz sind, sondern von denen das Wohl und Wehe der Nationen abhängt.

Kohlensäure, Wasser und wenige Salze sind die Nährstoffe der Pflanzen. Einstweilen bleiben wir die Beweise für diesen Satz noch schuldig, um zunächst die Frage aufzuwerfen, woher den Pflanzen diese Nährstoffe zufließen. Hält man sich vorerst nur an die Landpflanzen, so wurzeln diese einerseits im Boden und sind andererseits von der atmosphärischen Luft umgeben. Also nur aus diesen beiden Medien können sie ihre Nährstoffe beziehen. Dem Boden werden Salze und Wasser entnommen, die Kohlensäure aber entstammt ausschließlich der atmosphärischen Luft, in welcher wir leben, und die grünen Blätter sind es, welche sich dieses Gases bemächtigen, um daraus kohlenstoffhaltige Pflanzensubstanz zu erzeugen. Noch immer findet sich in Hand- und Lehrbüchern, sogar in solchen namhafter Fachmänner, der Satz, daß die Pflanzen die Hauptmenge ihrer Kohlensäure durch die Blätter aufnehmen. Diese Ausdrucksweise ist durchaus irreleitend; die Pflanzen nehmen ihre gesamte Kohlensäure durch die Blätter auf und durch die Blätter ganz allein, die Wurzeln beteiligen sich nicht an der Aufnahme der Kohlensäure für die Ernährung, sondern sind die Organe für die Aufnahme des Wassers und der Salze aus dem Boden. Eine ganze Abteilung von Pflanzen, welche man ihrer biologischen Verhältnisse wegen zusammenfaßt, obgleich sie systematisch durchaus verschiedenen Abteilungen angehören, die Wasserpflanzen, scheinen nun aber dem Satze zu widersprechen, daß alle Chlorophyllpflanzen ihre Kohlensäure der atmosphärischen Luft entnehmen. Bei zahlreichen Wasserpflanzen ist dies freilich nicht abzuleugnen, da sie ihre Blätter entweder über dem Wasserspiegel in die Luft erheben oder doch wenigstens ihre flachen Blätter auf der Oberfläche des Wassers schwimmen lassen, so daß sie mit der Luft in Berührung sind. Aber das thun durchaus nicht alle Wasserpflanzen, sondern viele leben völlig untergetaucht und sind immer ganz von Wasser umgeben. Trotzdem leben auch sie von der Kohlensäure der Luft, nämlich derjenigen Luft, welche das Wasser auflöst. Wenn man durch Auskochen aus dem Wasser alle Luft und damit alle Kohlensäure austreibt, so können Wasserpflanzen in demselben nicht mehr existieren, es sei denn, daß das Wasser von neuem wieder kohlensäurehaltige Luft auflöse. Die Wasserpflanzen sind zur Deckung ihres Kohlensäurebedarfs sogar noch besser daran, als die Landpflanzen. Die atmosphärische Luft enthält im Mittel nur 4 Teile Kohlensäure auf 10 000; das Wasser löst die Gemengteile der Luft bekanntlich in ganz anderen Verhältnissen, den Absorptionsgesetzen für Gasgemenge gemäß und nimmt einen größeren Prozentsatz Kohlensäure aus der Luft auf, welche dann den Wasserpflanzen für ihre Ernährung zu Gebote steht.

Wenn man die in der oben mitgeteilten Erntestatistik angegebenen großen Mengen kohlenstoffhaltiger Pflanzensubstanz, deren Kohlenstoff ganz allein aus der Atmosphäre stammt, vergleicht mit dem Verhältnis in welchem die Kohlensäure der Luft beigemengt ist, so scheint es auffallend, daß die Pflanzen mit einer anscheinend so spärlichen Quelle auskommen sollen. Man muß sich aber daran erinnern, daß 4 Teile Kohlensäure auf 10 000 Teile Luft nur ein Verhältnis ausdrücken und die Gesamtmenge der Kohlensäure in unserer Atmosphäre in der That sehr groß ist. Das Gesamtgewicht der Atmosphäre läßt sich aus dem Druck berechnen, welchen dieselbe ausübt und beträgt in runder Zahl 5,3 Trillionen Kilogramm. Die in dieser Luftmenge enthaltene Kohlensäure wiegt 3000 Billionen Kilogramm, repräsentiert also ein kolossales flüssiges Kapital für die Ernährung der Pflanzen. Nun ist allerdings nicht zu leugnen, daß dies Kapital sich in jedem Augenblick vermindern muß; in der jährlichen Haupternte des deutschen Reiches stecken 13 567 561 Tonnen Kohlenstoff, für dessen Assimilation 49 746 803 Tonnen Kohlensäure aus der Luft verbraucht wurden. Durch die Ernährung der Pflanzen würde also die Atmosphäre allmählich an Kohlensäure erschöpft werden und sie ist thatsächlich heute ärmer an diesem Gase geworden, als sie in vorhistorischer Zeit gewesen ist. Durch die Bildung der Steinkohle sind ganz unberechenbare Mengen von Kohlensäure, welche früher der Atmosphäre angehörten, gebunden worden. Was noch von Steinkohlen heute im Boden liegt, läßt sich gar nicht berechnen, von den Quantitäten kann man sich eine schwache Vorstellung machen, wenn man nach Zittel im Saarbecken allein ca. 864 000 Millionen Zentner Steinkohlen voraussetzt. Es ist allgemein bekannt, daß die Steinkohle durch langsame Zersetzung der Pflanzen vorweltlicher Wälder, welche vorwiegend aus riesigen Farnen, Equiseten und Lykopodinen gebildet wurden, entstanden ist. Die Pflanzensubstanz der Stämme wandelte sich in die schwarze glänzende Masse um, die jedermann kennt, welche aus mehr oder weniger reinem Kohlenstoff besteht. Ganz in derselben Weise wie heute haben damals die Farne, Schachtelhalme und andere Pflanzen durch ihren Ernährungsprozeß diesen Kohlenstoff der Atmosphäre entnommen und zur Produktion organischer Substanz verwendet. Nach dem Untergang jener vorweltlichen Vegetation häuften sich die Kohlenstoffmassen im Boden an und erst heute, nach vielen hunderttausend Jahren gelangt derselbe Kohlenstoff als Kohlensäure wieder zurück in die Atmosphäre, woher er stammt.

Alle Verbrennungsprozesse liefern unter anderem einen Ersatz an Kohlensäure zurück, welche durch die Pflanzen endlich im Laufe von Aeonen bis auf das letzte Molekül aufgezehrt werden würde und es ist von Interesse noch einen kurzen Blick auf diese und andere Vorgänge zu werfen, welche die Atmosphäre in ihrem Mischungsverhältnisse regenerieren. Die Atmung der Menschen und Tiere, welche in der Aufnahme von Sauerstoff und in der Aushauchung von Kohlensäure besteht, wird in der Regel besonders hervorgehoben als ein Weg auf dem die Atmosphäre wieder an Kohlensäure reicher gemacht wird. Ein Mensch produziert durch die Atmung seiner Lunge allein täglich 450 000 Kubikzentimeter Kohlensäure, welche 900 Gramm wiegen und 245 Gramm Kohlenstoff enthalten. Schätzt man die Anzahl der Menschen auf 1450 Millionen, eine Zahl, die natürlich nur als Annäherungswert zu betrachten ist, so erzeugt die gesamte Menschheit täglich 652 500 Millionen Liter oder 1285 Millionen Kilogramm Kohlensäure, welche 350 Millionen Kilogramm Kohlenstoff enthalten. Die jährliche Produktion an Kohlenstoff durch die menschliche Atmung würde 127 750 Millionen Kilogramm betragen. Die menschlichen Bewohner der Erde schaffen also schon eine erhebliche Kohlenstoffmenge in die Atmosphäre zurück. Die Individuenzahl der Tiere läßt sich gar nicht mutmaßen. Wenn die Zahl der Insekten allein, wie es nicht unwahrscheinlich ist, sich auf 800 000 bis 1 Million Arten beläuft, so ist die Individuenzahl aller Tiere eine unübersehbare. Hunderttausende von Millionen Kilo Kohlensäure werden durch die Tiere jährlich an die Atmosphäre zurückgegeben.

Man findet diese Beziehung zwischen Tier- und Pflanzenwelt meistens in Büchern besonders hervorgehoben, so daß es den Anschein hat, als ob die Tiere allein die Kohlensäure, welche die Pflanzen zu ihrer Ernährung brauchen, wieder herbeischaffen, so daß ein sehr zweckmäßiger

Ausgleich entstehe. Durch dies einseitige Hervorheben der Atmungsvorgänge für die Regeneration der Kohlensäure wird aber übersehen, daß die Tiere nur einen Teil der Kohlensäure an die Atmosphäre wieder abliefern und daß noch mannigfache andere Naturvorgänge in Betracht kommen, die denselben Erfolg haben. Zunächst decken die Pflanzen durch ihre eigene Atmung das erzeugte Defizit zum Teil wieder. Ebenso wie die Tiere atmen die Pflanzen Sauerstoff ein und geben dafür eine Quantität Kohlensäure wieder ab. Wie groß nun diese Leistung sei, läßt sich nicht zahlenmäßig angeben, da eine Schätzung der Pflanzenindividuen unmöglich ist. Die Annahme, daß der 150. Teil der festen Erdoberfläche mit 16 666 Quadratmeilen von Pflanzenwuchs bedeckt ist, ergiebt aber, daß auch die Pflanzen ein nicht unbedeutendes Quantum Kohlensäure an die Atmosphäre durch ihre Atmung zurückgeben, wenn auch natürlich die Menge, welche sie für ihre Ernährung gleichzeitig verbrauchen, viel größer ist.

Nicht bloß durch die Atmungsvorgänge wird die Atmosphäre immer wieder mit Kohlensäure versorgt. Die Kohlensäurequellen, welche auf der Erde in zahlloser Menge vorhanden sind, hauchen jährlich gewaltige Mengen Kohlensäure aus, und produktiver sind noch die zahlreichen Vulkane.

Ganz besonders kommen aber die vielen Verbrennungsprozesse bei den menschlichen Industriezweigen in Betracht. Wo Brennmaterial verbrannt wird, entsteht Kohlensäure und diese geht in die Atmosphäre über. Die zahllosen Schornsteine der Fabriken, Eisenbahnen, Dampfschiffe 2c. sind immerfort in dieser Weise thätig. Ich habe vor einigen Jahren in einem andern Buche eine Berechnung mitgeteilt, welche Auskunft giebt, wie groß die Kohlensäuremenge ist, welche die berühmten Werke von F. A. Krupp in Essen täglich und jährlich auf ihren zahlreichen Feuerstätten in die Luft jagen. Herr F. A. Krupp hatte die Freundlichkeit, mir genauere Zahlen mitteilen zu lassen, welche ich den Lesern nicht vorenthalten will.

Auf den Werken von Krupp werden im Jahresdurchschnitt per Zeittag verbraucht:

Kohlen zur Gasfabrikation		100 000 Kilo
„ im Betriebe ohne Kokerei		1 100 000 „
„ für Schiffe, Bergwerke, Hütten		100 000 „
Koks für die Gußstahlfabrik . . .	125 000 Kilo	
„ „ Hochöfen	605 000 „	
	730 000 Kilo	
	= Kohlen .	1 000 000 „
		2 300 000 Kilo.

Den mittleren Gehalt der Kohlen zu 85 % Kohlenstoff angenommen, werden täglich 1 955 000 Kilo reiner Kohlenstoff zu 7 168 333 Kilo Kohlensäure verbrannt. Das macht im Jahre von 300 Arbeitstagen 586½ Millionen Kilo Kohlenstoff oder 2150½ Millionen Kilo Kohlensäure, welche in die Atmosphäre zurückgelangen.

Wenn dies eine, allerdings großartige industrielle Etablissement allein jährlich 2150½ Millionen Kilo Kohlensäure in die Luft jagt, kann man sich ungefähr auf die Zahlen gefaßt machen, welche man bei Berücksichtigung der gesamten Industrie der Erde erhält. Wir wollen nur bei der Eisenindustrie stehen bleiben. Die Gesamtproduktion aller Länder, welche die Statistik erreicht hat, an Roheisen beträgt jährlich 22 Millionen Tonnen (à 1000 Kilo). Die Herstellung dieser Eisenmenge erfordert etwa 44 Millionen Tonnen Kohlen mit ca. 37½ Millionen Tonnen Kohlenstoff. Vernachlässigen wir die Verluste an Kohlenstoff bei der Fabrikation, so liefert die eben genannte Kohlenmenge 137133333 Tonnen Kohlensäure.

Man überzeugt sich durch diese Zahlenangaben, daß, trotzdem der Prozentgehalt der Luft nur 0,04—0,06 an Kohlensäure beträgt, doch genügende Quantitäten von diesem Gase den Pflanzen zur Verfügung stehen.

Bei der außerordentlichen Wichtigkeit, welche die Kohlensäure als alleinige Quelle des Kohlenstoffs unter den Pflanzennährstoffen besitzt, ist eine etwas ausführlichere Behandlung der Verhältnisse, welche dieses Gas betreffen, nicht unwichtig, besonders deshalb, weil dem Nichtbotaniker alle andern Pflanzennährstoffe in der Regel bekannter sind und wichtiger erscheinen als die Kohlensäure, denn ihre Aufnahme durch die Blätter entzieht sich eben der gewöhnlichen Wahrnehmung ganz und gar. Bei den übrigen Pflanzennährstoffen, beim Wasser und den Bodensalzen, liegen die Dinge mehr auf der Hand und einige kurze Bemerkungen werden genügen, um auch diese noch übrigen Nährstoffe der Pflanzen zu kennzeichnen und den Leser damit mit dem gesamten Material, aus dem die Pflanze ihre Substanzen herstellt, bekannt zu machen.

Außer der Kohlensäure brauchen die Pflanzen Wasser und zwar viel Wasser, denn in saftigen Pflanzenteilen macht das Wasser etwa 75 % des Körpergewichtes aus. Holz- und wasserarme Pflanzenteile, z. B. reife Samen, enthalten allerdings weniger. Immer spielt das Wasser eine Hauptrolle bei der Ernährung, indem es entweder selbst zur Herstellung organischer Substanz mit verbraucht wird oder nur zum Transport löslicher Substanzen dient, welche in der Pflanze in der einen oder andern Richtung an die geeigneten Orte des Verbrauchs oder der Ablagerung bewegt werden müssen. Wasser ist von allen Nährstoffen der Pflanze derjenige, welcher in jedem Moment vorhanden sein muß, wenn das Pflanzenleben bestehen soll. Eine Pflanze kann immerhin einige Tage ohne Kohlensäure oder ohne Zufuhr von Salzen leben, allein Wasserzufuhr kann sie nicht minutenlang entbehren, denn die Pflanze verdunstet unter natürlichen Bedingungen immerfort an ihrer Oberfläche Wasser und wenn man einen Nachschub desselben verhindert, so welkt die Pflanze oft schon nach Minuten und bei dauerndem Wassermangel geht sie zu Grunde, auch wenn die übrigen Nährstoffe vorhanden sind. Daß die Pflanzen das Wasser aus dem Boden durch ihre Wurzeln aufnehmen, ist einleuchtend und braucht kaum erwähnt zu werden, allein man begeht doch einen großen Irrtum, wenn man glaubt, die Wasseraufnahme durch die Wurzeln aus dem Boden sei ein einfacher Vorgang. Das spätere Kapitel über die Leistung der Wurzeln bei der Wasseraufnahme wird manche der gewöhnlichen Vorstellungen, die der diesen Dingen ferner Stehende darüber besitzt, ganz bedeutend verändern und erweitern.

Mit dem Wasser zugleich nehmen die Pflanzen die noch übrigen Nährstoffe auf, nämlich eine relativ kleine Anzahl unorganischer Salze, die man immer in der Asche der Pflanzen wiederfindet, wenn man dieselben verbrennt. Trocknet man eine Pflanze oder einen Pflanzenteil bei einer Temperatur von 100° bis das Gewicht nicht mehr abnimmt, so ist alles Wasser verdunstet und der Gewichtsverlust ergiebt die Menge des Wassers, welches die lebende Pflanze enthielt. Den Rückstand nennt man das Trockengewicht der Pflanze. Diese Trockensubstanz besteht keineswegs nur aus organischer Substanz, sondern diese beträgt etwa 88—95 %. Die organische Substanz ist verbrennlich und wenn man die getrocknete Pflanze verbrennt, so bleibt endlich ein unverbrennlicher Rest, die Asche, zurück. Jede Pflanzenasche stellt ein Gemenge von Salzen dar, welche zwar nicht alle in derselben Form in der lebenden Pflanze vorhanden waren, da die phosphorsauren, schwefelsauren und kohlensauren Salze erst bei der Verbrennung der Pflanzensubstanz durch chemische Umlagerungen entstehen. Immer jedoch repräsentiert die Asche diejenigen Stoffe, welche die Pflanze während ihres Lebens aus dem Boden durch ihre Wurzeln aufgenommen hat. Die Bestandteile der Asche und das Mengenverhältnis derselben sind keineswegs in allen Aschen gleich und es ist eine ziemlich beträchtliche Anzahl aller bekannten chemischen Elemente in Pflanzenaschen aufgefunden worden, nämlich: Jod, Brom, Fluor, Schwefel, Selen, Phosphor, Arsen, Silicium, Titan, Zinn, Bor, Kalium, Calcium, Barium, Magnesium, Zink, Quecksilber, Kupfer, Silber, Blei, Thallium, Aluminium, Mangan, Eisen, Kobalt, Nickel. Wenn man nun aber fragt, ob alle diese Stoffe, welche sich in der Pflanzenasche finden können, auch Nährstoffe der Pflanzen sind, so ist dies zu verneinen. Schon deshalb können die genannten Substanzen gar nicht sämtlich Nährstoffe der Pflanzen sein, weil sie sich niemals alle beisammen in jeder Pflanzenasche finden. Zink, Quecksilber oder gar Titan und andere seltene Metalle finden sich nur ganz ausnahmsweise einmal in einer Pflanzenasche, können also keine Nährstoffe sein, denn Nährstoffe sind diejenigen Substanzen, welche j e d e Pflanze für ihre Existenz braucht, also auch jede Asche enthalten muß. Es sind nur ganz wenige von den eben aufgeführten Substanzen, welche außer Kohlensäure und Wasser als thatsächliche Nährstoffe der Pflanzen zu bezeichnen sind, nämlich nur die wenigen: Kalium, Calcium, Magnesium, Eisen, Phosphor und Schwefel. Diese sechs finden sich daher auch in jeder Asche von Chlorophyllpflanzen mit Sicherheit vor, natürlich nicht im elementaren Zustande, sondern als schwefelsaures, phosphorsaures, kohlensaures Kalium, Calcium, Magnesium und Eisen.

Fragt man, welche Bedeutung denn den vielen übrigen Aschenbestandteilen, da wo man sie findet, zukommt, so ist darauf zu antworten: gar keine. Wenn sich diese Substanzen in einer Asche finden, so sind sie nur zufällig in die Pflanze eingewandert, weil der Boden, auf dem die Pflanze wuchs, dieselben enthielt, und weil die Wurzeln keine besonderen Organisationsverhältnisse, noch weniger ein Empfindungsvermögen dafür besitzen, ob in Wasser gelöste Salze Nährstoffe oder nutzlose Substanzen sind. Aus diesem Grunde nimmt jede Pflanze aus dem Boden außer den zu ihrer Ernährung notwendigen Salzen auch ganz nutzlose Stoffe auf, die sich zuweilen in beträchtlicher Menge in ihnen anhäufen können. So die Kieselsäure, welche z. B. die Schachtelhalme und Gräser in dem Maße aufnehmen und in ihre Zellwände einlagern, daß sie sich rauh und hart anfühlen, und wie die Schachtelhalmsprosse zum Polieren von Metall benützt werden können. Bekannt ist auch, daß die Meeresalgen bis über 5 % Jod in ihrer Asche enthalten können, obgleich in einer Million Gewichtsteilen Meerwasser kaum ein Teil Jod enthalten ist. Die Tange nehmen mit den stets neuen Mengen Meerwassers neue Spuren Jodverbindungen auf, wodurch sie dann allmählich eine solche Menge derselben aufspeichern, daß das Jod aus ihrer Asche fabrikmäßig dargestellt wird.

Es kommen also von allen den genannten Aschenbestandteilen nur jene wenigen gekennzeichneten für die Ernährung der Pflanzen in Betracht. Aber ihnen muß noch als letztes Glied ein weiterer Nährstoff hinzugefügt werden. Dies ist der Stickstoff, welcher ebenfalls in Form von Salzen, und zwar salpetersaurer Salze, von den Wurzeln aus dem Boden aufgenommen wird. Trotzdem findet er sich nicht in den Pflanzenaschen. Der Stickstoff bildet einen Hauptbestandteil der Eiweißstoffe der Pflanze, allein bei der Verbrennung, welche die Darstellung jeder Pflanzenasche erfordert, werden die stickstoffhaltigen Verbindungen zerstört und gehen als flüchtige Verbindungen davon oder wenn sie noch als salpetersaure Salze vorhanden waren, wandeln sie sich durch den Verbrennungsprozeß in kohlensaure Salze um.

Hiermit sind uns sämtliche Pflanzennährstoffe bekannt geworden es sind ihrer neun:

Kohlensäure,
Wasser,
Salpetersäure,
Schwefelsäure,
Phosphorsäure,
Kalium,
Calcium,
Magnesium,
Eisen,

von denen die Säuren und Basen wie erwähnt nicht im freien Zustande, sondern als Salze aufgenommen worden.

Oben ist ausführlich auseinandergesetzt worden, in welcher Weise die Atmosphäre als nicht versiegende Quelle der Kohlensäure unverändert erhalten wird. Auch nach der Herkunft des Wassers für die Pflanzen und die Sicherung eines steten Zuflusses braucht man nicht zu fragen, da das Wasser unsern Erdkörper überall bedeckt und durchtränkt und als Niederschlag hingelangt, wo ein direkter Zufluß nicht stattfindet.

Es wird aber nicht zwecklos sein, nun für die dritte Kategorie der Pflanzennährstoffe, die Bodensalze, die Frage aufzuwerfen, woher sie kommen und in welcher Weise der Verbrauch gerade dieser Substanzen durch Naturvorgänge kompensiert wird. Es bedarf keiner großen Überlegung, um einzusehen, daß auch von den Bodensalzen ein steter Nachschub nötig wird für eine fortdanernde Vegetation, denn was die Pflanzen an Salzen aufgenommen haben, wird mit den Ernten fortgetragen, und ohne Ersatz würden die Pflanzen den Boden ebenso an Salzen erschöpfen, wie die Atmosphäre an Kohlensäure.

Der Ursprung aller Bodensalze sind die Gesteine, welche die Felsen der Gebirge aufbauen. Durch Verwitterung der gesteinbildenden Mineralien werden die Salze in Freiheit gesetzt, zum Teil erst bei den interessanten, ziemlich verwickelten Verwitterungsvorgängen gebildet. Die Verwitterung der Felsgesteine wird namentlich durch die Einwirkung der Atmosphäre und ihrer Niederschläge bewirkt, aber diese langsame Arbeit allein würde doch kaum von dem nötigen Erfolg begleitet sein, wenn nicht in energischerer Weise eine Vorbereitung stattfände. Durch das Gefrieren des in die Felsenrisse eindringenden Wassers werden diese zersprengt und zerbröckelt, die Gletscher und Gebirgsbäche sind rastlos thätig, die Felsen zu zerkleinern und das Gerölle zugleich abwärts zu führen. So entsteht der Gesteinschutt, welcher die Grundlage des eigentlichen Erdbodens für den Pflanzenwuchs abgiebt. Das Wasser setzt nun seine Thätigkeit fort, indem es überall hindringt, lösend und umwandelnd wirkt. So wird durch das kohlensäurehaltige Wasser aus den Trümmern des Granits das Kali und der Kalk als zweifach kohlensaures Salz ausgezogen, während als Rückstand kieselsaure Thonerde bleibt, die mit Wasser den gewöhnlichen Thon bildet. Als kohlensaure Salze werden jedoch Kali und Kalk nicht von den Pflanzenwurzeln aufgenommen und weitere chemische Umsetzungen müssen im Boden stattfinden, damit die brauchbaren Salze vorhanden seien. Aus den Schwefelmetallen, z. B. Schwefelkies und Kupferkies, entstehen allmählich schwefelsaure Salze, deren Lösungen das Wasser fortführt; wo diese nun mit den Kalium- und Calciumkarbonaten zusammentreffen, entstehen durch Umsetzung mit den Metallsulfaten schwefelsaures Kali und schwefelsaurer Kalk oder Gips. Treffen die Metallsulfate auf Dolomit, so wandeln sie dessen kohlensaure Magnesia in schwefelsaure Magnesia oder Bittersalz um, kommen aber die kohlensauren Salze des Kaliums und Kalks mit verwesenden stickstoffhaltigen organischen Substanzen zusammen, so entstehen salpetersaure Salze. Auch die Phosphorsäure und das Eisen, deren die Pflanze bedarf, liefern die verwitternden Mineralien. In den Gebirgsgesteinen liegen also die reichen Quellen für die Bodensalze, von dort her sind sie auf langem Wege herabgewandert und thun dies noch heute, komplizierte Prozesse müssen sich erst im Boden abspielen, ehe das Material zur Ernährung der Pflanze fertig vorliegt.

Bei den Bodensalzen liegen also die Dinge ganz anders, als bei der Kohlensäure und dem Wasser. Beide fließen, wenn wir für das letztere von den Wüsten absehen, der Vegetation überall stetig wieder zu, die Bildung der Salze aber kann sehr leicht durch das Fehlen bestimmter Mineralien, durch den langsamen Zutritt der Atmosphärilien verhindert und verlangsamt werden und der Boden kann Mangel leiden an den Salzen, welche die Pflanze braucht.

Hier ist also der wichtige Punkt, wo die menschliche Thätigkeit eingreifen kann, um den natürlichen Verhältnissen nachzuhelfen durch die Düngung. Die alte Landwirtschaft hatte eine große Ähnlichkeit mit der alten Medizin, ohne den Zusammenhang von Ursache und Wirkung zu kennen, probierte man und probierte, „um es am Ende gehen zu lassen, wie's Gott gefällt." Freilich düngte man schon vor Liebigs epochemachendem Auftreten die Felder, allein was man damit wollte, wußte man nicht. Mystische Vorstellungen von einer Kräftigung des Bodens durch die Düngung verband man mit den damals angestellten Versuchen. Erst nachdem die Physiologie den Ernährungsvorgang der Pflanzen in seinen Grundzügen klargelegt, wußte man, was die Düngung bezwecken kann und soll. Jede Düngung hat vor allem den Zweck, die fehlenden Bodensalze zu ersetzen. Wenn Salpeter, Bittersalz, phosphorsaurer Kalk und Gips im Boden fehlen, nun so trägt man diese Salze auf seinen Acker und der Erfolg wird nicht ausbleiben. Eine solche künstliche Düngung mit reinen Salzen würde jedoch aus ökonomischen Gründen für den landwirtschaftlichen Betrieb unmöglich sein und es ist so eine großartige Industrie, welche Millionen umsetzt, entstanden zur Herstellung künstlicher Dünger, welche nicht reine Bodensalze sind, aber dieselben in einem möglichst hohen Prozentgehalt enthalten. Doch ist dies, wie bekannt, nicht das Material, mit welchem der kleine Landmann düngt. Dieser verwendet die tierischen Auswurfstoffe und Abfälle seines Betriebes, die meistens einen hohen Gehalt an organischer Substanz besitzen und man kann mit Recht nach dem Werte dieser Substanzen für die Pflanzenernährung fragen, da wie betont, die grünen Pflanzen keinerlei organische Substanzen aus dem Boden aufnehmen.

Die Wirkung der tierischen Düngerstoffe und der zum Düngen benützten Abfälle organischer Natur, wie Hornspäne, Wolle 2c. beruht auch nur darauf, daß sie Aschenbestandteile enthalten. Diese Substanzen sind ja entweder Pflanzenstoffe oder doch aus Pflanzensubstanz, aus welcher das Vieh sich ernährte, hervorgegangen und enthalten daher die Aschensalze der Pflanzen in einer wechselnden Menge. Beim Zerfallen dieser organischen Düngemittel gehen die Aschenbestandteile wieder in den Boden über und kommen einem neuen Pflanzenwuchs zu gute. Da oben erwähnt wurde, daß kohlensaure Salze des Bodens beim Zusammentreffen mit verwesenden organischen Stoffen salpetersaure Salze bilden, leuchtet es ein, daß derartige organische Dünger den

Boden namentlich an salpetersauren Salzen wieder bereichern. Allerdings haben die organischen Dünger auch noch eine Nebenwirkung, indem die Zerfallsprodukte die physikalische Beschaffenheit des Bodens ändern und ihn lockerer machen. Das aber ist auch alles und wenn mancher Landmann seinen tierischen Stoffen noch besondere geheimnisvolle Kräfte zuschreibt, so ist das eine Erbschaft des Mittelalters.

Der Zweck, vorerst die genaue Bekanntschaft mit dem gesamten Nährmaterial der Pflanzen und mit dessen Herkunft zu vermitteln, wird durch das Gesagte erreicht sein. Wir kennen jetzt die Stoffe, welche die Pflanzen in der Natur vorfinden und deren sie sich bemächtigen müssen, um dem Geschäfte der Ernährung obliegen zu können. Es wird nun unsere weitere Aufgabe sein, zu erfahren, wie die Pflanzen das von der Natur gegebene Material benützen, um die chemischen Verbindungen herzustellen, aus denen die Pflanzensubstanz besteht. Zunächst wollen wir als wichtigsten Abschnitt der Ernährung die Zersetzung der Kohlensäure durch die Blätter studieren.

2. Die Aufnahme der Kohlensäure und die Assimilation des Kohlenstoffs in den Blättern.

Die gasförmige Kohlensäure kann natürlich als solche kein Bestandteil der Pflanzensubstanz werden, sondern sie ist nur ein Nahrungsmittel für die Pflanzen, d. h. sie ist diejenige Verbindung, welche den Kohlenstoff, den wichtigsten Bestandteil aller organischen Verbindungen, liefert. Mit Wasserstoff und Sauerstoff, welche vom Wasser geliefert werden, tritt der Kohlenstoff zunächst zu Kohlehydraten, zu Stärke- oder Zuckermolekülen zusammen und diese als erstes Glied gebildeten Kohlenstoffverbindungen sind das Material, aus dem alle andern Pflanzenstoffe hervorgehen müssen. Schwefel, Phosphor und Stickstoff treten hinzu, es entstehen die Eiweißstoffe, Nucleïne, Alkaloide u. s. w. In allen organischen Substanzen, welche den Pflanzenkörper zusammensetzen, finden wir also den Kohlenstoff wieder, der einst als Kohlensäure aufgenommen wurde. Es ergiebt sich ja schon beim Verbrennen von Pflanzen oder Pflanzenteilen, daß alle Pflanzensubstanz Kohlenstoff enthält. Bei der Verbrennung werden alle organischen Verbindungen zersetzt und der Kohlenstoff scheidet sich in Form von schwarzer Kohle ab, um erst bei andauerndem Erhitzen an der Luft ganz zu Kohlensäure zu verbrennen. An der Menge der Kohle, welche z. B. ein Stück Holz liefert, sehen wir, daß es sich dabei nicht um kleine Quantitäten von Kohlenstoff handelt, sondern um einen Hauptbestandteil der Pflanzensubstanz. Etwa die Hälfte der pflanzlichen Trockensubstanz besteht aus Kohlenstoff und dieses quantitative Übergewicht macht es erklärlich, daß bei der Steinkohlenbildung solche Mengen reinen Kohlenstoffs von den verwesenden Pflanzen übrig bleiben konnten.

Vergleicht man die prozentische Zusammensetzung der beiden Generatoren Kohlensäure und Wasser mit derjenigen der entstehenden Produkte der Stärke oder des Zuckers, so ergiebt sich, daß die letzteren viel weniger Sauerstoff enthalten. Die Kohlensäure enthält 72,7 %, das Wasser 88,8 % Sauerstoff, Stärke dagegen nur 49,3 %, Zucker 53,3 %. Es muß also bei der Entstehung der organischen Substanz in der Pflanze eine namhafte Quantität Sauerstoff verloren gegangen sein. Das wird in einfachster Weise dadurch bestätigt, daß wenn man umgekehrt die Stärke oder den Zucker wieder in Kohlensäure und Wasser zerlegt, indem man diese Substanzen verbrennt, eine ebenso große Menge Sauerstoff wieder aufgenommen wird. Ebendeshalb sind ja überhaupt die organischen Substanzen verbrennlich.

Ganz von selber drängt sich die Frage auf, was mit der Menge des bei der Kohlenstoffassimilation frei werdenden Sauerstoffs geschehen ist. Dieser sämtliche Sauerstoff ist aus den Blättern in die Atmosphäre ausgestoßen worden und jede grüne Pflanze, welche im Sonnenlichte in jedem Moment die Luftkohlensäure zersetzt, um Stärke zu bilden, haucht auch zur selben Zeit Sauerstoff aus. Die Thatsache, daß die Pflanzen Sauerstoff abgeben, ist ja so ziemlich jedem Gebildeten bekannt, aber gewöhnlich wird damit nicht die richtige Vorstellung verbunden, daß die Sauerstoffabgabe ein Symptom der Ernährung der Pflanzen sei. Man pflegt gewöhnlich zu sagen, die Pflanzen atmeten Sauerstoff aus und hält in der That diesen Vorgang für die Atmung der Pflanzen. Das ist aber grundfalsch, die Sauerstoffexhalation grüner Pflanzen ist keine Atmung, sondern eine Folge ihrer Ernährung.

So allgemein nun auch die Sauerstoffproduktion der Pflanzen bekannt sein mag, so wenige Menschen haben doch, abgesehen von den Naturforschern, diesen Prozeß gesehen. Der Sauerstoff ist wie das Gasgemenge der Luft farblos und von seinem Austritt aus den Blättern kann man daher ohne weiteres auch nichts gewahr werden. Wäre die Sauerstoffausscheidung sichtbar, so würde man wahrscheinlich viel früher die ganze Pflanzenernährung richtig erkannt haben. Denn erst die Entdeckung der Sauerstoffausscheidung grüner Pflanzenteile im Sonnenlicht war der Grundstein zur heutigen Erkenntnis der Ernährung der Pflanzen. Diese Thatsache mußte aber erst entdeckt werden und das geschah im Jahre 1779 durch den holländischen Naturforscher Jan Ingenhouſz.

Die Chemiker fingen damals an, sich mit der Untersuchung der Luftarten zu beschäftigen, und es war vor allen Joseph Priestley, welcher in umfassender Weise dies neue Gebiet der Forschung eroberte und bebaute. Er machte zunächst darüber Untersuchungen, in welcher Weise brennende Körper und atmende Tiere ein abgesperrtes Luftvolumen veränderten, und dabei stellte sich heraus, daß sowohl durch die Verbrennung als durch die Atmung die Luft, wie er sagte, verdorben wurde, d. h. nachher weder Verbrennung noch Atmung weiter zu unterhalten im stande sei. Die Ursache dieser Erscheinung, die bekanntlich in dem Verbrauch des Sauerstoffs und in der Entstehung von Kohlensäure liegt, konnte Priestley damals noch nicht entdecken, da man eben noch mit Sauerstoff und Kohlensäure ganz unbekannt war. Da nun Tiere nach Priestleys Erfahrungen die Luft verdarben, so kam er auf den naheliegenden Gedanken, Pflanzen, die ja auch lebende Wesen sind, müßten dasselbe thun. Sein Erstaunen war daher nicht gering, als er die Beobachtung machte, daß Pflanzen die Luft nicht verdarben, sondern im Gegenteil verbesserten. Für uns ist das heute verständlich, da uns die Thatsache der Sauerstoffproduktion der Pflanzen bekannt ist. Nun erzeugen aber die Pflanzen nur im Lichte Sauerstoff, weil sie nur unter dem Einfluß des Tageslichtes Kohlensäure zersetzen. Im Dunkeln dagegen hört die Kohlensäurezersetzung auf und nun tritt ein anderer Lebensvorgang der Pflanze hervor, welcher durch den Ernährungsprozeß bei Tage verdeckt wird. Es ist das die Atmung der Pflanzen, welche ganz ebenso wie die tierische Atmung in dem Aushauchen von Kohlensäure besteht. Als Priestley daher Pflanzen beobachtete, welchen nicht die nötige Menge von Licht zu Gebote stand, stellte sich das Resultat ganz anders. Nun waren die Pflanzen ebenfalls plötzlich zu Verschlechterern der Luft geworden. Das verwirrte den bedeutenden Chemiker, dem neben der merkwürdigen Begabung, unerschöpflich Neues zu entdecken, die Kombinationsgabe fehlte, aus seinen Entdeckungen etwas zu machen und er gab es auf, eine Erklärung dieses Widerspruches aufzufinden.

Ingenhousz hatte sich zur selben Zeit diesen von Priestley studierten Vorgängen zugewendet und veröffentlichte 1779 ein Buch unter dem Titel „Versuche mit Pflanzen", in welchem er vorerst die völlig abgerundete Entdeckung mitteilte, daß alle grünen Pflanzenteile im Sonnenlicht die Luft verbesserten, daß dagegen dieselben Pflanzen im Dunkeln immer das Gegenteil thäten, indem sie fixe Luft (so nannte man damals die Kohlensäure) produzierten. Hier seien zwei ganz verschiedene Vorgänge vorhanden, die Priestley nur nicht als solche erkannt habe. Nach allen Richtungen untersuchte Ingenhousz seine Entdeckung und prüfte sie nach streng wissenschaftlicher Methode. Es ist ein Vergnügen, noch heute dieses Buch zu lesen und zu sehen, wie außerordentlich scharfsinnig Ingenhousz den Gegenstand erfaßte, wie nur ein völliges Eindringen in die Erscheinung noch daran scheiterte, daß es noch keine Lavoisiersche Chemie gab. Die Art, wie Ingenhousz die Sauerstoffabscheidung grüner Pflanzen oder Pflanzenteile beobachtete, war sehr einfach. Dieselben wurden in eine mit Wasser gefüllte Glasglocke gebracht, welche in einer ebenfalls mit Wasser gefüllten Schale stand. Nun ließ sich natürlich die Abscheidung des Sauerstoffs beobachten, da die Gasblasen in dem Wasser aufstiegen und das Gas sich oben in der Glocke ansammelte.

In den 70er Jahren des vorigen Jahrhunderts sprang wie die gewappnete Pallas aus dem Haupte des Zeus die wissenschaftliche Chemie aus Lavoisiers Kopfe fertig hervor. Es folgten einander Schlag auf Schlag die großartigen Entdeckungen, die Erkenntnis des Sauerstoffs, die Zusammensetzung der Luft, des Wassers und der Kohlensäure und damit der Sturz der Phlogistontheorie, die übrigens selbst eine bedeutende geistige Leistung gewesen war. Das alles ermöglichte nun auch auf einmal Ingenhousz die Einsicht, daß das von seinen Pflanzen ausgeschiedene

Gas Sauerstoff sei, und es kam ihm der Gedanke, daß es sich dabei um ein ganz anderes Ziel handle, als bloß die Luft zu verbessern.

Soviel war ihm schon längst klar geworden, daß die Pflanzen nicht alle Nahrung dem Boden entnehmen können, und da sie außerdem nur mit der Luft in Berührung sind, so erschien ihm der einfache Schluß ganz selbstverständlich, daß die Pflanzen die übrige Nahrung der Luft entnehmen und zwar die Hauptmenge. In einem zweiten Buche „Über Ernährung der Pflanzen" veröffentlichte er ausführlich seine Ansicht, daß die Pflanzen ihren Kohlenstoff ausschließlich der Luft entnähmen und denselben zur Produktion ihrer Substanz verwendeten, und daß sie dabei Sauerstoff ausschieden. Dieser Vorgang gehe nur in grünen Pflanzenteilen vor sich und nur dann, wenn dieselben vom Sonnenlicht getroffen würden. Wie alle großen Entdeckungen, für welche die Zeit noch nicht reif ist, stieß auch diese auf lebhaften Widerspruch, namentlich weil nach Lavoisiers Untersuchungen die Luft gar keine Kohlensäure enthalten sollte. Allein Ingenhousz war kühn genug, dies für einen möglichen Irrtum zu halten, namentlich weil er doch wußte, daß alle Pflanzen in der Nacht Mengen von Kohlensäure an die Atmosphäre abgeben. Heute ist Ingenhousz' Ansicht die aller Naturforscher geworden und sein Name wird in der Geschichte der Wissenschaft, solange es eine solche giebt, als heller Stern glänzen.

Auch heute muß man, um die Exhalation des Sauerstoffs bei der Kohlensäurezersetzung mit den Augen wahrnehmen zu können, in derselben Weise wie Ingenhousz verfahren, indem man Pflanzen oder auch abgeschnittene Blätter in ein Gefäß mit Wasser bringt und dem Sonnenlichte aussetzt. Alsbald beginnen Blasenströme wie Perlen im Wasser aufzusteigen und diese Gasblasen sind Sauerstoff. Man kann in jedem Glase Wasser mit einem frischen Blatte diese Erscheinung beobachten, allein zur Demonstration wählt man eine möglichst zweckmäßige Anordnung eines solchen Versuches. Zunächst bedarf es nur geringer Überlegung, daß man am besten, da der Versuch in Wasser angestellt werden muß, eine Wasserpflanze wählt, weil diese dann auch während des Experimentes sich in ihren natürlichen Bedingungen befindet. Wir wählen also eine Wasserpflanze unserer Teiche oder Gräben, eine Elodea oder Hippuris, Potamogeton, Ceratophyllum oder was gerade sonst zugänglich ist, bringen die Pflanze in frisches Brunnenwasser und stellen das Gefäß in die Sonne. Der in Fig. 27 abgebildete einfache Apparat ist besonders zur Anstellung eines solchen Versuches geeignet.

Das viereckige auf Füßen ruhende Gefäß ist ein Kasten aus Zinkblech, an welchem die vordere und die hintere Wand durch Glas ersetzt sind, so daß derselbe einen vollkommen durchsichtigen Behälter darstellt. Dieser Trog ist mit frischem Brunnenwasser gefüllt und ein Sproß einer Elodea, der sogenannten Wasserpest*) hineingesetzt. Es ist nicht nötig, eine

*) Der schlechtgewählte Name für dies zierliche Pflänzchen bedeutet nichts weniger, als daß dieselbe das Wasser etwa verpeste. Gegen Ende der dreißiger Jahre trat diese nordamerikanische Pflanze so massenhaft in unsern Gewässern auf, daß sie durch Verstopfen von Wasserabflüssen und Schleusen Verkehrsstörungen herbeiführte.

angewurzelte Pflanze zu nehmen, auch ein abgeschnittener Sproß derselben ist noch völlig lebendig und kann sich ganz selbständig ernähren und fortwachsen. Da es notwendig ist, zum Zwecke der Beobachtung die Pflanze untergetaucht zu halten, so beschwert man sie mit einigen großen Glasperlen, wodurch sie in passender Stellung gehalten wird. Stellen wir das Gefäß in die Sonne, so bedarf es keiner langen Geduld, um einen Gasblasenstrom von der Schnittfläche des Stengels im Wasser aufsteigen zu sehen, wie es unsere Abbildung andeutet. In schnellerer Folge treten die Blasen aus der Schnittfläche des Stengels und wie

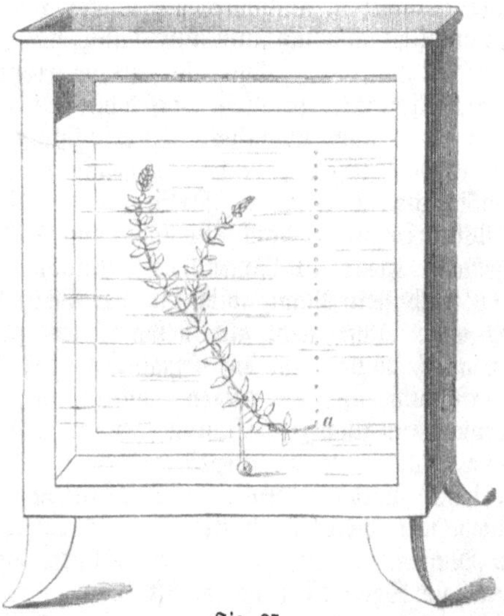

Fig. 27.

eine Perlenschnur geht der Blasenstrom aufwärts. Der Sauerstoff wird durch die Thätigkeit der Blätter abgespalten und wenn die Pflanze unverletzt wäre, so würden die Blasen von den Blättern aufsteigen. Daß bei unserem Experiment der Gasstrom unten an dem Querschnitt des Stengels austritt, kommt daher, daß der Sauerstoff hier eine Öffnung findet und den geringsten Widerstand zu überwinden hat. Die Pflanze besitzt nämlich durch ihren ganzen Körper Luftkanäle zwischen ihrem Zellgewebe, und wenn auch der Sauerstoff in den Blättern entsteht, so verbreitet er sich rasch durch dieses Kanalsystem der Intercellularräume und findet auf diese Weise den künstlich geschaffenen Ausgang. Es ist nun leicht, den Nachweis zu führen, daß das ausgeschiedene Gas wirklich Sauerstoff ist. Bringt man eine größere Menge Wasserpflanzen in den ohne weiteres verständlichen Apparat, Fig. 28, so läßt sich ein beträchtliches Volumen des Gases in dem Rohr b aufsammeln. Wie bekannt entflammt reiner Sauerstoff einen glimmenden Holzspan und wenn wir einen solchen in das Rohr einführen, nachdem dasselbe sich ganz mit Gas gefüllt hat, entzündet sich derselbe sofort. Würden wir das Gas im Rohr b analysieren, so würde sich allerdings dem Gase eine bestimmte Menge Kohlensäure und Stickstoff beigemengt finden. Das kommt aber daher, daß beim Aufsteigen der Gasbläschen im Wasser etwas Kohlensäure und Luft, welche ja im Wasser gelöst sind, in die Gasblasen hineindiffundieren und mitgenommen werden.

Die Sauerstoffausscheidung kann nur so lange vor sich gehen, als das Wasser wirklich Kohlensäure enthält. Ist diese verbraucht, so hört der Blasenstrom des Sauerstoffs auf, selbst wenn man das Sonnenlicht auch weiter der Pflanze zukommen läßt. Es ist jedoch dann nur nötig, etwas Kohlensäure, die man in einem Kohlensäureapparat aus Marmor und Salzsäure entwickelt, einzuleiten, um sofort den Wiederbeginn der Sauerstoffausscheidung wahrnehmen zu können. Kohlensäuregegenwart ist also die erste Bedingung der Sauerstoffabgabe. Aber wir können an unserem einfachen Apparat auch noch von einer andern hochwichtigen Thatsache uns überzeugen, nämlich davon, daß selbst wenn genügend Kohlensäure im Wasser vorhanden ist, doch keine Sauerstoffblasen erscheinen, wenn nicht die Blätter der Pflanze vom hellen Sonnenlichte getroffen werden. Wir brauchen nur etwa mittels eines Papierschirmes den durchsichtigen Cylinder zu beschatten, so wird der Blasenstrom sofort langsamer, um im Moment wieder zu beginnen, wenn wir den Schirm entfernen. Beschatten wir die Pflanze stark und andauernd, so hört der Gasblasenstrom ganz auf. Das beweist also, daß nur dann Kohlensäure von den Blättern zersetzt wird, wenn sie sich unter heller Tagesbeleuchtung befinden, und das gilt natürlich nicht bloß für unsere Versuchspflanze, sondern für alle Pflanzen draußen. Fehlt einer Chlorophyllpflanze helles Licht, so nützt ihr alle Kohlensäure nichts, sie verhungert trotz allen Überflusses. Schon eine Staude wie eine Sonnenrose, welche im Laufe eines dreimonatlichen Sommers ca. 2000 Gramm Trockensubstanz herstellt, zersetzte dabei ungefähr 3483 Gramm Kohlensäure, deren gesamter Sauerstoff ausgehaucht wurde. Die Menge dieses Sauerstoffs beträgt bei der genannten doch immerhin noch kleineren Pflanze 2533 Gramm oder 1772 Liter. Denkt man an die ganze Vegetation der Erde, so muß die Sauerstoffproduktion aller Pflanzen eine ganz beträchtliche sein. Da nun bekanntlich die Luft nur durch ihren Sauerstoffgehalt respirabel ist und dieser Gehalt durch die in jeder Sekunde vor sich gehende Atmung vieler Millionen Tiere und Menschen vermindert wird, so findet durch die von den Pflanzen bei ihrer Ernährung geleistete Sauerstoffabgabe ein

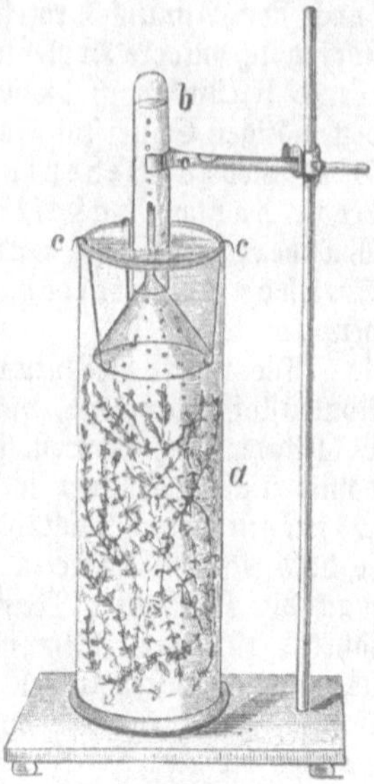

Fig. 28.

Ersatz dieses Gases statt, der zweckmäßig erscheint. Man findet auch vielfach in Büchern, auch physiologischen, die Meinung ausgesprochen, daß hier der eigentliche Angelpunkt für die Bedeutung der Pflanzen für die Tiere läge. Die Pflanzen können die von den Tieren ausgeatmete Kohlensäure für ihre Ernährung benutzen, die Tiere dagegen ein Nebenprodukt der Pflanzenernährung für ihre Atmung. Das erscheint sehr zweckmäßig. Und doch ist die Ansicht über die Bedeutung der Pflanzenwelt, welche man daran zu knüpfen pflegt, unzutreffend. Schon oben ist darauf hingewiesen, daß es ein Irrtum ist, zu glauben, gerade so viel Kohlensäure, wie die Pflanzen gebrauchen, werde ihnen durch den Atmungsprozeß der Tiere geliefert. Es sind, wie erwähnt, noch ganz andere Kohlenstoffquellen für die Pflanzen vorhanden. Ganz ebenso irrtümlich ist die Meinung, die Pflanzen hätten nur die Aufgabe, den nötigen Sauerstoff für die tierische Atmung wieder herbeizuschaffen. Die wahre Bedeutung der Pflanzen für die Tierwelt liegt darin, daß sie aus der Kohlensäure der Luft und Wasser, also aus unorganischen Verbindungen organische Substanz herstellen, welche der tierische Körper zu seiner Ernährung benutzen kann.

Die wahre Bedeutung der Pflanzen für die Tierwelt liegt in ihrer Kohlenstoffgewinnung, nicht in der Sauerstoffabgabe. Daß für begrenzte Lokalitäten die Sauerstoffproduktion der Pflanzen von Nutzen ist, soll damit nicht geleugnet werden, die Nähe des Waldes weiß jedermann zu schätzen, aber selbst ohne Pflanzenwuchs würde an Sauerstoff nicht so bald Mangel eintreten, als an Kohlenstoffverbindungen. Veranschlagt man die Zahl aller Menschen auf 1450 Millionen, so brauchen diese jährlich für ihren Atmungsprozeß ca. $1\frac{1}{7}$ Kubikmeilen Sauerstoff und wenn die Menschheit den gesamten Sauerstoff der Atmosphäre aufzehren könnte, so würde ihr dazu noch immer der Zeitraum von 1 690 344 Jahren bleiben.

Aus dem Austreten von Sauerstoffblasen aus grünen Pflanzen, welche in kohlensäurehaltigem Wasser leben, auf die Kohlensäurezersetzung zu schließen, ist natürlich zunächst eine Hypothese. Man kann nun aber das gleichzeitige Verschwinden der Kohlensäure aus der Luft, welche eine assimilierende Pflanze umgiebt, nachweisen und so einen direkteren Beweis für die Assimilation liefern. Dieses wurde auch thatsächlich schon einige Jahrzehnte nach der Entdeckung Ingenhousz' durch die gasanalytischen Untersuchungen des Genfer Gelehrten Theodore de Saussure entdeckt. Saussure ließ Pflanzen unter einem Glasrecipienten wachsen, in welchem sich ein durch Quecksilber abgesperrtes Luftvolum befand, dem eine gemessene Menge Kohlensäure zugesetzt war. Vom Sonnenlicht beleuchtet konnten die eingeschlossenen Pflanzen die Kohlensäure ihrer kleinen abgegrenzten Atmosphäre zu ihrer Ernährung benutzen. Die Analyse der eingeschlossenen Luft ergab nach Verlauf einer bestimmten Zeit, daß alle Kohlensäure aus dem Recipienten verschwunden war und daß die Pflanzen dabei an Trockengewicht zugenommen hatten, was ja natürlich die Hauptsache ist.

So haben denn diese beiden Männer allein durch ihre Beobachtungen und Untersuchungen die Thatsache der Kohlenstoffassimilation durch die Pflanzen vollkommen begründet. Die Mitwirkung des Chlorophylls und was für Stoffe dabei zunächst erzeugt werden, wurde freilich erst viel später entdeckt, aber daß Kohlensäure in grünen Pflanzenteilen zerlegt werde zum Zwecke der Vermehrung ihres Trockengewichts, stand fest. Um so verwunderlicher ist es, daß einige Jahrzehnte nachher von den damaligen Botanikern, welche allerdings inzwischen die Naturforschung mit der Naturphilosophie vertauscht und dadurch sich vom Wege der wahren Forschung entfernt hatten, die Ernährung der Pflanzen durch die Luftkohlensäure für so unwahrscheinlich gehalten wurde, um Ingenhousz und Saussures Untersuchungen für Dinge anzusehen, die nicht bloß falsch seien, sondern die man am besten gar nicht beachte, um sich nur nicht zu verwirren. Erst Liebig setzte die Welt in Staunen und Aufregung, als er das noch einmal verkündete, was in Saussures Werken seit 40 Jahren gedruckt stand, und wie bekannt waren es auch nach diesem Zeitraume nur wenige, welche ihn verstanden. Die gasanalytischen Untersuchungen sind natürlich in neuerer Zeit den Fortschritten der Versuchstechnik gemäß vielfach und genauer wiederholt worden und es ergab sich dabei immer wieder die höchst beachtenswerte Thatsache, daß wenn Pflanzen in einem abgeschlossenen Luftvolumen Kohlensäure zersetzen, sich das Gasvolumen gar nicht ändert. Das heißt mit andern Worten, da der Assimilationsprozeß in der gleichzeitigen Aufnahme von Kohlensäure und Abgabe von Sauerstoff besteht; es muß ein der aufgenommenen Kohlensäure gleiches Volum Sauerstoff von den Pflanzen ausgeschieden worden sein.

Diese Konstanz des Gasvolumens bei der Kohlensäurezersetzung erlaubt eine wichtige theoretische Folgerung zu ziehen, nämlich die, daß bei der Assimilation in den Blättern ein Kohlehydrat, Stärke oder Zucker entsteht, denn nur in diesem Falle bleibt das Gasvolum konstant, wie aus der folgenden Formel ersichtlich:

$$12\,CO_2 + 10\,H_2O = 12\,O_2 + 2\,C_6H_{10}O_5 \text{ (Stärke).}$$

Würde man annehmen, daß bei der Assimilation eine andere Kohlenstoffverbindung, z. B. ein Fett entstünde, so würde, da dasselbe eine sauerstoffärmere Substanz ist, mehr Sauerstoff frei werden und das Gasvolum sich vergrößern müssen, z. B. bei der Entstehung von Trioleïn, wie folgt:

$$57\,CO_2 + 52\,H_2O = C_{57}H_{104}O_6 + 80\,O_2.$$

Übrigens ist die Richtigkeit der Entstehung eines Kohlehydrates dadurch am besten sichergestellt, daß man dasselbe in den Blättern sowohl durch chemische Reaktion als mikroskopische Beobachtung wirklich nachweisen kann. Man liest in fast allen Hand- und Lehrbüchern, daß der gesamte bei der Assimilation frei werdende Sauerstoff aus der Kohlensäure stamme und spricht eben auf Grund dieser Annahme von der Kohlensäure-Zersetzung, welcher Ausdruck auch im vorliegenden Text mehrfach gebraucht wurde. Man darf sich jedoch nicht durch dies eingebürgerte

Wort zu der Annahme bestimmen lassen, als ob thatsächlich der Assimilationsprozeß mit der Zerlegung der Kohlensäure in Kohlenstoff und Sauerstoff beginne und der Kohlenstoff dann mit Wasser zu Stärkemolekülen zusammentrete. Die Möglichkeit, daß der Vorgang so verläuft, ist nicht ausgeschlossen, allein wir haben bis jetzt keine Einsicht in den Verlauf der Stärkebildung. Man würde sich also besser so ausdrücken, wenn man sagte: es sieht so aus, als ob der gesamte Sauerstoff aus der Kohlensäure stamme, denn es ist ebensowohl möglich, daß zunächst ohne Zerlegung der Kohlensäure eine Verbindung mit dem Wasser entstehe, welche ihrerseits erst durch Reduktion zum Kohlehydrat wird.

Da hier nicht der Ort ist, eine Anleitung zu feineren wissenschaftlichen Untersuchungen zu geben, so möge das Angedeutete bezüglich der gasanalytischen Untersuchungen genügen; die Basis derselben sind ihre komplizierten Methoden, welche daher anderswo studiert werden müssen.*) Es kommt hier nur darauf an, für die vorgetragenen Thatsachen die allgemein verständlichen und schlagenden Beweise mitzuteilen, und da wird es sich mehr empfehlen, anstatt einer Besprechung der eudiometrischen Methoden eine andere Methode ausführlicher zu behandeln, welche als eine ganz allgemeine zur Bestätigung aller bisher mitgeteilten Sätze über die Nährstoffe der Pflanzen bezeichnet werden kann. Es ist die Methode der künstlichen Ernährung der Pflanzen.

3. Die künstliche Ernährung der Pflanzen.

Der berühmte französische Naturforscher Duhamel hatte schon 1758 durch Experimente dargethan, daß man Bohnen mit reifen Früchten anstatt im Boden auch in gewöhnlichem Flußwasser erziehen könne. Auch eine Eiche hatte er acht Jahre lang im Wasser erzogen und andere derartige Versuche angestellt. Es ist also möglich, Pflanzen, welche sonst im Boden wachsen, in einer wässerigen Lösung zu erziehen, denn Fluß- oder Brunnenwasser ist ja eine ganz verdünnte Salzlösung. Es liegt auf der Hand, daß mit dieser Entdeckung die Grundlage einer wichtigen Untersuchungsmethode gegeben ist. Was der natürliche Boden in einem gegebenen Falle enthält, läßt sich nur schwierig ganz genau feststellen und seine Bestandteile müssen daher als etwas Gegebenes hingenommen werden, was bei wissenschaftlichen Untersuchungen durchaus störend ist. Wenn nun aber Pflanzen in einer Lösung ebensogut gedeihen, als im festen Boden, so kann man eine solche Lösung nach theoretischen Grundsätzen herstellen. Man kann der Pflanze die Salze in einem ganz bestimmten, dem Experimentator bekannten Verhältnisse darbieten, kann dies oder jenes Salz aus der Lösung fortlassen und den Erfolg des Fehlens oder Vorhandenseins einer chemischen Verbindung studieren. Sachs hat das Verdienst, aus den vereinzelten Versuchen

---

*) Pfeffer, W., Die Wirkung des farbigen Lichtes auf die Zersetzung der Kohlensäure. Arbeiten des botan. Instituts Würzburg, Bd. I.

Duhamels eine solche konsequente Methode entwickelt zu haben und sie ist seitdem als unentbehrliches Mittel zur Lösung ernährungsphysiologischer Fragen tausendfältig von den Fachmännern benutzt worden.

Das Wesentliche der Methode ist, daß den Wurzeln der Pflanzen eine ganz verdünnte Salzlösung von bekannter Zusammensetzung dargeboten wird, während ihnen im übrigen die natürlich gegebenen Bedingungen der Luftkohlensäure und der Beleuchtung zugänglich sind. Während man bei der Kultur von Pflanzen im Boden nicht weiß, was für Stoffe ihnen in jedem Momente zukommen, so ist bei der künstlichen Ernährung jede Substanz, welche die Pflanze aufnehmen kann, bekannt. Was die Luft enthält, wissen wir ebensogut, als was in unserer Nährlösung enthalten ist.

Natürlich kann man im einzelnen die Methode in dieser oder jener Weise ausführen, ich werde dieselbe hier so beschreiben, wie sie mir aus eigener längerer Erfahrung am zweckmäßigsten erscheint.

Selbstverständlich ist, daß man bei derartigen Studien die Pflanze vom Anfang ihrer Entwickelung, also von der Keimung an kontrolliert; würde man eine schon im Boden herangewachsene Pflanze nachträglich in eine Nährlösung setzen, so wüßte man ja nicht, was sie schon vorher aufgenommen hätte. Die Vorbereitung besteht also darin, sich Keimpflanzen zu verschaffen. Man läßt Samen von Mais, Tabak, Getreide, Gartenbohnen, Kohlrüben 2c. keimen, bis sie Keimsproß und Keimwurzel entwickelt haben. Zu dem Ende müssen die Samen zunächst, nachdem man sie gut abgewaschen hat (eine Vorsichtsmaßregel, die durchaus nicht nebensächlich ist, um Pilze und Bakterien fernzuhalten), ca. 12 Stunden in Brunnenwasser quellen. Will man zur Entscheidung ganz bestimmter Fragen gleich von vornherein die Anwesenheit von Salzen ausschließen, so kann die Quellung auch in destilliertem Wasser geschehen. Das hat jedoch den Nachteil, daß das destillierte Wasser den Samen Nährstoffe entzieht, außerdem ist bei Anwendung von destilliertem Wasser trotzdem die Genauigkeit keine absolute, da die Samen selbst eine Quantität Aschenbestandteile enthalten, die man allerdings durch Analyse gleicher Samen annähernd kennen lernen kann. Man legt, damit die Keimung vor sich gehe, am besten die Samen auf ein Netz von Stramin, welches über ein Glasgefäß mit Wasser gebunden und mit einer Glasglocke bedeckt wird (Fig. 29). Sobald die Keimwurzel die Samenschale durchbricht, schneidet man in den Stramin eine entsprechende Anzahl Löcher von der Größe, daß die Samen nicht durchfallen, jedoch groß genug, daß die Wurzeln bequem Raum zum Abwärtswachsen haben. Nur ihre erste Entwickelung machen die Keimpflanzen auf diesem Keimbett durch, nachdem der Sproß sich erhoben, nimmt man die Pflanzen heraus, wobei

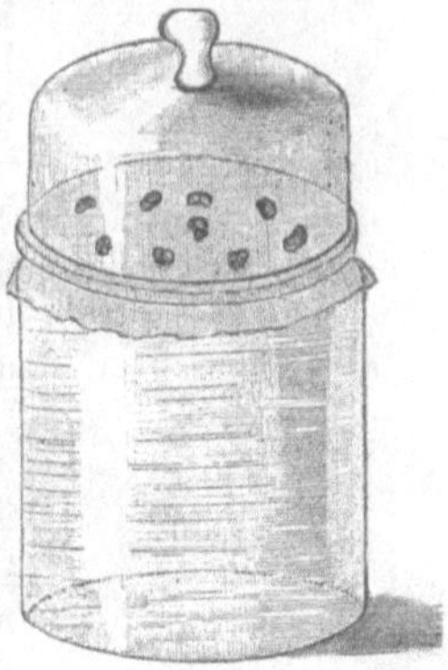

Fig. 29.

man sorgfältig darauf achtet, die Wurzelspitzen nicht zu verletzen, welche außerordentlich spröde sind und wie Glas abbrechen. Statt auf einer Straminunterlage kann man die Keimpflanzen auch in Töpfen mit feuchten Sägespänen erziehen, doch scheint mir die andere Methode empfehlenswerter, weil die in Sägespänen gewachsenen Wurzeln in der Lösung nicht so gut gedeihen und die Pflanzen gewöhnlich erst neue Wurzeln bilden müssen.

Erst nachdem man die Keimpflanzen erzogen hat, kann der eigentliche Versuch beginnen und die Pflanzen werden in den Kulturcylinder eingesetzt. Dies ist ein einfacher Glascylinder, welcher als Verschluß einen gut passenden und aus gutem Material bestehenden Kork erhält. Der Kork wird folgendermaßen hergerichtet. In der Mitte erhält er eine Durchbohrung und zwar wird die Weite des Loches so gemacht, daß es für das spätere Dickenwachstum der Pflanzen ausreicht. Von der zentralen Durchbohrung nach der Peripherie schneidet man durch zwei divergierende Schnitte ein breiteres Stück aus dem Kork heraus. Das hat folgenden Zweck. In das Loch der Mitte soll die Pflanze befestigt werden, indem man sie mit Watte dort festklemmt, was vollkommen ausreicht, sie aufrecht zu halten, ohne sie durch Druck zu beschädigen. Die bewurzelte Keimpflanze läßt sich, wenn ihre Wurzeln Nebenwurzeln getrieben haben, nuu aber nicht ohne diese abzubrechen, von oben durch das Loch des Korkes durchstecken, deshalb bringt man den Ausschnitt an, durch welchen man von der Seite den Keimstengel einführen und in die Mitte des Korkes bringen kann. Das glatt herausgeschnittene Korkstück wird wieder in den Ausschnitt eingeklemmt, damit der Cylinder völlig verschlossen ist. In der Zeichnung ist der Deutlichkeit wegen dies unterblieben. Außer der zentralen Durchbohrung erhält der Kork noch zwei weitere Durchbohrungen, wie in Fig. 30 angedeutet ist. Die eine dient dazu, später einen Holzstab hineinzustecken, um die heranwachsende Pflanze anzubinden, durch das andere Loch wird später zur Durchlüftung das Zuleitungsrohr des Aspirators eingeführt. Der Cylinder selbst wurde vor dem Einsetzen der Pflanze mit einer Nährlösung angefüllt. Es ist nötig, den Glascylinder, in welchen die Wurzeln hineinwachsen, mit einer undurchsichtigen Umhüllung zu umgeben. Dies geschieht nicht nur, um die Wurzeln, die im Boden ebenfalls des Lichtes entbehren, in naturgemäße Bedingungen zu bringen, sondern um zu verhindern, daß sich Algen in der Nährlösung ansiedeln. Dem Lichte ausgesetzt würde sich bald eine Vegetation grüner Algen im Cylinder zeigen und diese mikroskopischen Pflänzchen würden durch

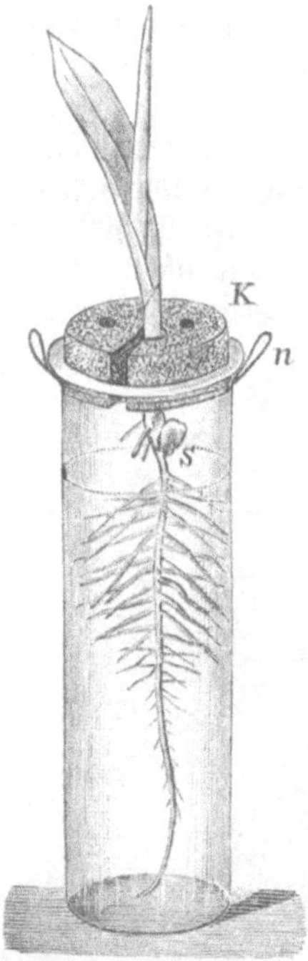

Fig. 30. Kulturcylinder für künstliche Ernährung der Pflanzen.

Bedecken der Oberfläche der Wurzeln deren Thätigkeit in hohem Maße beeinträchtigen. In der Dunkelheit können die Algen nicht gedeihen, und man stellt daher den Kulturcylinder am besten in ein dicht anschließendes mit schwarzem Papier überzogenes Pappfutteral. Um den Cylinder herausheben zu können, legt man um seinen obern Rand einen Draht, der an beiden Seiten zwei Schleifen zum Anfassen bildet. Was die Nährlösung enthalten muß, ergiebt sich aus unsern bisherigen Studien; die Wurzeln müssen Kalium, Calcium, Magnesium, Phosphorsäure, Schwefelsäure, Salpetersäure und Eisen vorfinden, damit die Pflanze gedeihen kann.

Wir geben daher unserer Nährlösung folgende Zusammensetzung:

Wasser	1000 Gramm,
Kaliumnitrat (Salpeter) . .	0,5 „
Calciumphosphat	0,2 „
Magnesiumsulfat (Bittersalz) .	0,2 „
Ferrosulfat (Eisenvitriol) . .	0,1 „

In dieser Lösung sind alle verlangten Nährstoffe enthalten. Der phosphorsaure Kalk ist nur in geringer Menge in Wasser löslich und wird daher nur als feines Pulver im Wasser verteilt, damit er sich in dem Maße, als er von den Wurzeln verbraucht wird, immer wieder lösen kann. Es wird dem Leser nicht entgehen, daß die Nährlösung eine sehr verdünnte ist, 1000 Teile Wasser enthalten nur 1 Teil des Salzgemenges. Das ist den natürlichen Bedingungen angemessen, auch das Bodenwasser stellt ja eine ganz verdünnte Lösung dar, nämlich dieselbe Lösung, welche wir als Trinkwasser genießen. Das Würzburger Trinkwasser enthält auf 1000 Teile Wasser 0,67 Teile Salze, natürlich in ganz anderer Mischung als unsere Nährlösung. Wollte man die Pflanze in einer konzentrierten Salzlösung kultivieren, so würden die Wurzeln getötet werden; es ist also die starke Verdünnung der Lösung ein notwendiger Punkt. Das oben gegebene Mischungsverhältnis der Salze ist nicht etwa durch theoretische Voraussetzungen bedingt, sondern ein solches, welches sich in der Praxis bewährt hat. Eine bestimmte quantitative Zusammensetzung der Nährlösung läßt sich auch nicht angeben. Zunächst ist das individuelle Bedürfnis verschiedener Pflanzenarten an mineralischen Stoffen ein sehr verschiedenes. Besonders aber ist eine Thatsache zu erwähnen, der gegenüber ein konstantes Mischungsverhältnis der Salze völlig zwecklos wäre. Die verschiedenen Salze werden nicht in dem Verhältnis aufgenommen, wie sie in der Lösung enthalten sind. Die Lösung kann prozentisch reicher an Magnesium- als an Kalisalzen sein und die Pflanze entzieht derselben doch eine größere Menge von letzteren als von Magnesium. Man hat diese in ihrer Ursächlichkeit noch nicht erklärte Erscheinung als das quantitative Wahlvermögen der Pflanzen bezeichnet. Die Pflanze wählt ihren Bedarf gleichsam selbst aus und damit erklärt sich auch, daß dieselben Pflanzen auf einem Boden von ganz verschiedener Zusammensetzung gleich gut gedeihen können. Aber auch das ist verständlich, weshalb zwei auf demselben Boden erwachsene Pflanzen ganz verschiedene Aschenmengen enthalten.

Sehen wir nun, wie unsere Pflanze, z. B. Mais oder eine Kohlrübe, auf diese Weise fortkommt. Die Wurzeln haben Wasser und alle Nährsalze zur Verfügung, die Kohlensäure der Luft ist den Blättern zugänglich und wenn wir unserer Pflanze die nötige Beleuchtung durch helles Tageslicht und direktes Sonnenlicht verschaffen, so wird dieselbe ganz wie eine im Freien kultivierte lebhaft heranwachsen. Neue Blätter und Wurzeln werden gebildet und endlich entstehen die Blüten. Unser Mais, von dem ein Bild nach der Natur angefertigt wurde, hat oben seinen männlichen Blütenstand entwickelt. Später bricht dann seitlich der junge Maiskolben hervor. Damit dieser keimfähige Samen erzeuge, ist es nötig, daß die Narben des Kolbens, welche als dünne Fäden herausragen, mit dem Blütenstaube einer andern Maispflanze befruchtet werden, was in der Natur der Wind besorgt. Hat man den Ernährungsversuch nicht so angestellt, daß von anderen Maispflanzen Blütenstaub auf die Narben des weiblichen Blütenstandes gelangen kann, so muß man die Befruchtung selbst vornehmen, indem ein männlicher Blütenstand, dessen Blüten gerade im Verstäuben begriffen sind, über die Narben des jungen Kolbens ausgeschüttet wird. Der befruchtete Kolben reift allmählich heran und bringt reife keimfähige Samen. Ein im vorigen Sommer auf diese Weise gewonnener Kolben besaß 142 reife Körner.

Fig. 31. Künstlich ernährte Maispflanze.

Damit ist der schlagendste Beweis geliefert zunächst, daß die Methode eine wissenschaftliche Bedeutung hat, denn die Pflanze kann ihren ganzen Lebenscyklus von der Keimung bis zur Samenbildung durchlaufen, zweitens aber ist der Beweis geliefert, daß die oben genannten Nährstoffe thatsächlich Nährstoffe der Pflanzen sind und zwar diese ganz allein. Es ist aber weiter auf das Durchschlagendste durch die künstliche Ernährung bewiesen, daß die Pflanze ihren ganzen Kohlenstoff aus der atmosphärischen Luft entnimmt. Könnte man bei einer Kultur im Erdboden noch immer auf den Gedanken kommen, die kohlenstoffhaltigen Reste, welche der Humus des Bodens enthält, würden von der Pflanze als Nahrung benutzt, so ist bei unserer Kulturmethode völlig ausgeschlossen, daß die Wurzeln auch nur ein Atom Kohlenstoff aufnehmen. Unsere Lösung enthält weder Kohlensäure noch eine andere Kohlenstoffverbindung, also nur die Luft kann Quelle des Kohlenstoffs sein. Daß die Pflanze diesen aufnimmt, sehen wir an der erheblichen Vermehrung ihres Trockengewichtes, hat doch unsere Maispflanze 142 Körner erzeugt, von denen jedes allein soviel wiegt als das eine, aus dem sie entstanden. Dazu kommt noch das Gewicht der Stengel und Blätter. Der Kohlenstoff aller dieser Trockensubstanz kann nur aus der Luft stammen.

Fig. 32. Künstlich ernährte Kohlrübenpflanzen.

Einen solchen Versuch auszuführen ist natürlich nur mit Sorgfalt und Zeitaufwand möglich, beispielsweise ist die in Fig. 31 abgebildete Pflanze, um dem Leser die mitgeteilten Thatsachen möglichst lebendig zu veranschaulichen, drei Monate lang kultiviert. Ich führe das nur an, um zu erläutern, daß man die Pflanze selbstverständlich während einer so langen Zeit nicht in derselben Lösung lassen kann. Die Lösung wird ja schon nach einer Woche ärmer an Nährstoffen und hat eine andere Zusammensetzung erhalten. Man muß daher von Zeit zu Zeit die Lösung erneuern. Es wäre eigentlich sogar nötig, dies täglich zu thun, nicht wegen Erschöpfung der Lösung an Salzen, sondern aus einem andern Grunde. Die Wurzeln müssen wie alle andern Organe der Pflanzen atmen und bedürfen dazu des Sauerstoffs der Luft. Der im Wasser der Nährlösung gelöste Sauerstoff ist nun bald aufgezehrt und die Wurzeln leiden Mangel an demselben, da die Luft nicht in das Wasser wie in die Zwischenräume eines Bodens eindringen kann. Nun würde man aber doch das Gedeihen der Pflanzen erheblich schädigen, wollte man dieselben täglich aus den Gefässen herausnehmen um ihnen Wasser zu geben. Man erreicht deshalb das Ziel der Sauerstoffzufuhr zu den Wurzeln besser, indem man täglich mit einem einfachen Aspirator (Fig. 31), dessen Konstruktion wohl jedermann bekannt ist, mehrmals Luft durch die Nährlösung leitet. Mehrere Jahre wiederholte Versuche haben ergeben, daß die Pflanzen ganz merklich in ihrem Gedeihen dadurch gefördert werden und die Durchlüftung der Kulturgefässe dürfte wohl allgemein als Verbesserung der Methode acceptiert werden.

Kehren wir nun zu der Bedeutung unserer Kulturversuche zurück, so könnte man vielleicht die Frage aufwerfen, ob denn wirklich die geringe Menge von Nährsalzen, von denen insgesamt nur ein Gramm in einem Liter vorhanden ist, auch unumgänglich für die Pflanze nötig sei. Sollte nicht die Pflanze mit Kohlensäure und Wasser allein auskommen? Versuchen wir es, eine Pflanze mit Kohlensäure und Wasser allein zu ernähren. Anstatt der Salzlösung wird der Cylinder nur mit reinem destilliertem Wasser versehen und wie oben beschrieben, eine Keimpflanze hineingesetzt. Stellen wir die Pflanze ins Licht, so hat sie außer diesem nur Kohlensäure und Wasser zur Verfügung, weiter kann ihr aber auch nichts zukommen. Die Keimpflanze entwickelt sich nun auch, wie es scheint zunächst, und wächst eine Zeit lang, aber sehr langsam, sie kann 10, 20 Centimeter hoch werden, aber dann hört das Wachstum auf. Die Blätter, die bei einer in vollständiger Nährlösung kultivierten Pflanze längst groß und prächtig ausgebildet sind, bleiben bei unserer Pflanze klein und zwerghaft, die ganze Pflanze ist und bleibt ein Zwerg. Sie macht auch wohl einige neue Blätter, aber um die Nährstoffe dafür zu gewinnen, werden die älteren zuerst gebildeten Blätter ausgesogen und sterben ab. So kann die Pflanze zwar monatelang fortleben, ohne ihr Gewicht zu vermehren und es überhaupt zu einer Entwicklung zu bringen. Ein solches Resultat kann keinen Zweifel mehr lassen, daß die Nährsalze trotz ihrer geringen Quantität unbedingt notwendig zur Ernährung der Pflanzen sind. Ohne dieselben kann eine Pflanze die Kohlensäure der Luft, auch wenn sie ihr geboten wird, gar nicht benutzen. Giebt man einer solchen, in destilliertem Wasser verkümmernden Pflanze nachträglich die nötigen Salze, so braucht man nicht lange zu warten um zu sehen, wie sie nun anfängt, sich normal zu ernähren und heranzuwachsen.

Es ist jedoch eine Frage noch zu beantworten, nämlich die, weshalb denn eine solche ohne Salze kultivierte Keimpflanze in der ersten Woche doch entschieden einen Anfang ihrer Ernährungsthätigkeit zeigte und erst später allmählich einen Niedergang erkennen ließ. Das kommt daher, weil in jedem Samen außer den organischen Nährstoffen für die junge Keimpflanze auch Aschenbestandteile vorhanden sind. Mit diesem kleinen Kapital konnte die Keimpflanze zunächst wirtschaften und sich dementsprechend kurze Zeit ernähren, sobald aber dasselbe verbraucht war, hörte auch jede Ernährungsthätigkeit auf.

Noch weiter lassen sich die Kulturversuche variieren und dadurch ganz bestimmte Fragen beantworten, welche die Bedeutung der einzelnen Nährsalze betreffen.

Von der Unentbehrlichkeit jedes einzelnen der Nährstoffe überzeugt man sich durch den Versuch, auch nur einen einzigen aus der Lösung fortzulassen. Fehlt z. B. in der Nährlösung ganz allein das Kalium, so verhält sich die Pflanze gerade so als ob sie in destilliertem Wasser wüchse, sie ernährt sich nicht und geht allmählich zu Grunde. Dasselbe geschieht, wenn Calcium, Magnesium, Phosphor oder Schwefel, oder das salpetersaure Salz in der Lösung fehlt. Entzieht man der Pflanze die Zufuhr von Salpeter, so fehlt ihr die Quelle des Stickstoffs, sie kann keine Eiweißstoffe produzieren. Diese Thatsache wirft ein interessantes Licht auf die Eigenartigkeit der Naturvorgänge, die oft ganz anders verlaufen, als es uns zweckmäßig erscheint. Die atmosphärische Luft enthält neben Sauerstoff $^4/_5$ Stickstoff, und da sollte man fast meinen, die Pflanzen würden unbedingt die reiche Quelle gasförmigen Stickstoffs für ihre Ernährung ebenso benützen, wie die gasförmige Kohlensäure. Das ist aber nicht der Fall, nur durch ihre Wurzeln nimmt die Pflanze in der Form salpetersaurer Salze allen Stickstoff auf, wie sich das durch die Methode der künstlichen Ernährung aufs sicherste ergiebt. Lassen wir aus unserer Nährlösung das salpetersaure Salz fort, so vermehrt sich der Stickstoffgehalt der Pflanze um kein Atom, obgleich ihr ein Meer von gasförmigem Stickstoff in der Luft zur Verfügung steht. Boussingault hatte dieses Faktum schon 1854 auf eine etwas andere Weise festgestellt und benutzte dazu den in Fig. 33 abgebildeten Apparat.

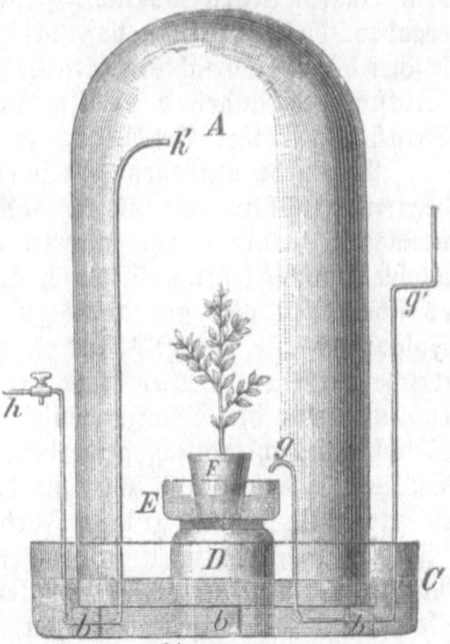

Fig. 33.

Unter der großen Glasglocke A ist ein Blumentopf F mit der Pflanze aufgestellt. Die Pflanze ist nicht in gewöhnliche Gartenerde gepflanzt, welche ja Stickstoffverbindungen enthalten kann, sondern in einem künstlichen Boden von ausgeglühtem Bimsstein, dem die nötigen Salze beigemengt sind, ausgenommen salpetersaure Verbindungen. Der Topf steht in einer Schale E, welcher von außen her ohne die Glocke abzuheben, durch das Rohr g g' mit Wasser versehen wird. Auf diese Weise kann also die Pflanze ohne Störung des Apparates begossen werden, da das in E befindliche Wasser durch den porösen Topf aufgesogen wird. Die Luft, welche die Glocke enthält, wird dadurch vom Ammoniakgehalt befreit, daß als Sperrflüssigkeit verdünnte Schwefelsäure benutzt wird, welche sich in der großen Schale C befindet. Die

Pflanze muß nun noch mit Kohlensäure versehen werden. Zu dem Zwecke führt das Rohr h h' in das Innere der Glocke. Von Zeit zu Zeit läßt man aus einem Kohlensäureentwickler, welcher mit h h' verbunden wird, etwas Kohlensäure durch dieses Rohr treten. So stehen der Pflanze alle Nährstoffe zu Gebote, unter diesen der Stickstoff nur als gasförmiger Stickstoff der Luft, und es muß sich zeigen, ob die Pflanze im stande ist, diesen zur Hervorbringung stickstoffhaltiger Substanz zu verwenden. Ob dies der Fall gewesen ist, ermittelt man durch die Analyse der Pflanze, nachdem dieselbe eine hinreichende Vegetationszeit im Apparat zugebracht hat. Kann überhaupt der gasförmige Stickstoff von der Pflanze benutzt werden, so muß die Analyse derselben mehr Stickstoff ergeben als die des Samens. Natürlich kann der Same, aus dem die Pflanze erzogen wird, nicht selbst analysiert werden, sein Stickstoffgehalt ergiebt sich aber aus den Analysen anderer dem eingepflanzten möglichst gleichen Samen. Boussingaults Versuche ergaben das Resultat, daß bei einer Pflanze, welche mit den eben beschriebenen Vorsichtsmaßregeln kultiviert wird, keine Zunahme an Stickstoff stattfindet, d. h. also, daß sie nicht im stande ist, gasförmigen Stickstoff für ihre Ernährung zu benutzen.

Eine sehr auffallende Erscheinung zeigt sich, wenn man bei einer derartigen Pflanzenkultur in Nährlösung jede Spur von Eisenzusatz vermeidet, während alle anderen Nährstoffe zugegen sind. Die Pflanze wächst zunächst kräftig vorwärts, hat grüne Blätter und gesunde Wurzeln, es scheint ihr also gar nichts zu fehlen. Bald beginnt sich aber die Folge des Eisenmangels sehr eklatant zu offenbaren. Die neuen Blätter, welche entstehen, werden blaßgrün, die nachkommenden immer heller und endlich bildet die Pflanze völlig farblose Blattorgane. Die Pflanze ist bleichsüchtig, chlorotisch, geworden, sie kann kein Chlorophyll in ihren Blättern erzeugen und zwar ist das die Folge des Eisenmangels. Eisen ist zur Bildung des grünen Farbstoffes notwendig. Dieser Nachweis läßt sich mit Leichtigkeit beibringen, man hat nur nötig, der eisenfreien Nährlösung eine kleine Menge verdünnter Eisenvitriollösung zuzusetzen. Nach mehreren Tagen, oft schon schneller, färbte sich die Umgebung der Blattnerven grün und indem die Chlorophyllbildung fortschreitet, erhalten die Blätter endlich ihre normale grüne Farbe und die Pflanze ist geheilt. Würde man den Eisenzusatz unterlassen, so geht die Pflanze schnell zu Grunde, denn da sie kein Chlorophyll besitzt, fehlt ihr die Fähigkeit Kohlensäure zu zersetzen und sie kann die für die Ernährung ihrer Organe notwendigen organischen Baustoffe nicht produzieren.

Die Chlorose oder Bleichsucht der Pflanzen tritt zuweilen auch bei Pflanzen, welche im freien Lande wachsen, als Erkrankung auf. Man hat nicht selten in Gärten und Anlagen Gelegenheit zu sehen, daß die Blätter von Sträuchern und Bäumen ganz hellgrün oder bei stärkerem Auftreten der Chlorose ganz weiß aussehen. Die Ursache ist auch hier, daß die Pflanze Eisenmangel leidet, infolge dessen keinen Chlorophyllfarbstoff bilden kann und da ihr damit die Vorbedingung zur Ernährung fehlt, über kurz oder lang zu Grunde gehen muß. Der Mangel an dem nötigen Eisen ist nun in diesen Fällen nicht immer dadurch bedingt, daß der Boden, auf dem die Pflanze wächst, kein Eisen enthält. Die Bodenanalyse kann immerhin eine hinreichende Eisenmenge im Erdreich nachweisen. Trotzdem nimmt die Pflanze kein Eisen auf, weil nur solche Eisenverbindungen im Boden vorhanden sein können, welche die Wurzeln nicht aufnehmen, weil sie in Wasser unlöslich sind, wie z. B. Eisenoxyd. Um solche chlorotische Bäume und Sträucher zu heilen erscheint es also naheliegend, den Wurzeln durch Begießen etwa mit einer Eisenvitriollösung eine lösliche Eisenverbindung zuzuführen. Allein die Sache ist doch nicht so einfach wie es erscheint, denn der Eisenvitriol wird vom Boden absorbiert, indem er sich in dem Feuchtigkeit und sauerstoffhaltige Luft enthaltenden Boden oxydiert. Man kann also lange vergeblich chlorotische Pflanzen mit Eisenlösung begießen. Sachs, welcher im Würzburger Garten Versuche angestellt hat, fand, daß man die Heilung der Chlorose am besten erreicht, wenn man große Mengen Eisenvitriol in fester Form in die Erde bringt. Um die chlorotischen Pflanzen werden, ca. 80—100 Centimeter vom Stamme entfernt, Gräben von 20—30 Centimeter Tiefe angelegt und in diese 1—5 Kilogramm Eisenvitriol in groben Stücken eingestreut. Man läßt Wasser in die Gräben laufen und wirft dieselben noch vor Auflösung des Eisensalzes zu. Nach 3—6 Tagen kann man die Ergrünung der chlorotischen Blätter wahrnehmen, bei größeren Pflanzen, also Bäumen, dauert es länger, 8—14 Tage, ehe der Erfolg bemerkbar wird. Haben die Pflanzen schon zu lange unter der Chlorose gelitten, so kann es vorkommen, daß die Eisenzufuhr nicht mehr nützt, da die Pflanze schon im allgemeinen so erkrankt ist, daß Heilmittel überhaupt nicht mehr helfen. Man darf das letztere aber nicht immer aus einem zunächst ausbleibenden Erfolg schließen, denn die im Würzburger Garten gemachten Versuche ergaben vielfach, daß die chlorotischen Blätter von Sträuchern trotz Eisenzufuhr nicht mehr ergrünten, daß aber die Pflanzen im nächsten Jahre wieder gesunde grüne Blätter erzeugten. Man muß also bei den Versuchen, die Chorose zu heilen, unbedingt wenigstens den neuen Trieb im nächsten Jahre abwarten. Der französische Botaniker A. Gris hat schon 1857 nachgewiesen, daß chlorotische Blätter grün werden, wenn man sie mit einer sehr verdünnten Eisenvitriollösung (etwa 1 auf 1000 Wasser) bestreicht. Man kann dies auch im großen bei chlorotischen Pflanzen probieren, indem man die kranken Pflanzen mittels einer Gartenspritze mit einer ganz verdünnten Eisenlösung bespritzt.

4. Das Chlorophyll und seine Bedeutung für die Assimilation.

Die Zersetzung der Kohlensäure und die Erzeugung von Stärke oder Zucker in den Blättern ist der erste Hauptabschnitt der Pflanzenernährung. Man nennt den ganzen Vorgang Assimilation, welcher Ausdruck die Aneignung des Kohlenstoffs der Kohlensäure und seine

Verwendung zur Herstellung organischer Substanz als die Hauptsache des ganzen Prozesses kennzeichnet. In der Schilderung der Assimilation und ihrer äußeren Bedingungen, welche das vorige Kapitel enthält, sind jedoch zunächst nur die Grundthatsachen hervorgehoben worden. Es handelt sich nun darum, der eigentlichen Ursache der Kohlensäurezersetzung, soweit es der heutige Stand der Wissenschaft ermöglicht, näher zu rücken. Die Blätter sind zwar schon als die Orte bezeichnet, wo die Assimilation stattfindet, aber es fehlt noch die Aufklärung darüber, welche besonderen Einrichtungen und Begabungen die Blätter zur Leistung ihrer hochwichtigen Aufgabe in den Stand setzen.

Es ist eine ganz merkwürdige Thatsache, daß die Einrichtungen für die wichtigsten Leistungen im Organismus mikroskopisch klein sind. Die lebendigen Zellen, aus denen der Pflanzenkörper besteht, sind mikroskopisch klein; die Spaltöffnungen, durch welche die Luft in die Blätter aus und eintritt, sind mikroskopisch klein; die Wurzelhaare, welche alles Wasser und die Nährsalze aus dem Boden aufnehmen, sind mikroskopisch klein. Und doch ist die Gesamtleistung aller dieser mikroskopischen Organe eine ungeheuer große, weil ihre Kleinheit durch die unzählbare Menge der zusammenwirkenden Organe ausgeglichen wird. Ein einziges Blatt besitzt Millionen Spaltöffnungen und Millionen Wurzelhaare entstehen an einer Wurzel. Die winzigen Beiträge jedes dieser Organe an der Arbeit summieren sich zu einer Gesamtleistung von nahmhafter Bedeutung.

Wenn wir uns jetzt näher damit beschäftigen wollen, wie in den Blättern die Kohlensäure zersetzt wird, stoßen wir wieder auf die überraschende Thatsache, daß die Zersetzung der Kohlensäure und die Bildung der Kohlehydrate ebenfalls in mikroskopischen Bestandteilen der Blätter in den Chlorophyllkörnern erfolgt und zwar ganz ausschließlich in diesen und niemals an einem andern Orte. Die vielen Millionen Zentner Stärkemehl, welche alljährlich aus der Ernte gewonnen werden, sind in den mikroskopischen Chlorophyllkörnern, den eigentlichen Assimilationsorganen im engeren Sinne, entstanden. Es bedarf also keiner weitläufigen Auseinandersetzung, daß für das Verständnis der ganzen Pflanzenernährung eine eingehende Aufklärung über die Chlorophyllkörner ein Haupterfordernis ist.

Wenn man ein Moosblatt, z. B. von Mnium undulatum unter das Mikroskop bringt, so kann man ohne weitere Präparation die chlorophyllhaltigen Zellen beobachten. Da sieht man dann sofort, daß der grüne Farbstoff des Blattes keineswegs als gleichförmige Masse die Zellen ausfüllt, sondern daß in dem farblosen protoplasmatischen Inhalt, welcher die Innenwand der Zellen bedeckt, zahlreiche kugelige oder eiförmige Körner von grüner Farbe liegen, etwa wie Fig. 34 dies demonstriert.

Die Chlorophyllkörner sind, wie aus der Abbildung hervorgeht, kugelig oder eiförmig und sind im natürlichen Zustande grün. Die Färbung rührt von Farbstoffen her, welche sich mit verschiedenen Lösungsmitteln, z. B. Alkohohl, Äther, Benzol 2c., aus den Chlorophyllkörnern ausziehen lassen. Man erhält, wenn man grüne Pflanzenteile mit den genannten Lösungsmitteln auszieht, eine schön grüne Lösung, welche im auffallenden Licht rot fluoresciert. Die Chlorophyllkörner werden durch die Behandlung mit den angegebenen Lösungsmitteln völlig farblos, sind aber nachher in ihrer Form und Größe nicht merklich verändert. Die Substanz der farblos gewordenen Chlorophyllkörner ist dem Protoplasma chemisch ähnlich, und ein Chlorophyllkorn besteht wie dieses im wesentlichen aus Eiweißsubstanzen. Demnach sind es immer zwei Stoffe, welche das Chlorophyll zusammensetzen, das Chlorophyllkorn und der Chlorophyllfarbstoff. Das ist die Gestalt und der Bau aller Chlorophyllkörner, mag man nun dieselben bei den Algen, Moosen und Farnen oder bei den Dicotylen untersuchen. Immer tritt das Chlorophyll in Form von Körnern auf und immer sind dieselben mikroskopisch klein. Die Chlorophyllkörner besitzen das Vermögen sich zu teilen. Indem sich das Korn zunächst einschnürt, trennt es sich endlich in zwei neue Körner, die zur normalen Größe heranwachsen und sich ihrerseits wieder teilen können. Dadurch vermehrt sich die Menge der Chlorophyllkörner im Blatte. Junge Blätter besitzen, wie man schon mit bloßem Auge an der hellern Farbe sieht, weniger Chlorophyll; mit dem Wachstum der Blätter schreitet die Chlorophyllvermehrung fort. Wenn man chlorophyllhaltige Zellen, wie die abgebildeten, mikroskopisch betrachtet, so sieht es aus, als ob die ganze Zelle von Chlorophyllkörnern erfüllt sei. Das ist jedoch nur eine optische Täuschung. Bekanntlich ist der von der Zellmenbran begrenzte Raum einer Parenchymzelle erfüllt von dem eigentlichen lebendigen Teil der Zelle, dem Protoplasma. Dasselbe bekleidet zum Teil wie eine Tapete die Innenseite der Zellhaut, bildet aber zum Teil Fäden, welche den übrigen Raum der Zellen durchziehen, die aber an irgend einer Stelle sich zu einem größeren Ballen Protoplasma wieder vereinigen, in welchem der Zellkern eingebettet liegt. Ausführlicher brauchen die Gestaltungsverhältnisse des Zellinhalts hier nicht berührt zu werden, es handelt sich nur darum, darauf hinzuweisen, daß die Chlorophyllkörner in der ganzen, die Zellwand bekleidenden Protoplasmaschicht eingebettet liegen. Um dies deutlich zu machen sind einige Zellen unserer Figur 34, Zelle a und b, im optischen Durchschnitt gezeichnet. Es wird nun klar werden, daß wenn man eine solche Zelle von außen betrachtet, es deshalb, weil die Chlorophyllkörner die ganze Innenwand der Zelle bedecken, den Anschein haben muß, als ob die Zelle von Chlorophyll ganz erfüllt sei. Ausschließlich diese Chlorophyllkörner sind es nun, in welchen aus Kohlensäure und Wasser Stärke oder Zucker

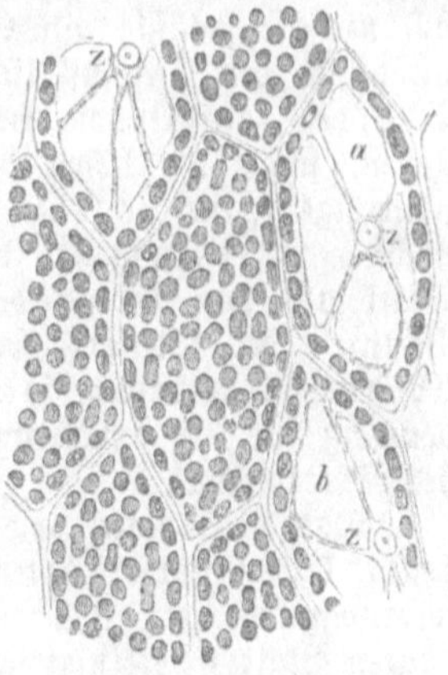

Fig. 34. Chlorophyllhaltige Zellen eines Moosblattes (Mnium undulatum). z. Zellkerne.

produziert wird, das übrige Protoplasma beteiligt sich nicht an diesem Prozeß. Es sind also die Chlorophyllkörner die eigentlichen mikroskopischen Organe der Assimilation, denn die Blätter sind nur deshalb und nur dann Ernährungsorgane, wenn sie mit Chlorophyll versehen sind. Die grüne Farbe der Pflanzenorgane, deren gleichmäßige Wiederkehr bei allen Pflanzen, mögen es nun die kleinsten Moose oder die größten Bäume sein, schon eine auffallende Thatsache ist, obgleich sie noch heute von Millionen Menschen für etwas ganz Zufälliges gehalten wird, gewinnt also durch die eben erörterten Thatsachen einen Sinn. Nicht umsonst sind die Pflanzen grün, sie sind es, weil die maßgebenden Faktoren bei der Kohlensäurezersetzung mikroskopische, mit einem grünen Farbstoff begabte Körperchen sind. Bei den einfach gebauten Pflanzen, z. B. bei den Algenformen, welche nur aus einer kugeligen Zelle oder aus einem einfachen Zellfaden bestehen, ist natürlich für das Chlorophyll kein anderer Platz als in diesen Zellen und hier ist die ganze Pflanze gleichmäßig mit Chlorophyll versehen. Mit der Vervollkommnung in der Organisation beginnen jedoch flächenförmige Organe, Blätter, aufzutreten, welche aus dem chlorophyllhaltigen Gewebe bestehen, schon die höher organisierten Algen besitzen blattähnliche Ernährungsorgane und bei Moosen und Farnen, Monokotylen und in höchster Ausbildung bei den Dikotylen, erscheint ganz allgemein das Blatt als der Träger des Chlorophylls. Sind auch bei krautigen Pflanzen die Stengel grün, weil auch ihre äußeren Gewebschichten Chlorophyll enthalten, so ist das in der Regel von zurücktretender Bedeutung für die Ernährung, die Blätter sind die eigentlichen Träger des Chlorophylls.

Das Moosblatt, von dem wir oben einige Zellen abgebildet haben, besitzt keinen komplizierten Bau, es besteht eben aus lauter solchen chlorophyllhaltigen Zellen, die zu einem Gewebe von der Form des ganzen Blattes vereinigt sind. Das gestaltet sich nun bei einem Farmblatte z. B. ganz anders. Freilich ist auch hier das Wesentliche die dünne grüne Gewebelamelle, welche aus chlorophyllhaltigen Zellen besteht, aber es kommen noch eine ganze Anzahl besonderer Einrichtungen hinzu, welche ein solches vollkommenes Laubblatt zu einem recht komplizierten Organ machen.

Um ein Blatt kennen zu lernen, läßt sich auch hier die anatomisch-mikroskopische Methode nicht umgehen. In der folgenden Abbildung ist der Durchschnitt durch ein Blatt der jedermann bekannten Syringe dargestellt, wie sich dasselbe mikroskopisch vergrößert ausnimmt. Die Mitte des Bildes nimmt der Durchschnitt des Hauptblattnerven ein, der vom Blattstiel zur Blattspitze läuft. Rechts und links davon sieht man einen Teil der Blattfläche, da für deren ganze Ausdehnung der hier gegebene Raum nicht ausreicht. Die fehlenden Randpartien sehen aber ebenso aus, wie das, was hier von der eigentlichen Blattfläche gezeichnet ist. Die Chlorophyllkörner sind durch schwarze Punkte angedeutet, so daß man sofort erkennt, was im Blatte chlorophyllhaltiges Gewebe ist. Die Oberhaut, welche beiderseits das Blatt umgiebt, enthält kein Chlorophyll. Sie besitzt den Bau aller Epidermen, wie Seite 35 beschrieben wurde. Mit s sind die Spaltöffnungen bezeichnet. Der Überblick eines solchen Blattdurchschnittes zeigt, daß das chlorophyllhaltige Gewebe die Hauptmasse des Blattes bildet, da es ja auch die Hauptsache ist. Nur sieht man sogleich bei einiger Aufmerksamkeit, daß dies chlorophyllhaltige Gewebe ungleichartig ist. Die beiden Zellschichten der Blattoberseite sind langgestreckt und stehen in regelmäßigen Reihen wie Pallisaden neben einander, ohne auffallende Zwischenräume zu bilden. Die Zellen der Blattunterseite haben dagegen eine ganz andere Form; sie sind kugelförmig, bei manchen Blättern ganz unregelmäßig gestaltet und schließen daher nicht fest aneinander, sondern lassen zahlreiche Räume zwischen sich, welche Intercellularräume heißen. Nicht nur in den Blättern,

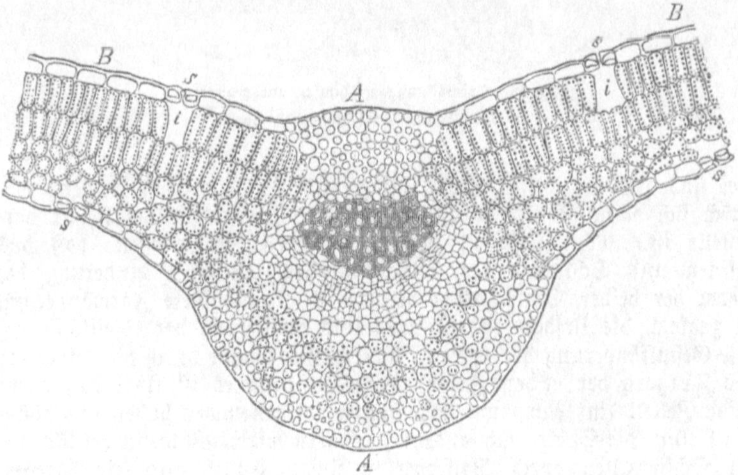

Fig. 35. Durchschnitt durch das Blatt einer Syringe (Syringa vulgaris). A Mittelrippe; B Blattfläche; s Spaltöffnungen; i Atemhöhle.

sondern auch in den Geweben der Stengel und andern Organen finden sich diese Intercellularräume. Sie bilden ein zusammenhängendes System von Gängen zwischen den Zellen und in ihnen befindet sich Luft, welche durch die Spaltöffnungen in das Blatt eintritt; die Blattzellen sind also immer von Luft umspült, der sie Kohlensäure und Sauerstoff entziehen. Da die chlorophyllhaltigen Zellen an der Oberseite des Blattes ganz dicht zusammenschließen, so erscheint diese Oberseite schon dem bloßen Auge dunkler grün, während die hellere Farbe der Blattunterseite bei den meisten Blättern schon darüber Auskunft giebt, daß hier das Gewebe durch das Vorhandensein von Intercellularräumen lockerer ist. Der Eintritt der Luft in die Blätter wird durch die Spaltöffnungen nicht bloß ermöglicht, sondern auch durch diese merkwürdige Ausrüstung der Blätter geregelt, da die Spaltöffnungen sich öffnen und schließen können, so daß bald der Eintritt von Luft ungehindert stattfindet, bald der Gaswechsel durch den Verschluß der Spaltöffnungen zeitweilig aufhört. Eine Spaltöffnung, deren die Blätter entweder auf beiden Seiten, ganz besonders aber auf ihrer Unterseite eine ganz außerordentlich große Anzahl besitzen, hat die Gestalt, welche in der Figur 36 dargestellt ist. Sie besteht aus zwei halbmondförmigen Zellen (Schließzellen) d und b, welche bei a mit einander verwachsen, im übrigen aber

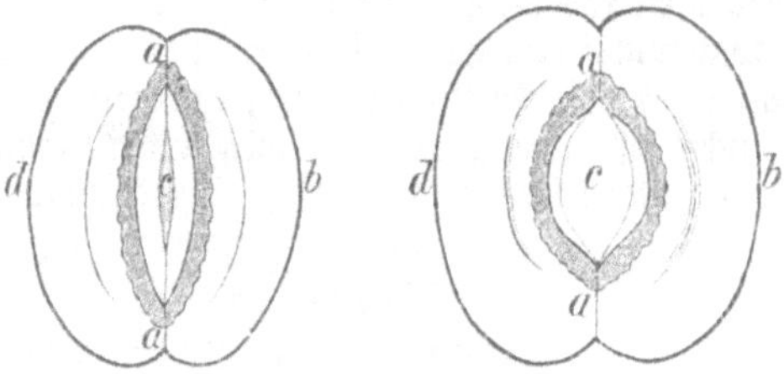

Fig. 36. Spaltöffnung, geschlossen und geöffnet.
d u. b die beiden Schließzellen; c Spalte.

frei sind und an dieser Stelle bei c auseinanderweichen können, wodurch sich dann die Spalte öffnet, wie dies in der zweiten Figur dargestellt ist. Man sieht an den schematischen Zeichnungen, daß das Öffnen und Schließen der Spaltöffnungen mit einer Änderung der Form der beiden Schließzellen verbunden ist und diese Formänderung ist zugleich die Ursache des Öffnens und Schließens der Spaltöffnung. Die Gestaltänderung der beiden Schließzellen kommt durch die Änderung des Turgors der beiden Zellen zu stande, denn es ist klar, daß wenn beide Zellen ein Maximum von Wasser aufgenommen haben und völlig prall sind, die Spalte sich anders verhalten wird, als wenn der Turgor der Schließzellen durch Wasserverlust sinkt. Es ist also kein Zweifel, daß das Öffnen und Schließen der Spaltöffnungen durch Turgescenzänderungen in den Schließzellen bewirkt wird. Ob aber der Turgor bei geschlossener Spalte am größten ist oder bei geöffneter, darüber könnten die Ansichten auseinandergehen. Schwendener, welcher sich mit der Mechanik dieser wichtigen Organe beschäftigte, hat vor sechs Jahren eine einleuchtende Theorie über den Spaltöffnungsmechanismus veröffentlicht, welche das Öffnen und Schließen in folgender Weise erklärt. Haben die Schließzellen ein Maximum von Wasser aufgenommen, so sind sie prall und strotzend. In diesem Zustande der Turgescenz haben beide die Form der zweiten Figur, die Spalte ist dabei geöffnet. Durch äußere Einflüsse wird es bewirkt, daß der Turgor der Zellen sich vermindert. Es tritt Wasser aus den Schließzellen in die benachbarten Epidermiszellen, die Schließzellen erschlaffen und nehmen die Form der ersten Figur an, wobei sich die Spalte schließt. Es kommen außer dem Turgor noch einige andere Verhältnisse für die Bewegung der Schließzellen in Betracht, nämlich besonders leistenförmige Verdickungen, welche in der Zeichnung schraffiert sind und welche durch ihre wechselnden Spannungen Druckwirkungen ausüben, welche das Öffnen und Schließen der Spalte befördern.*)

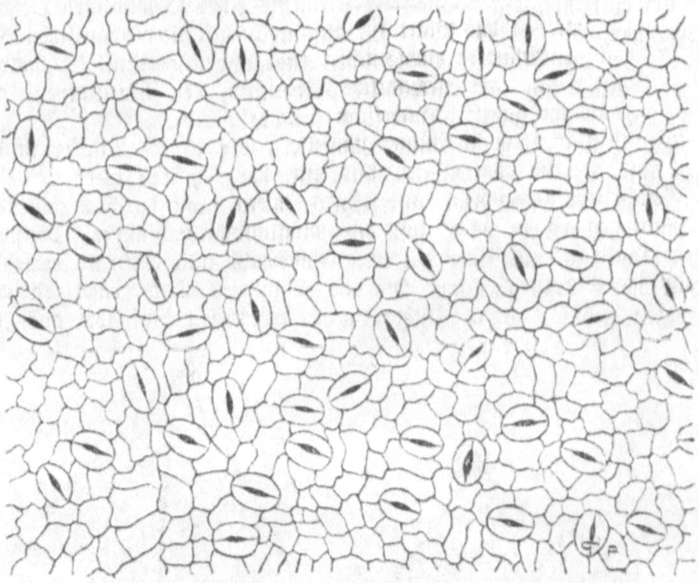

Fig. 37. Spaltöffnungen auf ca. 1/4 □ Millimeter Blattoberhaut.

Es ist nach dieser Verdeutlichung des Mechanismus der Spaltöffnungen ganz besonders nochmals hervorzuheben, daß diese Organe mikroskopisch klein sind. Dafür befinden sich aber auf einem Blatte die Spaltöffnungen in außerordentlich großer Zahl. Ein mittelgroßes Weinblatt besitzt z. B. 3 842 850 Spaltöffnungen (nach einer Zählung von Müller-Thurgau). Zieht man von einem Blatt ein Stückchen Epidermis ab und beobachtet dasselbe unter dem Mikroskope, so erhält man unter Umständen ein Bild, wie das hier gezeichnete, welches zahlreiche zwischen den Epidermiszellen eingestreute Spaltöffnungen zeigt. Es wechselt aber bei den Blättern verschiedener Pflanzen die Anordnung der Spaltöffnungen, sie können bald regellos zwischen den Epidermiszellen liegen, wie bei dem Blatte der Figur 37, bald aber eine

Fig. 38.

*) Schwendener, Über Bau und Mechanik der Spaltöffnungen. Berichte der k. Akademie d. Wiss. zu Berlin, 1881. Leitgeb, Beiträge zur Physiologie der Spaltöffnungsapparate (Fischer, Jena).

ganz bestimmte Anordnung in Reihen oder Gruppen zeigen, wie z. B. auf der Epidermis eines Blattes von Begonia sanguinea. (Fig. 38.)

Um eine möglichst vollständige Kenntnis eines so wichtigen Organs zu erlangen, wie es das Blatt ist, muß noch auf die mechanischen Verhältnisse bei den Blättern etwas näher eingegangen werden. Es handelt sich namentlich um die mechanische Bedeutung der Blattnerven, auf welche von Sachs zuerst aufmerksam gemacht wurde.*)

Es ist klar, daß so dünne Lamellen, wie es die Blätter in der Regel sind, da sie vom Winde hin- und hergeschüttelt werden, leicht der Gefahr des Einreißens unterliegen, wenn nicht durch verschiedene Einrichtungen gesorgt wäre, auch dies möglichst zu verhindern. Meistens ist der Blattrand mit einer stärkeren Epidermis und Cuticula versehen, so daß die Blätter gleichsam wie ein gesäumtes Tuch gegen seitliches Einreißen geschützt sind. Außerdem treten diesen Zufällen auch die

Fig 39. Blatt der Hainbuche (Carpinus Betulus).

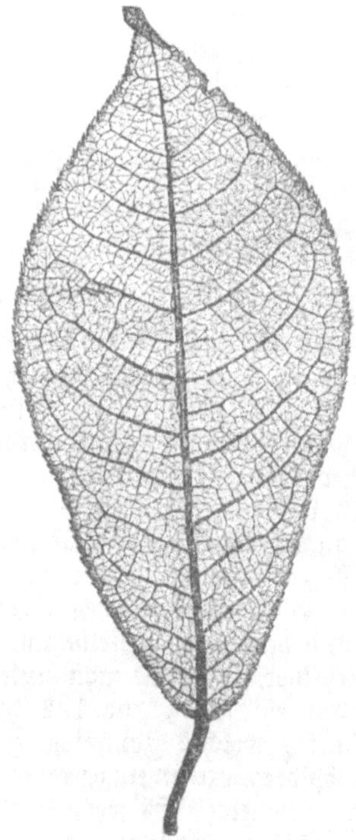

Fig. 40. Blatt der Traubenkirsche (Prunus Padus).

Blattrippen entgegen. Bei vielen Blättern, z. B. dem in Fig. 39 abgebildeten der Hainbuche, laufen die Seitennerven direkt an den Blattrand, jeder endigt dort in einem der Blattzähne. An dieser Stelle

*) Sachs, Vorlesungen über Pflanzen-Physiologie.

kann daher kein Riß erfolgen, um so leichter würde aber das Blattgewebe zwischen zwei Blattrippen einreißen, aber es zweigen unterhalb seines Endes kürzere Nerven ab, welche in die übrigen Blattzähne eintreten und so das Gewebe überall stützen. Beim Blatt von Prunus Padus (Fig. 40) ist derselbe Zweck durch eine etwas verwickeltere Anordnung der Blattnerven erreicht. Die Seitennerven nehmen, wie die Abbildung zeigt, einen solchen Verlauf, daß jeder sich bogenförmig an den nächsthöheren anlegt. Betrachtet man nun den Raum, welcher noch jederseits zwischen diesem Bogensystem und dem gezähnten Blattrande vorhanden ist, so bemerkt man, daß auf die erste Bogenreihe eine zweite Etage mit ebenfalls konvexen Bogen aufgesetzt ist und von dieser endlich tritt eine letzte dünne Rippe in jeden Blattzahn. Ein Riß in den Rand des Blattes würde, wenn er überhaupt entstünde, nicht sehr tief fortschreiten können, sondern von dem Bogensystem der festen Rippen aufgehalten werden.

Von der Richtigkeit dieser Thatsachen überzeugt man sich am besten durch den Vergleich solcher Blätter, denen diese Schutzeinrichtungen fehlen, woraus zugleich hervorgeht, daß nicht überall in der Natur immer die größte Zweckmäßigkeit herrscht. Merkwürdigerweise besitzen z. B. die tropischen Bananen, welche so ziemlich die größten Blätter unter den Pflanzen mit besitzen und eine Befestigung der großen Blattlamelle am allernötigsten hätten, dieselbe in nur sehr mangelhaftem Grade. Ihre

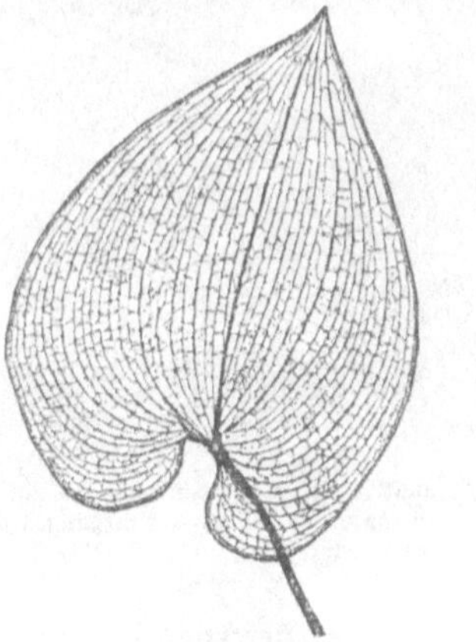

Fig. 41. Blatt von Majanthemum bifolium.

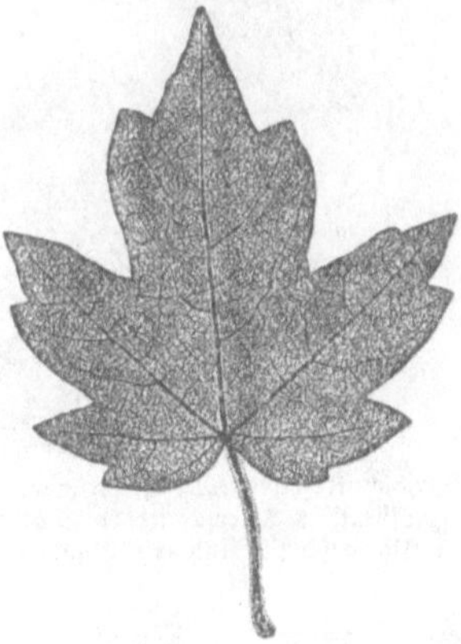

Fig. 42. Blatt des Feldahorns (Acer campestre.

Blattnerven laufen alle parallel von der Mittelrippe des Blattes an den Rand, und wenn der Wind die ungeheuren Blätter erfaßt, so reißen dieselben hundertfach in parallele schmale Bänder. Da im Sommer Bananen in botanischen Gärten und Anlagen häufig ins Freie gesetzt werden, so kann man sich von diesen Thatsachen leicht überzeugen.

Wenn man von Blättern im allgemeinen spricht, so denkt man in der Regel an die obenbeschriebenen und abgebildeten Blattformen, weil sie in der That einmal die verbreitetsten sind und außerdem die vollkommenste Form der Laubblätter darstellen. Man braucht nun kein Botaniker zu sein, um nicht sogleich eine ganze Anzahl Pflanzen nennen zu können, deren Blätter anders geformt sind und namentlich dadurch auffallen, daß sie sich gar nicht flächenförmig ausbreiten, sondern schmal, nadelförmig aussehen, wie z. B. die Blätter der Nadelhölzer. Ganz besonders weichen aber zahlreiche Pflanzen von dem Prinzip der dünnen Blattlamellen dadurch ab, daß ihre Blätter dicke, fleischige, prismatisch geformte Organe sind, die äußerlich mit den typischen Laubblättern der meisten Pflanzen keine Ähnlichkeit haben. Man betrachte daraufhin nur die massigen Blätter der Agaven und Aloearten, oder diejenigen der in Teppichbeeten häufig kultivierten Echeverien und anderer Crassulaceen. Freilich sieht hier alles ganz anders aus und von den obengenannten Einrichtungen, welche darauf ausgehen, die Chlorophyllthätigkeit zu unterstützen, ist nichts vorhanden. Wenn man nun aber derartige Blätter untersucht, so findet sich, daß trotz alledem der ganze Bau auch dieser Blätter darauf hinausläuft, daß vor allem die Lichtstrahlen zum Chlorophyll gelangen können.

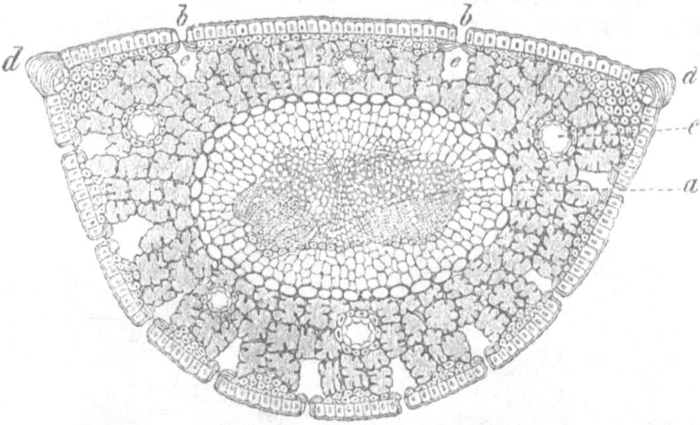

Fig. 43. Durchschnitt durch eine Kiefernadel (Pinus austriaca). Alles chlorophyllhaltige Gewebe ist dunkel schraffiert. a Querschnitt der Blattnerven; b Spaltöffnungen; c Harzgänge; d eigentümlich geformte und mit Wandverdickung versehene Zellen; e Atemhöhlen.

Fig. 43 zeigt den Durchschnitt durch eine Kiefernadel mikroskopisch vergrößert. Die Nadeln der Koniferen haben eine harte Konsistenz, welche besonders dadurch verursacht ist, daß die Oberhaut, wie aus der Abbildung ersichtlich, aus sehr dickwandigen Zellen besteht, und außerdem unterhalb derselben noch weiteres sklerenchymatisches Gewebe liegt. Alles chlorophyllhaltige Gewebe ist in der Zeichnung dunkel schraffiert und es tritt dadurch sehr deutlich hervor, daß das Chlorophyll nur die oberflächlichen Zellschichten erfüllt, während die mittlere Partie des Blattes gar kein Chlorophyll enthält. Die elliptische mittlere Gewebeschicht besteht aus farblosem Parenchym und wird bei a von zwei Blattnerven durchzogen. Also auch bei derartigen Blättern, welche vom Bau typischer Laubblätter erheblich abweichen, wird immer das Prinzip aufrecht erhalten, das Chlorophyll in möglichst dünner Schicht dem Lichte darzubieten. Noch viel auffallender als bei den Koniferennadeln tritt dies bei den Blättern von Agaven, Crassulaceen &c. hervor. Man täuscht sich, wenn man glaubt, das massige Blattorgan einer Agave stecke ganz voll Chlorophyll. Ein Querschnitt, den man durch ein derartiges Blatt macht, lehrt sogleich, daß das chlorophyllhaltige Gewebe nur eine ganz dünne Oberflächenschicht bildet, während die ganze übrige Blattmasse aus farblosem Gewebe besteht. Da das Licht doch nicht mit genügender Intensität bis zu den tiefer liegenden Geweben vordringen könnte, um das Chlorophyll zur Assimilation zu veranlassen, so wäre das Vorhandensein von Chlorophyll in jenen innern Blattpartien für die Pflanze von gar keinem Nutzen.

Warum die fleischigen Pflanzen so auffallend anders gestaltete Blattorgane besitzen, welche für die Hauptaufgabe der Assimilation wenig geeignet erscheinen, dafür läßt sich ein Grund angeben. Es handelt sich eben nicht um die Assimilation allein, sondern zahlreichen anderen äußeren Bedingungen muß die Pflanze genügen, um existieren zu können. Die meisten fleischigen Pflanzen sind Bewohner solcher Erdregionen, welche einer längeren Trockenzeit unterliegen. In ihren fleischigen, saftstrotzenden Organen, welche noch durch einen dicken Überzug von Cuticula vor Verdunstung geschützt sind, besitzen diese Pflanzen Wasserreservoire, welche die Zeit des Regenmangels aushalten können. Es treten uns also hier wieder außerordentlich lehrreiche Beispiele für die Thatsache entgegen, daß die Form der Organe mehrfachen, oft sehr verschiedenen Lebensforderungen entspricht, eine Thatsache, welche ebenfalls ganz besonders den Unterschied eines Organismus vom Mechanismus hervortreten läßt. Wie weit die Formabänderung gehen kann, ohne daß die Chlorophyllthätigkeit gehindert wird, sieht man daraus, daß bei manchen Pflanzen gar nicht einmal Blätter als Träger des Chlorophylls vorhanden sind. Abgesehen von den unvollkommeneren Pflanzen, z. B. den Algen oder vielen Lebermoosen, welche keine Blätter besitzen, ist das Fehlen der Blätter auch bei hochentwickelten Dikotylen kein vereinzeltes Vorkommnis. Vergleicht man eine jener stachelichen Kaktusarten mit cylindrischem oder fast kugelförmigem Stamm oder eine Opuntia mit ihren dickfleischigen Sproßgebilden mit einem unserer Kräuter, so fällt der Mangel an Blättern sofort auf. Es könnte also den Anschein haben, als ob diesen Pflanzen die wichtigsten Ernährungsorgane fehlten. Diese Pflanzen haben nun auch allerdings keine Blätter, aber das Wesentliche der Blätter, das Chlorophyll, besitzen auch diese blattlosen Gewächse. Das chlorophyllhaltige Gewebe bildet bei ihnen auf dem Stamm selbst die äußerste Gewebeschicht. Die Lagerung des chlorophyllhaltigen Gewebes bei den Kakteen ist also eine ganz ähnliche, wie bei den dicken, fleischigen Blättern der Agaven, nur daß bei diesen in der That Blätter, bei den Kakteen der ganze Stamm die chlorophyllhaltige Gewebeschicht trägt.

Bei einer Anzahl Pflanzen aus den verschiedensten Familien, deren Blätter zu unscheinbaren Schüppchen reduziert sind, haben die Sprosse eine verbreiterte Gestalt angenommen und ähneln meistens so wirklichen Blättern, daß sie wohl dafür gehalten werden. Das ist der Fall bei Phyllocladus (zu den Taxineen gehörig), Ruscus (Smilaceen), ferner bei manchen Euphorbiaceen, z. B. Phyllanthus oder Xylophylla. Man bezeichnet derartige Sproßformen, welche die Gestalt von Blättern nachahmen, mit dem Namen Cladodien und erkennt sie sehr, leicht als Sprosse daran, daß sie in den Achseln kleiner wirklicher Blätter stehen und auch Fortpflanzungsorgane, Blüten, erzeugen. Bei diesen Pflanzen hat es daher den Anschein, als ob die Blüten auf ihren Blättern entstünden, diese Täuschung wird aber nur durch die blattähnliche Ausbildung ihrer Sprosse hervorgerufen. Um das Bekannte nicht zu vernachlässigen, sei noch hervorgehoben, daß auch die feinen Verzweigungen des Spargelkrautes keine Blätter, sondern ebenfalls metamorphosirte Sprosse sind. Eine genauere Betrachtung des Spargelstengels ergiebt leicht, daß die eigentlichen Blätter zu ganz kleinen, farblosen Schüppchen reduziert sind, die für die Ernährung nichts leisten können. Aus dem Grunde enthalten die Sprosse selbst das Chlorophyll.

Wenden wir uns wieder dem in den Chlorophyllkörnern vor sich gehenden chemischen Prozeß der Assimilation zu. Das Produkt der Kohlensäurezersetzung in den Chlorophyllkörnern ist, wie schon mehrfach erwähnt wurde, Stärke oder Zucker. Bei den allermeisten Pflanzen wird Stärke gebildet, welche in Form kleiner Körnchen in den Chlorophyllkörnern ausgeschieden wird. Obgleich durch Ingenhousz' und Saussures Untersuchungen festgestellt war, daß die grünen Pflanzenteile Kohlensäure zersetzen, so hatte man doch noch keine Ahnung, was für Stoffe als Resultat dieses Prozesses hervorgingen. Es konnte dies erst mit der Vervollkommnung des Mikroskopes und der Ausbildung der mikroskopischen Beobachtung entdeckt werden. Im Jahre 1837 erhielt man durch die Untersuchungen des bedeutenden Botanikers Hugo von Mohl über das Chlorophyll die erste richtige Vorstellung und er entdeckte bei seinen mikroskopischen Beobachtungen der Chlorophyllkörner der verschiedensten Pflanzen, daß in denselben meistens kleine Stärkekörner vorhanden seien.*) Das Vorhandensein von Stärkekörnern im Chlorophyll ergab sich bald als eine allgemein gültige Thatsache und Sachs stellte die Hypothese auf, daß die Stärke das Produkt der assimilierenden Thätigkeit des Chlorophylls sei, eine Hypothese, welche durch nach allen Richtungen ausgeführte Untersuchungen bestätigt wurde.**) An diese Erkenntnis, was aus der Kohlensäure zunächst in der Pflanze entstehe, reihte sich die Verfolgung der Umwandlungen, welche das Produkt der Assimilation erleidet, und für die Beobachtung der mannigfachen Vorgänge des Stoffwechsels war der Ausgangspunkt gefunden. Um sicherzustellen, daß die Stärke das allgemeine Produkt der Assimilation sei,

---

*) Mohl, Vermischte Schriften 349 und Botan. Zeitung 1855.

**) Flora 1862, Nr. 9 ff.

bedurfte es einer größeren Reihe von Untersuchungen. Der Beweis wurde um so sicherer, als aus allen Beobachtungen hervorging, daß unter ganz denselben Bedingungen, unter welchen Sauerstoffausscheidung aus grünen Pflanzenteilen erfolgt, auch Stärke gebildet wird. Vor allem ist für die Stärkebildung, wie sich von selbst versteht, das Vorhandensein von Chlorophyll nötig. In farblosen Pflanzenteilen, z. B. Wurzeln, entsteht keine Stärke durch Assimilation, ebenso wenig in buntgefärbten Blütenblättern oder Früchten. Die Stärke, welche man in solchen nicht mit Chlorophyll begabten Organen findet, ist aus den Blättern dorthin transportiert worden, auf welche Vorgänge später eingegangen werden wird. Wegen ihres Chlorophyllmangels können auch die meisten Schmarotzerpflanzen niemals Stärke bilden und müssen sich eben deshalb durch ihr Schmarotzertum erhalten, indem sie Chlorophyllpflanzen ihre Nährstoffe entziehen.

In der Regel läßt die grüne Farbe der Organe ohne weiteres sehen, daß dieselben Chlorophyll enthalten, es giebt jedoch einige Ausnahmen, wo man über diesen Punkt im Zweifel sein könnte, weil die grüne Chlorophyllfärbung durch andere gleichzeitig vorhandene Farbstoffe verdeckt ist. Jedermann kennt die Blutbuche, welche braunrote Blätter besitzt, und in Anlagen findet man häufig auch Varietäten anderer Pflanzen mit roten Blättern, z. B. rotblätterige Haselnuß- und Berberitzensträucher. Es hat bei diesen Pflanzen den Anschein, als ob ihre Blätter kein Chlorophyll besäßen, und doch sind sie damit ebenso reichlich begabt, wie grüne Blätter. In den Oberhautzellen jener roten Blätter befindet sich jedoch ein schön roter Zellsaft und dieser Überzug reicht völlig aus, die grüne Färbe des Chlorophyllparenchyms ganz zu verdecken. Mikroskopisch kann man natürlich sogleich über die wahren Verhältnisse ins Klare kommen. Eine solche Maskierung des Chlorophylls kommt auch bei den Tangen und Florideen des Meeres vor. Die Tange sehen durch einen neben dem Chlorophyll vorhandenen braunen Farbstoff braun, die Florideen durch einen beigemengten roten Farbstoff schön rot aus.

Die zweite Bedingung für die Sauerstoffausscheidung grüner Organe ist die Gegenwart von Kohlensäure, und dies ist auch die zweite Bedingung für die Stärkebildung. Ohne Kohlensäure entsteht keine Stärke im Chlorophyll. Das läßt sich ohne Schwierigkeit experimentell beweisen. Läßt man eine Pflanze 24 Stunden in einem verfinsterten Raum verweilen, so wird alle in den Blättern schon vorhandene Stärke aufgelöst, die Blätter sind dann stärkefrei. Die Pflanze ist damit geeignet zum Versuch, die Notwendigkeit der Kohlensäure für die Stärkebildung nachzuweisen. Zu dem Ende bringt man entweder die ganze Pflanze, oder wenn dieselbe zu groß ist, die abgeschnittenen in Wasser gestellten Blätter unter eine geräumige tubulierte Glasglocke, welche unten durch eine Sperrflüssigkeit abgesperrt ist.

Durch den Tubus der Glocke kann Luft in dieselbe eintreten, doch wird diese Luft vorher von Kohlensäure befreit, indem man dem Tubus ein offenes Rohr aufsetzt, welches mit Kalilauge getränkte

Bimssteinstückchen enthält. Die Kalilauge absorbiert alle Kohlensäure der eintretenden atmosphärischen Luft, so daß die Pflanze in einer kohlensauren Atmosphäre innerhalb der Glocke vegetiert. Nun müßte aber trotz dieser Vorsichtsmaßregel das abgesperrte Luftvolum doch bald wieder Kohlensäure enthalten, weil die Pflanze durch Atmung selbst Kohlensäure produziert. Es ist daher nötig, auch im Innern der Glasglocke eine Schale mit konzentrierter Kalilauge anzubringen, welche jede Spur der entstehenden Atmungskohlensäure begierig absorbiert. Wird der Apparat dem Lichte ausgesetzt, so sind alle Bedingungen der Assimilation vorhanden, mit Ausnahme der Kohlensäure. Aber als Resultat des Experimentes ergiebt sich auch, daß keine Spur von Stärke im Chlorophyll der Blätter gebildet wird, so lange als der Kohlensäurezutritt abgeschnitten ist. Entfernt man die Absorptionsapparate, so lassen sich nach einigen Stunden die neuentstandenen Stärkekörner in den Blättern nachweisen.

Die dritte Bedingung für die Sauerstoffausscheidung ist das Licht. In einem verfinsterten Raume hört der Sauerstoffstrom, den man an einer Elodea im Licht beobachtete, sofort auf, aber durch Abschluß des Lichtes wird ebensowohl die Stärkebildung sistiert, selbst wenn Kohlensäure die Blätter umgiebt. Es ist schon oben darauf hingewiesen worden, daß sogar schon vorhandene Stärke aufgelöst wird und die Blätter nach relativ kurzer Zeit völlig ohne Stärke sind und es auch bleiben, so lange der Zutritt der Lichtstrahlen verhindert wird. Alle Bedingungen also, welche man als die für die Sauerstoffausscheidung der Ernährungsorgane maßgebenden erkannt hat, sind in ganz offenbarer Weise unbedingt für die Entstehung von Stärke im Chlorophyll erforderlich. Die Stärke ist also das Produkt der Assimilation. Sie ist es fast ausschließlich bei den meisten Pflanzen und dies ist eine Thatsache, welche wegen des leichten Nachweises der Stärke auf mikroskopischem und chemischem Wege die Einsicht sehr begünstigte. In einzelnen Fällen entsteht im Chlorophyll an Stelle der Stärke Zucker, wie z. B. bei Allium cepa, Allium fistulosum, Asphodelus luteus u. a. Pflanzen.

Von welcher Wichtigkeit der Nachweis der Stärke in den Chlorophyllkörnern sein muß, läßt sich nach dem Gesagten leicht einsehen, aber man ist thatsächlich in der glücklichen Lage, zunächst die Stärkekörner mikroskopisch in den Chlorophyllkörnern zu sehen. Bei genügend starker Vergrößerung bemerkt man schon ohne weiteres in den Chlorophyllkörnern die Stärke meistens als kleine lichtbrechende Körnchen, in manchen Fällen sind die Stärkekörner sogar größer, als das Chlorophyllkorn, und sitzen diesem seitlich an. Als Objekte zur Beobachtung dieser wichtigen Verhältnisse kann man entweder mikroskopische Schnitte durch beliebige Blätter oder bequemer Farnprothallien, oder Blätter von Mosen, z. B. Mnium, Funaria u. a. benutzen. Große exzentrische Stärkekörner mit deutlicher Schichtung lassen sich am besten in den Sproßteilen von Dieffenbachia beobachten (vgl. Fig. 44 f.).

Anfangs sind die im Chlorophyll entstehenden Stärkekörner kaum sichtbar, das Chlorophyllkorn produziert im Lichte neue Stärkemoleküle und lagert sie an das primär entstandene Körnchen an. Der Umfang der Stärkekörner nimmt zu, und da das Chlorophyllkorn nicht in gleichem Maße mitwächst, so verdrängen die wachsenden Stärkekörner allmählich dessen Substanz. Schließlich füllen ein oder mehrere Stärkekörner den Raum des Chlorophyllkorns völlig aus. An Stelle dieses findet sich die Stärke, welche nur noch von einem ganz dünnen Überrest der Chlorophyllsubstanz überzogen ist (Fig. 44 b). Vielfach geschieht es, daß

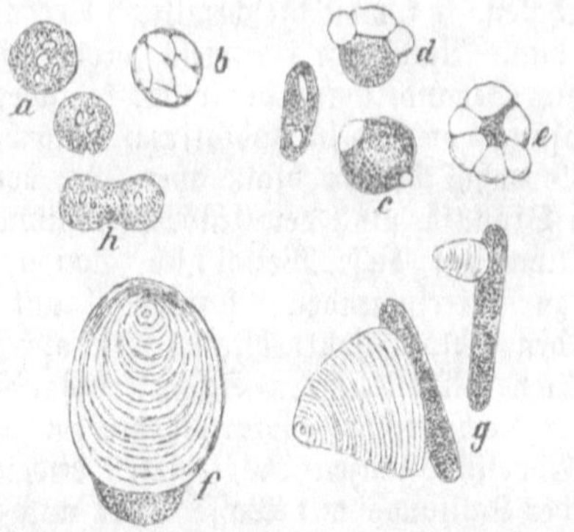

Fig. 44. Chlorophyllkörner mit Stärkekörnern (stark vergrößert).

a kleine Stärkekörner, ganz im Chlorophyll eingeschlossen; b herangewachsene Stärkekörner, welche die Masse des Chlorophylls ganz verdrängt haben; c—e Entstehung von Stärkekörnern an der Oberfläche des Chlorophyllkorns; f—g Entstehung der exzentrischen Stärkekörner (nach Schimper); h Chlorophyllkorn in Vorbereitung zur Teilung.

die Stärkekörner nicht im Zentrum des Chlorophyllkorns, sondern nahe an dessen Oberfläche sich bilden (vgl. Fig. 44 c d). In solchen Fällen wachsen die Stärkekörner aus dem Chlorophyllkorn heraus, im übrigen verschwindet dabei die Masse des Chlorophyllkorns ebenfalls, so daß endlich ein Haufen Stärkekörner übrig bleibt (Fig. 44 e). Solche an der Oberfläche des Chlorophyllkorns entstandenen Stärkekörner werden wegen ihrer einseitigen Anheftung vom Chlorophyllkorn ungleichmäßig ernährt und bekommen aus diesem Grunde, wenn sie groß werden, einen exzentrisch geschichteten Bau. In Fig. 44 g f sind einige exzentrische Stärkekörner in Verbindung mit Chlorophyllkörnern abgebildet, wozu zu bemerken ist, daß der exzentrische Kern des Stärkekornes immer vom Chlorophyll abgewendet liegen muß, weil nur an der Berührungsfläche neue Stärkesubstanz angelagert wird, wodurch der Kern des Stärkekorns immer weiter nach außen geschoben wird. Über das Wachstum der Stärkekörner ist eine umfangreiche Litteratur vorhanden, für welche auf das grundlegende berühmte Werk Nägelis*) und auf die neueren Arbeiten von Schimper**) verwiesen sei. Ein näheres Eingehen auf

*) Nägeli, Die Stärkekörner, 1863.

**) Schimper, Untersuchung über Entstehung der Stärkekörner. Botan. Zeitung 1880.

diese theoretisch hochinteressanten Verhältnisse würde den Zielen dieses Buches nicht entsprechen. Nur der Punkt muß noch besonders hervorgehoben werden, daß das Produkt des chemischen Prozesses der Assimilation eine organisierte Substanz ist, daß Kohlensäure und Wasser nicht nur zu einer Verbindung von komplizierter chemischer Formel zusammentreten, sondern daß diese Verbindung zugleich eine Struktur besitzt, welche den organisierten Bildungen eigentümlich ist.

Läßt sich in den meisten Fällen die Stärke unmittelbar durch das Mikroskop wahrnehmen, so kommt ihr chemisches Verhalten zum Jod, mit welchem sie eine blaue Verbindung eingeht, dem Nachweis häufig ganz besonders zu statten. Behandelt man den mikroskopischen Schnitt durch ein Blatt mit einer Lösung von Jod in Jodkalium, so färben sich alle Stärkekörner in den Chlorophyllkörnern blau, aber durch den grünen Farbstoff einerseits und die Braunfärbung der Chlorophyllsubstanz durch das Jod ist die Stärkereaktion auf diese Weise nicht sichtbar zu machen, man zieht daher den zu untersuchenden Pflanzenteil mit Alkohol aus und entfernt dadurch den Chlorophyllfarbstoff. Die aus diesem entfärbten Material hergestellten mikroskopischen Schnitte behandelt man eine Zeit lang mit Kalilauge, wodurch die Stärkekörner im Chlorophyll quellen und zugleich die Eiweißsubstanzen des letzteren erweicht werden. Nach dem Auswaschen der Kalilauge mit Wasser tritt nun die Stärkereaktion mit Jodlösung aufs deutlichste durch Blaufärbung hervor.*) Außer diesem mikroskopischen Wege, der dann unumgänglich ist, wenn es sich um die Entdeckung kleinster Mengen Stärke handelt, schlägt man noch einen andern ein, welcher erlaubt, an ganzen Blättern zu erkennen, ob dieselben Stärke enthalten.

Schneidet man an einem sonnigen Tage Blätter etwa um die Mittagszeit ab, entfärbt dieselben mit heißem Alkohol und legt sie in eine verdünnte Jodlösung, so dringt letztere in das Assimilationsparenchym ein und färbt alle Stärke blau. Je nachdem nun das Blatt geringere oder größere Mengen Stärke enthält, nimmt dasselbe eine hellere oder tiefere violettschwarze Färbung an.**) Sind die Blätter dagegen leer an Stärke, wie das am frühen Morgen vor Sonnenaufgang thatsächlich der Fall ist, so färben sich dieselben beim Einlegen in eine Jodlösung nur gelb.

Die Notwendigkeit bei der Beobachtung der Stärke im Chlorophyll das Mikroskop zu benützen, könnte wohl zu der Meinung verleiten, als könne doch im Grunde die Leistung der Blätter in der Produktion von Stärke nur minimal und gar nicht hinreichend sein, um die vom Menschen verbrauchten Quantitäten zusammenzubringen. Es ist schon oben betont worden, daß obgleich ein Chlorophyllkorn ein mikroskopisches Organ ist, dessen Einzelleistung kaum in Betracht kommt, durch die gemeinsame Arbeit von Billionen Chlorophyllkörnern das Resultat zu

*) Von Schimper ist zum mikroskopischen Stärkenachweis eine Lösung von Jod in wässeriges Chloralhydrat empfohlen worden. Botan. Zeitung 1885, Nr. 47—49.

**) Sachs, Arbeiten des bot. Instituts Würzburg Band III, Heft 1, p. 2.

stande kommt, welches in den Ernten vorliegt. Im Grunde ist es mit unserer menschlichen Arbeit auch nicht anders; im Vergleich zum Weltall sind auch wir mikroskopisch klein und die Einzelleistung eines Menschen an Arbeit bedeutet im Vergleich zur Gesamtheit nichts und doch setzt sich das Ganze nur aus Einzelleistungen zusammen.

Über die Leistungsfähigkeit des Chlorophylls erhält man schon eine bessere Vorstellung, wenn man, von den Chlorophyllkörnern ganz absehend, die Produktionsfähigkeit der ganzen Blattfläche in Rechnung zieht, welche eine Pflanze besitzt. Es ist durch Wägung festgestellt worden, daß 1 □Meter Blattfläche in 15 Stunden (mittlere Tageslänge von Mitte Juni bis Mitte August) 25—30 Gramm Stärke erzeugt. Eine Pflanze, welche in allen ihren Blättern also eine Fläche von 1 □Meter besitzt, kann in den drei Sommermonaten, in welchen die günstigsten Bedingungen für die Assimilation gegeben sind, wenigstens $2^1/_4$ Kilogramm Stärke bilden. Das Gewicht der an einem Tage produzierten Stärkemenge läßt sich nämlich deshalb durch Wägung feststellen, weil die am Tage entstandene Stärke des Nachts aufgelöst wird und aus den Blättern in die wachsenden Organe und Reservestoffbehälter einwandert. Am frühen Morgen vor Sonnenaufgang sind die Blätter daher stärkeleer, wovon man sich durch die Jodbehandlung überzeugen kann. Schon einige Stunden nach Sonnenaufgang haben die Blätter schon wieder neue Stärke durch Assimilation gebildet, im Laufe des Tages häuft sich die Stärke in den Blättern wieder an, und gegen Abend sind dieselben so reichlich davon erfüllt, daß sie durch die Jodbehandlung oft tief schwarz werden. Wenn man nun das Trockengewicht am Morgen und Abend bestimmt, so ergiebt sich aus der Gewichtszunahme die am Tage entstandene Stärkemenge.

Nach Sachs' Untersuchungen wog 1 □ Meter Blattfläche der Sonnenrose

5 Uhr morgens	43,62 Gramm,
3 Uhr nachmittags	52,72 „
Zunahme an Stärke in 10 Stunden	9,14 Gramm.

In einer Stunde sind also pro □ Meter Blattfläche 0,914 Gramm Stärke produziert.

Nun ist aber zu berücksichtigen, daß nicht nur des Nachts eine Auswanderung von Stärke vor sich geht, sondern daß auch während des Tages neben der Neubildung eine stetige Fortführung der Stärke aus den Blättern einhergeht. Wie groß die am Tage aus den Blättern in die andern Organe abfließende Stärkemenge ist, läßt sich nicht feststellen, es ist aber sicher, daß sie *mindestens* ebenso groß ist, als des Nachts. Die durch Beobachtung festgestellte Stärkemenge, welche nachts pro Stunde aus einem □ Meter Blattfläche auswandert, beträgt 0,964 Gramm. Wenn wir also diese Menge als geringste auch für die Tageszeit ansehen, so wäre die Gesamtproduktion eines □ Meters Blattfläche einer Sonnenrose in 10 Stunden:

Im Blatt wägbare Stärke . . .	9,14 Gramm,
Gleichzeitig fortgeführte Stärke . .	9,64 „
Gesamtproduktion in 10 Stunden .	18,78 Gramm.

In 15 Stunden des Sommertages würde sich also für den □Meter Blattfläche eine Stärkemenge von 28,17 Gramm ergeben, wozu noch 1 Gramm zu addieren ist, da die Pflanze durch ihre Atmung etwa 1 Gramm Stärke täglich verbrennt. Nicht bei allen Pflanzen ist die in einem Tage entstehende Stärkemenge gleich, was sich ja schon aus dem verschiedenen Blattbau und dem damit verbundenen verschiedenen Chlorophyllgehalt der Blätter erklärt. Man hat daher als mittlere Stärkemenge pro □Meter Blattfläche 1,6 Gramm pro Stunde oder täglich 25 Gramm angenommen.*)

Ist man auch darüber vollständig im klaren, daß nirgends sonst in der Pflanze als in den Chlorophyllkörnern Stärke oder Zucker durch Assimilation entsteht, so ist doch noch über die merkwürdige Rolle, welche der grüne Farbstoff spielt, der die Chlorophyllkörner durchdringt, bis jetzt nichts festgestellt, als daß er unbedingt vorhanden sein muß, wenn Assimilation stattfinden soll. Man kann sehr leicht Pflanzen erziehen, denen der grüne Farbstoff vollständig fehlt. Keimpflanzen, welche in völliger Dunkelheit heranwachsen, besitzen gelb gefärbte Blätter. In den Blättern sind wohl Chlorophyllkörner vorhanden, aber ihnen fehlt der grüne Farbstoff, der nur im Lichte entsteht. Aber infolge dieses Mangels bilden derartige Pflanzen auch keine Stärke, so lange sie im Finstern bleiben. Bringt man dieselben ans Tageslicht, so werden die Blätter zuerst grün, sie bilden Farbstoff und dann erst sind sie imstande, Stärke zu bilden.

Man kann durch Alkohol, Äther und noch andere Lösungsmittel den Chlorophyllfarbstoff aus Blättern extrahieren und erhält dann eine wunderschön grüne Lösung, welche außer einer blutroten Fluoreszenz eine Anzahl Absorptionsstreifen im Spektum erzeugt. Das charakteristische Absorptionsspektrum des grünen Farbstoffes erregte die Aufmerksamkeit und man glaubte die Absorptionen in Beziehung zur Assimilation setzen zu müssen. Über diesen Punkt ist eine umfangreiche Litteratur entstanden, aber man darf wohl sagen, daß bei diesen Spekulationen nichts Positives herausgekommen ist, trotzdem kann man sich noch immer nicht von den Absorptionsstreifen losreißen.

Ich bin der Ansicht, daß die absorbierten Lichtstrahlen mit der Assimilation nichts zu thun haben, sondern andere Arbeit in der Pflanze leisten; jedenfalls wird man aus den Absorptionen des Chlorophyllfarbstoffs ebensowenig dessen Bedeutung entdecken, wie sich aus den Absorptionsstreifen des Blutfarbstoffes dessen Bedeutung ergiebt. Die neueren Untersuchungen über den Chlorophyllfarbstoff haben zunächst außer den optischen Eigenschaften einige Kenntnis über die Zusammensetzung des Farbstoffes gebracht, um die man sich bisher kaum gekümmert hatte, und unter anderem festgestellt, daß derselbe Stickstoff und Eisen enthält.**) Es ergab sich außerdem, daß in allen Chlorophyllkörnern neben dem grünen ein gelber stickstofffreier Farbstoff vorhanden

*) Sachs, Arbeiten des botan. Instituts zu Würzburg. Band III, Heft 1.

**) Hansen, Arbeiten des botan. Instituts zu Würzburg. Band III, Heft 1, Heft 2, Heft 3.

ist, von dem aber noch nicht feststeht, welche Bedeutung ihm zuzuschreiben ist. Immerhin bleibt sein stetes Zusammenvorkommen mit dem grünen Farbstoff auffallend.

Um sich über die Rolle des Chlorophyllfarbstoffes eine Vorstellung bilden zu können, schien es zunächst notwendig, die Quantität desselben in den Blättern festzustellen, über die noch keine Angaben vorlagen. Es stellte sich heraus, daß dem verschiedenen Chlorophyllgehalt der Blätter verschiedener Pflanzen entsprechend die Menge des Farbstoffes in verschiedenen Spezies und in verschiedenen Exemplaren derselben Art ungleich sind.

Im Mittel aber beträgt der Farbstoffgehalt von 1 □ Meter Blattfläche = 5,142 Gramm.

Nach den oben mitgeteilten Untersuchungen von Sachs bildet 1 □ Meter Blattfläche bei gutem Wetter rund 1,6 Gramm Stärke, also in 15 Stunden mit Addition von 1 Gramm Stärke für Atmungsverlust

$$(15 \cdot 1{,}6 \text{ Gr.}) + 1 = 25 \text{ Gr. Stärke.}$$

Da nun 1 □ Meter Blattfläche nach den quantitativen Bestimmungen rund 5,0 Gramm Farbstoff enthält, so wirken bei der Bildung von 25,0 Gramm Stärke 5,0 Gramm Chlorophyllfarbstoff oder bei der Bildung von 1,0 Gramm Stärke 0,2 Gramm Chlorophyllfarbstoff mit.*)

In welcher Weise der Chlorophyllfarbstoff bei der Assimilation mitwirkt, ist, wie gesagt, völlig unbekannt. In der Litteratur findet sich nur die mehrfache ganz unbestimmte Äußerung: derselbe „zersetze die Kohlensäure". Es ist dabei aber nicht ausgeführt, wie diese Wechselwirkung zu denken sei, ob der Farbstoff als Reduktionsmittel wirke oder wie sonst. Es war auch vor der Ausführung quantitativer Bestimmungen des Farbstoffes nicht möglich, eine festere Vorstellung zu gewinnen. Will man aber jetzt noch eine direkte Wechselbeziehung zwischen Kohlensäurezersetzung und Chlorophyllfarbstoff annehmen, so müßten da zur Bildung von 25 Gramm Stärke ca. 20 Liter Kohlensäure zersetzt werden müssen, 5 Gramm Chlorophyllfarbstoff diese Zersetzung, d. h. die Reduktion der Kohlensäure bewirken. Da wie es scheint der Chlorophyllfarbstoff dabei nicht verändert wird, so müßte man annehmen, daß derselbe in der Weise der Enzyme wirke. Es ist aber wohl noch sehr die Frage, ob der Assimilationsprozeß thatsächlich mit einer Reduktion der Kohlensäure beginnt.

Es schien mir berechtigt, über diese wichtige Frage nach der Bedeutung des Chlorophyllfarbstoffes eine andere Hypothese aufzustellen, welche mit schon bekannten Thatsachen harmoniert. Ich erblicke die Bedeutung des Chlorophyllfarbstoffes darin, in aktiver Weise die Kohlensäure der Luft anzuziehen und mit derselben, ähnlich wie der Blutfarbstoff mit dem Sauerstoff eine lose Verbindung einzugehen, um die Kohlensäure wieder an das assimilierende Plasma der Chlorophyllkörner abzugeben. Der Chlorophyllfarbstoff wirkt also als Überträger der Kohlensäure.

*) Hansen, Quantitative Bestimmungen des Chlorophyllfarbstoffes in den Laubblätttern. Arbeiten des botan. Instituts zu Würzburg. Band III, Heft 3.

Diese Hypothese läßt sich durch folgende Überlegungen begründen. Zur Bildung von 25 Gramm Stärke sind ca. 20 Liter Kohlensäure nötig, welche in ca. 50 Kubikmeter Luft enthalten sind. Diese 50 Kubikmeter kohlensäurehaltige Luft müßten also in 15 Stunden das Gewebe eines □ Meters Blattfläche passieren. Man nimmt allgemein an, daß die kohlensäurehaltige Luft durch die Spaltöffnungen in die Intercellularräume eindringe und daß die Kohlensäure nach den Gesetzen der Diffusion und Absorption der Gase in das chlorophyllhaltige Gewebe aufgenommen werde. Ich habe darauf hingewiesen, daß diese Ansicht nicht mit den Thatsachen übereinstimmt.*) Da mit steigender Temperatur die Fähigkeit der Flüssigkeiten, Gase zu absorbieren abnimmt, so müßte auch in die chlorophyllhaltigen Zellen mit der Erhöhung der Temperatur weniger Kohlensäure aufgenommen werden. Thatsächlich steigt aber die Menge der assimilierten Kohlensäure mit der Temperatur. Es ist also offenbar die Aufnahme der Kohlensäure von der Temperatur und mit Berücksichtigung anderer Untersuchungen von Boussingault auch vom Druck unabhängig.

Es scheint auch bis jetzt ganz übersehen worden zu sein, daß Untersuchungen, die freilich zu einem andern Zweck angestellt wurden, vorliegen, welche direkt gegen eine Zirkulation der Kohlensäure in den Intercellularräumen sprechen. Es sind dies die Untersuchungen von Moll.**) Derselbe stellte fest, daß wenn man die Spitze eines Blattes in einen abgeschlossenen Raum bringt, in dem die Luft durch Kalilauge frei von Kohlensäure gehalten wird, während die Basis des Blattes in kohlensäurehaltiger Luft verweilt, daß dann nur dieser letztgenannte Teil des Blattes Stärke bildet, während die Spitze keine Stärke erzeugt. D. h. also mit andern Worten, daß kein Zustrom von Kohlensäure von einem Teile eines Blattes zu einem andern stattfindet. Die Untersuchungen über diesen Punkt sind von Moll in mannigfacher Weise variiert, führten aber alle zu dem Resultat, daß keine Zirkulation von Kohlensäure aus einem Blatteil in den andern stattfindet. Diese Thatsachen sprechen also ebenfalls gegen die allgemein gültige Annahme, daß die Kohlensäure in den Intercellularräumen zirkuliert, sind aber, wie ich glaube, eine Stütze meiner über die Bedeutung des Chlorophyllfarbstoffes ausgesprochenen Ansicht. Wenn eine Fortleitung der Kohlensäure in den Blättern nicht stattfindet, so muß jedem kleinsten Blattareal die Fähigkeit innewohnen, die Kohlensäure aus der umgebenden Luft direkt an sich zu reißen und diese Fähigkeit dem Chlorophyllfarbstoff zuzuschreiben, scheint mir kein zu weiter Schritt zu sein. Es erklärt sich daraus auch die Notwendigkeit der ungeheuren Anzahl von Spaltöffnungen, von denen jede nur wenigen Chlorophyllzellen die nötige Kohlensäure zuführt. Spaltöffnungen haben aber nur solche Blätter, welche mehrschichtig sind, während die einschichtigen Blätter gar keine Spaltöffnungen besitzen, z. B. die der Jungermannien und Laubmoose. Bei ihnen braucht ja

---

*) l. c.

**) Moll, Über die Herkunft des Kohlenstoffs in den Pflanzen. Arbeiten des botan. Instituts zu Würzburg. Band II, p. 105.

ein Eindringen der kohlensäurehaltigen Luft überhaupt nicht stattzufinden, es muß hier umsomehr die Kohlensäure direkt vom Chlorophyll aus der Luft angezogen werden.

5. Das Licht und die Assimilation.

Es ist schon oben das Licht als eine der Hauptbedingungen für die Assimilation bezeichnet worden. Ein chlorophyllhaltiges Organ würde, selbst wenn es von Kohlensäure umgeben wäre, doch unthätig bleiben, wenn nicht die Strahlen des Tageslichtes auf dasselbe wirken können. Stellen wir eine mit lebenskräftigen grünen Blättern versehene Pflanze in einen finstern Kasten, so wird keine Stärke in den Blättern entstehen, ja, wenn schon vorher Stärke in den Blättern vorhanden war, wird dieselbe aufgelöst und verschwindet durch Verbrauch beim Wachstum der Pflanze. Nach kurzer Zeit sind die Blätter stärkeleer und bleiben es, bis die Pflanze ans Licht zurückgebracht wird. Es ist also durchaus nötig, daß die Chlorophyllkörner beleuchtet werden, um Kohlensäure zu zersetzen und Stärke zu bilden. Ja noch mehr — das Licht ist sogar notwendig, damit überhaupt vollkommene Chlorophyllkörner entstehen. Man kann mit Leichtigkeit Samen, die man in Töpfe gepflanzt hat, in einem völlig finsteren Raum keinem lassen. Die Keimung geht ohne weitere Schwierigkeit vor sich, allein die entstehenden Keimpflanzen sehen ganz anders aus, als im Licht erwachsene, sie besitzen nämlich nicht grüne, sondern gelbe Blätter. Untersucht man diese Blätter mikroskopisch, so findet man in denselben allerdings Chlorophyllkörner, die aber statt der normalen grünen Farbe eine schwach gelbe Färbung besitzen. Befreit man die Versuchspflanzen aus ihrem finstern Gefängnis und setzt sie dem Tageslichte aus, so beginnen die Blätter sich alsbald grün zu färben, oder mit andern Worten, die Chlorophyllkörner bilden im Licht den für die Assimilation notwendigen Farbstoff aus. Das ist eine allgemeine Regel, allein auch sie hat ihre Ausnahmen. Wie von Sachs beobachtet wurde, sind die Keimpflanzen der Nadelhölzer und die Farnkräuter und wahrscheinlich auch andere Kryptogamen im stande, ohne Beleuchtung Chlorophyll zu bilden. Die Mono- und Dikotylen dagegen ergrünen niemals ohne Lichtwirkung.

Es ist nun freilich nötig, bei Anstellung derartiger Versuche, dieselben auch thatsächlich in lichtfreien Räumen vorzunehmen, die Versuchspflanzen also in einem durch dichtschließende Läden völlig verfinsterten Zimmer oder in einem festschließenden Schrank zu halten. Man kann sich unter andern Umständen nämlich leicht darüber täuschen, ob ein Pflanzenteil wirklich nicht vom Licht getroffen wird. So kann man nämlich beobachten, daß Kartoffelknollen, welche am Licht liegen, in den Zellen unter der dunklen Schale Chlorophyllkörner bilden. Das kommt jedoch daher, weil thatsächlich die Schale der Kartoffel noch Licht von genügender Intensität durchläßt, um Chlorophyllbildung hervorzurufen. Es liegen Untersuchungen vor, welche ergaben, daß überhaupt die Lichtstrahlen in Pflanzengewebe tiefer eindringen, als man meinen könnte.*) Natürlich hängt diese Tiefe des Eindringens ab von der Intensität und Brechbarkeit der Lichtstrahlen und außerdem vom anatomischen Bau der betreffenden Pflanzenteile. Um einige Beispiele anzuführen, geht z. B. das von einer von der Mittagssonne beleuchteten weißen Wolke reflektierte helle Licht noch durch eine 3,7 cm dicke Kartoffel mit doppelter Schale, rot durchscheinend, hindurch, durch ein 3 cm dickes Stück eines unreifen Apfels erscheint Licht derselben Intensität hellgrün, lichtstark, durch mehrere übereinander gelegte Blätter als dunkelroter Schein u. s. w.

Ist nun schon für die Bildung des Chlorophyllfarbstoffes Licht notwendig, so würde dafür im Notfalle ein Licht geringer Intensität ausreichen. Ein solches Licht reicht dagegen durchaus nicht hin, um auch Kohlensäurezersetzung im Chlorophyll zu veranlassen. Damit diese vor sich gehe, müssen die Pflanzen von einem für unsere Augen intensiveren Licht getroffen werden. Am günstigsten ist es im allgemeinen für die Pflanzen, wenn sie von den direkten Strahlen der Sonne beschienen werden, wo dann die Kohlensäurezersetzung mit lebhaftester Energie vor sich geht. Zum allerwenigsten ist aber zur Bildung der Kohlehydrate in den Chlorophyllkörnern helles Tageslicht nötig, wie es vom beleuchteten Himmelsgewölbe zurückgestrahlt wird. Schwächeres Licht genügt nicht mehr, um die Kohlensäurezersetzung in dem Maße zu veranlassen, daß die Pflanze eine genügende Menge für das Wachstum ihrer Organe disponibler Substanz produzieren kann. Daher kommt es denn auch, daß im Zimmer kultivierte Pflanzen, ganz besonders dann, wenn sie, wie man dies häufig sieht, nicht am Fenster, sondern an einer von diesem entfernten Zimmerwand aufgestellt sind, zwar nicht schnell zu Grunde gehen, aber auch keine gedeihlichen Fortschritte sehen lassen. Solche Zimmerpflanzen können sich wegen des Mangels an Licht nicht ordentlich ernähren, sie leiden also Hunger aus Mangel an Licht. Ihr Leben erhalten diese Pflanzen dadurch, daß sie die schon vorher in ihnen vorhandenen Nährstoffe langsam aufzehren. Zur Bildung neuer Blätter werden die älteren von Nährstoffen entleert und fallen dann ab, und so bildet die Pflanze zwar langsam neue Organe, ohne aber doch erheblich an Gewicht zuzunehmen. Man findet in der Regel über die Menge des Lichts, welche Pflanzen im Zimmer erhalten, ganz falsche Vorstellungen verbreitet, denn die subjektive Helligkeitsempfindung unserer Augen ist eben ein sehr ungenügender Maßstab für die wirkliche zu Gebote stehende Lichtmenge. Wenn man an der Hinterwand eines Zimmers auch sehr bequem lesen kann, so ist diese Helligkeit für eine Pflanze am selben Platze gar nicht von Belang, für sie ist es Dunkelheit. Man kann sich durch eine einfache Konstruktion darüber belehren, wie gering die Lichtmenge ist, welche eine im Zimmer wachsende Pflanze erhält.

Der Halbkreis a c in Fig. 45 stelle die halbe Himmelskugel dar, dann ist es klar, daß eine im Freien stehende Pflanze das von der ganzen

*) Sachs, Über Durchleuchtung von Pflanzenteilen. Sitzungsber. d. k. k. Akademie d. Wiss. in Wien. XLIII. 1860.

Halbkugel des Himmels zurückgestrahlte Licht erhält und bei Sonnenschein auch noch von den direkten Sonnenstrahlen getroffen wird. o b sei die Wand eines Hauses und o r die Höhe einer Fensteröffnung. Stellen wir unsere Pflanze außen vor das Fenster wie Nr. 1, so ist die Hälfte des ganzen Himmelsbogens c b für die Pflanze verdeckt. Also vor dem Fenster stehend erhält dieselbe schon bloß die halbe Lichtmenge wie eine Freilandpflanze. Noch ungünstiger werden die Verhältnisse, sobald die Pflanze in das Zimmer hineingenommen wird.

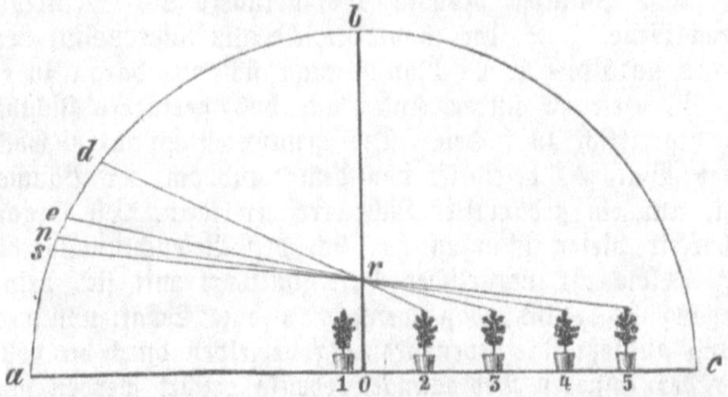

Fig. 45. Darstellung der Abnahme des Lichtes für eine Pflanze, die vom Fenster entfernt wird.

In der Stellung 2 ist die zur Verfügung stehende Lichtmenge nur die von dem Teil a d des Himmels zurückgestrahlte und wird immer geringer, je mehr die Entfernung vom Fenster zunimmt.

Es sind übrigens über diesen Punkt von Detlefsen*) genaue Berechnungen angestellt worden. Für eine Fensteröffnung von 1,5 m Breite und 2 m Höhe würde sich folgende Tabelle ergeben. In derselben sind unter E die Entfernungen vom Fenster eingetragen, unter J die Intensitäten der Erleuchtung, bezogen auf einen von der ganzen Halbkugel des Himmels im Freien beleuchteten Punkt als Einheit.

E	J
0	0,500000
0,05	0,477366
0,25	0,386198
0,50	0,299023
0,75	0,230328
1,00	0,180313
1,50	0,116414
2,00	0,079867

Demnach erhält eine Pflanze, welche sich nur 1 m vom Fenster entfernt befindet, nur 0,18.., also nicht einmal 1/5 der Lichtmenge, welche sie im Freien erhalten würde.

*) Arbeiten des botan. Instituts zu Würzburg. Band III.

Es gilt also als allgemeine Regel, daß für die Kohlensäurezersetzung eine Intensität des Lichtes gefordert wird, wie sie im Sommer an sonnigen Tagen vorhanden ist, was ja schon die gewöhnliche Erfahrung bestätigt, da unsere Kulturpflanzen am besten gedeihen, wenn diese Bedingung erfüllt ist. Nun erleiden alle Regeln Ausnahmen und so darf es nicht wunder nehmen, daß es auch Pflanzen giebt, welche sich nicht nur mit einem schwächeren Licht begnügen, sondern deren Lebensenergie durch eine intensivere Beleuchtung gestört wird. Man bezeichnet solche Pflanzen deshalb auch geradezu als Schattenpflanzen. Es gehören hieher z. B. der Sauerklee, Oxalis acetosella, der Adlerfarn, Pteris aquilina u. a. Man braucht sich nur daran zu erinnern, wo diese Pflanzen zu finden sind, um das geringere Lichtbedürfnis derselben begreiflich zu finden. Die genannten Pflanzen wachsen am Boden des Waldes, beschattet von dem Laubdach der Bäume, durch welches sie nur ein gedämpftes Licht erreichen kann. Die Organisation, die Reizbarkeit dieser Pflanzen hat sich den Beleuchtungsverhältnissen angepaßt, welche ihr natürlicher Aufenthaltsort mit sich bringt. Es ist also ganz begreiflich, daß wenn man eine Schattenpflanze starker Beleuchtung aussetzt, die Lebensordnung derselben durch die vollständige Änderung der äußeren Bedingungen ebenso gestört werden muß, wie wenn man eine Tropenpflanze in die Kälte des Nordens verpflanzt. Die Schattenpflanzen bilden nun aber, wie gesagt, nur eine Minderzahl von Ausnahmefällen im Gegensatz zum Gros der Pflanzenwelt, der ein helles Licht für ihre Ernährung ganz unentbehrlich ist.

Wie allgemein bekannt ist, besteht das weiße Licht der Sonne aus Strahlen verschiedener Brechbarkeit und Wellenlänge und kann in seine verschiedenen Strahlenbestandteile auseinandergelegt werden, indem man es durch ein Prisma hindurchgehen läßt. Auf einem weißen Schirm kann man so das bekannte siebenfarbige Spektrum erhalten, in welchem die vor der Brechung gemischten Strahlen nun in der Reihenfolge Rot, Orange, Gelb, Grün, Blau, Indigo, Violett, neben einander geordnet sind. Daß diese Strahlen verschiedene Eigenschaften besitzen, nimmt unser Auge eben durch die verschiedene Farbenempfindung unmittelbar wahr; die Pflanzen sind nun in einer freilich anderen, aber nicht minder prägnanten Weise empfindlich für die Strahlen verschiedener Brechbarkeit. Ganz anders verhält sich eine Pflanze, wenn sie im reinen roten Licht, als wenn sie im reinen blauen Licht vegetiert. Wir werden darüber in spätern Kapiteln ausführlicher sprechen und hier nur die Frage erörtern, inwiefern verschiedene Strahlen bei der Assimilation verschieden wirken oder nicht. Freilich erhalten unter den natürlichen Bedingungen die Pflanzen alle Strahlen im weißen Lichte gemischt, es kommt also hier gar nicht der Fall einer Beleuchtung durch eine einzige Strahlengattung vor. Allein es muß schon von vornherein nicht unwahrscheinlich erscheinen, daß trotzdem nicht alle Strahlen für die Assimilation gleichwertig sind: die Assimilation ist ein chemischer Vorgang und da auch andere allerdings außerhalb des Organismus verlaufende chemische Vorgänge, wie z. B. die Zersetzung der Silbersalze, die unter

Explosion vor sich gehende Vereinigung von Chlor und Wasserstoff u. s. w. nur durch die violetten und ultravioletten Strahlen des Spektrums verursacht wird, so könnte es mit der Assimilation sich ähnlich verhalten. Das haben denn auch die Forschungen bestätigt; nur ein Teil der Strahlen, welche im weißen Licht enthalten sind, bewirkt die Kohlensäurezersetzung im Chlorophyll, merkwürdigerweise sind dies aber nicht die blauen und violetten Strahlen, welche die eben erwähnten anderen chemischen Prozesse bewirken und daher z. B. für die Photographie die allein maßgebenden sind, sondern für die Kohlensäurezersetzung kommen ausschließlich die Strahlen der weniger brechbaren Hälfte des Spektrums in Betracht, ganz besonders die gelben Strahlen, welche auf unser Auge den Eindruck größter Helligkeit machen.

Das läßt sich experimentell beweisen. Die prachtvoll blaue Lösung von Kupferoxydammoniak absorbiert die rotgelbe Hälfte des Spektrums und läßt nur die blauvioletten und einen Teil der grünen Strahlen durchgehen. Die wässerige Lösung von bichromsaurem Kali dagegen löscht alle blauen und violetten Strahlen aus und gestattet nur den roten, orangen, gelben und einem Teil der grünen den Durchgang. Füllen wir nun mit diesen beiden Flüssigkeiten zwei doppelwandige Glasglocken, wie eine solche in Fig. 46 dargestellt ist, indem wir die Lösung durch den Tubus eingießen, so wird eine Pflanze, welche mit diesen Glocken abwechselnd bedeckt wird, bald nur blauviolette Strahlen, bald nur rotgelbe erhalten. Der Glascylinder in unserer Fig. 46 ist mit kohlensäurehaltigem Wasser gefüllt, in dem sich eine Pflanze, in unserem Bilde ein längerer Sproß des gemeinen Tannenwedels, Hippuris vulgaris, befindet. Stellt man den Cylinder, wie er ist, in die Sonne, so beginnt die Assimilation und der Sauerstoffstrom entweicht an der Schnittfläche. Dieser austretende Blasenstrom des Sauerstoffs dient nur als Maß für die Assimilationsenergie, denn es ist einleuchtend, daß je energischer die Assimilation vor sich geht, desto mehr Sauerstoff abgeschieden wird. Bei kräftiger Kohlensäurezersetzung steigen von der Schnittfläche des Sprosses die Blasen in schneller Reihenfolge an die Oberfläche des Wassers, ihre Zahl ist in einem bestimmten Zeitabschnitt eine größere, läßt die Assimilation nach, so wird sofort auch der Blasenstrom langsamer und die Zahl der in der Zeiteinheit erscheinenden Blasen verringert sich.

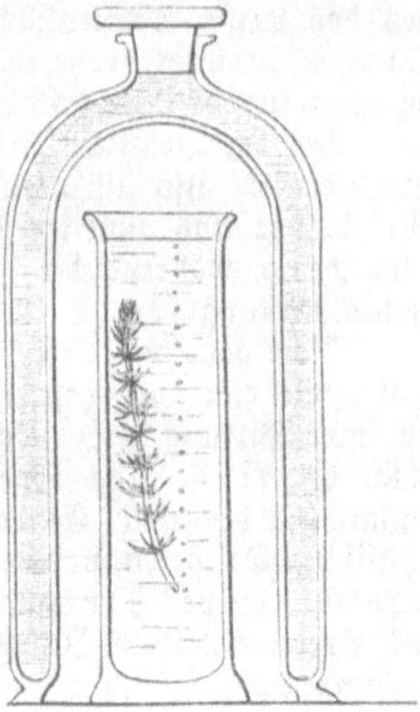

Fig. 46.

Betrachtet man zunächst den Gasblasenstrom im weißen Licht, indem man den Cylinder ohne Bedeckung den Strahlen der Sonne aussetzt, und zählt die in einer Minute aufsteigenden Gasblasen, so wird man eine Zahl erhalten, die natürlich von der Individualität der Versuchspflanze abhängig ist. Die Pflanze wird nun mit der rotgelben Glocke bedeckt, welche vollkommen durchsichtig ist und die Beobachtung des Blasenstromes nicht hindert. Trotz dieser Veränderung entweicht der Sauerstoffstrom in fast unveränderter Schnelligkeit. Nur unmerklich hat die Zahl der Gasblasen abgenommen. Zählte man im weißen Lichte 23 Blasen in der Minute, so würde man im orangefarbigen etwa die Zahl 21 finden, also eine äußerst geringe Verlangsamung der Assimilation konstatieren. Die Pflanze assimiliert unter der rotgelben Glocke gerade so, wie wenn sie in der Sonne stände, d. h. die rotgelben Strahlen des Sonnenlichtes würden allein ausreichen, die Assimilation im Chlorophyll zu besorgen.

Bedeckt man nun die assimilierende Pflanze mit einer Glocke, welche eine blaue Lösung von Kupferoxydammoniak enthält, so ist der Effekt ein ganz anderer. Kaum ist die Glocke übergedeckt, so wird der Blasenstrom äußerst langsam oder hört wohl auch ganz auf. Es ist gerade, als ob man die Pflanze mit einer vollständig undurchsichtigen Glocke bedeckt hätte. Dennoch ist das ja nicht der Fall, die Sonnenstrahlen gehen durch die blaue Glocke hindurch, aber es fehlen die Strahlen, welche wir eben als so äußerst wirksam für die Assimilation erkannt haben. Daß das Aufhören des Blasenstroms kein Zufall ist, davon überzeugt man sich sofort durch Abheben der Glocke. Im Moment, wo das weiße Sonnenlicht die Pflanze wieder trifft, beginnt die Assimilation in ihrer früheren Lebhaftigkeit, um nach wiederholtem Zurückbringen in das blaue Licht wieder sistiert zu werden.

Die verschiedenen Strahlen, welche das weiße Sonnenlicht enthält, erweisen sich also als von ganz verschiedener Bedeutung für die Pflanze. Die blauen und violetten Strahlen leisten für die Kohlensäurezersetzung sehr wenig, während die orangefarbigen und gelben Strahlen fast die ganze Leistung für die Assimilationsthätigkeit übernehmen.

Man hat nun diese Experimente noch mehr eingeengt, indem man nicht, wie hier eben geschehen, bloß die beiden Hälften des Spektrums in ihrer Wirkung auf die chlorophyllhaltigen Pflanzen studierte, sondern auch die einzelnen Spektralfarben auf ihre Fähigkeit prüfte, Assimilation zu bewirken. Es waren diese Untersuchungen schon 1844 von dem englischen Gelehrten Draper unternommen worden und das Resultat war gewesen, daß das Maximum der Assimilation im gelben und grünen Teil des Spektrums liege. In neuerer Zeit wurde diese Thatsache durch Untersuchungen von Pfeffer*) noch genauer festgestellt. Setzt man die Gesamtwirkung des weißen Lichtes bei der Kohlensäurezersetzung = 100, so ergeben sich für die einzelnen Regionen des Spektrums folgende Werte:

für Rot-orange	32,1
„ Gelb	46,1
„ Grün	15,0
„ Blau-violett	7,6
	100,8.

*) Pfeffer, Die Wirkung farbigen Lichtes auf die Zersetzung der Kohlensäure. Arbeiten des botan. Instituts Würzburg, Bd. I.

Diese Zahlen wurden durch eudiometrische Bestimmungen gewonnen. Die assimilierenden Blätter befanden sich in mit kohlensäurehaltiger Luft gefüllten, mit Quecksilber abgesperrten Glasrezipienten. Das farbige Licht wurde durch farbige Lösungen, welche natürlich spektroskopisch geprüft waren, gewonnen. Außerdem wurden aber auch von Pfeffer*) Versuche in der Weise angestellt, daß ein sehr intensives Sonnenspektrum entworfen wurde und nun in die einzelnen Regionen desselben eine in einem schmalen Rohr befindliche Wasserpflanze gebracht und die verschiedene Geschwindigkeit der Sauerstoffausscheidung beobachtet wurde. Diese Versuchsanstellung ist besonders deshalb vorteilhaft, weil dieselbe Pflanze nacheinander in die verschiedenen Regionen des Spektrums gebracht werden kann und also der Beobachtungsfehler, welcher bei den gasometrischen Untersuchungen aus den Eigentümlichkeiten verschiedener Versuchspflanzen entspringt, wegfällt. Die von Pfeffer auf diese Weise festgestellten Wirkungswerte für die einzelnen Regionen des Spektrums sind folgende:

Rot	25,4
Orange	63,0
Gelb	100,0
Grün	37,2
Blau	22,1
Indigo	13,5
Violett	7,1

Es stellt sich also heraus, daß die dem Auge am hellsten erscheinenden Strahlen, die gelben allein fast so viel leisten, als alle andern Strahlen zusammengenommen. Die Strahlen größter Brechbarkeit, welche auf Silbersalze so energisch wirken, haben für die Assimilation nur wenig Bedeutung. Es mag noch hinzugefügt werden, daß die dem Auge unsichtbaren Strahlen des Spektrums gar nicht in Betracht kommen, sondern nur die sichtbaren überhaupt die Assimilation veranlassen können.

Von den natürlichen Lichtquellen ist das Sonnenlicht die einzige, welche für die Assimilation in Betracht kommt. Das Licht des Mondes, welches nach Zöllner nur $\frac{1}{600\,000}$ der Intensität des Sonnenlichtes besitzt, ist viel zu schwach, um Kohlensäurezersetzung bewirken zu können. Was nun künstliches Licht anbetrifft, so kann Lampen- und Gaslicht, wenn es eine erhebliche Intensität besitzt, Kohlensäurezersetzung bewirken, die aber im Vergleich zur Wirkung des Sonnenlichtes gering ist. In sensationeller Weise wurde bei der Einführung des elektrischen Lichtes zu Beleuchtungszwecken auch von den ungeheuren Vorteilen desselben für die Pflanzenkultur gesprochen, doch da es ebenfalls nur in geringerem Maße Kohlensäurezersetzung bewirken kann, so ist von einer Verwertung in diesem Sinne vorerst nicht viel zu erwarten. Wenn man sich darüber wunderte, daß Hyacinthen, Tulpen oder andere Pflanzen, welche bei elektrischem Licht kultiviert werden, farbenprächtige Blüten besaßen, so

*) Botan. Zeitung 1872.

kann das elektrische Licht nur wenig dafür, denn die Blüten dieser Pflanze werden auch in vollkommener Dunkelheit ebenso schön gefärbt, was durch Versuche lange festgestellt war, ehe elektrisches Licht die Gewächshäuser erleuchtete.*)

6. Die Wurzeln und der Boden.

Die Assimilation der Kohlensäure, die Bildung der Kohlehydrate besorgen die oberirdischen, grünen Organe, im allgemeinen die Blätter. Assimilation kann jedoch nur dann stattfinden, wenn Wasser und wie schon bei der künstlichen Ernährung betont wurde, Salze in die Blätter gelangen. Beiderlei Stoffe werden aber von anderen Organen, den Wurzeln, aufgenommen und um den ganzen Ernährungsvorgang zu verstehen, ist es nun, nachdem über die Thätigkeit der chlorophyllhaltigen Blätter genügende Auskunft gegeben worden ist, nötig, sich über die Bethätigung der Wurzeln bei der Ernährung der Pflanzen zu unterrichten. Allerdings sind es ganz allein die Wurzeln gewesen, welche man sowohl von alters her als Ernährungsorgane der Pflanzen angesehen hat, als auch heute gewöhnlich zunächst als solche nennen hört, aber trotzdem sind doch auch die richtigen Vorstellungen über die Thätigkeit der Wurzeln, über die Art der Aufnahme der Stoffe aus dem Boden, erst durch die Forschungen unserer Zeit gewonnen worden und infolge dessen noch viel weniger Allgemeingut geworden, als dies wünschenswert wäre.

Was eine Wurzel ist, und daß sie sowohl als Haftorgan wie als Organ der Ernährung fungiert, ist im Eingangskapitel dieses Buches ausführlich mitgeteilt worden. Um diesen beiden Aufgaben gerecht zu werden, muß die Wurzel in den Boden eindringen. Daß sie dies thut, scheint ganz selbstverständlich zu sein und ist es doch ebensowenig, wie andere Naturvorgänge, die man so nennt, weil man sie nicht genauer beobachtet. Eines muß zunächst bei diesem Eindringen einer Wurzel in den Boden äußerst auffallend erscheinen, nämlich daß sie genau senkrecht abwärts wächst. Läßt man einen beliebigen Samen keimen, so richtet in allen Fällen die Keimwurzel, nachdem sie aus dem Samen hervorgetreten ist, ihre Spitze senkrecht abwärts. Um dies zu beobachten, kann man die Wurzel in einem Cylinder mit Wasser wachsen lassen, wie in Fig. 47 A abgebildet; in den Deckel des Cylinders ist eine Korkscheibe eingeklemmt, an welche der Samen mittelst einer Nadel festgesteckt wird. Will man das Wachstum der Wurzeln in Erde beobachten, so bedient man sich des in C dargestellten Kastens, dessen Breitseiten aus Glasscheiben bestehen, während das Gestell aus Zinkblech gefertigt ist. Die Neigung der Glasplatten hat den Zweck, daß die senkrecht abwärts wachsenden Wurzeln sich fest an die Glaswand anlegen und so der Beobachtung möglichst zugänglich werden.

Die Ursache des senkrechten Abwärtswachsens der Wurzeln ist die Schwerkraft. Diese außerordentlich wichtige Entdeckung wurde 1806

*) Sachs, Über Blütenbildung im Dunkeln, Botan. Zeitung 1863.

von dem englischen Naturforscher **Knight** gemacht. Im Kapitel über die Reizbewegungen wird ausführlicher auf die ganz eigenartige Reizbarkeit, welche die Pflanzen durch die Schwerkraft erleiden, eingegangen werden, es soll hier einstweilen nur das Nötigste vorausgeschickt werden. Die Wirkung, welche die Schwerkraft der Erde auf leblose Körper ausübt, ist die Anziehung; bekanntlich fällt ein Körper infolge derselben auf den Boden. Mit dieser allbekannten Wirkung der Gravitation hat nun ihr Einfluß auf die Pflanzen nicht die geringste

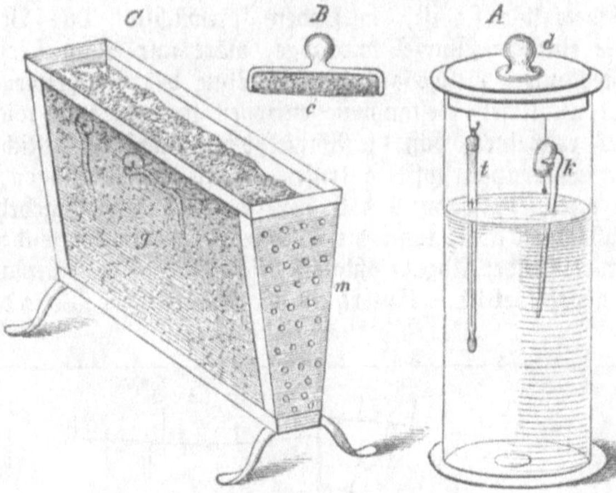

Fig. 47. Apparate zur Beobachtung des Wurzelwachstums (nach Sachs).

Ähnlichkeit. Die Pflanzenwurzeln sinken nicht etwa durch die Schwerkraft veranlaßt, einfach passiv in den Erdboden, wie ein schwerer Körper im Wasser untersinkt. Die Schwerkraft wirkt auf die Pflanze wie ein Reiz, und infolge dieses Reizes werden bestimmte **Wachstumsvorgänge** hervorgerufen, die den Pflanzenteilen eine bestimmte Richtung verleihen. Es ist schwer, sich davon eine klare Vorstellung zu machen, da uns selbst das Gefühl für eine solche Schwerkraftwirkung wenn auch nicht ganz abgeht, doch wenig zum Bewußtsein kommt. Auch unsere aufrechte Stellung und der unwiderstehliche Drang, dieselbe nach längerem Horizontalliegen immer wieder anzunehmen, ist zweifellos auf eine Reizbarkeit gegen die Schwerkraft zurückzuführen. Man nennt diese Reaktion der Pflanzen gegen die Schwerkraft **Geotropismus**. Der Effekt des Geotropismus ist der, daß die geotropischen Organe immer eine ganz bestimmte Richtung zum Erdradius oder zum Horizont einnehmen. Diese Richtung ist für die verschiedenen Organe verschieden, die Sprosse reagieren auf die Schwerkraft in der Regel in umgekehrter Weise wie Wurzeln, indem sie vom Erdmittelpunkt abgewendet senkrecht aufwärts wachsen, wie man an jedem Baumstamm sieht, Seitensprosse nehmen eine gegen den Horizont geneigte Lage an, die sie zum Teil auch ihrem besonderen Geotropismus verdanken.

Der Geotropismus der Wurzeln, welcher dieselben zwingt, in den Boden hinabzuwachsen, ermöglicht es ihnen nun zunächst, den Nährstoffen selbst entgegenzukommen, denn die Bodenbestandteile sind unbeweglich, sie kommen der Wurzel nicht entgegen, vielmehr muß diese sie gleichsam aufsuchen — außerdem erscheint aber noch eine andere Eigenschaft der Wurzeln, welche oben schon besprochen wurde, in ihrem wahren Lichte, nämlich ihre Fähigkeit, sich zu verzweigen. Es würde eine recht unvollkommene und die Existenz der Pflanze auf die größten Glücksfälle anweisende Einrichtung sein, wenn die Wurzel als ein einfacher Faden wie sie ist, im Boden fortwüchse. Das Bodenareal, welches diese einfache Wurzel durchzöge, wäre nur ein äußerst kleines. Nur den Regionen, welche auf gerader Linie des Wurzelweges lägen, könnten ihre nützlichen Bestandteile entzogen werden, und wie zweifelhaft muß es erscheinen, daß die Wurzel gerade auf ihrer Richtung alle notwendigen Bodennährstoffe antrifft. Durch ihr Vermögen, Seitenwurzeln zu erzeugen, wodurch das äußerst reiche und ausgedehnte Verzweigungssystem entsteht, kann die Pflanze ein ganz bedeutendes Bodenareal mit hinreichender Abgabefähigkeit bestreichen. Ein Schema, welches in Fig. 48 abgebildet ist, erläutert, in wie ökonomischer Weise der Boden

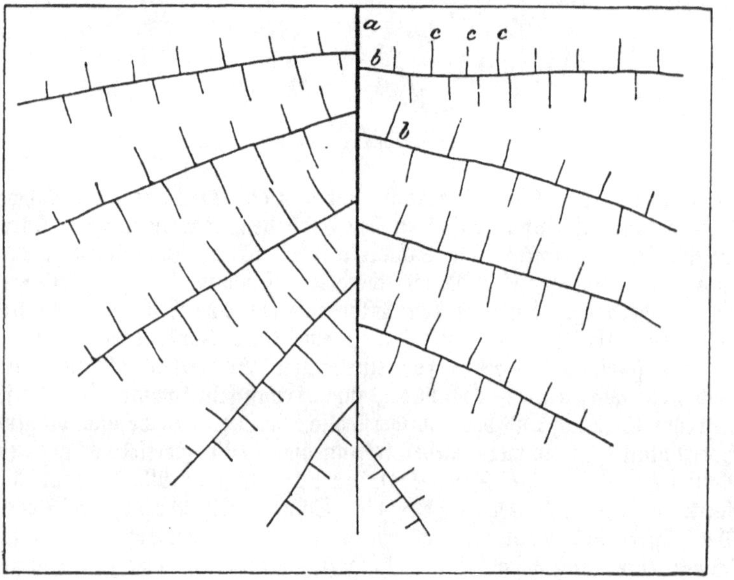

Fig. 48.

von einer Pflanzenwurzel verwertet wird. Das Rechteck möge die Grenze eines Stückes Erdboden andeuten, in welchem die geotropische Hauptwurzel a senkrecht hinabgewachsen ist. Zunächst hat die Hauptwurzel die Nebenwurzeln b getrieben und zwar nicht nur, wie in der

Zeichnung nicht anders angedeutet werden konnte, nach rechts und links, sondern auch nach andern Richtungen, welche nicht in der Ebene des Papiers liegen. Kann die Hauptwurzel nur eine Linie bestreichen, so ist nun durch das System der Nebenwurzeln ein bestimmtes Kubikmaß des Erdbodens okkupiert. Es bliebe aber zwischen zwei Nebenwurzeln erster Ordnung (b) noch viel unbenütztes Material, wenn nicht die Nebenwurzeln sich auch wieder verzweigten und die sekundären Nebenwurzeln c bildeten, wodurch dann jede erreichbare Stelle des Bodens abgesucht wird; man muß sich eben nur vorstellen, daß ein solches Wurzelsystem thatsächlich viel reicher und komplizierter ist, als es unser Schema darstellt. Dies ganze System wäre aber gar nicht in der Gestalt möglich, wenn die Haupt- und Nebenwurzeln alle gleich stark geotropisch wären. Die Reizbarkeit durch die Schwerkraft veranlaßt oder zwingt nun aber die Hauptwurzel senkrecht abwärts zu wachsen. Wären die Nebenwurzeln in ganz derselben Weise geotropisch, wie die Hauptwurzel, so würden sie gemeinschaftlich mit ihr denselben Weg verfolgen, sich dicht aneinander legen und trotz größerer Zahl die Leistung nicht wesentlich erhöhen. Nun sind aber die Nebenwurzeln erster Ordnung sehr wenig, die zweiter Ordnung gar nicht empfindlich für die Wirkung der Schwere. Während die stark geotropische Hauptwurzel senkrecht abwärts wachsen muß, können die Nebenwurzeln in andern zur Mutterwurzel senkrechten oder geneigten Richtungen fortwachsen und nach allen Seiten ausstrahlen. Der Bodenraum, welchen eine große Pflanze im stande ist, durch die eben angedeuteten Verhältnisse für die Ernährung nutzbar zu machen, ist in der That sehr groß, größer als man vermutet. Ein großer Baum hat 6 bis 8 Meter weit im Umkreis den Boden durch Wurzelbildung unterminiert und die Menge der Wurzeln ist eine ganz immense. Der Baum besitzt gerade wie er eine oberirdisch ausgebreitete Krone hat, gleichsam eine wenigstens ebenso ausgedehnte unterirdische Krone, welche aus Wurzeln besteht.

Noch einige andere Verhältnisse als die eben besprochenen gereichen dem Eindringen der Wurzel in den Boden zur Unterstützung. So die Verteilung des Längenwachstums an der Wurzel. Die Wurzeln wachsen nicht gleichmäßig in ihrer ganzen Länge. Nur eine kurze Strecke der Wurzel ist in lebhaftem Wachstum begriffen, eine Strecke, die 8—10, oft nur 2—3 Millimeter lang ist. Die Region größten Wachstums ist jedoch nicht die äußerste Spitze, wie man wohl deshalb vermuten könnte, weil hier der Vegetationspunkt der Wurzel liegt. Die Zone größter Streckung liegt nahe hinter der Wurzelspitze. Man kann sich von dieser Thatsache überzeugen, wenn man auf einer Keimwurzel mittels eines feinen Pinsels und chinesischer Tusche in gleichem Abstand Teilstriche von der Spitze anfangend aufträgt, wie Fig. 49 A erläutert. Läßt man die Wurzel wachsen, nachdem man den Samen mit einer Nadel an dem mit Kork belegten Deckel eines Cylinders, wie in Fig. 47 A abgebildet, befestigt, so werden nach einiger Zeit die Tuschmarken auseinandergerückt sein. Die Veränderung zeigt deutlich, daß nur eine kurze, hinter der Spitze, etwa zwischen dem 2. und 6. Teilstrich, liegende

Region, lebhaft gewachsen ist. Dadurch, daß die wachsende Partie der Wurzel nur sehr kurz ist und dicht hinter der Spitze liegt, wird das Eindringen der Wurzel in den Boden gefördert. Die sich streckende Zone treibt die konische Wurzelspitze vor sich her, die Kraft des Stoßes ist nahe hinter dieser Spitze konzentriert, die Wurzelspitze wird langsam durch die Stöße des Wachstums zwischen den Bodenteilen vorwärts getrieben. Dem kommt noch die schlüpfrige Oberfläche der Wurzelspitze entgegen; die äußersten Zellschichten der Wurzelhaube, von welcher ja schon im organographischen Kapitel gesprochen wurde, sterben ab und wandeln sich in eine schleimige Substanz um, welche die Wurzelspitze glatt macht, so daß dieselbe leichter zwischen den rauhen Gesteinsstückchen des Bodens hingleitet. Gleichzeitig ist aber auch der an der Spitze liegende sehr empfindliche und spröde Vegetationspunkt durch die Wurzelhaube vor Beschädigung geschützt.

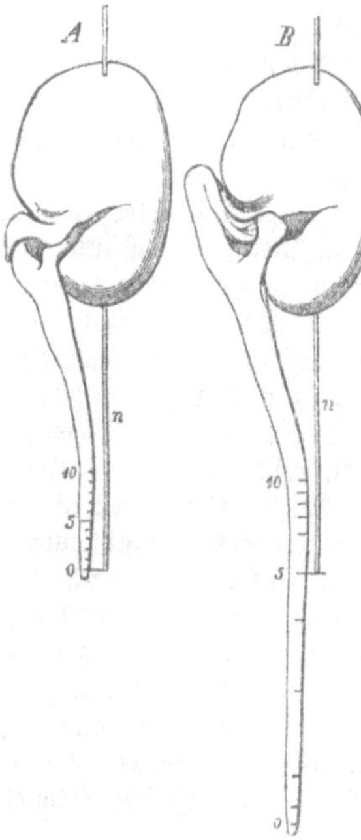

Fig. 49. Keimpflanze von Vicia Faba (nach Sachs).

Es ist von höchstem Interesse, zu sehen, wie verwickelt die Vorgänge und wie merkwürdig die Eigenschaften sind, welche ein Organ in den Stand setzen, seine Aufgabe im Interesse der Existenz des ganzen Organismus zu lösen und auf wie ganz andere Weise hier die Ziele erreicht werden, als die Mechanik dies thun würde.

Es handelt sich nun des Weiteren darum, zu sehen, in welcher Art die Wurzel mit dem Boden in Wechselwirkung tritt, wie die eigentliche Aufnahme der Nährstoffe erfolgt. Wir haben es unter den natürlichen Bedingungen mit anderen Verhältnissen zu thun, als bei einem Versuch künstlicher Ernährung, wo der Wurzel die chemisch reinen Nährsalze in wässeriger Lösung zu Gebote stehen. Die Wurzelhaare, welche die Aufnahme der Nährsalze besorgen, haben hier weder mechanische Hindernisse zu überwinden, noch ist die Aufnahme der Lösung in die Wurzelhaare besonders schwierig zu denken.

Ist nun auch im Prinzip die Aufnahme von Wasser aus dem Boden ganz ähnlich wie bei der künstlichen Ernährung, indem die Wurzeln das im Boden verteilte Wasser aufnehmen, so ist doch die Sache insofern anders, als die eigentümlichen Absorptionsverhältnisse des Bodens für Wasser und Salze den Vorgang komplizieren. Denn zunächst ist die Aufnahme des Bodenwassers deshalb anders, weil der Boden unter normalen Verhältnissen nicht mit Wasser durchtränkt ist, so daß man sagen könnte, die Wurzeln finden hier einfach eine wässerige Lösung der Bodensalze vor. In einem mit Wasser gesättigten Boden kommen Pflanzen nicht fort, wenn es nicht etwa Sumpfpflanzen sind, deren Organisation einen nassen Boden erträgt. Bekanntlich macht man in der Landwirtschaft oft die kostspieligsten Drainageanlagen, um einem Boden, der zum Anbau von Kulturpflanzen benützt werden soll, Wasser zu entziehen. Den Wurzeln der Landpflanzen würde es in einem durchnäßten Boden an Luft zum Atmen fehlen, sie würden in Fäulnis geraten und die Pflanzen würden zu Grunde gehen. Wenn man im Hochsommer nach längerer Trockenheit den Boden untersucht, so ist derselbe oft staubtrocken und selbst durch starken Druck läßt sich aus demselben kein flüssiges Wasser herauspressen. Die Pflanzen können trotzdem, ohne zu welken, in einem solchen Boden existieren. Aber sogar aus einer feuchten Erde fließt kein Wasser heraus, wenn man dieselbe zusammenpreßt. Das Wasser ist im Boden im gebundenen Zustande enthalten und die Wurzeln sind im stande, diese Wassermengen aufzunehmen und dadurch den Transpirationsverlust der Blätter zu decken. In welcher Weise man sich dies vorzustellen hat, soll die Fig. 50 erläutern, welche das Bild des Bodens mit einer darin

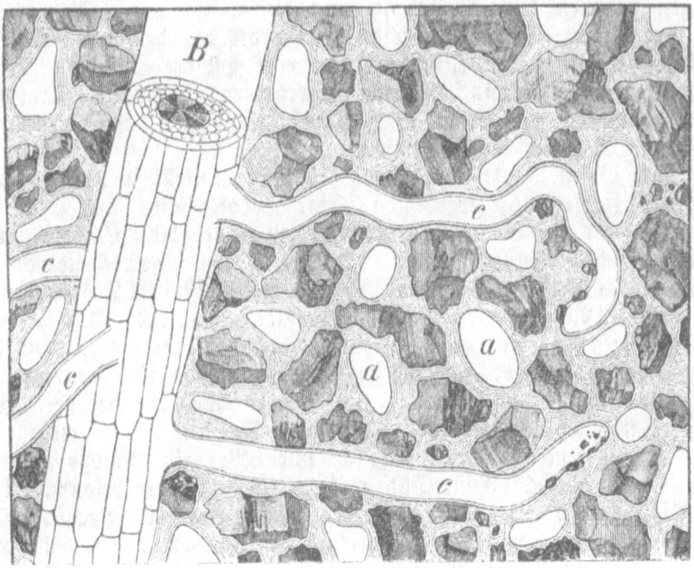

Fig. 50. Verhalten einer Wurzel im Boden. — c sind die Wurzelhaare, welche aus den Oberhautzellen der Wurzel entstehen. Um die räumliche Vorstellung zu unterstützen, ist der Querschnitt der Wurzel in die Längsansicht derselben hineingezeichnet.

wachsenden Wurzel darstellt. Die dunkelschraffierten Körper von unregelmäßigem Umriß stellen die Gesteinsstückchen dar, aus denen der Boden besteht. Wäre ein solcher Boden ganz trocken, so würden alle Zwischenräume mit Luft erfüllt sein. Nach einer Benetzung durch Regen oder beim Begießen dringt Wasser in die Zwischenräume der Bodenteilchen ein, der Überschuß fließt durch den Untergrund ab und es bleibt nur soviel Wasser zurück, als von den Flächenkräften der Gesteinstrümmer festgehalten werden kann. Diesen normalen Zustand demonstriert unsere Figur. Die Gesteinsbrocken sind von dünnen Wasserhüllen umgeben (durch die welligen Linien angedeutet), und die noch freien Räume werden von der Luft (a) eingenommen. Alle Wasserhüllen stehen mit einander in Verbindung. Findet irgendwo eine Wasseraufnahme durch die Wurzel statt, z. B. durch das Wurzelhaar c, so pflanzt sich die Gleichgewichtsstörung auf alle Wasseransammlungen fort und es findet nach dem Verbrauchsorte eine Strömung statt, bis das Gleichgewicht wieder hergestellt ist. Auf diese Weise wird es den Wurzeln ermöglicht, ohne daß sie direkt mit allem Wasser in Berührung stehen, von entfernteren Punkten eines bestimmten Bodenquantums das Wasser zu sich heranzuziehen. Nur auf diese Weise ist es den Pflanzen möglich, im Sommer, wo der Boden stark austrocknet und oft wochenlang kein Regen fällt, der neues Wasser bringt, dennoch ohne zu welken dazustehen, weil die neu entstehenden jungen Wurzeln mit ihren Wurzelhaaren die geringen durch Molekularkräfte im Boden festgehaltene Wassermengen benutzen können. Es ist nun freilich trotzdem nicht möglich, daß eine Pflanze dem Boden alles Wasser bis auf das letzte Molekül entziehen könnte. Der Zeitpunkt, wo eine Pflanze aufhört, Wasser aufzunehmen, ist bekanntlich leicht zu erkennen: sie welkt. Trotzdem kann der Boden noch etwas Wasser enthalten, ohne daß die Pflanze den letzten Rest verbrauchen könnte.

Über diesen Punkt sind Beobachtungen angestellt worden, welche bestimmte Zahlenbelege ergeben.*) Eine Tabakspflanze fing z. B. an zu welken, als der Boden noch 12,3 % seines bei 100° C. bestimmten Trockengewichtes Wasser enthielt. Dieser bei 100° getrocknete Boden konnte 46 % Wasser aufnehmen. Mithin waren für die Tabakspflanze nur (46 — 12,3) 33,7 % Wasser disponibel, während 12,3 % vom Boden festgehalten wurden. In jedem Fall hält der Boden eine bestimmte Menge Wasser energisch fest. Diese Menge ist aber nach der besonderen Beschaffenheit bei jedem Boden eine verschiedene. Ein Lehmboden z. B. enthielt, als eine Pflanze ihm kein Wasser mehr entziehen konnte und zu welken begann, nur 8 %, ein Sandboden nur mehr 1,5 % Wasser. Eine Pflanze kann also nach der besondern Art des Bodens bald längere, bald kürzere Zeit Trockenheit ertragen. Dagegen nehmen allerdings auch die verschiedenen Böden bei der Bewässerung nicht die gleiche Menge Wasser auf. Während bei den einschlägigen Untersuchungen ein humoser Boden 46 % Wasser faßte, nahm Lehmboden 52,1 % an, Sand dagegen konnte nur 20,8 % Wasser aufnehmen. Daraus ergiebt sich, daß wenn man trockenen Sand mit Wasser sättigt, derselbe doch nicht so lange vorhält, als ein humoses Erdreich, obgleich der Sand bis auf 1,5 % alles Wasser hergiebt,

*) Sachs, Experimental-Physiologie p. 173.

während der humose Boden 12,3 % zurückhält. Für die Praxis ist es natürlich von Wichtigkeit, die Wasserkapazität eines Bodens zu kennen, zu wissen, ob derselbe eine große oder geringe Durchlässigkeit besitzt, denn danach würde sich natürlich seine Bewässerung richten müssen. Bei einem durchlässigen Boden, wie es z. B. Sand ganz besonders ist, versinkt das überschüssige Wasser bei einer Benetzung schnell in die Tiefe, bis es auf eine undurchlässige Schicht trifft, auf welcher es sich ansammelt oder nach der Richtung der Neigung dieser Schicht abfließt, um unter Umständen an einem entfernten Ort als Quelle wieder zu Tage zu treten.

Es hat für den Nichtbotaniker etwas Befremdendes, daß die doch immerhin beträchtliche Wassermenge, welche eine Pflanze braucht, ganz ausschließlich durch die in der Einzelleistung so unbedeutende Thätigkeit der Wurzelhaare herbeigeführt wird. Die Verhältnisse sind hier gerade so, wie anderswo bei den Pflanzen, wo auch durch Zusammenwirken von zahllosen mikroskopischen Organen als Resultat eine die größten Zahlen liefernde Leistung zu stande kommt. Nimmt man an, daß ein Wurzelhaar in einem Moment ein Milligramm Wasser aus dem Boden aufnimmt, so kann das für die Ernährung nicht in Betracht kommen, aber eine solche Pflanze kann hundert junge Wurzeln haben, und wenn jede auch nur tausend Wurzelhaare hätte, die ebenfalls ein Milligramm Wasser aufnehmen, so würden in einem gegebenen Zeitpunkt schon 100 Gramm auf einmal der Pflanze zugeführt.

Mit dem Wasser zugleich nehmen die Wurzelhaare die darin gelösten Salze des Bodens auf. Das Bodenwasser ist dadurch ganz besonders zur Auflösung schwerlöslicher Salze befähigt, daß es Kohlensäure enthält, welche einerseits von allen Pflanzenwurzeln immerfort ausgeatmet und vom Wasser aufgenommen wird, andererseits dem letzteren auch dadurch zukommt, daß die verwesenden organischen Reste des Bodens Kohlensäure bilden. Immer aber ist das Bodenwasser nur eine verdünnte Lösung von Salzen von etwa 0,6 bis 0,8 Gramm Salzen auf 1 Liter Wasser. Daß dies so ist, ergiebt sich ja daraus, daß unser den Quellen entstammendes Trinkwasser ganz dieselbe verdünnte Salzlösung ist, welche die Pflanzenwurzeln aufnehmen. Eine konzentrierte Salzlösung würden die Pflanzenwurzeln nicht ertragen, sie würden durch Einwirkung einer solchen erkranken und zu Grunde gehen, man wird daher auch in den Fällen, wo man durch künstliche Düngung den Wurzeln Nährsalze zukommen läßt, eine nicht stark konzentrierte Lösung zum Begießen anwenden oder besser mit den Salzen im festen Zustande düngen, damit die Lösung langsam erfolgt und erst im Laufe längerer Zeit zu den Wurzeln gelangt. Dieser Empfindlichkeit der Wurzeln gemäß ist übrigens eine eigentümliche Fähigkeit des Bodens, welche verhindert, daß überhaupt eine konzentrierte Lösung im Boden zirkulieren kann. Wenn man nämlich einen Trichter mit Ackererde füllt und nun z. B. eine Lösung von phosphorsaurem Ammon aufgießt, so filtriert Wasser durch, welches weder Phosphorsäure noch Ammoniak mehr enthält. Das Salz ist aus seiner Lösung durch die Erdpartikel niedergeschlagen oder wie man gewöhnlich sagt absorbiert worden. Doch ist die Absorption des Bodens nicht für alle Salze gleich groß, z. B. gehen Kochsalz, manche Calcium- und Magnesiumsalze mit dem Wasser unabsorbiert durch. Im ganzen ist jedoch die Absorption des Bodens, worauf auf das Ausführlichste hingewiesen zu haben das Verdienst des unsterblichen Liebig ist, von großer Wichtigkeit. Nur dadurch, daß die Bodenpartikel die in Wasser löslichen Salze bis zu einem gewissen Grade festhalten, wird verhindert, daß durch häufigen Regenfall ein Boden allmählich ausgewaschen wird. Existierte die Absorptionsfähigkeit des Bodens nicht, so würde nach jedem Regenfall das in der Tiefe versinkende Wasser aus den obern Bodenschichten die für die Pflanzen wertvollen Nährstoffe mit fortführen und den Boden allmählich steril machen. Ebenso wird auch der Erfolg der künstlichen Düngung mit Salzen durch die Absorption des Bodens gesichert.

Wenn man sich also einen richtigen Begriff von der Verteilung der Nährstoffe im Boden machen will, so hat man sich vorzustellen, daß die Bodenpartikel mit einem dünnen Überzug der Bodensalze bedeckt sind, welcher langsam von dem kohlensäurehaltigen Wasser wieder gelöst und durch die Wurzelhaare aufgenommen wird. Die Auflösung der absorbierten Bodensalze wird noch dadurch unterstützt, daß die Wurzelhaare direkt die absorbierten Stoffe angreifen. Sie scheiden nämlich eine Säure aus, welche die Lösung von in reinem Wasser unlöslichen Salzen herbeiführt. Man kann sich von der Thatsache der Säurebildung leicht überzeugen, indem man z. B. die Spitze einer Keimwurzel von Mais, Weizen u. a. auf blauem Lacmuspapier zerdrückt, wo sich dann die stark saure Reaktion durch Rötung des Reagenzpapiers kund giebt. Die Wurzelhaare legen sich an die Bodenteilchen fest an und verwachsen förmlich mit denselben, so daß es nicht gelingt, die Mineralpartikel vom Wurzelhaar ohne Zerreißung derselben abzulösen. Zieht man eine Keimpflanze aus der Erde, so hängen der Wurzel eine Menge Erdteilchen an und bilden eine Umhüllung, welche nicht abfällt. Liebig machte auf diese Thatsache zuerst aufmerksam, indem er darauf hinwies, daß aus dieser Erdhülle die Wurzel ihre Nährstoffe aufnähmen. Befreit man eine solche Wurzel von dem größten Teil der Erde durch vorsichtiges Schwenken in Wasser, um die Wurzelhaare nicht abzureißen, so lassen sich einzelne Wurzelhaare unter dem Mikroskop bequem beobachten und man sieht, daß die Bodenteilchen ihnen untrennbar anhaften.

Wie stark die Wurzeln Gestein angreifen, kann man in der Natur oft an glatten Felswänden beobachten, die durch Wurzeln korrodiert werden und oft sehr deutliche Abdrücke des Wurzelsystems zeigen. Schöner läßt sich dies durch einen sorgfältig angestellten Versuch demonstrieren.*) Legt man auf den Boden eines Gefässes eine glatt polierte Marmorplatte, schüttet Erde darauf und pflanzt einen Samen hinein, so wachsen nach der Keimung die Wurzeln abwärts und treffen auf die Marmor-

*) Sachs, Experimental-Physiologie p. 183.

platte. Hier am weitern Abwärtswachsen gehindert, kriechen die Wurzeln auf der Platte hin und die Wurzelhaare lösen durch die Säure, welche sie ausscheiden, einen Teil des Marmors auf. Auf diese Weise entsteht, da die Korrosion nur an den Stellen erfolgt, welche die Wurzel unmittelbar berührt, ein vollständiger matter Abdruck der Wurzel, welchen sie auf dem glattpolierten Marmor einätzte.

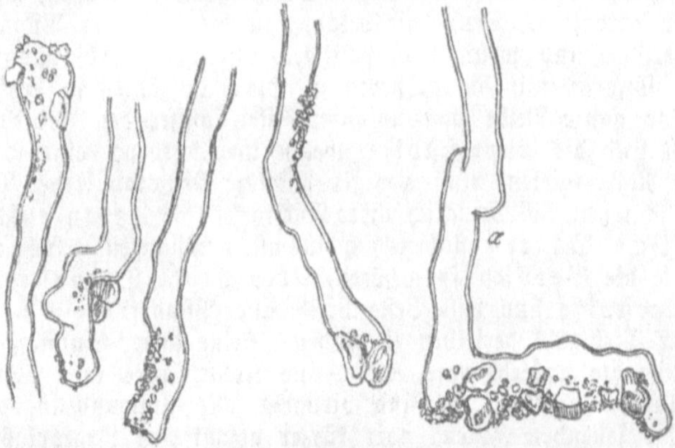

Fig. 51. Wurzelhaare mit festanhaftenden Bodenteilen (nach Sachs).

Man wird sich aus allem vorstehend Mitgeteilten ein Bild von der Thätigkeit der Pflanzenwurzeln im allgemeinen machen können. Wenn oft geglaubt wird, die äußeren Bedingungen seien immer gerade für das Pflanzenleben die einfachsten und im menschlichen Sinne zweckmäßigsten, so zeigt gerade ein solches Beispiel wie die Wurzelleistung, wie ein Organ nur durch die verwickeltsten Einrichtungen und durch die Begabung mit besonderen Reizbarkeiten im stande ist, den im Gegenteil ungünstigsten Verhältnissen sich anzupassen, wie es mit den äußeren Bedingungen im fortwährenden Kampfe liegt, damit das eigentliche Ziel, die Existenz des ganzen Organismus erreicht wird.*)

7. Der pflanzliche Stoffwechsel.

Die Bildung der aus Kohlensäure und Wasser im Chlorophyll entstehenden Kohlehydrate, Stärke oder Zucker, ist der erste Hauptabschnitt der Pflanzenernährung. Man nennt diesen ganzen Prozeß Assimilation und die Berechtigung, denselben als einen besondern Abschnitt für sich zu betrachten, liegt unter anderem darin, daß dadurch das Charakteristische der Pflanzenernährung gegenüber der tierischen ganz eklatant hervortritt. Tiere assimilieren nicht, deshalb nicht, weil sie kein Chlorophyll besitzen, und dies die erste Vorbedingung der Assimilation ist. Man glaubte bis vor einigen Jahren, daß einige niedere Tiere, Infusorien, z. B.

*) Litteratur über Wurzeln: Sachs, Arbeiten des botan. Instituts zu Würzburg, Bd. I. Pfeffer, Pflanzenphysiologie I und II.

Paramecium und Polypen, mit Chlorophyll begabt seien, doch haben genaue Untersuchungen von Brandt u. a. ergeben, daß dies scheinbare tierische Chlorophyll Algenzellen angehöre, welche von den Tieren als Nahrung aufgenommen wurden.

Stärke und Zucker sind die einzigen Produkte, welche bei allen Chlorophyllpflanzen durch Assimilation entstehen, um so mehr drängt sich die Frage auf, wie die übrigen Stoffe gebildet werden, welche die Pflanzen enthalten. Denn wie bekannt ist die Zahl der Pflanzenstoffe keine geringe und wenn man von den einzelnen Verbindungen ganz absieht, sondern nur die größeren Gruppen aufzählt, so erhält man schon eine ganze Reihe von Pflanzenstoffen außer den Kohlehydraten. Zunächst sind die Eiweißstoffe, welche im Tierkörper eine so hervorragende Rolle spielen, nicht weniger wichtige Bestandteile der Pflanzen. An sie schließen sich bezüglich ihrer Wichtigkeit die Pflanzenfette an. Organische Säuren finden sich in allen Pflanzen. Glycoside, unter die die Gerbstoffe gehören, Alkaloïde, Terpene, Harze und Farbstoffe sind teils Bestandteile aller Pflanzen, teils wenigstens bei einer Mehrzahl derselben zu finden. Keine dieser Substanzen wird indes, wie die Kohlehydrate, direkt aus Kohlensäure und Wasser von den Pflanzen gebildet, sie sind vielmehr alle Umwandlungsprodukte, welche die lebenden Zellen, oder kürzer gesagt das Protoplasma aus den durch Assimilation entstandenen Grundsubstanzen, der Stärke oder dem Zucker, herstellt. Alle die genannten Stoffe leiten sich also von der Stärke ab, weil diese erst vorhanden sein muß, ehe alle jene zahlreichen Stoffe verschiedenster Zusammensetzung entstehen können. Die komplizierten chemischen Prozesse, welche diese Stoffwandlungen in der lebenden Pflanze zu stande bringen, bezeichnet man daher insgesamt mit dem Worte Stoffwechsel. Die Einsicht in den Verlauf der einzelnen chemischen Vorgänge fehlt uns freilich durchaus und man ist zunächst, wenn man sich nicht mit den bloßen Thatsachen begnügen will, auf Hypothesen und Theorien angewiesen. Ist auch eine kleine Anzahl von Pflanzenstoffen schon im Laboratorium künstlich dargestellt, so verfährt doch die Pflanze in ganz anderer Weise in der Herstellung ihrer Stoffe, wie der Chemiker, und außerdem ist gerade bei den für die Ernährung der Organe wichtigsten Substanzen eine künstliche Darstellung, welche vielleicht Licht auf die physiologischen Vorgänge werfen könnte, noch nicht gelungen. Es wäre natürlich ganz besonders von Wichtigkeit, wenn es gelänge, einmal auch nur einen wichtigen Pflanzenstoff aus der Stärke oder aus Zucker darzustellen, denn aus diesen beiden entstehen in der Pflanze die vielen hundert Pflanzensubstanzen, welche die chemischen Handbücher schon verzeichnen.

Von den Stoffwechselprodukten sind, wie schon angedeutet, die Eiweißstoffe die wichtigsten, denn sie bilden einen Hauptbestandteil des Protoplasma, derjenigen Substanz, welche die Pflanze zum lebendigen Organismus macht, welche der Träger aller Reizbarkeit und aller chemischen Kräfte ist, die sich als Leben äußern. Wenn man die Eiweißstoffe analysiert, so ergiebt sich, daß dieselben außer Kohlenstoff, Wasserstoff und Sauerstoff noch Stickstoff und Schwefel enthalten. Da die Kohlehydrate nur die drei erstgenannten Elemente enthalten, so müssen Stickstoff und Schwefel hinzutreten, wenn aus den durch Assimilation gebildeten Kohlehydraten Eiweißstoffe entstehen sollen. Zu dem Ende muß die Pflanze Stickstoff und Schwefel von außen aufnehmen und in welcher Form sie dies thut, ist schon oben bei der künstlichen Ernährung auseinandergesetzt worden. Den freien Stickstoff der Luft können die Pflanzen nicht benützen, um daraus stickstoffhaltige organische Substanz herzustellen. Es sind Salze, salpetersaure Salze, welche den Stickstoff liefern, und ganz ebenso wird auch der Schwefel nicht im freien Zustande, sondern in Form von schwefelsauren Salzen durch die Wurzeln aufgenommen. Die künstliche Ernährung liefert den Beweis, daß die Pflanzen Eiweißstoffe erzeugen, wenn ihnen, außer den Bedingungen der Assimilation, Sulfate und Nitrate zugeführt werden. Mit dem Material, welches durch die Thätigkeit des Chlorophylls erzeugt wird und mit Nitraten und Sulfaten sind sie thatsächlich im stande, die Synthese der Eiweißkörper ins Werk zu setzen und wir haben also guten Grund, in den Kohlehydraten und den Sulfaten und Nitraten die Ingredienzien zur Eiweißbildung zu erblicken.

Allein über diese Synthese selbst ist man noch völlig im Dunkeln. Wie der Stickstoff und Schwefel aus den Salzen in der Pflanze in Freiheit gesetzt werden und sich mit den Kohlehydraten verbinden, darüber kann man sich bis jetzt nicht einmal eine Vermutung bilden. Doch hat die Thatsache, daß sich unter Umständen in Pflanzen große Mengen von Amiden anhäufen können, welche zweifellos Spaltungsprodukte der Eiweißkörper sind, auf den Gedanken gelenkt, daß Amide im allgemeinen auch die Vorläufer der Eiweißbildung sind. Es ist ganz besonders das Asparagin, das Amid der Amidobernsteinsäure, dessen Ansammlung in großer Menge beobachtet wurde, und von Pfeffer auf Grund seiner ausführlichen Untersuchungen als Eiweißbildner angesprochen wurde.*) Das Auftreten des Asparagins wurde von Pfeffer zuerst unter folgenden Umständen beobachtet. Läßt man Samen von Hülsenfrüchten z. B. der Wicke, Erbse, Lupine im Dunkeln keimen, so werden die Keimpflanzen, wie bekannt, gelb, sie bilden kein Chlorophyll und etiolieren. Solche etiolierte Leguminosenkeimpflanzen enthalten beträchtliche Mengen Asparagin. Aus einem Liter Saft von Erbsenkeimpflanzen oder Wicken kann man 8—9 Gramm, aus derselben Menge Saft von Bohnenkeimpflanzen 14 Gramm reines Asparagin erhalten. Da die Samen der genannten Pflanzen vor der Keimung gar kein Asparagin enthalten, so ist die Annahme, daß diese Substanz aus dem Samen in die Keimpflanze eingewandert sei, ganz ausgeschlossen, das Asparagin bildete sich erst während der Keimung. Nun ist es eine merkwürdige Thatsache, daß das Asparagin aus den Keimpflanzen verschwindet, wenn dieselben aus dem Finstern ans Licht gebracht werden, d. h. es verschwindet in der Weise, daß es von den Pflanzen zur Ernährung verbraucht wird. Das könnte nun darauf deuten, daß die

*) Pfeffer, Jahrbücher f. wiss. Botanik, Bd. 8.

massenhafte Anhäufung von Asparagin nur ein Symptom des krankhaften Zustandes wäre, in dem sich etiolierende Pflanzen befinden. Dagegen spricht aber eine andere Thatsache. Es kommt nämlich dieselbe Ansammlung von Asparagin, wie man sie in etiolierenden Keimpflanzen enthält, zu stande, wenn die Pflanzen am Licht, aber mit vollständigem Ausschluß der Kohlensäure kultiviert werden. Das alles heißt nun: Wenn die Zersetzung der Kohlensäure verhindert wird, sei dies, daß man Pflanzen im Dunkeln erzieht, oder daß man grünen Pflanzen die Kohlensäure vorenthält, werden Pflanzen also verhindert, Kohlehydrate zu bilden, so findet eine Ansammlung von Asparagin statt, während dasselbe im Ernährungsprozeß verwendet wird, sowie Kohlehydrate vorhanden sind. Diese auffallenden Thatsachen drängen dazu, eine nahe Beziehung beider Stoffe zu einander anzunehmen. Wenn wir die naheliegende Frage stellen, wozu denn das Asparagin bei gleichzeitiger Gegenwart von Kohlehydraten verwendet wird, so kann man nur auf die Synthese der Eiweißstoffe gelenkt werden. Es erklärt sich dann das Erscheinen und Verschwinden des Asparagins in befriedigender Weise. Da für die Bildung von Eiweißstoffen aus Kohlehydraten und Asparagin die ersteren in genügender Menge zugegen sein müssen, so ist die Anhäufung des Asparagins beim Mangel an Kohlehydraten verständlich und es ist andererseits begreiflich, weshalb in den normal vegetierenden Pflanzen, welche in jeder Minute Stärke bilden, sich kein Asparagin anhäuft. Die Möglichkeit, daß in den Pflanzen Eiweißstoffe zerfallen und dabei Asparagin liefern können und daß durch Zusammentreten von Asparagin und Kohlehydraten wieder Eiweißstoffe entstehen, ist durch die mitgeteilten Untersuchungen wahrscheinlich gemacht. Ob aber das Asparagin auch unter normalen Bedingungen ein Vorläufer der Eiweißbildung ist, ist wohl noch eine offene Frage. Die Pflanzen nehmen als Stickstoffquelle Nitrate und als Schwefelquelle Sulfate auf, diese und die in den Blättern gebildeten Kohlehydrate sind die Generatoren des Eiweiß und es wäre wohl eher anzunehmen, daß zunächst Amide der Kohlehydrate als Anfangsprodukte entständen, aus denen dann durch weitere Synthesen das Eiweiß hervorgeht.

Wenn wir einen Blick auf die pflanzlichen Eiweißstoffe selber werfen, so kann man wohl eine Übersicht derselben in folgender Weise treffen:

1) lösliche Albumine,
2) Caseïne (Legumin),
3) Kleberproteïnstoffe,
4) Globuline (Krystalloïde).

Im allgemeinen sind die pflanzlichen Eiweißstoffe von den tierischen nicht sehr verschieden, sie enthalten 52,7 % Kohlenstoff, 7,4 % Wasserstoff, 16,7 % Stickstoff, 22,1 % Sauerstoff, 1,2 % Schwefel. Daß aber doch gewisse Unterschiede vorhanden sind, geht schon aus der merkwürdigen Thatsache hervor, daß einige Pflanzeneiweißstoffe in Alkohol löslich sind, was wohl hervorgehoben zu werden verdient.

Ebensowenig als den Chemismus der Eiweißbildung in der Pflanze aufzuklären, ist es möglich, schon bestimmt anzugeben, an welchen Orten

Eiweiß entsteht. Bei der Stärke, welche in Form mikroskopisch sichtbarer Körner in den Chlorophyllkörnern wahrzunehmen ist, ist die Entscheidung leicht. Die Eiweißsubstanzen treten nur selten als bestimmt geformte Körper auf und entstehen nicht in besonderen, vom Zellinhalt unterscheidbaren Organen, wie dies bei der Stärke der Fall ist. Bei dieser lassen sich die äußeren Bedingungen der Entstehung leicht feststellen und infolgedessen auch die Orte der Bildung auffinden. Die Eiweißstoffe entstehen unabhängig vom Licht und daraus ergiebt sich schon, daß man in jeder Zelle die Bildung von Eiweißstoffen voraussetzen kann, sowohl im chlorophyllhaltigen als im chlorophyllfreien Parenchym. Daß in chlorophylllosen Zellen Eiweiß entstehen kann, beweisen die Pilze. Wird ihnen die Aufnahme von Kohlehydraten, Nitraten und Sulfaten ermöglicht, so entsteht Eiweiß unabhängig von der Gegenwart des Chlorophylls. Diese Thatsache giebt aber trotzdem keine Veranlassung, die Fähigkeit der Eiweißbildung ausschließlich den chlorophyllfreien Zellen einer Pflanze zuzuschreiben. Unter den Algen giebt es zahllose Formen von einfachster Gestalt, wo eine einzelne Zelle oder ein Zellfaden, aus gleichartigen Zellen bestehend, die ganze Pflanze bildet. Alle Zellen enthalten Chlorophyll und auch diese Zellen produzieren Eiweißstoffe. Die Entstehung derselben erfolgt in derselben Zelle, welche durch ihr Chlorophyll im stande ist, Stärke zu bilden. Bei den höheren Pflanzen ist im allgemeinen eine Arbeitsteilung bemerkbar und es ist wohl möglich, daß hier besonderen Geweben die Produktion von Eiweißstoffen übertragen ist. Man hat in dieser Hinsicht besonders die Siebröhren der Gefäßbündel, in welchen Eiweißstoffe transportiert werden, ins Auge gefaßt, es liegt nahe, an eine Entstehung der Eiweißstoffe in den Siebröhren zu denken.

Außer Kohlehydraten und Eiweißstoffen besitzen eine ziemlich weite Verbreitung bei den Pflanzen die Fette, welche bekanntlich Gemenge von Verbindungen des Glycerins mit Palmitin-, Stearin-, Ölsäure u. s. w. sind, doch ist ihr Vorkommen mehr lokalisiert, da sie sich in der Regel als Reservestoffe in Samen finden. Wie bekannt, werden sie ja aus zahlreichen Samen, Raps, Leinsamen, Mandeln 2c. technisch gewonnen. Von Interesse ist, daß das Fett in den Samen durch Umwandlung von Stärke entsteht. In den reifenden Samen ist anfangs Stärke vorhanden, später Fett, welches nur durch Umwandlung der ersteren entstehen kann, da die Umwandlung auch erfolgt, wenn die Samen vor der Reife gesammelt werden, so daß also eine Einwanderung von Fett aus der Pflanze ganz ausgeschlossen ist. Umgekehrt wandelt sich beim Keimen fetthaltiger Samen das Fett in Kohlehydrate um, welche dann in die wachsenden Teile einwandern. Dieselbe Stoffumwandlung wie bei den reifenden Samen findet auch bei den Pilzen statt, welche Fette bilden, wenn sie mit Kohlehydraten ernährt werden. Die Pilze sind auch im stande, aus Eiweißstoffen und anderen stickstoffhaltigem Nährmaterial Fett zu bilden und wir haben hier eine Reihe der interessantesten chemischen Umwandlungen vor uns, in deren Verlauf jedoch leider ein Einblick ganz fehlt, so daß man sich mit den merkwürdigen Thatsachen begnügen muß.

Die organischen Säuren kommen in allen Pflanzen vor, Apfelsäure, Weinsäure, Citronensäure u. a. sind mehr oder weniger verbreitet nicht bloß in Früchten, sondern auch in den Vegetationsorganen, den Blättern, Sprossen u. s. w., daher denn auch die Thatsache, daß die Zellsäfte meistens sauer reagieren. Ganz besonders hervorzuheben ist das überaus häufige Auftreten einer Säure, nämlich der Oxalsäure, welche jedoch bei ihrer Entstehung an Basen, ganz gewöhnlich an Kalk, gebunden wird, infolgedessen man den oxalsauren Kalk in großer Menge in Einzelkristallen, quadratischen Oktaedern oder in Drusen oder Nadelbündeln, sog. Raphiden, abgelagert findet. Für die Pflanzen hat das Calciumoxalat keine Bedeutung, es ist ein Ausscheidungsprodukt des Stoffwechsels, welches liegen bleibt und durch welches die freie Oxalsäure, welche sich sonst als schädliches Produkt im Pflanzenkörper anhäufen würde, gebunden und unwirksam gemacht wird. In einigen Fällen scheint das Licht die Entstehung organischer Säuren zu beeinflussen, die Blätter einiger Crassulaceen nehmen nachts einen sauren Geschmack an, den sie am Tage wieder verlieren, was darauf hindeutet, daß die Säuren in irgend einer Weise wieder im Stoffwechsel verbraucht werden.

So verbreitet manche anderen Pflanzenstoffe sind, so ist über ihre Bedeutung oder Bedeutungslosigkeit für die Pflanze selbst wenig oder nichts bekannt. Dies gilt z. B. für die Glycoside, einer Gruppe von Substanzen, welche durch verdünnte Säuren oder Enzyme leicht in einfachere Verbindungen zerlegt werden, von denen eine stets Zucker ist. Es ist um so schwieriger über die physiologische Bedeutung der Glycoside etwas auszusagen, als bei ihrer Spaltung zuweilen für die Pflanze giftige Stoffe entstehen. So z. B. zerfällt das Amygdalin, welches in bitteren Mandeln enthalten ist, in Zucker, Bittermandelöl und Blausäure und die Myronsäure, welche in den Senfsamen vorkommt, in Zucker, Kaliumbisulfat und Senföl. Diese Spaltungen kommen nur dann zu stande, wenn Wasser zugegen ist, da dies aber beim Keimen der genannten Samen in feuchter Erde der Fall ist, so treten bei dieser Keimung auch die genannten Stoffe auf, deren Schädlichkeit für die Pflanzen im allgemeinen auf der Hand liegt. In welcher Weise jedoch eine solche schädliche Wirkung in den Keimpflanzen aufgehoben wird, ist unbekannt.

Ihrer Verbreitung wegen sind die Gerbstoffe bemerkenswert, aber es kommt ihnen wohl auch nur eine beschränkte physiologische Bedeutung zu, meistens sind sie Exkrete. Die von R. Wagner getroffene, noch in den meisten Handbüchern (z. B. im neuen Handwörterbuch für Chemie) aufgeführte Einteilung der Gerbstoffe in physiologische und pathologische basiert auf mangelhafter Unterscheidung.

Von den Gerbstoffen, welche man wegen ihrer großen Übereinstimmung in verschiedenen chemischen Eigenschaften, z. B. im Verhalten zu Eisensalzen, zu Leim und tierischer Haut, sowie in der Wirkung auf die Geschmacksnerven zu einer Gruppe chemisch zusammengehöriger Substanzen vereinigt, ist nur ein kleiner Teil von physiologischer Wichtigkeit.

Die meisten Gerbstoffe haben aber entschieden eine Bedeutung für das Leben der Pflanze nicht mehr. Letztere sind jedoch gerade diejenigen, welche in größter Menge in verschiedenen Pflanzenteilen gefunden und daher technisch verwertet werden.

Nach diesen Gesichtspunkten möchte ich die Gerbstoffe in folgende Klassen einteilen:*)

I. Gerbstoffe von physiologischer Bedeutung,

II. Gerbstoff-Exkrete

a) normale gerbstoffhaltige Exkrete,

b) pathalogische gerbstoffhaltige Exkrete.

Gerbstoffe von physiologischer Bedeutung kann man die in vielen jungen Pflanzenteilen, z. B. in Keimpflanzen der Eiche, in keimenden Samen von Cynoglossum, Anchusa u. a., in den Zweigen der Nadelhölzer und anderer Holzpflanzen, ferner in reizbaren Organen, z. B. im Bewegungsgelenke von Mimosa pudica und in den Tentakeln der Drosera-Arten oft relativ reichlich auftretenden Gerbstoffe nennen, da dieselben bei der Weiterentwickelung der betreffenden Pflanze wieder verschwinden und, wie man vermutet, unter Umwandlung in andere, für die Ernährung brauchbare Substanzen, Ernährungsvorgängen dienen oder in anderer Weise bei Lebensprozessen Verwendung finden. Diese Substanzen zeigen also eine gewisse Unbeständigkeit ihres Verhaltens, weshalb auch Chemisches, außer den allgemeinen Reaktionen nicht über sie bekannt ist.

Die Gerbstoff-Exkrete sind Endprodukte des Stoffwechsels, welche als Exkrete in der lebenden Pflanze auftreten. Von diesen Gerbstoffen kommt nun ein Teil ebenfalls normaler Weise in sehr verschiedenen Pflanzen vor. Meist treten dieselben in großer, oft ganz bedeutender Quantität in verschiedenen Organen und Geweben, in der Rinde, im Holz, in Blättern und Früchten auf, wo sie liegen bleiben, ohne eine physiologische Verwendung zu finden.

Beispiele für die Unterabteilung a) der normalen gerbstoffhaltigen Exkrete sind die Gerbstoffe der verschiedenen Gerberinden, der Blätter des Gerbesumachs, Rhus coriaria, welche unter dem Namen Schmack aus Südeuropa, Syrien und Palästina in den Handel kommen; die Gerbstoffe der Bablahhülsen, Hülsen verschiedener Akazienarten: Acacia nilotica, Acacia arabica; die als Dividivi bezeichneten Hülsen von Caesalpinia coriaria, einem Baume Westindiens und Südamerikas; der Myrobalanen, Früchte von Terminalia Chebula aus Ostindien; der mit den Handelsnamen Valonen, Wallonen, Velany belegten Fruchtbecher verschiedener Eichenarten, welche man gewöhnlich noch unter dem alten Namen Quercus Aegilops zusammengefaßt findet. Nach Kotschys kompetenten Angaben sind die Eichenarten, welche die griechischen und kleinasiatischen Valonen liefern, Quercus graeca, Quercus Vallonea und Quercus oophora.

*) Diese Einteilung habe ich schon in einem für die Schering'sche Fabrik in Berlin verfaßten Artikel mitgeteilt.

An diese zahlreichen gerbstoffhaltigen Pflanzenteile reihen sich die gerbstoffhaltigen Extrakte des Handels: Katechu und Kino. Auch diese sind normale Exkrete, welche im Kernholze, der Rinde oder in Zweigen und Blättern mehrerer Bäume und Sträucher abgelagert waren, wie bekannt, durch Auskochen jener Pflanzenteile mit Wasser extrahiert werden und als eingedampfte Extrakte an den Markt kommen. Acacia Catechu und Nauclea Gambir sind die Katechu liefernden Pflanzen, während das ostindische Kino der Rinde von Pterocarpus Marsupium entstammt.

Über die chemische Natur der in den genannten Droguen erhaltenen Gerbsäuren liegen abgeschlossene Untersuchungen nicht vor, wenn auch einige derselben, z. B. die Gerbsäure aus Katechu, Kino, Sumach u. a., dargestellt worden sind. Der Technik dienen gerade die eben angeführten Pflanzenteile nicht zur Reindarstellung der Gerbsäuren.

Von den exkretiven Gerbstoffen erübrigt nun noch deren Unterabteilung: b) Die abnormer Weise in pathologischen Bildungen entstehenden Gerbstoffe.

Diese pathologischen Bildungen selbst heißen bekanntlich allgemein „Gallen“ oder „Galläpfel“ und entstehen durch den Stich von Blattläusen oder Gallwespen. Der Reiz, den der Stich des eierlegenden Weibchens jener Tiere in den jungen, angestochenen Pflanzenteilen hervorruft, veranlaßt abnorme Wachstumsvorgänge, die mit abnormen chemischen Prozessen verbunden sind und die Bildung der Galläpfel zum Resultat haben.

Die botanische Herkunft der Gallen ist eine verschiedene und ihr entspricht die Verschiedenheit ihrer Formen. Die chinesischen Galläpfel entstehen durch den Stich einer Blattlaus, Aphis chinensis, auf den Blättern und Blattstielen von Sumacharten, wahrscheinlich Rhus semialata. Ihre Form ist wechselnd, meist die von unregelmäßigen zugespitzten Blasen. Die gewöhnlichen Galläpfel der Levante, von kugeliger Form, werden durch den Stich einer Gallwespe, Cynips gallae tinctoriae, in Knospen der Galläpfeleiche, Quercus infectoria, hervorgerufen, infolgedessen an den jungen Zweigen die Gallen entstehen. Die ungarischen Knoppern endlich entstehen durch den Stich von Cynips calicis, indem die Gallwespe zwischen den Becher und den jungen Fruchtknoten der Eiche, gewöhnlich von Quercus pedunculata, hineinsticht. Der Fruchtknoten verkümmert, und statt der Frucht entwickelt sich der Gallapfel.

Abgesehen von dem botanischen Interesse, welches die Gallen bieten, ist die Ansammlung von Gerbsäure (Tannin) in denselben wissenschaftlich ebenso bemerkenswert, wie für die Technik wichtig, da es gerade die pathologischen Erzeugnisse sind, welche das Rohmaterial zur Reindarstellung des Tannins liefern.

Für die Harze, ätherischen Öle, Alkaloide läßt sich mit ziemlicher Sicherheit wenigstens soviel aussagen, daß sie Ausscheidungsprodukte des Stoffwechsels sind. Die Pflanze besitzt, abgesehen von einigen nach außen secernierenden Drüsenhaaren, im allgemeinen keine

Organe zur Ausführung von unbrauchbaren Stoffen aus ihrem Körper. Es müssen also alle Endprodukte des Stoffwechsels, obgleich dieselben keinen physiologischen Wert mehr haben, in der Pflanze liegen bleiben. In vielen Fällen werden die Stoffe in beliebigen Zellen abgelagert, in andern dagegen sind durch besondere Organisationen die Ablagerungen lokalisiert. So werden Harze und ätherische Öle in besonderen, oft kompliziert gebauten Harz- und Ölgängen, Gerbstoffe in Schläuchen, niedergelegt, Kautschuk und andere Substanzen in weitverzweigten Systemen von Milchröhren, welche manche Pflanzen besitzen, was man daran erkennt, daß dieselben bei der Verwundung einen weißen oder gelben milchähnlichen Saft austreten lassen, wie z. B. der Mohn, die Wolfsmilcharten, das Schöllkraut u. a.

Es mag hier wenigstens darauf hingedeutet werden, daß trotzdem über ihre Entstehung in der Pflanze so wenig bekannt ist, es gerade diese Ausscheidungsprodukte des pflanzlichen Stoffwechsels sind, welche dem menschlichen Bedarf von größter Wichtigkeit sind. Zahlreiche Pflanzen werden ja nur deshalb kultiviert, um diese Stoffwechselprodukte zu gewinnen. Man denke nur an die ätherische Öle liefernden Pflanzen, z. B. Pfefferminzöl, Nelkenöl, Lavendelöl u. s. w., von denen aus Ländern wie Italien für 8—10 Millionen Mark exportiert wird. Welch hohe Handelsbedeutung haben die Gerbstoffe; ferner manche Milchsäfte, wie z. B. das Opium oder der Kautschuk und ganz besonders die Alkaloide.

Als Substanzen, welche außer den genannten die Aufmerksamkeit besonders erregen, sind die F a r b s t o f f e aufzuführen. Selten entbehren Pflanzenteile der Farbe und ein farbloser Schmarotzer, wie etwa eine Monotropa, welche man im Walde findet, erregt eben deshalb die Aufmerksamkeit, weil der Nichtbotaniker gewohnt ist, daß die Pflanzen eine bestimmte Färbung zeigen. Von den niederen Pflanzen, den Algen und Pilzen, bis zu den Blütenpflanzen hinauf sehen wir, abgesehen vom Chlorophyllfarbstoff, überall die Produktion von Farbstoffen auftreten. Über die chemische Natur derselben ist noch wenig bekannt, es wird aber ein kurzes Eingehen auf die Farbstoffe deshalb von besonderem Interesse sein, weil sich herausgestellt hat, daß es nur wenige Farbstoffe sind, welche überall wiederkehren und daß der überraschende Wechsel an Farbenpracht bei den Blüten durch einfache Kombination dieser wenigen Farbstoffe zu stande kommt.

Wenn man einen Blick auf die Farbstoffe der Blüten wirft, so wird man die zahllosen Nüancen leicht in drei Gruppen zusammenfassen.

1) Gelbe Farben,
2) Rote Farben,
3) Blaue und violette Farben.

Das ist alles, denn die weiße Farbe, welche so viele Blüten besitzen, ist nicht durch einen Farbstoff veranlaßt, sondern nur durch Reflexion des gewöhnlichen Lichtes durch das farblose Gewebe. Auch ein schwarzer Farbstoff kommt nicht vor, schwarze oder braunschwarze Flecken auf Blüten und Samen, z. B. den Samen der Gartenbohne, sowie die schwarze Farbe vieler Beeren, werden durch violette Farbstoffe bewirkt, welche nur durch ihre dichte Anhäufung die betreffenden Stellen undurchsichtig machen und den Eindruck von Schwarz hervorrufen. Mikroskopisch geben sich derartige schwarze Flecke als Anhäufungen violetter Farbstoffe zu erkennen.

Zu den übrigen genannten Farben ist nur zu bemerken, daß die gelben Farbstoffe fast immer, wie das Chlorophyllgrün, an geformte Protoplasmakörper gebunden sind, während die roten, blauen und violetten Farbstoffe im Zellsafte gelöst vorkommen. Es deutet das schon auf zwei chemisch verschiedene Gruppen und thatsächlich gehören auch die roten, blauen und violetten Farbstoffe eng zusammen, während der gelbe ganz anderer Natur ist. Der gelbe Blütenfarbstoff ist nämlich eine Fettverbindung, ein sogenanntes Lipochrom, und läßt sich durch Verseifung vom Fett trennen und kristallisiert erhalten. In den meisten gelben Blüten, den Ranunkeln, Cytisus, gelben Rosen u. s. w. ist es überall dieser gleiche Farbstoff, welcher die Färbung verleiht. Aber derselbe Farbstoff kann auch die Orangefarbe hervorrufen, indem er in den Farbstoffträger dichter eingelagert wird. So ist z. B. in der Apfelsinenschale derselbe Farbstoff vorhanden, wie in den gelben Ranunkulusblüten.

In allen Blüten, welche rosenrot sind oder eine hellere oder dunklere Nüance dieser Farbe zeigen, ist derselbe rote Farbstoff enthalten. Die Rosen, Päonien, Nelken u. a. enthalten alle denselben Farbstoff.

Haben wir in den beiden genannten Gruppen der gelben und roten Blüten nur Blüten, welche durch einen Farbstoff gefärbt sind, so werden nun in weitern Fällen durch Kombination dieser beiden, neue Farben hervorgerufen. Z. B. wird die ziegelrote Färbung mancher Mohnblüten, oder die rotgelbe mancher Lilien u. a. dadurch erzeugt, daß in den Zellen der Blütenblätter dieser Pflanzen der rote Farbstoff der Rosen vorhanden ist, außerdem sich aber mit dem goldgelben Ranunkulusfarbstoff begabte Farbstoffkörper daneben befinden. Die mikroskopische Beobachtung ergiebt, daß nicht etwa ein Gemisch von Farbstofflösungen die Zellen der ziegelroten Blütenblätter erfüllt, sondern daß ein rosenroter im Zellsaft gelöster und ein gelber an Protoplasmakörnchen gebundener Farbstoff vollständig getrennt nebeneinander vorhanden sind. Solche Blüten verdanken also ihre Farbe gar nicht einem Farbstoff gleicher Nüance, sondern der Eindruck des Feuerroten entsteht erst in unserem Auge durch kombinierte Wirkung.

Nun bleiben noch die blauen und violetten Farbstoffe übrig und diese sind höchstwahrscheinlich Derivate des Rosenfarbstoffes. Sie können nämlich sehr leicht in den rosenroten Farbstoff übergehen und andererseits kann man durch Einwirkung gewisser Salze, z. B. von Eisensalzen oder Natriumphosphat, auf den Farbstoff rosenroter Blüten die blauen und violetten Farbstoffe erzeugen.

So giebt es eigentlich nur zwei ursprüngliche Farbstoffe, einen gelben und einen roten, mit denen die Natur durch unendliche Kombination ihre ganze Blütenpracht zu stande bringt.

Auch die Farbstoffe, welche die herbstliche Färbung der Blätter bewirken und ebenfalls nur gelbe und rote Nüancen zeigen, sind wahrscheinlich mit den Blütenfarbstoffen identisch.*)

Wir wollen uns endlich noch denjenigen Pflanzenstoffen zuwenden, welche man als Substanzen so gut wie gar nicht kennt, während ihre Wirkungen um so auffallendere, aber noch ganz rätselhafte sind. Diese Stoffe sind die Enzyme oder, wie sie früher genannt wurden, ungeformten Fermente.**)

Die Enzyme beanspruchen nun ein zweifaches Interesse. Die chemischen Umwandlungen und Zersetzungen, welche sie an bestimmten anderen Substanzen hervorrufen, lassen sich nicht in der Weise anderer chemischer Prozesse in einen zahlenmäßigen Ausdruck bringen und haben daher etwas Rätselhaftes an sich, dessen Aufklärung sich mancherlei experimentelle Schwierigkeiten in den Weg stellen. Es hat in der Regel den Anschein, als ob eine kleine Menge eines Enzyms unbegrenzte Mengen anderer Substanzen chemisch verändern könne, eine Wirkung, welche man früher als Kontaktwirkung bezeichnete, welcher Name jedoch weiter nichts erklärt. Thatsächlich stehen die enzymatischen Prozesse noch immer als ganz eigenartige chemische Vorgänge da, sind also an sich schon besonders anziehend. Sie werden aber noch dadurch von besonderer Wichtigkeit, daß enzymatische Vorgänge bei der Ernährung der Pflanzen ebensowohl wie bei den Tieren eine hervorragende Rolle spielen.

Ein Enzym, dessen Name bekannt ist, ist das Pepsin, welches im tierischen Magen secerniert, die Verdauung der Eiweißstoffe bewirkt. Von großem Interesse war es aber, als im Anfang der dreißiger Jahre von Eberle, Joh. Müller und Schwann bewiesen wurde, daß das Pepsin aus der Magenschleimhaut von Säugetieren extrahiert werden und daß man mit diesem Extrakt Eiweißsubstanzen auch ganz unabhängig vom Magen in einem Glasgefäß in Peptone umwandeln könne. Der nicht ganz einfache Prozeß dieser Umwandlung, welcher durch mehrere Zwischenprodukte hindurchgeht, muß in den ausführlichen Arbeiten von Kühne über diesen Gegenstand nachgesehen werden. Als endliches Produkt der Pepsinwirkung entstehen Peptone und man nannte daher andere Enzyme, welchen die gleiche Eigenschaft zukommt, wie dem Pepsin, peptonisierende Enzyme.

In neuerer Zeit wurde nämlich auch in einer Anzahl Pflanzen das Vorkommen von peptonisierenden Enzymen beobachtet. Eine allgemeine Verbreitung derselben ist allerdings nicht vorhanden und es erscheint dies auch begreiflich, weil die Eiweißverdauung in der pflanzlichen Ernährung eine viel untergeordnetere Rolle spielt, wie bei den Tieren. Ja bei einigen Pflanzen, welche sehr energisch wirkende peptonisierende Enzyme produzieren, läßt sich eine Verwendung derselben gar nicht nachweisen, sie haben also für diese Pflanzen selbst gar keine Bedeutung.

---

*) Ausführlicheres vgl. Hansen, Die Farbstoffe der Blüten und Früchte. Würzburg 1884.

**) Geformte Fermente nannte man dagegen die Hefepilze und Bakterien.

Besondere Aufmerksamkeit erregen dagegen die Fälle, wo auch bei den Pflanzen von dem peptonisierenden Enzym die Leistung einer Verdauung vollführt wird, was bei den sogenannten Insektivoren oder insektenfressenden Pflanzen der Fall ist. Diese hochinteressanten Pflanzen sind seiner Zeit so durch die Tagesblätter geschleppt worden, daß man von ihnen als etwas allgemein Bekanntem reden kann. Sie sind mit besonderen, zum Teil sehr reizbaren Fangorganen ausgerüstet, mit denen sie Insekten, welche sich auf ihnen niederlassen, festhalten und dieselben verdauen. Auf die Gestalt und die Bewegungserscheinungen dieser Fangorgane wird unten näher eingegangen werden. Wichtig ist jedoch für unsere Betrachtung, hervorzuheben, daß diese Fangorgane unzählige Drüsenhaare besitzen, welche ein wasserklares Sekret ausscheiden. Dies Sekret enthält ein peptonisierendes Enzym. Solange sich das Fangorgan in Ruhe befindet, reagiert das Sekret neutral, ist jedoch ein Insekt eingefangen worden, so werden durch den Reiz die Drüsen veranlaßt, zugleich eine Säure mit auszuscheiden, denn das Enzym ist nur in saurer Lösung fähig, Eiweißstoffe zu verdauen. In diesem Punkte stimmt es mit dem Pepsin überein. Die Verdauungsprodukte werden dann von der Pflanze aufgesogen und auf diese Weise verschafft dieselbe sich einen Teil der nötigen stickstoffhaltigen Nahrung.

Daß es sich nun bei den Insektivoren thatsächlich um die Wirkung eines peptonisierenden Enzyms handelt, ergiebt sich am besten daraus, daß man mit dem von der Pflanze getrennten Sekret Verdauungsversuche in einem Becherglase anstellen kann. Am zweckmäßigsten zu einem derartigen Versuche ist das Sekret der Nepenthesarten, weil es in größerer Menge von diesen Pflanzen ausgeschieden wird. Die Nepenthesarten besitzen große kannenförmige Organe, in deren Innerem die secernierenden Drüsen sitzen. Von diesen wird fortwährend Sekret ausgeschieden, so daß die Kannen sich bald zur Hälfte anfüllen; man braucht dann das Sekret nur auszugießen, um Versuche damit anzustellen. Als Eiweißstoff benutzt man am besten gewaschenes Blutfibrin, welches man in 0,2 prozentiger Salzsäure zu einer glashellen Masse aufquellen läßt. Man erwärmt das Gemenge auf 40°, welche Temperatur während des Versuches konstant gehalten wird, und setzt das Sekret hinzu. Da schon Salzsäure zugegen ist, so braucht in diesem Falle nicht noch Säure zugefügt zu werden. Nach einigen Stunden hat sich die vorher in Wasser ganz unlösliche Gallerte in eine dünnflüssige Lösung umgewandelt, das Fibrin ist durch das Enzym des Sekrets verdaut worden. Die Verdauungsprodukte sind dieselben, welche bei der Pepsinverdauung entstehen, so daß also eine merkwürdige Übereinstimmung zwischen dem Enzym des Tiermagens und dem von den Insektivoren produzierten vorhanden ist, eine Übereinstimmung, welche sich auch darin kundgiebt, daß das Nepenthessekret ebenso wie das Pepsin, nur in saurer Lösung, aber nicht in alkalischer peptonisierend wirkt.*)

*) Hansen, Über Fermente und Enzyme, Arbeiten des botan. Instituts zu Würzburg. Bd. III, Heft 2.

Es hat sich ergeben, daß dieses nicht das einzige Vorkommen peptonisierender Enzyme bei Pflanzen ist, sie kommen auch anderwärts, aber unter ganz anderen Verhältnissen vor, wie bei den Insektivoren. Es giebt bekanntlich unter den Pflanzen viele, welche sogenannten Milchsaft enthalten, z. B. der Mohn, die Wolfsmilcharten, das Schöllkraut u. s. w. Wenn man derartige Pflanzen verletzt, quillt ein milchweißer oder gelbgefärbter Saft heraus, dem man wegen der äußeren Ähnlichkeit mit Milch den Namen Milchsaft gegeben. Reich an solchem Milchsaft ist eine Tropenpflanze, Carica Papaya, von welcher schon in älteren Reiseberichten erzählt wurde, wenn man frisches Fleisch in die Blätter dieses Baumes wickele und kurze Zeit liegen lasse, werde dasselbe mürbe. Die genauere Prüfung dieser Angaben führte darauf, daß einem in dem Milchsaft der Carica Papaya vorhandenen Enzym diese Wirkung zugeschrieben werden müsse, was denn auch mit dem Milchsaft allein angestellte Experimente bestätigten. Es lag nun nahe, in allen pflanzlichen Milchsäften solche Enzyme vorauszusetzen, besonders da man noch nicht recht wußte, ob man den Milchsäften im allgemeinen eine Bedeutung für die Ernährung zuschreiben oder sie nur als Ausscheidungsprodukte des Stoffwechsels ansehen sollte. Die Vermutung, daß alle Milchsäfte peptonisierende Enzyme enthielten, hat sich nun nicht bestätigt, allein es sind immerhin einige unter denselben damit versehen.

Ganz besonders bemerkenswert ist in dieser Hinsicht der Milchsaft des F e i g e n b a u m e s, der eine ganz auffallende energische Wirkung auf Eiweißstoffe ausübt. 50 bis 60 g feuchtes Fibrin, welches man in 0,2 prozentiger Salzsäure hat aufquellen lassen, werden von 2 bis 3 ccm Feigenmilchsaft in 10 Minuten verdaut. Es hat etwas ungemein Überraschendes, durch die geringe Menge des Milchsaftes so rapide ein großes Becherglas voll Fibringallerte in eine wasserdünne Flüssigkeit umgewandelt zu sehen. Die energische, enzymatische Wirkung des Feigenmilchsaftes ist geeignet, für ihre praktische Verwertung die Aufmerksamkeit auf sich zu ziehen. Bekanntlich hat man den Milchsaft von Carica Papaya als Heilmittel gegen Diphterie mit Erfolg angewendet. Den Feigenmilchsaft in derselben Weise zu verwenden, empfiehlt sich besonders deshalb, weil derselbe viel leichter frisch zu erhalten und daher viel wirksamer ist, als der aus den Tropen stammende Papayamilchsaft und weil nach Versuchen, welche ich angestellt habe, der Feigenmilchsaft außerordentlich lange haltbar ist. Ich habe denselben über ein Jahr lang aufbewahrt, ohne daß er in Fäulnis überging. Es scheint, daß die eigentümlich aromatische Substanz, welche der Feigenmilchsaft enthält, die Vegetation von Bakterien verhindert. Sehr merkwürdig ist nun, daß das peptonisierende Enzym des Feigenmilchsaftes auch in alkalischer Lösung wirkt, und sich also dadurch nicht nur dem Pepsin, sondern auch dem Enzym der Pankreas gleich verhält.

Damit sind aber die enzymatischen Wirkungen des Feigenmilchsaftes nicht erschöpft. Setzt man nämlich einige Tropfen des Milchsaftes zu frischer Kuhmilch und erwärmt das Gemenge, so gerinnt die Milch und der Käse fällt als fester Klumpen nieder. Man kann also mit einigen

Tropfen Feigenmilchsaft wie mit Lab Käse bereiten, ohne daß die Molken sauer werden. Diese Thatsache, welche neuere Untersuchungen sichergestellt haben, war übrigens den alten Griechen schon bekannt. Es ist gewiß bemerkenswert, schon im Homer die Verse zu finden:

Schnell wie die weiße Milch vom Feigenlabe gerinnet,
Flüssig zuvor; dann eilig erharscht sie umher dem Vermischer,
Also schloß sich die Wunde sofort dem tobenden Ares.*)

ein Beweis, daß die Thatsache der Milchgerinnung durch Feigenmilchsaft schon damals eine allgemein bekannte war, und wenn diese Thatsache sich auch heute mit wissenschaftlicher Exaktheit jederzeit beweisen läßt, so ist man im übrigen über den ganzen Vorgang noch nicht viel klarer als damals. Labartig wirkende Enzyme kommen vielleicht auch in den Blüten verschiedener, zur Abteilung der Cynareen gehöriger Kompositen, wie der Artischoke und der Eberwurz (Carlina acaulis) vor, in einigen Gegenden Italiens wenigstens sollen die Blüten von Cynareen zur Käsebereitung benutzt werden.

Wenn man nun fragt, ob diese energisch wirkenden Enzyme der Milchsäfte für die Pflanzen selbst einen Nutzen haben, so muß man dies verneinen, obgleich es sonderbar erscheint. Die Milchsäfte sind, soviel man bis jetzt die Frage hat lösen können, Ausscheidungsprodukte der Pflanzen und werden für die Ernährung nicht mehr benutzt. Daß sich in denselben Enzyme finden, welche außerhalb der Pflanze so energisch wirken, ist eben nur eine Thatsache, wie das Vorkommen von Alkaloiden und anderen Substanzen, die ebenfalls, wenn sie aus der Pflanze isoliert werden, die auffallendsten Wirkungen auf andere Wesen ausüben.

Tritt die Eiweißverdauung bei den Pflanzen ihrem Umfang und ihrer Bedeutung nach zurück, so ist es dagegen eine andere Substanz, welche bei ihnen einer solchen Verdauung in namhafter Quantität unterliegen muß, es ist dies die Stärke. In den Blättern grüner Pflanzen wird immerfort Stärke produziert als Material zur Ernährung der Organe. Diese Stärke muß transportiert werden, sie muß in lösliche und für die Ernährung der Organe brauchbare Form gebracht werden und dies geschieht wieder durch Enzyme. Das Umwandlungsprodukt ist in diesem Falle Zucker und zwar Glukose oder Traubenzucker und man nennt die Enzyme, welche Stärke in Zucker umwandeln, diastatische Enzyme, nach dem zuerst dargestellten derartigen Enzym, der Diastase. Wie bekannt bildet sich die Diastase bei der Keimung der Gerste und erzeugt aus der Stärke der keimenden Gerstenkörner Zucker; aus der Gerste entsteht so nach dem Trocknen das Malz. Man kann aus Malz die Diastase extrahieren und im Reagenzglase die Einwirkung des Enzymes auf die Stärke studieren, ebenso wie dies mit peptonisierenden Enzymen der Fall war. Aus den Blättern ist zwar die Diastase noch nicht dargestellt, allein ihr Vorhandensein aus anderen Thatsachen geschlossen.

*) Ilias V, 902.

Welche Wichtigkeit aber gerade die diastatischen Enzyme für die Pflanzen besitzen, geht daraus hervor, daß im Sommer 20 und mehr Gramm Stärke, welche in 1 qm Blattfläche gebildet werden, des Nachts durch das Enzym gelöst werden und aus den Blättern auswandern, um allen wachsenden Organen zugeführt zu werden.

Es handelt sich bei der Enzymwirkung nun nicht, wie es den Anschein haben könnte, um die bloße Auflösung einer unlöslichen Substanz, sondern offenbar ist die Hauptsache, daß die Substanzen durch die Enzymwirkung in einen verdaulichen Zustand übergeführt werden, um erst in diesem zur Ernährung der Organe benutzt zu werden.

Die peptonisierenden und diastatischen Enzyme sind diejenigen, für welche eine physiologische Bedeutung nachgewiesen ist.

Wie schon in der Einleitung erwähnt, finden sich aber noch einige andere enzymatische Vorgänge bei den Pflanzen, für welche ganz ähnlich wie bei den Milchsäften eine direkte Beziehung des Auftretens der Enzyme zur Ernährung nicht einleuchtet. Wenn man Senfsamen mit Wasser zerstößt, oder das trockene Pulver desselben mit Wasser befeuchtet, so bildet sich das durch seinen intensiven Geruch wahrnehmbare Senföl, daneben entstehen zugleich Zucker und Kaliumbisulfat. Diese Substanzen entstehen durch die Einwirkung eines in den Samen enthaltenen Enzyms, welches Myrosin heißt, auf eine andere gleichfalls in dem Samen enthaltene Verbindung, das myronsaure Kali. In gleicher Weise wird beim Anrühren gepulverter bitterer Mandeln das Amygdalin, welches in ihnen enthalten ist, durch ein daneben vorhandenes Enzym, das Emulsin, in Blausäure, Bittermandelöl und Zucker gespalten. Es ist klar, daß ganz in derselben Weise, wie man hier durch Anfeuchten der gemahlenen Samen die Enzymwirkungen hervorruft, diese auch in der Natur beim Keimen der genannten Samen im feuchten Erdboden vor sich gehen. Ein Nutzen für die Keimpflanze ist in diesen chemischen Prozessen um so weniger zu erblicken, als Blausäure und Bittermandelöl für die Pflanze Gifte sind. So bilden denn die Enzymwirkungen nicht nur vom chemischen Gesichtspunkte aus, sondern auch vom physiologischen noch rätselhafte Vorgänge, mit deren Lösung sich die Forschung wohl noch längere Zeit wird beschäftigen müssen.

Damit ist eine gedrängte Übersicht über die wesentlichen Gruppen der Pflanzenstoffe gegeben; wer über die einzelnen der unzähligen, mehr oder weniger untersuchten Substanzen sich aufzuklären wünscht, der sei auf das umfassende Werk von Husemann und Hilger, Die Pflanzenstoffe (1882) verwiesen.

So außerordentlich zahlreich diese Stoffe auch sind, so sind es doch im Grunde alle Umwandlungsprodukte der durch Assimilation entstandenen Kohlehydrate. Jedoch sind sie nicht durch einfache chemische Prozesse aus Stärke oder Zucker entstanden, sondern diese merkwürdigen Stoffwandlungen kommen durch Vermittelungen des lebenden Protoplasmas zu stande und eben deshalb bietet auch die Verfolgung der einzelnen chemischen Prozesse in der Pflanze, aus welchen die zahllosen Stoffe hervorgehen, so unüberwindliche Schwierigkeiten.

Wir haben daher heute noch keine Vorstellung davon, wie das Protoplasma aus dem assimilierten Material Gerbstoffe, Harze oder eine andere Substanz macht. Indem wir aber die Stoffreihe betrachten, läßt sich wohl, indem wir die Substanzen als etwas Gegebenes hinnehmen, die Frage aufwerfen, welche Bedeutung ihnen für die Existenz der Pflanze zukommt.

Man könnte wohl die Pflanzenstoffe in drei Abteilungen bringen.

1. Baustoffe der Organe, zugleich Kraftquellen
   Kohlehydrate,
   Eiweißstoffe,
   Amidokörper,
   Fette.
2. Dem Transport dienende Substanzen
   Enzyme,
   Säuren.
3. Endprodukte des Stoffwechsels (Sekrete)
   Gerbstoffe,
   Glycoside,
   Harze,
   Ätherische Öle,
   Alkaloide,
   Farbstoffe.

Der pflanzliche Stoffwechsel. (Fortsetzung.)

Die Verwendung der Pflanzenstoffe als Baustoffe der Organe.

In dem Überblick, welcher hier über die Pflanzensubstanzen gegeben ist, sind diejenigen der ersten Abteilung als Baustoffe der Organe hervorgehoben. Es liegt auf der Hand, daß ebenso wie das Tier Nahrung aufnimmt, nicht um dieselbe in sich anzuhäufen, auch die Pflanze ihre Substanzen produziert, um dieselben für ihre Existenz weiter zu verwenden. Dies hervorzuheben, ist vielleicht deshalb nicht ganz unnötig, weil durch die umfassende Verwendung der zahllosen Pflanzensubstanzen zu unserer eigenen Existenz manchmal vergessen wird, daß und welche Bedeutung diese Stoffe für das Leben der Pflanze selbst haben. Die von der Pflanze produzierten Kohlehydrate und Eiweißstoffe unterliegen nach ihrer Entstehung der Verdauung durch das Protoplasma der Zellen unter Mitwirkung der Enzyme, sie werden fortgeführt von ihren Entstehungsherden, dorthin, wo Organe — Wurzeln, Sprosse, Blätter, Blüten — entstehen oder ältere ernährt werden sollen. Hier findet der Verbrauch der zuströmenden Substanzen statt, sie treten in die verschiedenen Formbestandteile der Organe als Baustoffe ein und das wachsende Organ nimmt an Volum und Trockengewicht zu. Für diese Vorgänge, denen entsprechende Prozesse in der Tierphysiologie gewöhnlich als Ansatz bezeichnet werden, wäre es vielleicht zweckmäßig, den Ausdruck Plastik zu benutzen.*

Ein junges Organ, z. B. ein junger Sproß, besteht aus Zellhäuten und Protoplasma, zu dem hier die Zellkerne gerechnet werden mögen. Durch Teilung der Zellen und deren Wachstum vermehrt sich das Zellgewebe und das Organ vergrößert sich; immer neue Zellwände werden abgeschieden und auch die Masse des Protoplasmas vermehrt sich. Es ist also selbstverständlich, daß stets neues Material zum Aufbau dieser beiden Formbestandteile der Organe zuwandern muß. Das Material bilden, um hier nur das Maßgebende zu nennen, Eiweißstoffe und Kohlehydrate, indirekt auch die Fette, welche sich aber vorher erst in Kohlenhydrate umzuwandeln pflegen.

Das Protoplasma, welches in allen lebenden Zellen diejenige Substanz, auf welcher alle Lebensäußerungen beruhen, mithin das Wesentliche jeder lebendigen Zelle ist, ist von einer außerordentlich komplizierten Zusammensetzung, so daß ein eingehendes Spezialstudium dazu gehört, um eine einigermaßen geklärte Vorstellung über deren rätselhaftes Wesen zu gewinnen. Eine ausführliche Auseinandersetzung über den Bau und die Verrichtungen des Protoplasmas kann daher hier unmöglich, schon des mangelnden Raumes wegen, gegeben werden. Einige Hauptpunkte her-

* Hansen, Über Fermente und Enzyme. Arbeiten a. d. bot. Institut Würzburg. Bd. III, p. 286.

vorzuheben, ist dagegen für das Verständnis physiologischer Vorgänge unerläßlich.*

Die eigentümlich weiche Konsistenz des Protoplasmas, welche übrigens je nach dem Wassergehalte sehr wechselnd sein kann, hat wohl früher dazu verleitet, es mit schleim- oder gallertartigen Substanzen zu vergleichen. Allein das Protoplasma besitzt einmal nicht die homogene Beschaffenheit jener Stoffe, unterscheidet sich aber von ihnen noch vor allem dadurch, daß in ihm fortwährend Kräfte thätig sind, welche eine stetige Veränderung der äußeren Form verursachen, welche aber auch zugleich innere Veränderungen, sowohl des molekularen Zustandes als der chemischen Zusammensetzung hervorrufen. Im Gegensatz zu anderen schleimigen Substanzen besitzt das Protoplasma eine ausgesprochene Differenzierung in Schichten verschiedener Molekularbeschaffenheit. Die äußerste, der Zellwand anliegende Schicht, (Hyaloplasma), welcher in unserer Zeit eine wichtige Bedeutung für verschiedene physiologische Vorgänge zugeschrieben wird, pflegt in der Regel homogen zu sein.**

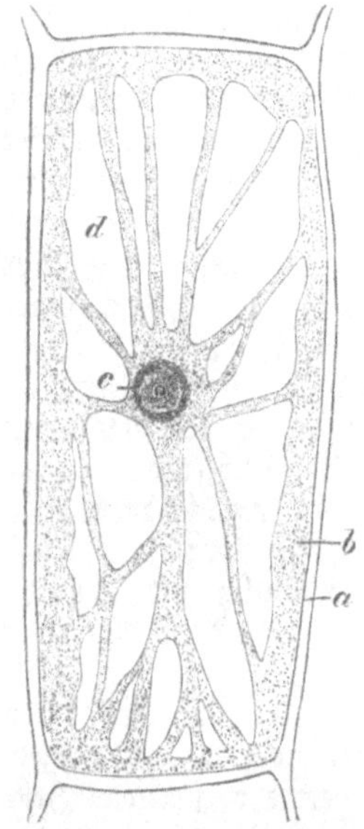

Fig. 52. Zelle eines Kürbishaares. a Zellwand; b Protoplasmatischer Wandbeleg; c der Zellkern, umgeben von einer Protoplasmahülle, welche durch Fäden mit dem Wandbeleg in Verbindung steht. d Vakuolen mit Zellsaft.

In den übrigen Protoplasmaschichten beobachtet man im allgemeinen, daß in die durchsichtige Grundmasse zahlreiche Körnchen, von anderem Lichtbrechungsvermögen eingestreut sind, deren chemische Zusammensetzung dieselben jedoch als zum Protoplasma gehörig, ansehen läßt.

Nur in ganz jungen Gewebezellen, wie sie z. B. die Vegetationspunkte besitzen, füllt das Protoplasma den Zellraum ganz aus, später scheiden sich Tropfen von Flüssigkeit in der Protoplasmamasse aus (Vakuolen), welche die Kontinuität aufheben; mit dem Wachstum der Zelle hält die Vermehrung des Protoplasmas nicht gleichen Schritt, die Masse des letzteren wird durch das Wachstum der Zelle auseinandergezogen, die mit flüssigem Zellsafte angefüllten Vakuolen vergrößern sich entsprechend und endlich kommt eine Konfiguration zu stande, wie sie das beifolgende Bild erläutert.

Das Protoplasma bekleidet einerseits als Wandbeleg, wie eine Tapete die Innenseite der Zellmembran, während den Zellraum ein Netz von Protoplasmafäden durchzieht. Der Raum, welchen die Fäden des

* Für eingehendere Studien sei außer auf die Abschnitte in Pfeffers Handbuch verwiesen auf „Berthold, Studien über Protoplasma-Mechanik 1886“, wo man die Arbeiten von Straßburger, Flemming, Zacharias u. a. citiert findet.

** Pfeffer, Handbuch I, p. 31. Noll, Botan. Centralblatt Bd. XXXIII, Nr. 1.

Protoplasmas zwischen sich freilassen, wird von flüssigem Zellsafte erfüllt. An einer Stelle, die nicht in jeder Zelle die gleiche Lage besitzt, liegt ein Gebilde, welches man nur bei den niedersten Organismen z. B. den Bakterien vermißt, sonst aber in allen lebenden Zellen beobachtet — der Zellkern. In der Regel ist dieser eine scharfumgrenzte Kugel, welche aus einer dichteren, protoplasmaähnlichen Substanz besteht; er enthält ein oder zwei punktförmige Körperchen (Kernkörperchen). Damit sind

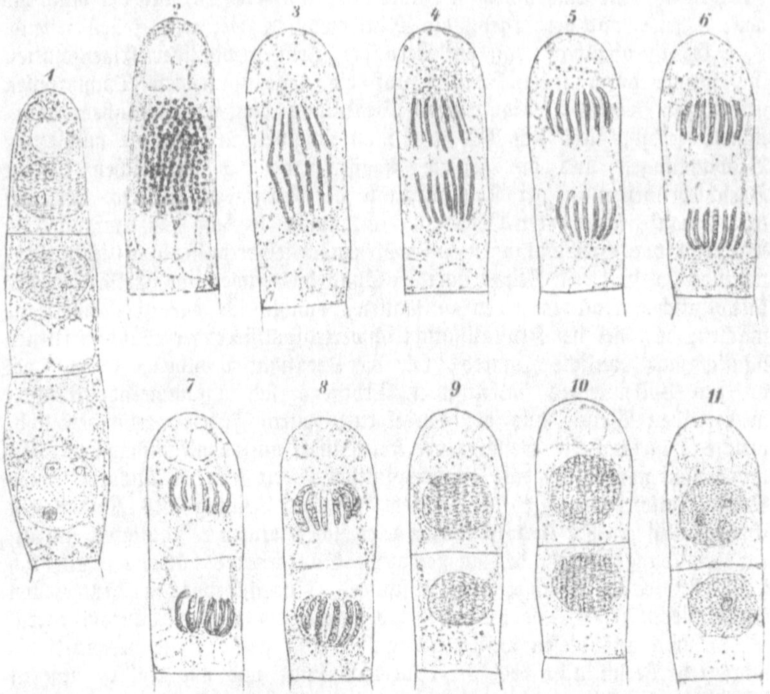

Fig. 53. Kernteilung in der Zelle eines Haares von Tradescantia (nach Straßburger). Die Ziffern geben die Reihenfolge der Zustände vom Beginn bis zur vollendeten Teilung an.

jedoch nur die bei der gewöhnlichsten Beobachtung auffallenden Eigenschaften des Zellkernes genannt. Durch Straßburgers und Flemmings wichtige Untersuchungen ist sowohl die komplizierte Struktur des Zellkernes festgestellt, als auch seine ganz merkwürdigen Veränderungen bei der Zellteilung eingehend studiert worden.* Einige Worte mögen das Wichtigste hervorheben. Der Zellkern besteht nicht aus einer homogenen Protoplasmakugel, sondern aus zwei Substanzen. In das eigentliche Kernplasma ist ein fadenförmiger Knäuel, welcher aus Nuklein besteht, eingelagert, einer Substanz, welche Farbstoffe begierig aufnimmt und daher durch künstliche Färbung sichtbar gemacht werden

* Straßburger, Über Zellbildung und Zellteilung. 1880. Ferner: Über Kern- und Zellteilung. Jena 1888.

kann. Sehr merkwürdige Konfigurationen zeigt der Kern bei der Teilung der Zellen. Jeder Zellteilung geht die des Kernes voran, so daß die beiden aus einer Zelle entstehenden neuen Zellen je eine Kernhälfte erhalten, die dann wieder zum vollständigen Kern heranwächst. Bei der Kernteilung ändert der Kern allmählich seine Gestalt, verlängert sich tonnenförmig und dabei ordnen sich die Nukleinfäden zu symmetrischen Linien (karyolytische Figur). Alsbald bildet sich, senkrecht den spindelförmig gestreckten Kern durchsetzend, eine flächenförmige Anordnung von Körnern, aus der dann die neue Scheidewand hervorgeht, die Mutterzelle in zwei neue Zellen teilend.

Es ist offenbar, daß der Kern der Träger wichtiger Eigenschaften ist, welche durch seine Teilung auf die neuentstandenen Tochterzellen übertragen werden. Eine tiefere Bedeutung der eigentümlichen Kernfiguren selbst, läßt sich bis jetzt nicht nachweisen. An die mühsamen Beobachtungen und die genaue Registrierung der zahlreichen kleinen Verschiedenheiten in der Konfiguration der Kernfäden u. s. w. ließ sich kein Gedanke über deren Bedeutung anknüpfen, so daß das umfangreiche Material von Beobachtungen einstweilen noch seiner wissenschaftlichen Verwertung in späteren Zeiten harrt. Ohne hier etwa eine Erklärung der karyolytischen Figuren geben zu wollen, möchte ich darauf aufmerksam machen, daß bei der Krystallisation schwerkrystallisierender Substanzen sich häufig ganz ähnliche Figuren, wie die Kernfiguren bilden, indem zwei an den Polen eines halbflüssigen Tropfens sich ansammelnde Massen in derselben Weise, wie bei den Kernen durch Fäden verbunden sind, welche insgesamt die Gestalt einer Kernspindel auffallend nachahmen. Es wäre nicht unmöglich, daß die karyolytische Figur nur der Ausdruck eines Krystallisationsvorganges ist, indem bei der Teilung des Kernes ein Umkrystallisieren der Kernsubstanzen zum Zweck erneuter Thätigkeit eintritt, ein Umbildungsprozeß, der an sich nichts Sonderbares hätte, da wir auch sonst bei einem Wechsel des Zustandes, Eiweißkörper in den Zellen krystallisieren sehen, wie bei deren Aufspeicherung in den Aleuronkörnern.

Schon aus diesen wenigen Angaben geht hervor, wie verwickelt die sichtbaren Verhältnisse des Protoplasmas sind, und wie viel ist unseren Blicken noch völlig verborgen.

Die chemische Zusammensetzung des Protoplasmas ist, wie schon früher erwähnt, eine sehr komplizierte, und aus diesem Grunde kann also die wohl zuweilen gebrauchte Bezeichnung „lebendes Eiweiß" nur eine unzureichende sein. Ganz besonders ist der Wassergehalt des Protoplasmas hervorzuheben. Die festen Bestandteile des letzteren befinden sich in ganz besonderer molekularer Verbindung mit dem Wasser und es ist nicht unmöglich, daß die Phosphate, welche das Protoplasma enthält, eine Rolle bei der Herstellung dieses Aggregatzustandes spielen, da ein Teil der festen Bestandteile des Protoplasmas, die Eiweißstoffe, ja in Wasser unlöslich ist und überhaupt trotz seines Wasserreichtums das Protoplasma von einer Lösung durchaus verschieden erscheint.* Sowenig als

* Vgl. Hansen, Flora 1889. Über die Bedeutung der Ausscheidungen von Phosphaten in Pflanzenzellen.

das Protoplasma mit Eiweiß identifiziert werden kann, so darf man immerhin hervor heben, daß die Eiweißstoffe einen charakteristischen Bestandteil des Protoplasmas bilden und es ist ganz zweifellos, daß die Pflanzen aus Kohlehydraten und Nitraten Eiweißstoffe produzieren, um das Protoplasma zu ernähren. Denn Eiweißstoffe bilden ja auch für die weiter zu beobachtenden Formbestandteile des Protoplasmas das Nährmaterial, für die Chlorophyllkörner, Farbstoffkörper, Stärkebildner, Zellkerne, die chemisch dem Protoplasma ganz nahe stehen. Eine offene Frage bleibt es, wie durch Zusammentreten der Eiweißstoffe mit den übrigen Gemengteilen, mit den Wasser, Salzen, Kohlehydraten und anderen Verbindungen, welche an

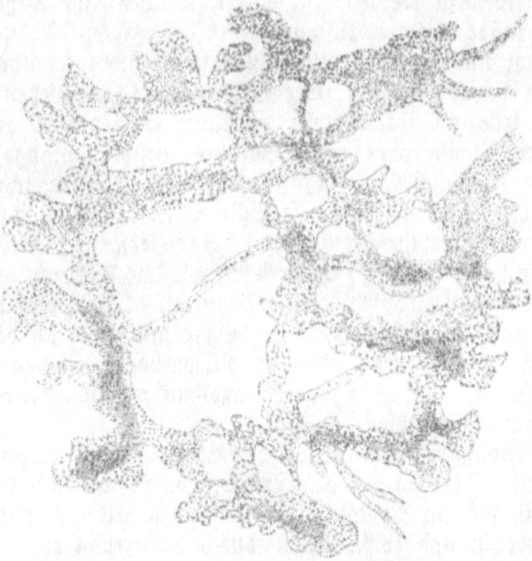

Fig. 54. Kleines Plasmodium eines Myxomyceten

sich unorganisiert sind, die lebendige Protoplasmasubstanz, d. h. eine bewegliche, reizbare, chemische Vorgänge beherrschende Masse entsteht. Denn das ist ja gerade der springende Punkt, daß das Protoplasma nicht bloß eine chemisch verwickelt zusammengesetzte Substanz ist, sondern daß es lebt.

Dieses Leben des Protoplasmas ist bis zu einem gewissen Grade der Beobachtung zugänglich, es äußert sich in seiner Beweglichkeit, welche mikroskopisch beobachtet werden kann. Bei den Fortpflanzungsvorgängen der Kryptogamen lösen sich aus den Zellen oder aus den Befruchtungsorganen, Befruchtungskörper los. Es sind Protoplasmakörper von bestimmter Gestalt, gewöhnlich mit zarten fadenförmigen Bewegungsorganen ausgerüstet, die nun munter im Wasser umherschwimmen, bis sie ihren Bestimmungsort erreicht haben. Dahin gehören die später zu besprechenden Schwärmsporen der Algen, die Spermatozoiden der Moose und Farne u. s. w. In einer ganz merkwürdigen

Form tritt die Protoplasmabewegung bei den Myxomyceten oder Schleimpilzen zu Tage, welche in einem Stadium ihres Lebens als sogenanntes Plasmodium, als eine hautlose Protoplasmamasse erscheinen, welche sich kriechend auf dem Substrate bewegt und dabei durch Ausstreckung und Einziehung dickerer oder zarterer Arme eine stetige Veränderung ihres Umrisses zeigen.

Außerdem beobachtet man jedoch auch im Innern dieser Protoplasmamasse Bewegungen. Die Grundsubstanz des Plasmodiums ist durchsichtig und homogen, nach außen durch eine dichtere Randschicht scharf begrenzt. In die helle Grundmasse sind unzählige Körnchen eingestreut, welche durch die strömende Bewegung des homogenen Plasmas in den verschiedensten Richtungen fortbewegt werden, ein Spiel, welches das Auge des Beobachters kaum müde wird, anzuschauen.

Aber nicht nur die genannten isolierten Protoplasmakörperchen oder -massen geben durch ihre lebhaftere Ortsbewegung ihr Leben zu erkennen, sondern auch jede an ihre Stelle gebannte Gewebezelle einer höheren Pflanze, einer Staude oder eines Baumes, besitzt, solange sie lebendig ist, eine im ganzen sich ganz ähnlich darstellende Bewegung ihres Protoplasmaleibes. Diese ist nun freilich wegen ihrer Langsamkeit und auch aus anderen Gründen nicht in jeder beliebigen Zelle eines mikroskopischen Schnittes so leicht zu beobachten, wie das Rotieren der Schwärmsporen in dem Wassertropfen eines Grabens. Man wählt am besten dazu ein erprobtes günstiges Objekt. Sehr gut läßt sich die Bewegung in den großen durchsichtigen Zellen der Kürbishaare, in den Staubfadenhaaren von Tradescantia, in den Wurzelhaaren von Hydrocharis und anderer Pflanzen beobachten.

Die chlorophyllhaltigen Zellen der Blätter von Vallisneria spiralis lassen den rotierenden Strom des Protoplasmas deshalb besonders gut erkennen, weil die im Protoplasma liegenden Chlorophyllkörner passiv mit bewegt werden und fortwährend durch die Zellen kreisen.

Die hier in kurzen Zügen über das Protoplasma gegebene Auseinandersetzung möge den Leser zu eigenem weiteren Studium anregen, wir müssen auf unserem Wege vorwärts schreiten und wenden uns zu einem anderen Hauptbestandteil der Zellen und Organe, zur Zellhaut. Sehen wir im Protoplasma das treibende, bewegliche Element, so bilden die Zellhäute den starreren formgebenden Teil, welcher das Protoplasma in bestimmte Schranken bannt. Die Cellulose ist in vielen Fällen die Gerüstsubstanz im eminentesten Sinne besonders dort, wo sie durch Verholzung in einen festen, elastischen Körper sich umgewandelt hat. Doch auch die unverholzten Cellulosemembranen ermöglichen durch ihre Gegenwirkung auf den hydrostatischen Druck des Zellinhaltes das Zustandekommen fest umgrenzter Formen, wo das Protoplasma allein gestaltlos bliebe, wie schon oben bei der Besprechung des Turgors angedeutet wurde.

Wohl kann auch in einzelnen Fällen das Protoplasma hautlos erscheinen und doch in bestimmt umgrenzten Formen auftreten, aber es handelt sich in solchen Fällen um mikroskopisch kleine und sehr einfach geformte Körper, wie die Schwärmsporen der Algen, die Spermatozoiden

u. s. w. Wo eine größere Masse von hautlosem Protoplasma beobachtet wird, welcher merkwürdige Fall, wie schon gesagt bei den Myxomyceten in gewissen Stadien Regel ist, da ist von Pflanzenform dann auch noch nichts zu sehen. Wer zum erstenmal auf der Oberfläche eines Lohhaufens der Gerbereien die breiartige, schwefelgelbe Masse der sogenannten Lohblüte erblickt, wird sich des Eindruckes des durchaus Fremdartigen bei der Eröffnung nicht erwehren, daß dies Gebilde dem Pflanzenreiche angehört.

Bei der Mehrzahl aller Pflanzen umkleidet sich das Protoplasma mit einer Haut, der Zellmembran, so daß es in gewisser Weise gegen die Außenwelt abgeschlossen ist, wie sich dies schon an den einfachsten Pflanzengestalten, wie einzelligen Algen u. dergl. zeigt. Bei den höheren Pflanzen ist die gesamte, aus weichem Protoplasma und Flüssigkeiten bestehende Körpermasse durch zahllose feste Zellwände gefächert, so daß also ein Pflanzenstengel oder ein Blatt oder sonst ein Organ Millionen durch Zellwände getrennte mikroskopische Räume erkennen läßt, welche vom Protoplasma ausgefüllt werden. Eine solche Zellhautkammer mit ihrem Inhalte heißt Zelle und man pflegt deshalb auch in einer etwas anderen Auffassung zu sagen, die Pflanzenorgane bestehen aus Zellen.

Die Zellwände, die uns hier nur kurz beschäftigen sollen, bestehen im wesentlichen aus Cellulose, welche ihrer prozentischen, chemischen Zusammensetzung nach mit der Stärke übereinstimmt. Diese Zusammensetzung ergibt sich aus der Analyse der in reinerer Form aus der Pflanze isolierten Cellulose. Wenn man jedoch in der Regel sagt, die Zellwände beständen aus Cellulose, so scheint mir damit nicht den wahren Verhältnissen Rechnung getragen zu sein. Durch die genauen mikroskopischen Untersuchungen Dippels wurde schon bewiesen, daß die Zellhäute aus mehreren konzentrischen Schichten von ganz verschiedenem optischen und chemischen Verhalten bestehen und die Auffassung, als ob die Zellwände der Gewebezellen homogene Membranen seien, als unrichtig erkannt. Diese Beobachtungen* kommen erst jetzt zu ihrem Rechte. Dazu kommt aber noch der Gehalt an anorganischen Substanzen, denn selbst die jungen Zellwände bestehen nicht aus reiner Cellulose, sondern enthalten als mineralische Bestandteile Kieselsäure oder Kalksalze. Dieser Gehalt an anorganischen Stoffen ist wohl kaum eine bloße Beimengung, eine Verunreinigung, sondern es findet eine noch viel innigere Verbindung der Cellulose mit ihnen statt, als beim Knochen. Man wird nun aber nicht sagen, daß der Knochen aus Bindegewebe besteht. Es ist also kaum weniger genau, die Zellwände als Cellulose zu bezeichnen, da offenbar die Verbindung mit anorganischen Salzen für die Konstitution dieser Gerüstsubstanz nicht bedeutungslos ist.

Die Entstehung der Zellwände läßt sich mikroskopisch beobachten; an Schwärmsporen von Algen, welche in den Ruhezustand übergehen, kann man die Bildung einer Membran verfolgen und dieselbe durch Reagentien noch sichtbarer machen, da die Cellulose mit Jod und Schwefel-

* Dippel, Die neuere Theorie über die feinere Struktur der Zellhülle. Abhandl. d. Senckenbergschen Ges. Bd. X, XI. Dippel, Das Mikroskop. II. Aufl. 1882.

säure behandelt, eine indigoblaue Farbe annimmt. Durch diese Färbung hebt sich die Membran dann scharf vom farblosen Protoplasma ab. Bei den übrigen Pflanzen ist die Entstehung neuer Zellwände gewöhnlich lokalisiert, sie findet statt in den Vegetationspunkten oder in ähnlichen embryonalen Geweben, wie dem Cambium. Hier teilen sich die Zellen, nachdem sie eine bestimmte Größe erreicht, durch Zellwände, wie man etwa einen Raum durch eine Wand in zwei kleinere teilt, mit dem Unterschiede, daß bei den Zellen die durch die Zellwandbildung entstandenen beiden Räume wachsen und sich später selbst wieder teilen.

Die bei den verschiedenen Pflanzen sehr mannigfachen Gestaltungsvorgänge bei der Zellhautbildung sind sehr genau studiert, schwieriger ist es dagegen, sich über den chemischen Prozeß bei der Entstehung der Zellwände eine berechtigte Vorstellung zu machen Hervorzuheben ist nämlich besonders, daß eine Zellwand nur da entsteht, wo lebendiges Protoplasma vorhanden ist. In Zellen, welche ihren protoplasmatischen Inhalt verloren haben, z. B. in den Zellen des älteren Holzes, können keine Zellwände mehr entstehen. Das Vorhandensein des Protoplasmas ist also eine Vorbedingung der Zellwandbildung, nur von einem Protoplasmakörper wird eine Membran ausgeschieden. Neuere Untersuchungen von G. Klebs ergaben aber noch weiter, daß nur ein Protoplasmakörper, welcher mit einem Zellkern versehen ist, zur Membranbildung befähigt ist.* Es gelang dem genannten Beobachter, durch Plasmolyse die Protoplasmakörper von Zygnemen, Spirogyren und Ödogonien in zwei Teile zu spalten, deren einer den Zellkern enthielt, während die andere Hälfte kernlos war. Beide Teile kann man durch Kultur lebendig erhalten, aber obgleich auch die kernlosen Teilstücke sonstige Lebenserscheinungen wie Assimilation, Atmung zeigten, bildeten sie doch niemals eine Membran, während das kernhaltige Stück des ursprünglichen Protoplasmakörpers sich alsbald mit einer neuen Zellhaut umgab. Außerdem fand noch der Unterschied zwischen beiden Teilstücken statt, daß nur das kernhaltige Stück ein Wachstum begann. Ohne Zweifel sind also die verwickeltsten Beziehungen zwischen den Formbestandteilen der Zelle und den physiologischen Vorgängen vorhanden, in welche tiefer einzudringen, noch der Zukunft vorbehalten bleibt.

Um den chemischen Vorgang der Zellwandbildung richtig aufzufassen, ist zu beachten, daß es sich dabei nicht bloß um eine Erhärtung der äußersten Protoplasmaschichten handelt. Vielmehr ist die entstehende Cellulosemembran eine Substanz von ganz anderer chemischer Konstitution, sie ist im wesentlichen ein Kohlehydrat, während das Protoplasma aus stickstoffhaltigen Substanzen besteht. Hier liegt die Schwierigkeit, eine plausible Vorstellung über die Entstehung der Cellulosemembranen zu gewinnen.

Möglich erscheinen zwei Fälle. Es könnte sich einfach um die Umwandlung eines im Protoplasma vorhandenen Kohlenhydrates in Cellulose

---

* G. Klebs, Über den Einfluß des Kernes in der Zelle. Biolog. Centralblatt Bd. VII, 1887, p. 161; ferner: Beiträge zur Physiologie d. Pflanzenzelle, Berichte d. d. bot. Gesellsch. 1887, Bd. V, p. 181

handeln, eine Annahme, welche Sachs vertritt. Der Cellulose nahestehende Stoffe wie Zucker, Inulin, Stärke sind im Protoplasma verteilt, und wenn sich auch die Umwandlung dieser Substanzen in Cellulose künstlich nicht vornehmen läßt, so beweisen doch physiologische Thatsachen, daß thatsächlich solche Umwandlungen vor sich gehen. Wenn Samen, welche voll Stärke stecken, keimen, so erzeugt die junge Keimpflanze neue Organe, und in diesen bilden sich Millionen Zellwände, ohne daß von außen etwas anders zugeführt würde, als Sauerstoff und Wasser. Das Material für die neuen Zellwände liefert also die Stärke, welche als organisches Nährmaterial für die Keimpflanze im Samen niedergelegt wurde. Bei der Entstehung von Trieben aus anderen Reservestoffbehältern, wie Knollen und Zwiebeln, wandern ebenfalls nur Stärke und Zucker in die wachsenden Sprosse und Wurzeln ein und können zur Bildung der Zellwände verwendet werden. Entfalten sich im Frühjahr die Winterknospen der Bäume, welche den Winter ohne Lebensregung überdauerten, so verschwindet nicht nur aus ihnen die Stärke, sondern auch die im Holz der Stämme den Winter über aufbewahrten Stärkemengen, welche den wachsenden Knospen zuströmen. Die Runkelrübe enthält als Reservestoff Rohrzucker, die Georgien und andere Kompositen Inulin, welche als Stoffe für die Zellwandbildung dienen können; bei den fetthaltigen Samen ist es sogar Fett, welches den Zellstoff liefert, jedoch wandelt sich dasselbe vorher in Glukose oder Stärke um.

Thatsache ist es also, daß beim Vorhandensein und Verbrauch verschiedener Kohlenhydrate Zellwände entstehen können, daß aber nur eine einfache Umwandlung der Stärke und des Zuckers in Cellulose eintritt, ist nicht ohne weiteres einleuchtend.

Bemerkenswert bleibt es, daß bei allen ebengenannten Stoffwandlungen die Stoffe stets durch das Protoplasma erst hindurch gehen, ehe die Entstehung der Cellulosemembran zu stande kommt. Aus diesem Grunde könnte vielleicht eine andere Ansicht über die Bildung der Zellwände berechtigter erscheinen, nämlich die einer chemischen Abspaltung aus dem Protoplasma, indem die Kohlenhydrate zunächst an der Konstitution des Protoplasmas teilnehmen, die Cellulose aus demselben unter Entstehung einer stickstoffhaltigen Restes abgespalten und in Form der Membran abgeschieden wird. Diese Annahme verlangt als Folgerung die Anhäufung stickstoffhaltiger Substanzen. Es wäre nicht unmöglich, da Kernteilung und Membranbildung nebeneinander hergehen, daß die Kerne die bei der Cellulosebildung entstehenden stickstoffhaltigen Reste in sich aufnehmen und daß dieselben hier liegen bleiben. Eine Thatsache, die wohl hervorgehoben zu werden verdient, ist es, daß die Zellkerne in den älteren Gewebezellen als passive Massen liegen bleiben, als ob sie eben nach ihrer Funktion bei der Membranbildung ausgedient hätten. Ausgeschlossen wäre aber auch nicht, daß die stickstoffhaltigen Nebenprodukte, welche bei der Abscheidung der Cellulose entstehen, wieder verbraucht werden in ähnlicher Weise, wie dies beim Asparagin der Fall ist.

Diese Ansichten, glaube ich, sind nicht ohne Berechtigung. Sehr schwierig wird es einstweilen bleiben, den komplizierten Chemismus der

Zelle zu verfolgen, weil stets eine ganze Reihe der verwickelsten Synthesen und Spaltungen nebeneinander herläuft, aber was die Zellwandbildung anbetrifft, so scheint doch alles mehr auf eine chemische Abspaltung der Wandsubstanz, als auf eine bloße Ausscheidung der mechanisch im Protoplasma verteilten, Cellulose bildenden Kohlehydrate zu deuten.

Stoffbewegung in der Pflanze.

Aus den bisher mitgeteilten Thatsachen über die Ernährung ergibt sich bei geringer Überlegung die Notwendigkeit eines Transportes der Pflanzenstoffe von einem Orte zum andern. Stärke und Zucker können nur in den chlorophyllhaltigen Blättern erzeugt werden. Diese Stoffe sollen jedoch ebensowohl zur Ernährung der von den Blättern räumlich getrennten Organe, der Wurzeln, Sprosse, Blüten und Früchte gebraucht werden. Die Wurzeln besorgen ihrerseits ganz allein die Aufnahme des Wassers und der darin gelösten Bodensalze. Wasser und Salze müssen aber als unentbehrliche Nährstoffe auch zu den entferntesten Blättern eines Baumgipfels gelangen. In ganz verschiedene Richtungen müssen somit die Stoffe in der Pflanze wandern. Einerseits von den Assimilationsorganen zu den wachsenden Organen und zu den Reservestoffbehältern, eine Wanderung, welche während der ganzen Vegetationsperiode, also bei uns während des Sommers, vor sich geht. In gerade entgegengesetzter Weise beginnt die Stoffströmung beim Anfang einer neuen Vegetation, nach Ablauf des Winters. Aus den Samen, Wurzeln, Knollen, Zwiebeln u. s. w. wandern die Nährstoffe in die Organe, welche aus ihrem embryonalen Zustande heraustretend, sich zu neuem Leben entwickeln.

Beim Transport der plastischen organischen Nährstoffe und bei der Bewegung des Wassers sind so durchgreifende Verschiedenheiten bezüglich der Bahnen der Stoffbewegung und der dabei in Wirkung kommenden Kräfte vorhanden, daß es sich empfiehlt, die Bewegung des Wassers erst später gesondert zu betrachten und zunächst den Transport der Stärke, der Eiweißstoffe u. s. w. zu behandeln.

Beim Transport der plastischen Stoffe, der Stärke, der Eiweißkörper und Fette fällt eine Schwierigkeit sogleich ins Auge. Die genannten Substanzen sind in Wasser unlöslich. Trotzdem sollen sie Wege passieren, welche millionenfach durch feste Zellwände unterbrochen sind. Die anatomische Untersuchung von Pflanzen lehrt, daß die Pflanze kein System von Gefäßen für die Zirkulation besitzt, wie der Tierkörper seine Blutgefäße. Nur wenige Gewebeelemente des Pflanzenkörpers stellen überhaupt offene Röhren dar, und wo solche Röhren, z. B. die Gefäße im Holz, vorhanden sind, dienen sie häufig nachgewiesenermaßen gar nicht der Stoffleitung. Soll ein Transport der organischen Baustoffe unter diesen Verhältnissen stattfinden, so müssen dieselben notwendig in einen transportfähigen Zustand gebracht werden. Hier spielen nun die Enzyme zum Teil eine Hauptrolle. Diastatische Enzyme bewirken die Löslichmachung der Stärke, welche in Glukose umgewandelt wird. In Berührung mit der Lösung eines diastatischen Enzyms werden die festen

Stärkekörner angegriffen und allmählich in eine Lösung von Traubenzucker umgewandelt. Der Prozeß der Auflösung der Stärkekörner bei ihrer Umwandlung in Zucker bietet manches Interessante. Die Stärkekörner werden nicht momentan durch das Enzym in Zucker verwandelt und aufgelöst, sondern es findet eine langsame Korrosion der Körnchen statt.

Zunächst tritt bei diesem Prozeß die Schichtung der Stärkekörner deutlicher hervor, dann greift das Enzym tiefer ein, einzelne Partien der Stärkesubstanz werden gelöst, es entstehen Löcher im Stärkekorn, welche sich vergrößern und mehren, und dasselbe zerfällt allmählich bis zur völligen Auflösung. Zuweilen verläuft die Auflösung der Stärke-

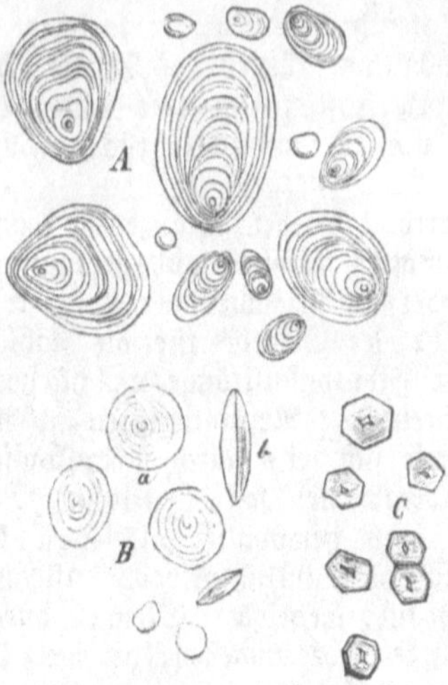

Fig. 55. Stärkekörner. A Kartoffel; B Weizen; C Mais.

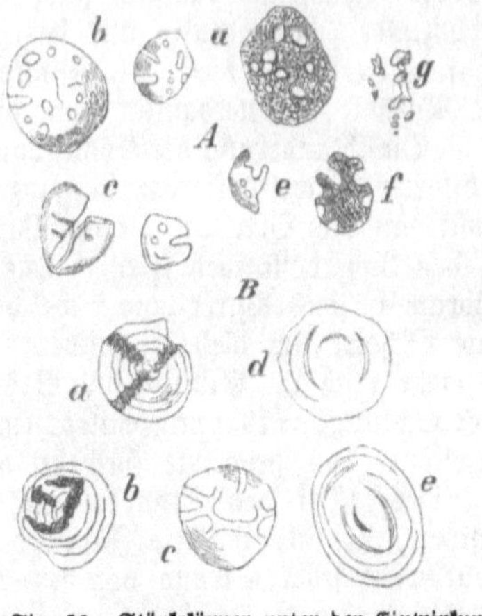

Fig. 56. Stärkekörner unter der Einwirkung diastatischer Enzyme. A Mais; B Weizen.

körner in etwas anderer, eigentümlicher Weise, es bleibt nämlich nach der fast vollendeten Wirkung des Enzyms ein Rest, welcher noch einzelne Struktureigentümlichkeiten des Stärkekornes, namentlich die Schichtung erkennen läßt. Dennoch ist die eigentliche Stärkesubstanz gelöst worden, das Zurückbleibende ist eine Art von zartem Skelett, welches nicht mehr die Eigenschaft besitzt, sich mit Jod blau zu färben. Nägeli hat aus diesem Verhalten den Schluß gezogen, daß die Stärkekörner aus zwei differenten Substanzen bestehen, aus der Granulose, welche die eigentliche Stärkesubstanz darstellt und aus der Stärkecellulose, die eine Art feinen Gerüstes bildet, in welches die Granulose eingelagert ist. Doch ist das Ausbleiben der Färbung mit Jod nach der Enzymbildung dadurch bedingt, daß die Stärke vor ihrer Umwandlung in Zucker in ein Zwischenprodukt, das Erythrodextrin, übergeht. Diese Verbindung wird durch Jod rötlich gefärbt. Der schließlichen Lösung durch das Enzyme widersteht aber das zarte Skelett so wenig, wie die übrige Masse des Stärkekornes, das ganze Stärkekorn wird schließlich aufgelöst.

Auf diese Weise wird nun zwar die Stärke durch die Enzymwirkung in eine lösliche und diffusionsfähige Verbindung umgewandelt. Doch scheint es sich bei der Enzymwirkung nicht um die bloße Auflösung allein zu handeln. Auf diesen Punkt hat Sachs zuerst aufmerksam gemacht. Nämlich auch andere Kohlehydrate, welche schon gelöst in den Zellen mancher Organe vorhanden sind, wie z. B. Rohrzucker und Inulin, werden vor ihrem Verbrauche zur Organbildung ebenfalls in Glukose umgewandelt. Wenn es nur darauf ankäme, die Stoffe in Lösung zu bringen, so wäre die Umwandlung von Rohrzucker und Inulin, zweier in Wasser löslichen Stoffe, in Glukose kaum verständlich. Es ist deshalb wohl keine Frage, daß die wesentliche Bedeutung der Enzymwirkungen in der Pflanze eine ganz andere ist, daß nämlich die Stoffe durch die Enzyme erst in denjenigen Zustand übergeführt werden, in welchem sie für die Ernährung tauglich sind. Die Enzyme führen die Stärke, den Rohrzucker, das Inulin aus dem passiven Zustand in eine aktive Beschaffenheit über, diese Stoffe werden, um es kurz auszudrücken, durch die Enzyme erst verdaulich gemacht.

Die Wanderung der Kohlehydrate erfolgt bei den Pflanzen mit ausgebildeter Gewebedifferenz in ganz bestimmten Bahnen und gelangt auf diesen an die Orte der Organbildung oder an diejenigen der Ablagerung in den Reservestoffbehältern. Das leitende Gewebe für die Kohlenhydrate ist das Parenchym, welches die Fibrovasalstränge umschließend, eine Scheide um dieselben bildet. Während der Vegetationszeit ist dies Gewebe reich an Glukose und Stärke, wie sich teils durch mikroskopische Beobachtung, teils durch mikrochemische Reaktionen feststellen läßt. Man bezeichnet das genannte Gewebe daher auch gewöhnlich als Stärkescheide. Bei den Monokotylen, welche bekanntlich Fibrovasalstränge besitzen, die als isolierte Fäden das Grundgewebe der Stengel durchziehen, ist jeder Strang von seiner Stärkescheide umgeben, bei den Dikotylen, deren Gefäßbündel einen zusammenhängenden Körper im Stamme bilden, umgibt das Parenchym der innersten Rindenschicht den Gefäßbündelzylinder als Stärkescheide. Bei lebhaftem Stoffwechsel ist das Gewebe der Stärkescheide dicht mit Stärkekörnern erfüllt. Die Thatsache, daß das Parenchym der Stengel, Blattstiele und Wurzeln die leitenden Bahnen für die Stärke oder die aus dieser entstehende Glukose bildet, wurde von Sachs festgestellt und in neuerer Zeit durch die Untersuchungen von Schimper und A. Meyer bestätigt und ergänzt.*

Die Fette wandern in der Regel nicht als solche, sondern werden vorher in Kohlenhydrate umgewandelt. So nimmt z. B. nach Untersuchungen von Peters** die Menge des fetten Öles beim Keimen der Kürbissamen ab, während die Kohlehydrate zunehmen, indem die Fette aus den Kotyledonen der Samen auswandern und nach ihrer Umwandlung in Zucker zu den Orten der Zellwandbildung in die jungen Organe hinwandern.

* Sachs, Über die Leistung plastischer Stoffe durch verschiedene Gewebeformen. Flora 1863, p. 33. Handbuch d. Experimentalphysiologie p. 374. Schimper, Botan. Zeitung 1885, Nr. 47—49. A. Meyer, Botan. Zeitung.

** Landwirtschaftl. Versuchsstationen 1861.

1000 Kürbiskeimpflanzen enthalten:

Arten des Keims		Keimpflanzen der 1. Periode	2. Periode	3. Periode
Öl	106,65	103,51	56,43	12,98
Zucker . . .	Spur	3,81	9,48	12,80
Gummi . . .	Spur	2,56	3,55	6,13
Stärke . . .	0	8,89	17,50	6,63
Zellstoff . . .	8,34	9,33	12,23	21,20
Eiweißstoffe .	110,07	109,60	98,33	94,62
Asche . . .	14,08	14,14	14,57	18,06
Unbest. Stoffe .	6,86	22,96	33,01	43,48
Gesamtgewicht	276,00	274,80	245,10	215,90

Die Löslichkeitsverhältnisse der Eiweißkörper sind solche, daß es schwierig ist, sich eine richtige Vorstellung von ihrer Wanderung zu machen. Dieselben können nicht durch Zellwände diosmieren und eine Umwandlung in diffusionsfähige Peptone findet nur ausnahmsweise statt, nachgewiesenermaßen nur da, wo es sich, wie bei den Insektivoren und bei Schimmelpilzen um eine Aufnahme von Eiweißkörpern von außen handelt. Daß dagegen bei der Fortleitung von Eiweißstoffen im Zellgewebe peptonisierende Enzyme in Wirkung träten, wird durch Beobachtungen nicht gestützt. Bei den höheren Pflanzen werden die Thatsachen eines Eiweißtransportes begreiflicher, weil hier in den Siebröhren offene Leitungsbahnen vorhanden sind, in denen die Eiweißstoffe, wie in Schläuchen, auf weitere Strecken vorwärts bewegt werden können.

Auch die feinsten Endungen der Gefäßbündel in den Blättern werden noch von einigen Siebröhren begleitet, so daß also ein weitreichendes Wegenetz für die Eiweißstoffe vorhanden ist. Aber nicht nur für die zahlreichen Pflanzen, welchen Siebröhren fehlen, sondern auch für ganze nur aus Parenchym bestehende Gewebekomplexe höherer Pflanzen muß unbedingt auch noch auf eine andere Weise eine Wanderung der Eiweißstoffe, ähnlich wie die Bewegung der Glukose, durch Zellwände hindurch möglich sein. Ob thatsächlich zur Ermöglichung einer solchen Wanderung Spaltung der Eiweißkörper in krystallisierbare, diffusible Substanzen wie Asparagin und andere Verbindungen stattfindet, welche sich nach ihrem Durchtritt durch die Zellwände wieder zu Eiweißstoffen regenerieren, bedarf noch mannigfacher Untersuchungen. Pfeffer* hat auf Grund seiner Beobachtungen über die Asparaginbildung die Hypothese aufgestellt, daß die Eiweißstoffe auf ihrer Wanderung unter Asparaginbildung gespalten würden, um auf diese Weise die Zellwände durchwandern zu können. Es würde dann in ähnlicher Weise, wie bei der transitorischen Stärke eine abwechselnde Lösung und Wiederbildung

* Pfeffer, Jahrb. für wiss. Botanik, 1872, Bd. 8, p. 538.

stattfindet, auch der Transport der Eiweißkörper mit stetiger Spaltung und Synthese verknüpft sein, nur daß bei den letzteren die chemischen Vorgänge viel tiefgreifender wären.

Einstweilen mögen diese theoretischen Erörterungen hier ihren Abschluß finden, um einen Blick auf die thatsächlichen, hierher gehörenden Vorgänge zu werfen.

Als anschaulichste Beispiele für die Stoffwanderung in den schon genannten entgegengesetzten Richtungen sind die Keimung der Samen und das Austreiben der Reservestoffbehälter, der Knollen, Zwiebeln und Rhizome unter natürlichen Bedingungen im Frühjahr, sowie die Einwanderung der plastischen Stoffe in die Reservestoffbehälter während des

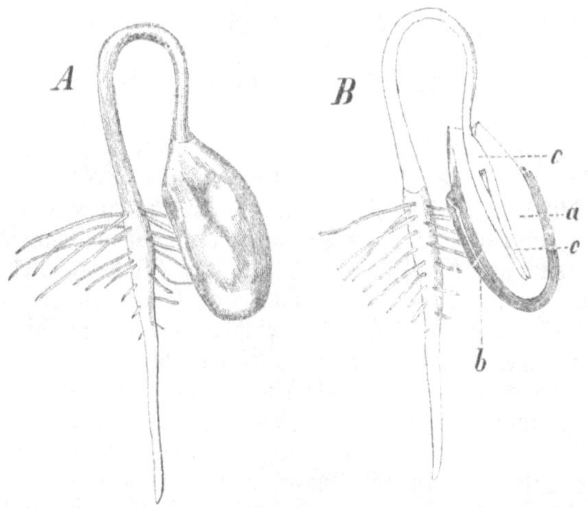

Fig. 57. Keimender Same von Ricinus communis, A ganzer Same; B Durchschnitt. a Endosperm; b Samenschale; c Knospen; e Kotyledonen.

Sommers hier heranzuziehen. Im ersten Falle findet eine Wanderung der Nährstoffe vorwiegend in die Blätter, Sprosse und Wurzeln statt, im zweiten in umgekehrter Richtung.

In unserer Figur ist ein Ricinussamen abgebildet. Von der Samenschale umschlossen liegt der Keim im reifen Samen eingebettet in einem Gewebe (a), welches mit Nährstoffen angefüllt ist, dem Endosperm. Die bei der Keimung zuerst hervortretende Wurzel verbraucht zu ihrer Ernährung, zur Bildung von Nebenwurzeln und Wurzelhaaren einen Teil dieser Nährstoffe. Die noch im Endosperm steckenden Keimblätter (e) dienen als Saugorgane. Von diesen aufgesogen, wandern die Nährstoffe durch den gekrümmteu Keimstengel in die Wurzeln. Ist das Endosperm aufgezehrt, so werden, indem sich die gekrümmte Achse geradestreckt, die Keimblätter aus der entleerten Samenschale herausgezogen, sie entfalten sich oberirdisch und beginnen selbst das Ernährungsgeschäft, die Assimilation. Die Stoffe des Endosperm sind eine Mitgift von der Mutterpflanze, sie haben den Zweck, so lange auszureichen, bis die junge Pflanze selbst in der Lage ist, sich zu ernähren. Sowie es hier an einem Samen erläutert ist, findet auch die allmähliche Entleerung der Knollen, Rhizome u. s. w. statt, sobald als im Frühjahr die neuen Triebe und Wurzeln zum Vorschein kommen; die Stoffe wandern hinauf in die jungen oberirdischen Organe und in die Wurzeln hinab, die vorher mit organischen Nährstoffen prall angefüllten Knollen werden leer, schrumpfen zusammen und gehen zu Grunde, während die neue Pflanze im Laufe des Sommers ihre eigenen Knollen oder anders geformte Speicherräume bildet, die für die nächste Generation allmählich wieder angefüllt werden.

Bei der Ablagerung der aus den Blättern in die unterirdischen Reservestoffbehälter wandernden Nährstoffe kommen noch mehrfache bemerkenswerte Vorgänge in Betracht. Man faßte die Ablagerung der Stärke in den Knollen und Rhizomen wohl als eine bloße Abscheidung, ein Auskrystallisieren der Stärke aus der hinabwandernden Glukoselösung auf. Durch Untersuchungen von Schimper wurde jedoch festgestellt, daß bei der Entstehung der Stärkekörner in den unterirdischen Reservestoffbehältern, mikroskopische, protoplasmatische Organe fungieren, welche Stärkebildner genannt worden sind. Die Stärkebildner haben eine gewisse Ähnlichkeit und Verwandtschaft mit den Chromatophoren, sind aber farblos. Sie nehmen die zugeführten Zuckerarten auf und wandeln sie in Stärkekörner um, welche an diesen kleinen protoplasmatischen Organen ganz ähnlich entstehen, wie die Stärkekörner an oder in Chlorophyllkörnern, mit dem fundamentalen Unterschiede, daß in den Chlorophyllkörnern die Stärke aus Kohlensäure und Wasser auch entsteht, während von den Stärkebildnern nur ein gegebenes, schon durch Assimilation gebildetes Kohlehydrat umgeformt wird.

Ohne hier einen vollständigen Überblick über die verschiedenen Formen der Reservestoffe bergenden Gewebe und Organe bei den verschiedenen Pflanzen geben zu können, möge doch noch auf die Bedeutung des Holzes der Bäume für diese Zwecke aufmerksam gemacht werden. Bei den Bäumen nimmt das Holz Teil an der Leitung der plastischen Stoffe und liefert auch die Räume für die Aufspeicherung derselben. Die Stämme unserer Laubbäume bilden im entlaubten Zustande Speicherräume für Reservestoffe. Zucker und Stärke wird in den Holzzellen abgelagert und bleibt dort liegen, um im Frühjahr von den austreibenden Sprossen wieder verbraucht zu werden. So finden also auch im Holze zu verschiedenen Zeiten lebhafte Bewegungen plastischer Stoffe statt.

8. Wasser-Aufnahme, -Bewegung und -Ausscheidung.

Das Wasser spielt in der Pflanze eine so vielseitige Rolle und es kommen bei der Bewegung desselben so verwickelte Verhältnisse zur Sprache, daß es sich empfiehlt, die Thatsachen, welche sich auf das Wasser in der Pflanze beziehen, gesondert zu behandeln, obgleich dieselben im Grunde unter den eben beschlossenen Abschnitt der Stoffbewegung fallen. Das Wasser nimmt Teil am Aufbau der im Chlorophyll entstehenden organischen Substanz, es bildet einen Bestandteil des Protoplasmas, der Zellhäute und anderer Formationen im Pflanzenkörper. Das Wasser ist aber auch Lösungsmittel und dient als Vehikel beim Transport der löslichen Stoffe, der Kohlenhydrate, der Salze u. s. w. Immerfort geht in einem verdunstenden Pflanzenstengel oder einem mit seinen Blättern viele hundert Liter Wasserdampf in die Luft aushauchenden Baume ein Wasserstrom von den Wurzeln aufwärts bis in die feinsten Gefäßbündelverzweigungen der allerentferntesten Blätter. Durch diesen Transpirationsstrom wird die fortwährende Abgabe von Wasser gedeckt und man erkennt ohne weiteres die Notwendigkeit eines solchen Wasserstromes, wenn durch ungünstige Verhältnisse die Wasserzufuhr gehemmt oder verlangsamt wird. Geschieht dies, so welkt die Pflanze. In diesem Zustande werden alle chemischen Vorgänge und andere Lebenserscheinungen gehemmt und bei längerer Dauer des Wassermangels geht die Pflanze zu Grunde. Der Transpirationsstrom bewirkt aber noch etwas anderes als die Zuführung des Wassers. Er führt den Blättern Salze zu, die Salze des Bodens, deren Unentbehrlichkeit in dem Kapitel über künstliche Ernährung hervorgehoben wurde. In den Blättern verdunstet das Wasser, die Salze bleiben zurück, und durch den aufsteigenden Wasserstrom werden die Blätter an Salzen reicher. Diese wichtige Thatsache wurde von Boussingault zuerst hervorgehoben.

So ungemein wichtig die Bewegung des Wassers in der Pflanze ist, so wenig weiß man doch über diesen Gegenstand, sobald die Frage nach den Kräften, welche das Wasser bewegen, gestellt wird. Es handelt sich um kein einfaches Problem. Damit das von den Wurzeln aufgenommene Wasser in einem Baum aufsteige, muß es der Schwerkraft entgegen oft mehrere hundert Meter senkrecht in die Höhe geschafft werden. Zu derartigen Leistungen müssen wir uns bei unseren Verrichtungen der Pumpen bedienen, welche durch Muskelkraft oder durch Maschinen in Bewegung gesetzt werden. Bei den Pflanzen sehen wir aber von irgendwelchen Motoren für die Wasserbewegung nichts.

Nur der Weg, den das Wasser in der Pflanze nimmt, ist bekannt. Der Transpirationsstrom bewegt sich in den verholzten Gewebeelementen, also in den Gefäßbündeln, bei den Holzpflanzen im Holzkörper. Natürlich finden auch Wasserbewegungen von einer Parenchymzelle zur andern statt in Geweben, welche nur aus Parenchym bestehen oder bei Pflanzen, welche keine verholzten Zellen enthalten, wie z. B. Algen u. s. w. Aber in diesen Fällen handelt es sich ja nur um Bewegungen des Wassers auf ganz außerordentlich kleinen Strecken und der Vorstellung erwachsen keine erheblichen Schwierigkeiten. Wir haben hier den Strom ins Auge zu fassen, welcher in schnellem Tempo von den Wurzeln in alle entfernteren Orte eilen muß, um jede Zelle mit Wasser zu versorgen. Für diesen Strom können wir nur das Holz als Leitungsbahn anerkennen und der Beweis dafür läßt sich durch einen Versuch liefern, den schon 1727 Stephan Hales zu diesem Zwecke anstellte.

Stephan Hales (geb. 1671 in Kent), welcher im genannten Jahre unter dem Titel „statical essays“ Experimente über die Pflanzen-Ernährung veröffentlichte, versuchte hier namentlich der Saftbewegung in den Pflanzen auf den Grund zu kommen und hat zuerst die schwierige Frage der Wasserbewegung durch exakte Versuche zu lösen versucht. Seine grundlegenden Beobachtungen sind noch heute von größtem Werte.

Der Versuch von Hales, welcher den Beweis liefert, daß nur das Holz allein die Bahn für den Transpirationsstrom darstellt, ist folgender. Macht man um den Stamm eines Baumes zwei Ringschnitte, welche die Rinde bis auf das Holz durchschneiden, so kann man einen Streifen Rinde

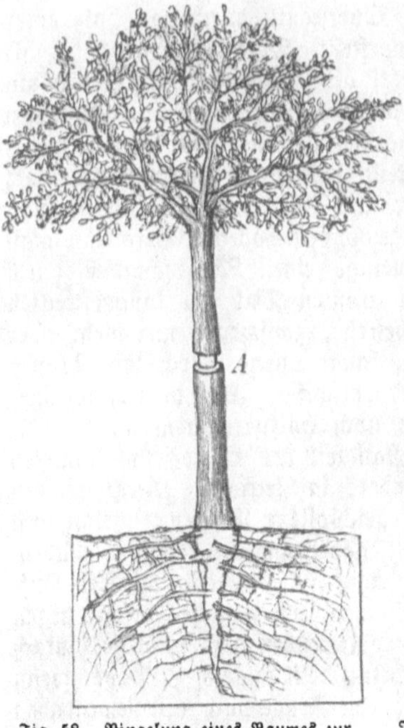

Fig. 58. Ringelung eines Baumes zur Demonstration des Wassertransportes im Holz.

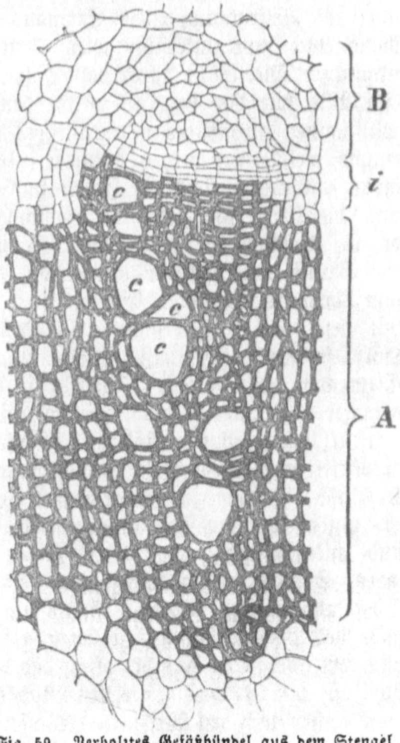

Fig. 59. Verholztes Gefäßbündel aus dem Stengel einer Balsamine. A Gefäßteil; B Siebröhrenteil: i Cambium; C Gefäße.

ablösen. Wie die Fig. 58 erläutert, ist der Zusammenhang der Rinde an jener Stelle völlig unterbrochen, die Rinde des oberen Teiles des Baumes steht in keinem Zusammenhange mehr mit der unteren Hälfte. Würde das Wasser durch die Rinde aufwärts transportiert, so könnte dasselbe nur bis A steigen. Zur Krone des Baumes würde kein Wasser gelangen, sie würde infolgedessen vertrocknen. Wenn man aber diesen Ringelungsversuch mit den nötigen Vorsichtsmaßregeln anstellt, so bleibt die Krone des Baumes vollkommen frisch. Damit ist der Beweis erbracht, daß das Wasser nur im Holzkörper aufwärts wandert, denn würde die Rinde auch nur teilnehmen an der Wasserbewegung, so würde sich der durch den Ringelschnitt bewirkte Ausfall in der Wasserzufuhr durch Welken der Krone bemerkbar machen müssen.

Nach Feststellung dieser grundlegenden Thatsache ist es für das weitere Eindringen in den Gegenstand zunächst nötig, sich mit dem anatomischen Bau des Holzes etwas näher bekannt zu machen.

Schon die einfachste Beobachtung genügt, um festzustellen, daß das Holz kein homogener Körper ist. Jedes geschnittene Brett lehrt, daß Stellen verschiedener Dichtigkeit vorhanden sind, ganz besonders ergibt aber die Betrachtung eines Stammquerschnittes, wenn dieselbe auch nur durch eine Lupe unterstützt wird, daß das Holz porös ist. Ein mikroskopischer Querschnitt durch das Holz einer beliebigen Pflanze gibt etwa ein Bild, wie die Fig. 59, welche den Querschnitt durch das Holz einer Balsamine (Impatiens glandulifera) darstellt. Das Holz enthält Hohlräume, welche leer sind, d. h. insofern leer, als dieselben kein Protoplasma mehr enthalten. Von den Zellen sind nur die Wände erhalten geblieben und dieselben sind also im physiologischen Sinne keine Zellen mehr, da sie chemisch unthätig sind. So stellt das Holz vielmehr nur noch ein Gerüst von Zellmembranen vor, welche aber durch ihre Verholzung ganz besonders wichtige Eigenschaften gewonnen haben. Vergleicht man mit dem obigen Querschnittsbilde dasjenige eines Längsschnittes durch Holz, so ergibt sich, daß dasselbe zum größten Teil aus langgestreckten Elementen, aus Fasern (Fig. 41, 4) besteht, zwischen denen mehr oder weniger zahlreich, je nach der Holzart, lange offene, durch ihre Wandstruktur ausgezeichnete Röhren (Gefäße) verlaufen. Als dritter, weniger hervortretender Bestandteil kommt dann noch Holzparenchym hinzu. Die Holzfasern bilden den maßgebenden Bestandteil des Holzes und kommen für unsere späteren Betrachtungen besonders in Betracht. Die Holzfasern sind mikroskopische, an beiden Enden geschlossene Röhren, welche mit ihren Spitzen ineinandergeschoben ein engverbundenes System bilden. Diese anatomische Struktur könnte nun ganz im Einklang mit der Aufgabe des Holzes, Wasser zu leiten, erscheinen und manche Forscher hegen auch eine derartige Ansicht. Daß das Problem aber doch nicht so einfach sich löst, wie es auf den ersten Blick scheint, tritt sogleich zu Tage, wenn man außer nach den Wegen des Wassers, die Frage nach den bewegenden Kräften stellt. Man war schon vor langen Jahrzehnten bei dem Bestreben, diese Frage zu beantworten, zunächst auf den naheliegenden Vergleich des Holzes mit einem Kapillarsystem verfallen. Jede Holzfaser ist offenbar eine Kapillare und da es bekannt ist, daß in solchen eine Flüssigkeit durch die Kapillarität zum Aufsteigen veranlaßt wird, stellte man sich vor, die Wasserbewegung im Holz gehe in dieser Weise vor sich. Dabei wurde freilich übersehen, daß wenn die einzelne Holzzelle auch eine Kapillare ist, doch das Holz gar kein zusammenhängendes System von Kapillaren darstellt, weil jede Kapillare an beiden Enden geschlossen ist. Wirklich offene Röhren im Holze sind nur die Gefäße. Diese führen jedoch nachweislich gerade im Sommer kein Wasser, sondern enthalten nur verdünnte Luft. Außerdem ist auch die Beteiligung der Gefäße an der Wasserleitung deshalb ganz zweifelhaft, weil Gefäße gerade einer ganzen Abteilung von Holzpflanzen, den Nadelhölzern, ganz fehlt. Später wurde dann von Nägeli und Schwendener* experimentell bewiesen, daß die Kapillarität die Wasserbewegung nicht bewirken kann, da die Strömung durch Kapillarröhren über sehr geringe Höhen hinaus nur äußerst langsam von statten geht und die Wasserverluste, welche die Verdunstung der Blätter verursacht, nicht auf diese Weise gedeckt werden können. In Glaskapillaren veranlaßt das Zusammenwirken von Verdunstung und Kapillarität endlich das Stehenbleiben der Flüssigkeitssäule auf einer bestimmten Höhe und diese Höhe beträgt nur wenige Fuß. Die geforderte Leistung beträgt aber bei Bäumen Hunderte von Fuß.

Aus weiteren Beobachtungen ergab sich, daß in den Hohlräumen des Holzes neben Wasser in der Regel Luftblasen und zwar von geringerer Tension als die der atmosphärischen Luft vorhanden sind. Es wurde der Versuch gemacht, diese Tensionsdifferenzen zur Erklärung der Wasserbewegung zu benutzen. Böhm vermutete, daß der äußere Luftdruck wegen dieser Differenz das Wasser im Holze in die Höhe treibe, wobei jedoch vergessen wurde, daß dann in der Höhe von 10 m eine Grenze der Steigung läge, welche aber doch thatsächlich bei den Bäumen um das Vielfache überschritten wird. Außerdem aber steht die äußere Luft mit der inneren des Baumes in keiner Verbindung, kann also, wenn auch einen Druck ausüben, so doch keine Bewegung veranlassen.

Auf Grund ausgedehnterer Untersuchungen gelangte R. Hartig** zu einer anderen Theorie, welche jedoch auch die Tension der Luft im Holz in Rechnung zog. Die beigegebene von Hartig herrührende Figur soll dessen Vorstellungen erläutern. Die Figur stellt schematisch einige Holzfasern dar, welche oben und unten mit dem Wasser aufnehmenden resp. abgebenden Parenchym in Verbindung stehen. Man kann also die unteren Parenchymzellen als Wurzelzellen, die oberen als Blattzellen ansehen. In einem früheren Abschnitt ist auf die Tüpfel in den Holzzellen hingewiesen

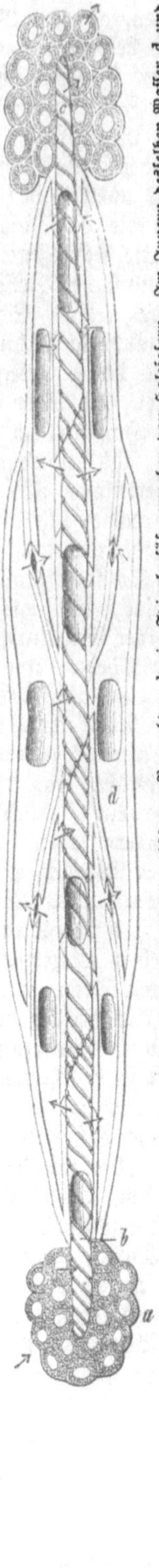

Fig. 60. Schema aus „Hartig, die Gasdrucktheorie," Berlin 1883. a Parenchym; b ein Spiralgefäß, umgeben von Holzfasern. Im Innern desselben Wasser d und Luftblasen, welche schattiert sind. In den Wänden der Fasern Tüpfel mit ihren Schließmembranen. Die Pfeile geben die Richtung des Wasserstromes an.

* Nägeli und Schwendener, Das Mikroskop.

** Untersuchungen aus dem forstbotan. Institut. München II u. III, 1882/83.

worden, auf jene Partien der Zellwand, welche ihre ursprüngliche geringe Dicke beibehalten, während die übrige Membran in die Dicke wächst. Diesen Tüpfeln schreibt Hartig eine besondere Wichtigkeit zu und erklärt unter Zusammenfassung dieser Thatsachen die Wasserbewegung wie folgt.

Die Luft im Innern jeder Holzzelle erscheint als eine vom Wasser umgebene Blase, welche auf das Wasser vermöge ihrer Spannkraft einen Druck ausübt, der nur dann wirkungslos bleibt, wenn in den Nachbarzellen die Luftblasen denselben Gegendruck ausüben. Die in der Mitte verdickte Schließmembran der Tüpfel bildet alsdann einen undurchlässigen Verschluß der Zellen und läßt das Wasser nicht von einer Zelle in die andere treten. Sobald die Luft in der einen Zelle jedoch nur um ein Minimum an Dichtigkeit zunimmt, so preßt sie das Wasser durch den Tüpfel in die höher gelegene Nachbarzelle (in der Richtung der Pfeile in der Figur). In dieser Weise wird nach Hartigs Ansicht das Wasser, von einer Holzfaser in die andere tretend, nach oben gepreßt. „Nehmen wir an," sagt der genannte Forscher, „daß an einem solchen Baume jedes Wasserteilchen 25 000 Holzfasern oder deren Tüpfel zu passieren habe, so berechnet sich die Luftdruckdifferenz zwischen zwei Holzzellen auf $^1/_{25000}$ Atmosphärendruck."

So scharfsinnig diese Theorie ist und so gerechtfertigt das Streben erscheint, die sichtbare anatomische Struktur des Holzes in erster Linie bei einer Erklärung der Wasserbewegung zu berücksichtigen, so stehen doch dieser Theorie eine ganze Anzahl Bedenken entgegen. Einmal ist durchaus nicht die Voraussetzung der Thätigkeit des ganzen Mechanismus durch Thatsachen bewiesen und ihr Zustandekommen ursächlich erklärt: die Luftdruckdifferenz in zwei benachbarten Holzzellen. Ferner ist auch die Ansicht, daß die Schließmembranen der Tüpfel als Ventile dienen, welche ein Zurückfließen des Wassers nach der Basis des Stammes verhindern sollen, nicht überzeugend begründet, da diese Membranen für Wasser durchlässig sind, wie durch Filtration von Wasser durch Holz bewiesen wird. Endlich ist noch hervorzuheben, daß nach den Untersuchungen von Sachs die Höhlungen der Holzzellen, in welchen sich nach der eben mitgeteilten Ansicht das Wasser bewegen soll, zur Zeit der stärksten Transpiration im Sommer gar kein Wasser enthalten.

Als freilich negatives Resultat dieser wichtigen Untersuchungen ist besonders hervorzuheben, daß die anatomische Struktur des Holzes, die wegen ihrer Merkwürdigkeit mit Recht die Aufmerksamkeit immer erregen muß, doch so gut wie keinen Aufschluß über die Art der Wasserbewegung gibt, ja daß gerade diese Struktur jedem mit bekannten Thatsachen der Mechanik rechnenden Erklärungsversuch die größten Schwierigkeiten entgegensetzt. Hierdurch veranlaßt, versuchte Sachs von einem ganz anderen Gesichtspunkte die Frage zu lösen und gelangte zu der Annahme, daß das Wasser, wenn auch mit Sicherheit nur im Holze transportiert, doch nicht in den Hohlräumen der Holzzellen fortgeleitet würde, sondern in den verholzten Zellwänden.

Betrachtet man den p. 145 abgebildeten Querschnitt durch das Holz, so kann man, anstatt dasselbe als ein System miteinander verbundenen

Röhren anzusehen, von den Hohlräumen ganz abstrahieren und das Holz als ein Gerüst von miteinander aufs engste verbundenen Zellstofflamellen betrachten. Wenn man sich also vorstellt, das Wasser ströme in diesen Zellwänden, so ist demselben in ihnen ein viel weniger unterbrochener Weg vorgezeichnet als in den Höhlungen der Holzfasern. Eine solche Ansicht läßt sich nun aber als eine gutbegründete Theorie aussprechen, und, indem zur Begründung allein die chemischen und physikalischen Eigenschaften des Holzes dienen, wird die Hauptschwierigkeit, welche bei Benutzung des anatomischen Holzbaues für eine Theorie sich aufdrängt, ganz beseitigt.

Das Holz besitzt die Eigenschaft, Wasser in seine festen Wände einzulagern, zu imbibieren oder wie man sagt, zu quellen, eine Eigenschaft, die es mit anderen organisierten Körpern, Zellhäuten, Stärkekörnern u. s. w. teilt. Bei diesem Vorgang nimmt die Substanz Wasser auf und vergrößert das Volumen des Körpers. Diese Art der Wasseraufnahme durch einen festen Körper ist jedoch nicht dieselbe, wie das Eindringen von Wasser in einen porösen Körper, wie etwa in einen porösen Stein oder in die Höhlungen eines Schwammes. In letzteren Fällen handelt es sich um eine Kapillarwirkung, von welcher die Imbibition ganz verschieden ist, deshalb, weil bei der Quellung das Wasser nicht in präformierte Hohlräume tritt, sondern, um den Raum einzunehmen, drängt es die Körpermoleküle erst auseinander. Die Wandsubstanz der Holzzellen besitzt also gewissermaßen eine molekulare Porosität im Gegensatz zu gewöhnlichen porösen Körpern. Ein Beweis, daß es sich bei der Imbibition um eine von der Kapillarität verschiedene Erscheinung handelt, wird unter anderem dadurch geliefert, daß quellungsfähige Substanzen durch Alkohol, Äther u. s. w. nicht quellen, sondern nur in Wasser. Wäre die Imbibition auf Kapillarität zurückzuführen, so müßten auch andere Flüssigkeiten als Wasser in die quellungsfähigen Substanzen eindringen können.

Die bezeichnete Eigenschaft verleiht aber dem Holze zunächst nur die Möglichkeit, das Wasser zu binden. Das Holz unterscheidet sich aber in einem wesentlichen Punkte von anderen quellungsfähigen Körpern. Während diese nämlich das Wasser, welches sie durch Imbibition aufgenommen haben, sehr energisch festhalten, besitzt das Imbibitionswasser im Holz eine leichte Beweglichkeit. Das Imbibitionswasser des Holzes ist im stande fortzurücken und bei einer Gleichgewichtsstörung nach dem Orte des Verbrauches hinzuströmen. Wenn also die verdunstenden Blattflächen ihren Bedarf an Wasser den Holzzellwänden entziehen, so pflanzt sich die erzeugte Störung des Gleichgewichtes bis zu den Wurzeln fort, indem die Holzzellen, denen ihr Imbibitionswasser durch die Blätter zunächst entzogen wird, anderen, tiefer und tiefer gelegenen Holzzellen Wasser entreißen. So entsteht ein nach aufwärts gerichteter Wasserstrom, der durch die Thätigkeit der Wurzeln gespeist wird.

Die Hebung des Wassers wird durch die Anziehungskräfte der Zellwände bewirkt, und diesen Molekularkräften gegenüber verschwindet die Wirkung der Schwerkraft, so daß die Thatsache einer Hebung auf Höhen von 50—100 m nichts Widersprechendes besitzt.

Eine Stütze der Imbibitionstheorie bildet noch folgende Thatsache, welche ihrerseits zugleich es sehr unwahrscheinlich erscheinen läßt, daß das Wasser in den Hohlräumen des Holzes sich bewegt: Das ältere Holz der Bäume, also das sogenannte Kernholz, verliert vollständig die Fähigkeit, Wasser zu leiten, obgleich dasselbe ja noch seine Hohlräume besitzt. Wenn die Struktur sich auch nicht geändert hat, so ändert sich dagegen die chemische Beschaffenheit der Holzzellwände mit dem Alter der Bäume und diese Veränderung verursacht den Verlust der Fähigkeit, Wasser zu leiten. Ebendeshalb muß ein Baum auch jährlich neue Holzmassen, neue Jahresringe bilden. Das alte Holz ist unbrauchbar für den Wassertransport geworden, weil es Qualitäten, die es im jugendlichen Zustande besaß, eingebüßt hat. Betrachtet man den Querschnitt eines Stammes mit seinen zahlreichen Jahresringen, so ist doch nur eine

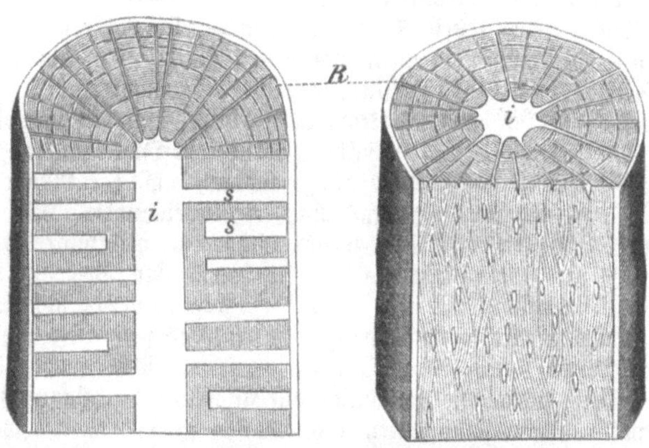

Fig. 61. R Rinde; i Mark; s Markstrahlen.

ganz kleine Zahl dieser Holzringe, nämlich der Splint von Wert für den Baum, soweit man das Holz als Organ der Wasserleitung betrachtet. Die ganze übrige Holzmasse ist nur noch mechanischen Zwecken dienstbar, sie dient als Stütze der mächtigen Krone.

Selbstredend ist auch die Imbibitionstheorie, wie andere Theorien, nicht vollkommen und sie hat auch ihre Gegner gefunden. Allein sie trägt zunächst den spezifischen Eigenschaften des Holzes ganz unverhältnismäßig mehr Rechnung, als alle anderen bisher aufgestellten Theorien über die Wasserbewegung, und ist ferner ganz unabhängig von der anatomischen Struktur des Holzes, welche einer befriedigenden Erklärung der Wasserbewegung ohne Zweifel die meiste Schwierigkeit bereitet.

Noch eine dritte Theorie wurde vor einigen Jahren von Godlewsky* aufgestellt. Derselbe betrachtet einen bisher nicht berücksichtigten Bestandteil des Holzes als maßgebend für die Wasserbewegung, nämlich die Markstrahlen.

* Godlewsky, Pringsheims Jahrbücher Bd. XV.

Wie die obenstehenden schematischen Abbildungen eines Holzstammes zeigen, wird die Masse des Holzes von den Markstrahlen durchsetzt, welche als schmale Gassen von Holzparenchym, von der Rinde aus bis zu verschiedener Tiefe zwischen die Faserbündel des Holzkörpers hineinführen. Im Gegensatz zu den Holzfasern bilden die Markstrahlen ein lebendiges, d. h. chemisch noch thätiges Gewebe und nach Godlewskys Ansicht sollen die Markstrahlen eben deshalb die Motoren darstellen, welche durch osmotische Druckkräfte in das Röhrenwerk des Holzes das Wasser hinaufpressen. Dieser Ansicht widerspricht jedoch ein leicht anzustellender Versuch. Wenn man einen starken Ast an seinem unteren Ende entrindet und das bloßgelegte Holz durch längeres Eintauchen in siedendes Wasser tötet, so ist der Ast trotzdem noch im stande, mit diesem Holze Wasser aufzunehmen, obgleich durch die Behandlung mit Wasser von Siedetemperatur alle Markstrahlenzellen getötet sind, so daß also keine Druckkräfte mehr in ihnen wirksam sein können.* Von der Markstrahlenthätigkeit ist also die Wasserbewegung ganz unabhängig.

Nach der Mitteilung dieser Bemühungen, durch theoretische Betrachtungen den Vorgang der Wasserbewegung klarer zu machen, muß man leider bekennen, daß eine befriedigende Lösung des Problems trotzdem nicht erlangt worden ist. Die Erörterung der Theorien sollte aber hier vorwiegend den Zweck haben, auf die großen Schwierigkeiten hinzuweisen, welche sich oft gerade der Lösung der wichtigsten physiologischen Fragen entgegenstellen.

Es sollen, alle Theorien einstweilen auf sich beruhen lassend, noch einige weitere Thatsachen über den Wasserstrom in der Pflanze besprochen werden. Von besonderem Interesse ist in der ferneren Verfolgung dieses Themas die Frage nach der Geschwindigkeit des Transpirationsstromes in der Pflanze. Wie lange braucht ein Wasserteilchen, um bis zu einer bestimmten Höhe in einem Stamm aufwärts zu steigen; in welcher Zeit z. B. steigt das Wasser einen Meter hoch? Die Antwort auf diese Fragen wurde schon von Hales bis zu einem gewissen Grade gegeben, indem er aus der Menge des transpirierten Wassers, dem Querschnitte des Stammes und der Zeit die Geschwindigkeit berechnete. Diese Berechnung war jedoch mit Fehlern behaftet. Später suchte man durch eine Methode Zahlen zu gewinnen, welche die Steighöhe des Wassers direkt wahrnehmen ließ. Nach dem Vorgange von de la Baisse (1733) ließ man durch abgeschnittene Äste statt des Wassers farbige Lösungen aufnehmen. Bei dem sehr einfachen Versuch, einen beblätterten Ast in eine Farbstofflösung zu stellen, saugt dieser die Lösung auf und das Holz färbt sich soweit, als der Farbstoff mit dem Wasser aufgestiegen ist, was man nach Spaltung der Zweige durch einen Längsschnitt beobachten kann.

Wie spätere Versuche von Sachs** bewiesen, liefert aber die ebengenannte Versuchsanstellung ein ganz unklares Resultat. Einmal lassen sich derartige Versuche nur mit abgeschnittenen Zweigen anstellen, was ein Übelstand ist. Die Querschnitte der Versuchszweige, welche in die

* Hansen, Arbeiten des botan. Instituts zu Würzburg. Bd. III, p. 305.
** Sachs, Arbeiten des botan. Instituts zu Würzburg. Bd. II, p. 148.

Farbstofflösung eintauchen, erleiden allmählich chemische Veränderungen, wodurch die Aufnahmsfähigkeit für Wasser vermindert wird. Stellt man aber eine bewurzelte Pflanze in eine Farbstofflösung, so zeigt sich, daß der Versuch gar nicht gelingt, die Wurzeln nehmen den Farbstoff nicht auf, sondern lassen, nur das Wasser aufsaugend, die Farbstoffe in der Lösung zurück.*

Von Mac Nab, Pfitzer und Sachs wurde daher der Versuch gemacht, dem Wasser einen Stoff zuzusetzen, welcher mit demselben gleichzeitig aufgenommen wird und dessen Vorhandensein sich nachher in den Blättern leicht nachweisen läßt. Eine solche Substanz, welche diese beiden Forderungen erfüllt, wurde von den genannteu Forschern im Lithium gefunden, dessen Salze von den Wurzeln aufgenommen, mit dem Wasser im Holze aufsteigen und durch das Spektroskop nachgewiesen werden können. Begießt man daher eine eingewurzelte Pflanze mit einer verdünnten Lithiumlösung, so läßt sich aus der Ankunft des Lithiums in einer bestimmten Höhe nach bestimmter Zeit die Steighöhe des Wassers in derselben Zeit unmittelbar entnehmen.

Die Beobachtungen von Sachs** ergaben, daß die Steighöhe pro Stunde bei verschiedenen Pflanzen eine ganz verschiedene ist, wie aus der folgenden Tabelle erhellt.

Pflanzen mit Wasserwurzeln	Steighöhe pro Stunde		
Salix fragilis (Weide)	85	cm	
Zea Mays (Mais)	36	„	(im Mittel)
Wurzeln in Erde			
Nicotiana Tabacum (Tabak) . . .	118	„	
Albizzia lophanta (Akazie)	154	„	(im Mittel)
Musa sapientium (Banane)	99,7	„	„
Cucurbita Pepo (Kürbis)	63	„	„
Helianthus annuus (Sonnenrose) . .	63	„	„
Vitis vinifera (Weinstock)	98	„	„

Vielfach ist also die Geschwindigkeit größer als 1 m pro Stunde, besonders bei echten Holzpflanzen.

Die Quantität des Wassers, welches eine Pflanze bei ihrer Transpiration verdunstet, kann durch Messung oder Wägung festgestellt werden. Stellt man auf die eine Schale einer Wage einen Blumentopf mit einer gut entwickelten beblätterten Pflanze und bringt die Wage durch Tarierung ins Gleichgewicht, so wird dasselbe schon nach kurzer Zeit gestört werden. In jedem Momente verdunstet die Pflanze Wasser, wird leichter und infolgedessen hebt sich die Wagschale mit dem Topfe. Legt man auf diese Seite Gewichte, bis das Gleichgewicht wieder erreicht ist, so erfährt man dadurch die Gewichtsmenge des verdunsteten Wassers. Bei diesem Versuche muß, um eine direkte Verdunstung der Erde durch die poröse Wand

---

* Baillon, Comptes rendus, 1875, Tome 80, p. 428.

** Arbeiten des botan. Institutes zu Würzburg, Bd. II, p. 182.

des Blumentopfes zu verhindern, dieser mit einer Umhüllung von Zinkblech umgeben werden, welche auch die obere Erdfläche des Topfes bedeckt.

Zu Demonstrationen der Transpiration sowohl als auch zu vergleichenden Beobachtungen kann man sich des Fig. 62 abgebildeten Apparates bedienen. Die Pflanze A entnimmt aus dem mit Wasser gefüllten Glasapparat ihren Wasserbedarf. Sobald von der Pflauze Wasser verdunstet wird, sinkt in dem Rohr c das Wasserniveau. Da das Rohr eng ist, so zeigt sich schon in jeder Minute die Transpirationsstärke an. b ist ein Thermometer, welches zugleich dazu dient, indem es in das Wasserrohr hineingeschoben wird, das veränderte Niveau im Rohr e beliebig wieder herzustellen.

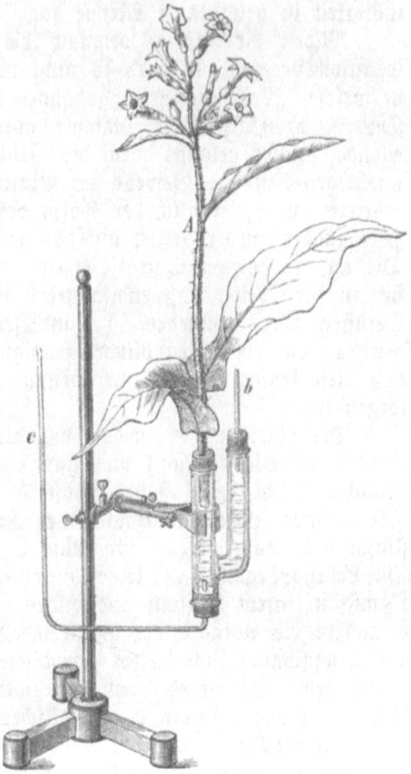

Fig. 62.

An die Beobachtung der Transpirationserscheinungen mit ihren der mechanischen Erklärung so große Schwierigkeiten bietenden Verhältnisse knüpft sich vor allem die Frage: wozu dient das alles? Man könnte auch hier den Ausspruch von Ingenhouß über die allgemeine Verbreitung des Chlorophylls wiederholen: so große und allgemeine Einrichtungen in der Natur müssen eine umfassende Bedeutung besitzen. Es ist das Verdienst Boussingaults, darauf hingewiesen zu haben, daß die Transpiration eine hervorragende Bedeutung für die Ernährung habe, indem er sagt: „Der aufsteigende Saft zeigt sich nach den bis jetzt damit angestellten Versuchen als eine Flüssigkeit, die vorzugsweise aus Wasser besteht und verschiedene organische Substanzen, sowie eine geringe Menge Salze aufgelöst enthält. Die bedeutsamste Modifikation erleidet er in den Blättern. Hier nämlich verliert er einen Teil des Wassers durch Verdunstung und konzentriert sich also. — Das Leben der Pflanze erscheint innig mit der Verdunstung verbunden. Aus meinen Untersuchungen scheint hervorzugehen, daß eine Pflanze sich nur so lange entwickelt, als die Transpiration möglich ist, und daß man mit der Verhinderung das Leben aufhält und wirklich aufhebt. Wir sehen hieraus, wie sich durch die Verdunstung gewisse Bestandteile, selbst wenn sie in dem aufgesogenen Wasser nur in geringer Menge enthalten sind, in den Pflanzen ansammeln können; so wie auch, daß ihr Verhältnis wegen der Menge des von den grünen Pflanzenteilen ausgehauchten Wassers sehr bedeutend werden kann." *

Also abgesehen von der Zufuhr des Wassers als solchem zur Bildung der Kohlenhydrate in den Blättern, bezweckt die Transpiration auch die langsame Zuführung der Salze. Als unentbehrliche Stoffe für die Ernährung aus der so außerordentlich verdünnten Salzlösung, welche das aufgenommene Bodenwasser darstellt durch Verdunstung des Wassers in den Blättern zurückbehalten, werden sie durch die unausgesetzte Transpirationsthätigkeit in genügender Menge zugeführt.

Bilden die Blätter demnach die eigentliche Endstation des Transpirationsstromes, so wird es nicht ohne Interesse sein, zu untersuchen, in welcher Weise die Leitungsbahnen in den Blättern ihr Ende finden. Das im Holzkörper der Stämme oder Stengel der Pflanzen aufwärts eilende Wasser gelangt durch die Gefäßstränge, welche in den Blattstiel ausbiegen, in das Gewebe der Blattfläche, wo, wie oben ausführlich erörtert wurde, ein sich der Form des Blattes eng anschließendes Verzweigungssystem ausbreitet und das ganze Blattareal mit Wasser versorgt. Die aus verholzten Spiralfaserzellen bestehenden Blattnerven verzweigen sich in der Weise, daß endlich jedes kleine Stück des Blattgewebes von Gefäßen rings umgeben ist, und selbst in diese kleinen Zellkomplexe werden noch die letzten blinden Endigungen der Gefäße hineingesandt, so daß diese letzten Zweige nur wenige Zellen mehr mit Wasser zu versorgen haben.

Die Einrichtungen, welche wir hier kennen gelernt haben, sind dem Bedarf an Wasser ganz und gar angemessen. Allen Orten des Verbrauches ist der Zufluß des Wassers so gut wie gesichert. Aber dem Organismus ist ein kontinuierlicher Zufluß von Nährstoffen ganz überflüssig und könnte sogar für seine Existenz gar nicht von Nutzen sein. Die Lebensvorgänge sind keine kontinuierlich ablaufenden, sie sind ungleichförmig in ihrem Verlauf und bilden Perioden. Und darin besteht ganz besonders die Aufgabe der vielen merkwürdigen Organisationsverhältnisse des Organismus, sich diesem periodischen Verlauf der Lebenserscheinungen anzupassen. So ist es denn auch nötig, daß die Wasserzufuhr von der Wurzel zu den Blättern dem wirklichen Bedarf angemessen werde, der Transpirationsstrom muß in einer Weise reguliert werden, daß er sich den übrigen Funktionen des pflanzlichen Stoffwechsels nicht widersetzt. Das ist leicht einzusehen. Die Blätter assimilieren nicht ununterbrochen. In der Nacht z. B. bedingt schon die Abwesenheit des Lichtes das Aufhören der Assimilation. Das Sinken der Temperatur in der Nacht bedingt ein Nachlassen der Verdunstung, die Blätter sind nicht in Gefahr, zu welken. Somit wäre es ganz unnötig, wenn der Transpirationsstrom Tag und Nacht in derselben Weise fortginge.

---

* Boussingault, Die Landwirtschaft in ihren Beziehungen zur Chemie und Physik 2c. I, p. 20—21 (1844).

Die Regulatoren, welche die Pflanze besitzt, um ein einheitliches Zusammenwirken zu erzielen, sind die Spaltöffnungen. Wie früher geschildert wurde, besitzen die Blätter in den Spaltöffnungen Ausgänge für die Gase. Nur durch diese Öffnungen kann ein solcher Austritt erfolgen, während die übrige Blattoberfläche ganz im Gegenteil durch den Überzug mit der Cuticula vor Verdunstungsverlusten unter gemäßigten Verhältnissen geschützt ist.

Die Spaltöffnungen öffnen sich nur unter den gleichen Bedingungen, unter denen die Assimilation stattfindet. Wenn helle Beleuchtung die Blätter trifft, so öffnen sich unter dem Einfluß der Lichtstrahlen auch alle Luftspalten, die Transpiration findet kräftig statt und demzufolge setzt auch der Wasserstrom von den Wurzeln nach oben ein. Über die Mechanik des Öffnens und Schließens der Spaltöffnungen ist durch Schwendeners Untersuchungen* eine bestimmtere Vorstellung möglich geworden. Der genannte Forscher hat folgende Theorie über die Thätigkeit dieser wichtigen Organe aufgestellt.

Das Öffnen und Schließen der Spaltöffnungen wird dadurch bewirkt, daß die beiden Schließzellen durch Turgeszenzänderungen ihre

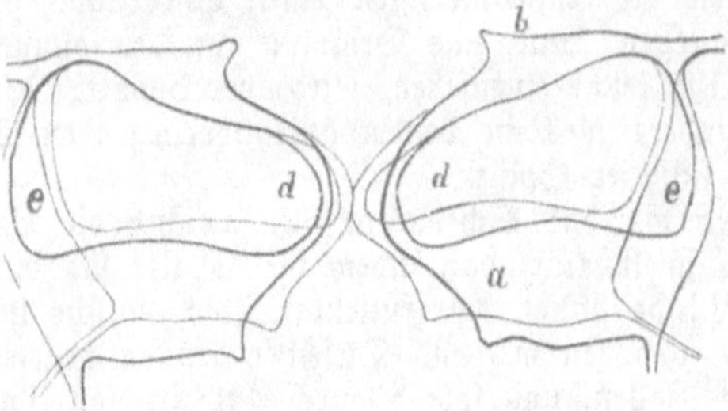

Fig. 63. Spaltöffnung im Durchschnitt (nach Schwendener) geöffnet und geschlossen.

Gestalt verändern. In der Fig. 63 sind die beiden Schließzellen der Spaltöffnung im Durchschnitt in den beiden Stellungen übereinander gezeichnet, welche sie beim Öffnen und Geschlossensein der Spalte haben. Die stark gezogenen Linien geben den Umriß der beiden Schließzellen bei geöffneter Spalte. Der Vergleich beider Umrisse ergibt, daß es sich nicht bloß um ein Zusammen- und Auseinanderrücken der beiden Schließzellen handelt, sondern daß diese in beiden Stellungen eine Änderung ihrer ganzen Form erleiden. Die Formänderung wird bewirkt durch eine Änderung des Turgors der Zellen (vgl. p. 44). Haben die Schließzellen ein Maximum von Wasser aufgenommen, so sind sie prall und turgeszent. In diesem Zustande haben beide die Form, welche durch die starken Konturen in der Figur angegeben ist, die Spalte ist dann geöffnet. Wird durch äußere Einflüsse bewirkt, daß die Turgeszenz der Zellen sich vermindert, so tritt Wasser aus und dadurch erschlaffen die Zellen. Sie nehmen dann die Gestalt an, welche die feinere Umriß-

* Schwendener, Über Bau und Mechanik der Spaltöffnungen. Bericht der k. Akademie der Wissensch. zu Berlin 1881.

zeichnung in unserer Figur andeutet, die Spalte wird, wie ersichtlich geschlossen. Wesentlich ist also, daß durch Eintritt der Turgeszenz der Spalt geöffnet, durch Sinken des Turgors geschlossen wird, es kommt aber noch ein Hilfsmechanismus hinzu. Die Membran der Schließzellen ist nicht rings herum von gleicher Beschaffenheit. An der äußeren und inneren Seite der Schließzellen ist die Membran sehr dick und stark cuticularisiert, während sie innerhalb der Spalte dünn ist. In der Fig. 63 sind die dicken Wände mit a und b, die dünnen mit d und e bezeichnet. Gewöhnlich bildet die dicke Cuticula eine Art Leiste über dem Spaltöffnungseingange und Ausgange. Diese Einrichtungen wirken nun folgendermaßen beim Öffnen und Schließen der Spalten mit. Durch die dünnen Wände e können die Schließzellen Wasser aus der angrenzenden Epidermiszelle aufnehmen oder abgeben, wodurch sie entweder turgeszent oder schlaff werden. Bei diesem Vorgange treten nun die Cuticularleisten ins Spiel und setzen den ganzen Mechanismus in Bewegung. Denkt man sich die Spaltöffnung geschlossen; es trete nun durch die Wände e Wasser in die Schließzelle. Die Zellen beginnen zu turgeszieren, sie wollen dabei einen größeren Raum einnehmen. Diesem Bestreben setzen die Cuticularleisten einen Widerstand oben und unten entgegen. Dagegen kann eine Dehnung an der dünnen Stelle bei d stattfinden. Wie leicht einzusehen, wird aber dadurch die Wand d zurückgezogen und indem dies in beiden gegenüberliegenden Schließzellen geschieht, öffnet sich der Spalt.

Betrachten wir das Schema p. 82, welches die Spaltöffnung von oben darstellt, so ist klar, daß indem die Spalte sich durch Zurückgehen der dünnen Wände öffnet, die Cuticularleisten, welche in der Zeichnung schraffiert sind, gebogen werden. Dieselben drücken wegen ihrer Elastizität auf die beiden Zellen, und sobald durch Austritt von Wasser der Turgor derselben abnimmt, wird jede Schließzelle von diesen beiden Leisten um so mehr zusammengedrückt. Die Folge ist, daß der Spalt sich schließt.

Ob nun die Turgeszenzänderungen der Schließzellen selbst durch eine Reizwirkung des Lichtes auf das Protoplasma zu stande kommen, oder ob andere Ursachen ins Spiel kommen, läßt sich mit Sicherheit nicht sagen. Vielleicht verdient die Thatsache, daß die Spaltöffnungen Chlorophyll enthalten, Aufmerksamkeit. Es wird durch die Assimilation, die bei hellem Lichte auch in den Schließzellen beginnt, Stärke erzeugt, die in Zucker umgewandelt, Diffusionsströme aus den umgebenden Epidermiszellen bewirkt, wodurch der Turgor der Schließzellen steigt. Es ist immerhin auffallend, daß in der Oberhaut nur die Spaltöffnungen, deren Thätigkeit zur Assimilation in Beziehung steht, Chlorophyllkörner enthalten, wodurch diese gleichsam selbst einen Indikator für den Beginn der Assimilation besitzen.

Ausscheidung von flüssigem Wasser.

Soweit es sich um die Mitwirkung des Wassers bei der Ernährung der Pflanzen handelt, können wir das Kapitel der Wasserbewegung hiermit als abgeschlossen betrachten. Es gibt aber noch eine Anzahl interessanter Thatsachen, welche deshalb am besten hier angeschlossen werden, weil es sich dabei auch um Wasserbewegungen und zwar um Ausscheidungen von flüssigem Wasser handelt. Diese Thatsachen zu übergehen, wäre aus dem Grunde unberechtigt, weil es gerade Dinge sind, welche, wie z. B. das Bluten und Thränen der Pflanzen, häufiger einmal von jedermann beobachtet werden, ohne daß sich vielleicht richtige Vorstellungen an diese Wahrnehmungen knüpfen.

Eine sehr bemerkenswerte hierhergehörige Erscheinung ist der Wasserausfluß, welchen man aus dem Stock einer eingewurzelten Pflanze austreten sieht, nachdem dieselbe über dem Boden abgeschnitten worden ist. Aus der Schnittfläche eines solchen Stumpfes beginnt nach einiger Zeit Wasser hervorzutreten und so oft man sich auch bemüht, dasselbe durch Abtrocknen zu entfernen, stets treten neue Wassertropfen hervor. Natürlich ist es das von der im Boden steckenden Wurzel aufgenommene Wasser, welches oben abfließt und das scheint zunächst selbstverständlich und wenig bemerkenswert. Ein Pflanzenorgan bleibt, wie bekannt, selbst nach seiner Trennung von den übrigen noch längere Zeit lebendig und funktionsfähig und es erscheint selbstredend, daß die Wurzel, auch nachdem der Stengel abgeschnitten ist, auch noch Wasser aufnimmt, welches, da der oberirdische Stamm entfernt ist, einfach aus der Schnittwunde ausfließt. Es ist auch nicht das Erscheinen des Wassers selbst, welches unsere Aufmerksamkeit beansprucht, sondern die Thatsache daß das Wasser nicht nur einfach am Ende des Stengelstumpfes überläuft, sondern mit einer ganz bedeutenden Gewalt hervorgepreßt wird. Der schon genannte englische Naturforscher Stephan Hales beobachtete zuerst das Hervorpressen von Wasser an einer Weinrebe, welche beschnitten worden war. Er verband, um den Weinstock zu erhalten, die Wunde mit einem Stück Blase, beobachtete aber nach Verlauf einiger Zeit, daß die Blase zu einer Halbkugel aufgetrieben war, ein Beweis, daß von innen her durch das ausquellende Wasser ein merklicher Druck ausgeübt werde. Er kam auf den Gedanken, diesen Druck zu messen und befestigte an der Weinrebe ein Glasrohr. Zu seinem Erstaunen stieg das Wasser bis auf eine Höhe von 36 Fuß.

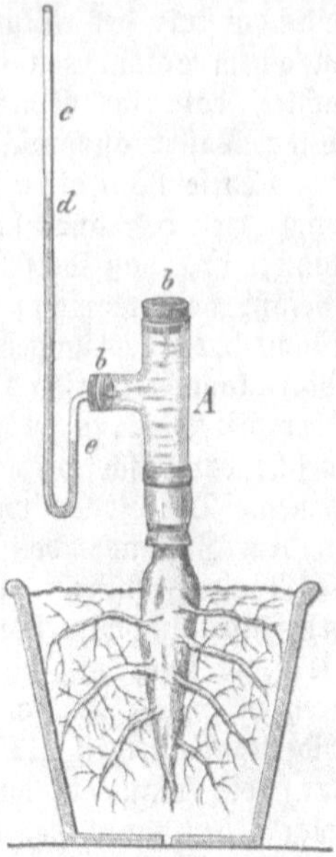

Fig. 64.

Man kann das Experiment in bequemer Weise wiederholen, wenn man den Versuch so einrichtet, wie Fig. 64 erläutert. Eine kräftige Tabakpflanze oder Sonnenrose, die im Topfe großgezogen, wird bis auf 10—15 cm abgeschnitten und auf dem Stengelstück mittels Kautschukschlauch das mit seitlichem Ansatz versehene Glasrohr A befestigt. Mit Hilfe des Korkes b wird ein Quecksilbermanometer c angesetzt. Man füllt das Rohr A mit Wasser und verschließt es oben mit einem zweiten Kork. Der Druck des von dem thränenden Wurzelstock ausgeschiedenen Wassers pflanzt sich auf das Quecksilber im Manometer fort und veranlaßt dasselbe zum Steigen, wodurch ein, wenn auch nicht ganz ohne weiteres genaues Maß des Wurzeldruckes gegeben ist. Gewöhnlich pflegt, wenn man den Versuch anstellt, die Ausscheidung des Wassers nicht sofort zu beginnen, sondern das Umgekehrte einzutreten. Der Stock saugt einige Stunden lang Wasser auf und kann allmählich 10—20 cm Wasser aus dem Rohr A einsaugen. Dann aber beginnt der Ausfluß und kann Tage, ja Wochen lang anhalten. Der Druck erreicht eine solche Höhe, daß er im stande ist, einer Quecksilbersäule von 50—100 cm Höhe, also über einem Atmosphärendruck das Gleichgewicht zu halten. Die Quantität des allmählich ausgepreßten Wassers läßt sich ermitteln, wenn man anstatt des Manometers ein Abflußrohr einsetzt und das Wasser in einem graduierten Cylinder sammelt. Auf diese Weise wurde beobachtet, daß eine Sonnenrose in 13 Tagen 1061 ccm, also über einen Liter Wasser auspreßte, doch ist dies noch nicht die höchste Leistung.

Diese Wurzelkraft mit ihrer Druckwirkung ist eine rätselhafte, nicht ohne weiteres analysierbare Erscheinung. Was man leicht beobachten kann, ist, daß das Wasser aus den Hohlräumen der Holzzellen und Gefäße hervorkommt; es fragt sich aber, wie das Wasser in diese Hohlräume durch das umgebende Wurzelgewebe hinein- und hinaufgepreßt wird. Man kann wenigstens den Versuch machen, eine bestimmte Vorstellung über den Vorgang zu gewinnen. Die Rindenzellen enthalten Substanzen, welche osmotisch wirken und das Wasser des Bodens gewaltsam an sich reißen. Die Zellen werden dadurch prall und strotzend, sie befinden sich in dem Zustande, den man als Turgor bezeichnet. Durch die Überfülle des Wassers entsteht ein bedeutender Druck in den Zellen, der zunehmend den Filtrationswiderstand der Zellhäute zu überwinden sucht. Macht man die Hypothese, daß die Wände der Rindenzellen, welche an das Gefäß grenzen (vgl. z. B. das Schema Fig. 60), einen geringeren Filtrationswiderstand besitzen als die Außenwände, so wird das Wasser mit Gewalt durch die Wände in das Gefäßrohr hineingepreßt und, da der Druck infolge neuen von außen aufgenommenen Wassers in den Zellen andauert, so wird das Wasser im Gefäßrohr zugleich in die Höhe getrieben, bis es oben ausfließt. Man könnte an diese Deduktion die Frage knüpfen, ob der Druck der Rindenzellen das Wasser auch thatsächlich auf die beobachteten Höhen zu treiben im stande ist. Dies ist zweifellos der Fall, denn der hydrostatische Druck in einer turgeszierenden Zelle kann mehrere Atmosphären betragen, die Manometerhöhen sind also wohl mit der Erklärungsweise vereinbar. Das Gesagte ist natürlich nur ein Versuch, eine Erscheinung klarer zu machen, vor der man sonst ratlos dastehen würde.

Es hat gewiß nichts Überraschendes, zu erfahren, daß der ebengeschilderte sogenannte Wurzeldruck auch herangezogen wurde, um die Bewegung des Transpirationswassers zu begreifen. Die Vorstellung von einer in der Wurzel ihren Sitz habenden Kraft, welche das Wasser gewaltsam in den Stamm hinaufpreßte, hatte viel Verlockendes.

Durch einen einfachen Versuch wird am besten die unzureichende Leistung des Wurzeldruckes für den Bedarf eines transpirierenden Gipfels demonstriert, womit jeder Gedanke, daß die Wurzelkraft die Bewegung des Transpirationsstromes veranlasse, hinfällig wird. Schneidet man nämlich eine kräftige Pflanze über der Wurzel ab und mißt einerseits die von dem Wurzelstock ausgeschiedene Wassermenge, anderseits das in derselben Zeit vom abgeschnittenen Gipfel transpirierte Quantum, so stellt sich eine ganz ungeheure Differenz heraus. Der abgebildete abge-

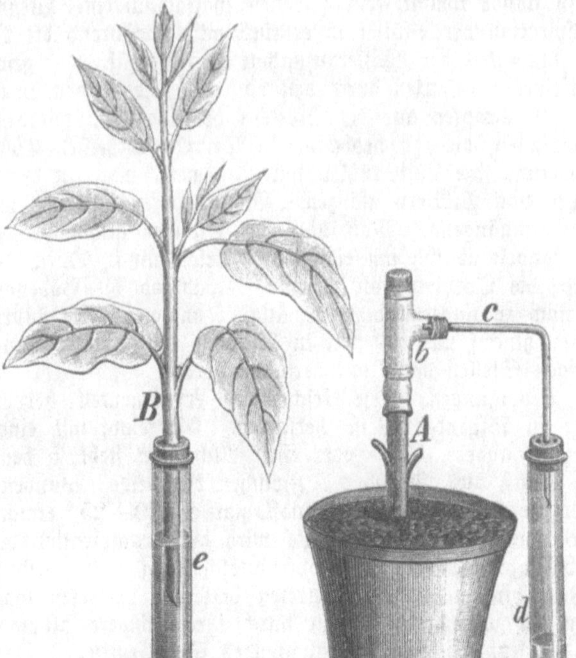

Fig. 65. Versuch zum Vergleich der durch Wurzeldruck ausgeschiedenen und durch den beblätterten Stamm transpirierten Wassermenge.

schnittene beblätterte Stamm transpirierte in einer abgegrenzten Zeit etwa $^1/_2$ l Wasser, während der Wurzelstock nicht mehr als 15—20 kcm lieferte, also nicht im Entferntesten dem transpirierenden Stamm einen ausreichenden Ersatz bringen würde.

Abgesehen davon, daß der Wurzeldruck ja immer noch viel zu gering wäre, um das Wasser in Bäume von 100 m Höhe aufwärts zu schaffen, ist dieser Wurzeldruck in einer unverletzten Pflanze, welche stark transpiriert, gar nicht vorhanden. Das ergibt sich aus dem Umstand, daß sogleich nach dem Abschneiden eines Stammes der Wurzelstock Wasser einsaugt, die Hohlräume seiner Holzzellen also nicht mit Wasser, sondern, wie schon oben erwähnt, mit verdünnter Luft erfüllt sind. Der transpirierende beblätterte Stamm saugt also viel energischer, als die Wurzel pressen konnte, und es kann also von einem Hinaufpressen von Wasser durch die Wurzel in der unverletzten Pflanze gar nicht die Rede sein. Nur dann kann dieser Überdruck eintreten, wenn die Transpiration des oberirdischen Teiles aufhört oder was dasselbe ist, wenn man diesen Teil abschneidet.

Dieser Fall, daß der Wurzeldruck auch in der lebenden, unverletzten Pflanze zu stande kommt, tritt zuweilen thatsächlich ein. Wenn nämlich die Transpiration der Blätter unterdrückt wird, während die Wurzel in lebhafter Thätigkeit der Wasseraufnahme begriffen ist, so geschieht es, daß bei kleineren Pflanzen durch den von unten wirkenden Druck Wasser in Form von Tropfen aus den Blättern herausgepreßt wird. Man hat öfter Gelegenheit, dies zu beobachten. Wenn nach heißen Tagen gegen die Dämmerung die Luft kühler wird, bemerkt man an den Rändern und Spitzen von Blättern glänzende Wassertropfen, oft sehr regelmäßig dem Blatt anhängend. Man hält die Tropfen gewöhnlich für Tau und doch handelt es sich um eine andere Erscheinung. Durch die kühlere Luft wurde die Transpiration gehemmt, während die Bodenwärme die Wurzeln noch zu unverminderter Thätigkeit anregte. Die Wurzel preßt das Wasser hinauf und es tritt in Tropfen aus Spaltöffnungen oder an beliebigen Stellen der Blattoberfläche hervor.

Die Bedingungen, diese Erscheinung experimentell hervorzurufen, kann man in folgender Weise herstellen. Ein Topf mit einer Maispflanze, einem anderen Grase oder einer Alchemilla steht in dem doppelwandigen Gefäß aus Zinkblech. Zwischen den beiden Wänden befindet sich Wasser, welches durch die Spiritusflamme auf 20—25 ° erwärmt wird. Durch Bedecken mit einer Glasglocke wird die Transpiration vermindert und die Bedingungen für die Tropfenausscheidung sind gegeben. Nach einiger Zeit wird man das Austreten derselben bemerken können, sie vergrößern sich allmählich, fallen durch ihre Schwere ab und werden durch neue ersetzt, so daß ein anhaltendes Spiel entsteht. Daß in der That durch eine Pressung von unten die Tropfen hervorgetrieben werden, läßt sich dadurch konstatieren, daß man auf den einen Schenkel eines Uförmig gebogenen und mit Wasser gefüllten Glasrohres mit einem Korke einen abgeschnittenen Sproß z. B. einer Weinrebe befestigt und durch Eingießen von Quecksilber in den anderen Schenkel das Wasser in den Sproß einpreßt. Bedeckt man diese ganze Anordnung mit einer Glasglocke, um die Verdunstung zu mäßigen, so hat man oft nur kurze Zeit zu warten, um an jedem Zahn der Weinblätter glänzende Perlen von Wasser hervorkommen zu sehen.

Nicht alle Ausscheidungen von flüssigem Wasser, die sich noch beobachten lassen und äußerlich mit der eben besprochenen Ähnlichkeit haben, sind vom Wurzeldruck abhängig. So hat beispielsweise das sogenannte Bluten von Holzpflanzen im Winter eine ganz andere Ursache. Man bezeichnet mit diesem Ausdrucke ebenfalls Wasserausscheidungen an Holzquerschnitten, die aber nur bei Temperatursteigerungen zum Vorschein kommen. Da das Bluten im Winter stattfindet, so wäre es ja auch

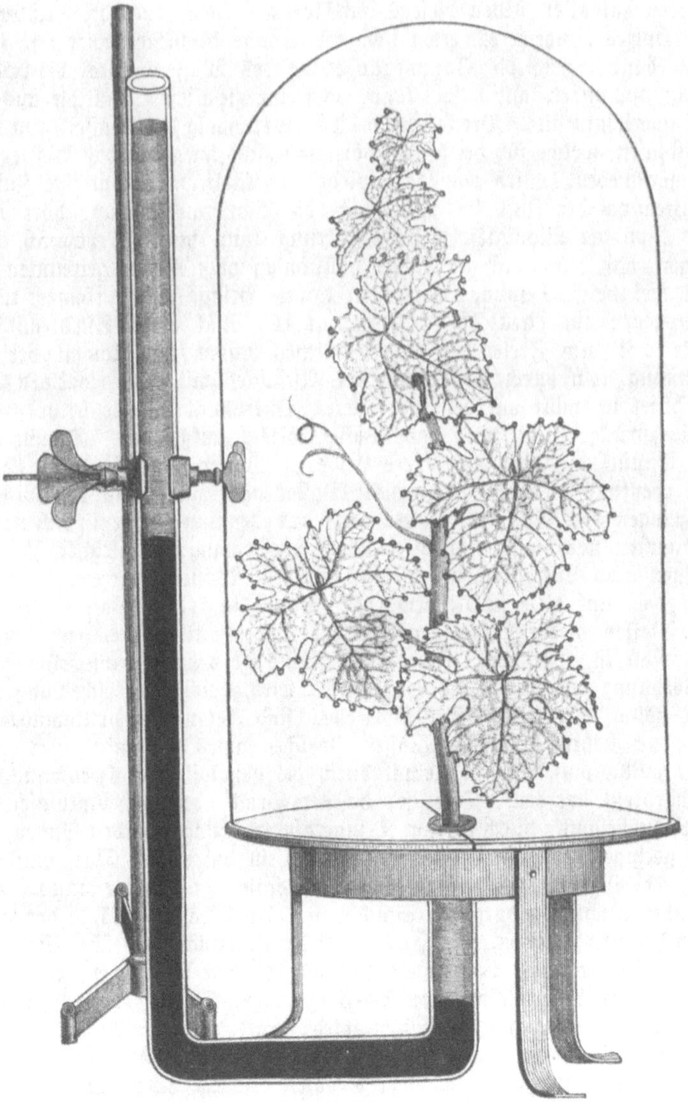

Fig. 66.

wunderbar, wenn der Wurzeldruck die Ursache sein sollte. Im Winter ruht alle Thätigkeit in den Pflanzen und auch die Wurzeln sind unthätig. Schon daraus ergibt sich, daß wir es mit einer ganz anderen Erscheinung zu thun haben, die sich aber folgendermaßen erklären läßt. Wie bekannt, befindet sich, wenn Holz sehr wasserreich ist, auch in den Hohlräumen der Holzzellen Wasser; sie sind aber nie vollständig mit Wasser erfüllt, sondern enthalten neben diesem Luftblasen. Steigt nun die Temperatur des Holzes, indem es etwa von der Sonne beschienen wird, so quillt selbst dann, wenn die Volumenänderung des Wassers durch die Erwärmung nur unbeträchtlich sein kann, doch eine ziemliche Quantität aus dem Holzquerschnitt aus. Bewirkt wird diese Ausstoßung des Wassers durch die Luftblasen, welche sich bei der Erwärmung ausdehnen und das Wasser vor sich herschieben. Wird das Holz wieder abgekühlt, so erfolgt eine Zusammenziehung der Luft im Holz und die Wasserausscheidung hört auf.*

Von der Richtigkeit dieser Erklärung kann man sich dadurch überzeugen, daß man auch an einem vollständig vom Baum getrennten Aststück dieselbe Erscheinung beobachten kann. Bringt man an einem kühlen Wintertage ein circa 25—50 cm langes Stück eines Astes mittlerer Dicke aus dem Freien in einen warmen Raum und kommt der Erwärmung noch durch Umhüllung des Aststückes mit einem warmen Tuch zu Hilfe, so quillt auf dem geglätteten Querschnitt Wasser hervor. Ins Freie zurückgebracht, wird das Wasser wieder aufgesogen. Taucht man das Aststück bis auf das obere Ende in Wasser von 25—30 ° C., so tritt ebenfalls aus dem Querschnitt Wasser aus, zuerst aus den äußeren Holzringen des Splintes, später auch aus den inneren, entsprechend der von außen nach innen fortschreitenden Erwärmung; zu gleicher Zeit erscheinen auch Luftbläschen, welche mit dem Wasser austreten. Bringt man das auf diese Weise erwärmte Aststück in kaltes Wasser, so wird das Wasser wieder aufgesogen und der Querschnitt trocknet ab.

Nun ist aber doch, trotzdem das Bluten des Holzes zweifellos durch Ausdehnung der Holzluft hervorgerufen wird, damit die Erscheinung noch nicht völlig aufgeklärt. Die Holzzellen sind bekanntlich vollkommen geschlossene Röhren und das Wasser, welches am Querschnitt eines Astes hervorquillt, muß also unbedingt durch die geschlossene Holzzellwand hindurchgepreßt werden. Das ist, da der Druck, den die Luftblasen bei ihrer Ausdehnung durch geringe Temperaturerhöhung ausüben können, nur eine geringe Kraftleistung repräsentiert, allein durch eine Eigenschaft des Holzes bedingt, durch seine leichte Filtrationsfähigkeit. Wasser kann mit auffallender Leichtigkeit durch ein Stück Holz, also durch die Wände der Holzzellen hindurchfiltrieren. Th. Hartig,** der Untersuchungen über Filtration von Wasser anstellte, beobachtete das merkwürdige Phänomen, daß wenn man auf den Querschnitt eines 1—3 m langen Stückes frischen Tannenholzes, welches aufrecht gehalten wird, einen Tropfen Wasser aufsetzt, in einigen Sekunden, also fast momentan an dem unteren Querschnitt dieselbe Wassermenge als flüssiger Tropfen erschien; kehrt man das Holzstück um, so wiederholt sich das Spiel. Auch in der Weise kann man die leichte Filtration des Wassers durch Holz beobachten, daß man an

* Hofmeister, Flora 1862, p. 105.
** Hartig, Botan. Zeitung 1863, p. 293.

den kürzeren Schenkel eines Uförmig gebogenen Rohres ein 5—6 cm langes und in den längeren Schenkel des Rohres Wasser einfüllt. In demselben Moment, wo ein geringer Überdruck des Wassers im langen Schenkel eintritt, quillt aus dem bisher trockenen Holzquerschnitt das Wasser in reichlicher Menge hervor. Diese Versuche, namentlich derjenige mit dem aufgesetzten Tropfen beweisen, ein wie geringer Druck schon die Filtration des Holzes veranlassen kann. Auffallend ist es, daß ein Stammstück, welches gar nicht mit Wasser gesättigt ist, dennoch einen oben aufgesetzten Tropfen Wasser unten austreten läßt. Noch rätselhafter ist die Thatsache, daß Holz von ganz verschiedenem Wassergehalt, welches aufrecht gehalten, am unteren Querschnitt keine Spur Wasser ausfließen läßt, dies sofort thut, wenn man einen Wassertropfen auf die obere Querschnittsfläche bringt. Es handelt sich also nicht um einen Überschuß von Wasser, den das Holz nicht mehr festhalten kann; denn ein Stück Holz, welches 5—10 kcm Wasser aufsaugen kann, läßt momentan einen oben aufgesetzten Tropfen am unteren Ende austreten. Es ist sonderbar, daß diese minimale Menge nicht festgehalten wird, da doch ein größeres Quantum noch Raum im Holze findet.

9. Stoffverlust.

Das durch Assimilation gewonnene Stoffkapital erleidet im Laufe der Entwickelung der Pflanze mannigfache Verluste. Zunächst wird ein Teil für die Ernährung brauchbarer Stoffe anderen Lebenszielen geopfert. Vor allem ist es die Atmung, durch welche ein Teil der durch Synthese entstandenen Kohlenstoffverbindungen wieder in Kohlensäure und Wasser zerlegt werden. Dadurch gehen diese Substanzen freilich der Ernährung verloren, allein es werden dafür die bewegenden Kräfte in Freiheit gesetzt, welche die Ursache aller Lebensbewegungen sind. Bei der Atmung sind es vorwiegend die Eiweißstoffe des Protoplasmas, welche diesem Zerfall unterliegen. Aber auch andere Produkte des Stoffwechsels, z. B. Zucker, gehen zu gunsten anderer physiologischer Ziele für die Ernährung verloren. Die Nektarien der Blüten scheiden Zucker aus und in vielen Fällen nicht unbeträchtliche Quantitäten. Diese Zuckermengen werden im Interesse der Fortpflanzung ausgeschieden, da die Insekten, welche die Blüten befruchten, diese nur wegen des Nektars aufsuchen.

Die chemischen Prozesse der Ernährung selbst verlaufen nicht so, daß stets ein glattes Aufgehen der sich verbindenden Stoffe in plastisches Material eintritt, es entstehen Nebenprodukte, welche keine Verwendung finden. Bei der tierischen Ernährung sind uns dergleichen Vorgänge geläufig, aber wenn ebenfalls bei den Pflanzen Degradationsprodukte des Stoffwechsels auftreten, so sind dieselben unter Umständen besonders deshalb nicht so leicht als solche zu erkennen, weil sie meistens in der Pflanze liegen bleiben.

Die Organisation der Pflanzen ist im allgemeinen nicht auf eine Ausscheidung unbrauchbarer Stoffe nach außen eingerichtet und eine Bildung von Exkrementen in diesem Sinne findet nicht statt. Nur gasförmige Endprodukte werden im allgemeinen aus der Pflanze herausgeschafft.

Sie treten aus den Spaltöffnungen aus, wie z. B. die bei der Atmung entstehende Kohlensäure.

Vielfach sind aber die Produkte des regressiven Stoffwechsels der Art, daß sie das Leben der Zelle gefährden könnten, wenn sie überall in den Gewebezellen abgelagert würden. Daher ist es erklärlich, daß die Pflanzen, welche Harze, ätherische Öle, Gerbstoffe u. s. w. als Endprodukte des Stoffwechsels bilden, diese Stoffe in besonderen Behältern ablegen. Dieselben zeigen anatomisch eine große Mannigfaltigkeit und sind entweder einzelne Zellen oder langgestreckte Schläuche oder endlich Intercellularräume, die mit einem sezernierenden Epithel ausgekleidet sind. Der

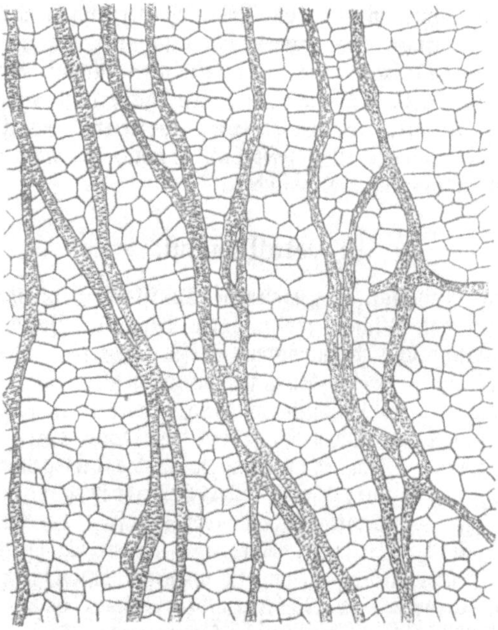

Fig. 67. Stück des Milchröhrensystems der Schwarzwurzel.

Abschluß der Auswurfsstoffe ist noch besonders dadurch ein möglichst vollkommener vom lebendigen Gewebe, daß die Sekretbehälter, wie Zacharias nachgewiesen, in vielen Fällen verkorkte Membranen besitzen, welche Diffusionsvorgänge verhindern und ein Zurücktreten der Exkrete in die lebendigen Gewebe ausschließen.

Es ist hier nicht der Ort, auf den Formenreichtum der Sekretbehälter einzugehen, und sei daher auf de Barys Anatomie p. 141 verwiesen.

Bezüglich der Harzgänge, die bei den Koniferen in ausgebildeter Form vorhanden sind, der Öldrüsen bei den Aurantiaceen und in ähnlichen Fällen ist man darüber einig, daß diese Räume Exkretbehälter und die Stoffe, welche sie enthalten, Exkrete sind. Nicht so ist es bei den merkwürdigen Organen, welche bei einer kleineren Anzahl Pflanzen vorkommt, den Milchröhren, welche noch vielfach als der Ernährung dienende Organe angesehen werden, obgleich dieselben ebenfalls wahrscheinlicher bloße Exkretbehälter sind.

Die Milchröhren durchziehen die Organe der Pflanzen als weitverzweigte Systeme kommunizierender Röhren, deren Entstehung nicht bei allen Milchsaftpflanzen ganz gleich ist, worauf jedoch hier nicht eingegangen werden kann. Verletzt man eine Milchsaftpflanze, so tritt ein in den meisten Fällen weißer, milchähnlicher Saft, der in seltenen Fällen gefärbt ist, wie der gelbe Milchsaft des Schöllkrautes (Chelidonium majus) u. a. hervor. Fig. 67 stellt ein kleines Stück eines solchen Milchröhrennetzes vor, wie man es in der Schwarzwurzel (Scorzonera hispanica) findet.

Die Milchsäfte enthalten Kautschuk, Harze, Alkaloide, Enzyme u. s. w., daneben jedoch auch Reste von Eiweißstoffen und Kohlehydraten, weshalb sie denn auch von manchen Seiten für Transportwege für Nährstoffe gehalten werden. Aus an andern Orten dargelegten Gründen glaube ich in Übereinstimmung mit Schimper, daß die Milchröhren als Exkretbehälter zu betrachten sind. Der genannte Forscher wies nach, daß die Stärkekörner, welche sich in den Milchröhren finden, gar nicht für die Ernährung verbraucht werden.*

Sehr bedeutende Stoffverluste sind bei den Pflanzen bedingt durch das periodische Abwerfen des Laubes, von Früchten und Fruchtständen. Bei dem Laubfall im Herbste tritt der beachtenswerte Umstand hervor, daß die Blätter vor dem Abfallen entleert werden, indem alle noch brauchbaren Stoffe gelöst werden und in den Stamm zurückwandern: Die Eiweißmasse der Chlorophyllkörner, die Stärkekörner werden in lösliche Produkte umgewandelt und mit ihnen wandern auch mineralische Bestandteile aus den Blättern aus, wie Kalisalze und Phosphate. Dagegen bleiben die Kieselsäure und das Calciumoxalat in den Blättern zurück.

10. Die Atmung der Pflanzen.

Wir sind gewohnt, Atmung und Leben als gleichbedeutende Ausdrücke zu benutzen und in der That, wenn ein Organismus nicht mehr atmet, so ist er tot. Dieser enge Zusammenhang des Lebens mit der Atmung ist auch bei den Pflanzen vorhanden, wenn derselbe auch hier nicht der gewöhnlichen Beobachtung auffällt. Ein trockener Same atmet nicht und verhält sich in diesem Sinne ganz wie ein toter Körper, obgleich das Leben in ihm latent ist und durch gewisse äußere Bedingungen, durch die einfache Zuführung von Wasser erweckt werden kann. So lange ein solcher Same jedoch nicht in diese Bedingungen gelangt, zeigt er keinerlei Lebensregungen, aber er atmet auch in diesem Zustande nicht. Legt man den Samen in die Erde, so nimmt er Feuchtigkeit auf, sein

* Hansen, Arbeiten des botan. Instituts zu Würzburg. Bd. III, p. 278. — Schimper, Botan. Zeitung, 1885, Nr. 47.

Volumen vermehrt sich bedeutend, er quillt auf. Die erste Regung des Lebens, die Vorbereitung zur Keimung beginnt und zugleich beginnt eine lebhafte Atmung des Samens, er ist zu einem lebendigen Körper geworden.

Die Atmung im allgemeinen ist eine langsame Verbrennung, durch welche die Körpersubstanz zerstört wird. Ein Teil der durch Assimilation gewonnenen und durch die Plastik den Körperteilen eingefügten organischen

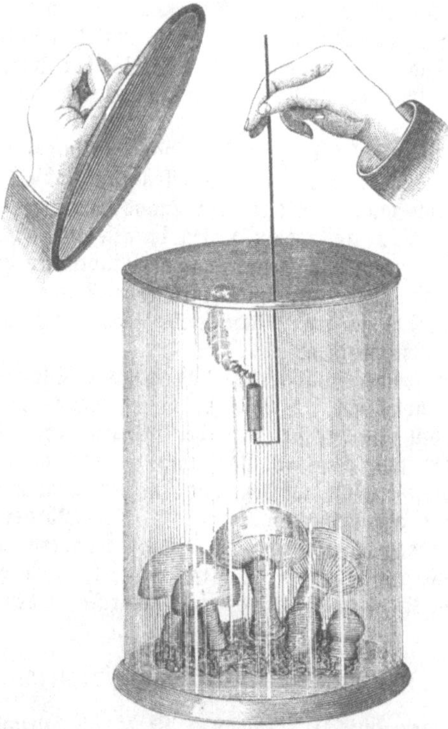

Fig. 68.

Substanz wird durch die Atmung wieder in Kohlensäure und Wasser umgewandelt, in diejenigen Bestandteile, welche das ursprüngliche Material zur Synthese der Kohlenstoffverbindungen hergeben. Die Atmung der Pflanzen ist von derjenigen der Tiere, was den chemischen Prozeß anbetrifft, nicht verschieden, nur fehlen den Pflanzen für diese Funktion bestimmte Organe. Eine lebendige Pflanze atmet mit ihrem ganzen Körper, mit ihren Stengeln und Blättern, mit ihren Blüten und Wurzeln. Der chemische Prozeß besteht in der Aufnahme des atmosphärischen Sauerstoffs und in der Abgabe von Kohlensäure. Unausgesetzt, sowohl am Tage wie in der Nacht, findet dieser Oxydationsprozeß statt, da es sich aber um Gasaustausch handelt, so bedarf es ebensowohl, wie bei der

Assimilation, erst des Experimentes, um die Atmung sichtbar zu machen. Am leichtesten läßt sich die eine Hälfte des Vorganges, die Produktion der Kohlensäure, zur Anschauung bringen, da dieses Gas Eigenschaften besitzt, welche ihren Nachweis außerordentlich leicht machen.

Bringt man eine einzelne Blüte oder einen keimenden Samen in ein durch Quecksilber abgesperrtes Absorptionsrohr, so läßt sich die Entstehung der Kohlensäure nach einer bestimmten Zeit an der Vergrößerung des Gasvolumens bemerken, und ihre Menge durch Absorption mit Kalilauge bestimmen.

Anschaulicher wird die Kohlensäureausatmung durch Pflanzen oder Pflanzenteile, wenn man Bedingungen herstellt, unter denen größere Mengen Kohlensäure gebildet werden. Füllt man z. B. einen größeren Glascylinder, welcher durch einen eingeschliffenen Deckel verschließbar ist, zur Hälfte mit Blüten, z. B. Ranunculus, Rheum, Kompositenblüten oder auch mit keimenden Erbsen oder Maiskörnern, welche zwischen feuchtem Filtrierpapier in dem Cylinder aufgeschichtet werden, so wird, wenn man den so beschichteten Cylinder bedeckt, 8—10 Stunden stehen läßt, dem eingeschlossenen Luftvolumen der Sauerstoff bis auf das letzte Atom entzogen. Die ausgeatmete Kohlensäure häuft sich dafür in dem Raum des Cylinders an. Taucht man nach behutsamem Abheben des Deckels eine brennende Kerze in den Cylinder, so erlischt die Flamme sofort, da der Mangel an allem Sauerstoff ein Brennen unmöglich macht.

Die Abbildung 68 erläutert diesen Versuch. Der Cylinder enthält eine Vegetation von Hutpilzen, welche ganz in derselben Weise wie höhere Pflanzen atmen und nach 10—12 Stunden den Raum des Cylinders vollständig mit Kohlensäure angefüllt haben.

Man kann auch auf andere Weise das Entstehen der Kohlensäure beim Atmen nachweisen. Bekanntlich bildet dieselbe in Wasser unlösliche Carbonate der Erden. Es ist also nur nötig, die bei der Atmung entstehende Kohlensäure in Kalk- oder Barytwasser zu leiten, wozu man sich des folgenden Apparates bedient.

Die Flasche a enthält keimende Erbsen oder andere Samen, und ist so mit einer Anzahl von Gasflaschen verbunden, daß ein Luftstrom bei i eintretend mittels des Aspirators e durch den Apparat gesogen werden kann.

Hat sich, nachdem man zunächst den Apparat nach Einschaltung der atmenden Pflanzenteile der Ruhe überlassen, der Raum in der Flasche a mit Kohlensäure gefüllt, so öffnet man den Quetschhahn q. Der Aspirator tritt in Thätigkeit, bei i tritt die atmosphärische Luft ein, wird jedoch in der Flasche b, welche Kalilauge enthält, von den geringen ihr eigentümlichen Kohlensäuremengen befreit. Die kohlensäurefreie Luft verdrängt das in der Flasche a entstandene Kohlensäuregas, dasselbe wird durch den Aspirator durch die Flaschen c und d getrieben, hier jedoch durch das Barytwasser absorbiert. In diesen beiden Flaschen, wenigstens in der ersten (die zweite ist nur der Vorsicht halber vorgelegt) wird die Atmungskohlensäure festgehalten, es entsteht ein reichlicher Niederschlag von kohlensaurem Baryt.

Ganz in derselben Weise, wie die zu diesem Experimente benützten chlorophyllfreien Pflanzenteile, atmen auch die grünen Organe. Am Tage tritt aber die Kohlensäureausatmung hinter der Assimilation, also der Aufnahme von Kohlensäure zurück. In der Dunkelheit, wo die Assimilation aufhört, wird dagegen die Atmung deutlich, und es ist ja eine dem Laien bekannte Maxime, Pflanzen nicht in Schlafzimmern zu kul-

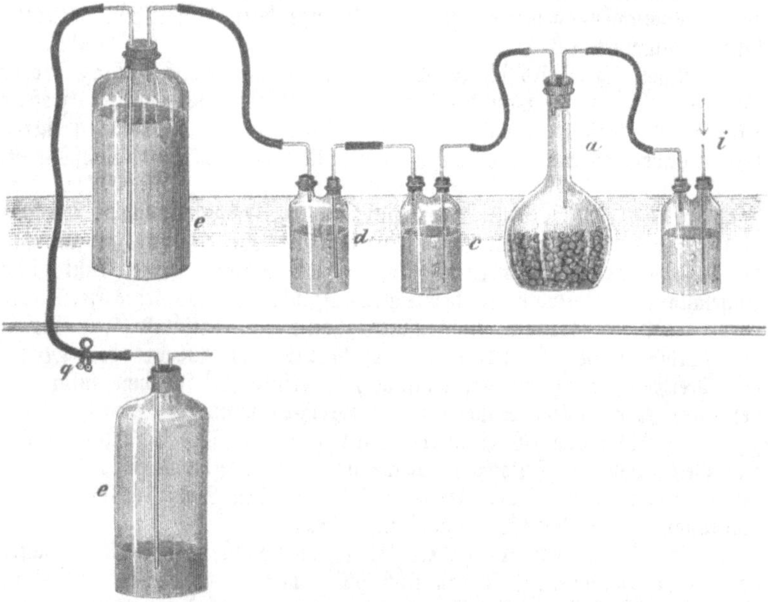

Fig. 69.

tivieren, weil dieselben nachts durch ihre Atmung die Luft mit Kohlensäure bereichern und dadurch verschlechtern.

Was den Verlauf der Atmung in Bezug auf Intensitätsunterschiede anbetrifft, so atmen alle lebhaft wachsenden Pflanzenteile energischer als in Ruhe befindliche. Blätter und Knospen, die sich entfalten, Blüten, die sich öffnen, Keimpflanzen, welche in lebhafter Streckung begriffen sind, atmen vor allem stark. Ruhende Knospen und Knollen atmen wenig, die Atmung beginnt erst dann lebhaft zu werden, wenn die Reservestoffbehälter austreiben, Triebe und Blätter bilden. Trockene Samen atmen, wie schon gesagt, gar nicht, alles Leben ruht in ihnen, so lange das Wasser fehlt. Nach der Quellung erst beginnt die Kohlensäureabgabe.

Die Lebhaftigkeit der Atmung ist übrigens bei einer erwachsenen Pflanze nicht gleich in allen Organen. Die Blüten atmen im allgemeinen energischer als die grünen Blätter, diese stärker als Stengel und Früchte. Es handelt sich aber außerdem immer noch um den Einfluß äußerer Bedingungen, welche die Atmung entweder hemmen oder beschleunigen. Die Zunahme der Temperatur steigert ebenso, wie sie die anderen Lebensprozesse fördert auch die Atmung. Durch Abkühlung wird diese verlangsamt, hört jedoch selbst bei 0° noch nicht ganz auf. Die Bäume zeigen daher auch im Winter eine schwache Atmung.

Nur durch die vollständige Entziehung des Sauerstoffs selbst, kann die normale Atmung aufgehoben werden und die Erscheinungen, welche in diesem Falle an Pflanzen zu Tage treten, beweisen wie eng alle Lebensvorgänge mit der Atmung zusammenhängen. Wenn auch die Pflanzen nicht wie Tiere nach einigen Minuten sterben, wenn die Atmung unterdrückt wird, werden doch durch Verhinderung der Atmung alle Lebensäußerungen gehemmt. Die Bewegung des Protoplasmas in den Zellen, eine der bedeutsamsten Lebenserscheinungen, steht still. Wachsende Organe halten mit ihrem Wachstum inne, wenn sie im Vakuum der Luftpumpe des Sauerstoffs beraubt werden. Samen, welche sich in vollkommen luftfreiem Wasser befinden, oder in einem mit Stickstoff gefüllten Rezipienten gehalten werden, keimen nicht. Hatte der Entwickelungsprozeß schon begonnen, so hört er auf, die Samen gehen, anstatt weiter zu keimen, in Fäulnis über und fallen der Zerstörung anheim. Weiden- oder Pappelzweige mit aufbrechenden Knospen hören auf, diese zu öffnen, wenn sie in eine Stickstoffatmosphäre gebracht werden.

Nirgends kann also der Sauerstoff entbehrt werden, wo Vegetationsvorgänge vor sich gehen sollen. Aus diesem Grunde ist auch der Luftzutritt zu den Wurzeln nötig und es erklärt sich, weshalb Landpflanzen in einem sumpfigen, mit Wasser gesättigten Boden nicht gedeihen. Das Wasser dringt in die Zwischenräume des Bodens ein, verdrängt die Luft, und den Wurzeln mangelt es nun an Sauerstoff zum Atmen.

Noch zahlreiche Thatsachen ließen sich anführen als Beweis, daß die Atmung nicht unterbrochen werden darf, ohne die Lebensvorgänge, seien diese nun Wachstum, Reizbewegungen oder chemische Prozesse, zu stören oder aufzuheben.

Fassen wir den chemischen Prozeß der Atmung noch etwas näher ins Auge, so ist es klar, daß die dabei produzierte Kohlensäure durch Oxydation kohlenstoffhaltiger Pflanzensubstanz entsteht. Es drängt sich die Frage auf, welche Bedeutung dieser der Assimilationsthätigkeit gerade entgegengesetzte Vorgang für die Pflanze habe. Durch die Assimilation wird potentielle Energie gewonnen, indem die kinetische Energie der Lichtstrahlen die Kräfte liefert, welche den Bildungsprozeß der Kohlehydrate im Chlorophyll beherrscht. Die Lebensvorgänge sind nun aber zum großen Teil derart, daß sie nicht nur durch äußere, sondern auch durch im Pflanzenkörper freiwerdende Kräfte verursacht werden. In der Atmung muß man die Quelle dieser Kräfte erblicken. Die durch die Atmung gelieferten bewegenden Kräfte treten bei den Vorgängen des Wachstums und der Plastik in Thätigkeit. Durch die Atmung wird eine Quantität des erworbenen Stoffkapitals in bewegende Kraft umgesetzt. Diese Stoffmenge geht insoferne freilich verloren, allein dies ist gleichgültig, da neben dem erlangten Vorteil für die Existenz der Pflanze diese durch den Verlust nicht gefährdet wird. Das würde nur dann der Fall sein, wenn der Stoffverlust durch Atmung den Gewinn durch Assimilation überwöge.

Unter normalen Verhältnissen ist das nicht der Fall, der Gewinn an Stoff durch Assimilation übersteigt den Verlust durch die Atmung um ein Bedeutendes. Während ein Quadratmeter Blattfläche täglich etwa 25 g Stärke bildet, wird davon nur etwa 1,0 g durch Atmung wieder verloren. Wenn man eine Pflanze jedoch in Bedingungen bringt, wo keine Stoffbildung durch Assimilation erfolgen kann, wenn man dieselbe z. B. dauernd in einem dunklen Raum vegetieren läßt, so überwiegt die Atmung und es wird allmählich das gesamte Nährmaterial aufgezehrt. Die Pflanze geht zu Grunde. In manchen Fällen kann sich die Sache so ins Gleichgewicht stellen, daß der Gewinn durch Assimilation ungefähr dem Verluste durch die Atmung gleich ist. Dann leben die Pflanzen zwar dauernd weiter, allein ein Fortschritt, ein Gedeihen ist nicht wahrzunehmen. Dieser Fall ist bei Zimmerpflanzen, welche aus Mangel an Licht nicht genügend assimilieren können, häufig zu beobachten.

Wenn oben gesagt wurde, daß die Atmung ein Oxydationsprozeß sei, daß der atmosphärische Sauerstoff Kohlenstoffverbindungen der Pflanze oxydiert und Kohlensäure bilde, so ist mit diesen Worten nur auf einen Hauptpunkt hingedeutet. Keineswegs ist aber damit ein auch nur einigermaßen hinreichendes Verständnis der Atmung gewonnen. Die Oxydation durch die Atmung ist kein so verständlicher und einfacher Prozeß wie die Oxydation etwa eines Stückes Eisen, welches an der Luft rostet. Es handelt sich bei der Atmung um viel verwickeltere kausale Beziehungen und eine vollständige Lösung der Frage ist erst durch schwierige Untersuchungen möglich. Wir verdanken besonders Pfeffers Arbeiten* eine wissenschaftlichere Auffassung der Atmung und einen tieferen Einblick in diesen Prozeß, sowie in sein Verhältnis zur Gärung. Die Grundlage dieser erweiterten Einsicht in den Atmungsvorgang bildete die Entdeckung der sogenannten intramolekularen Atmung bei den Pflanzen. Welches Bewandtnis es mit der letzteren hat, wird aus einigen allgemeinen Bemerkungen hervorgehen.

Im Jahre 1875 hatte Pflüger gefunden, daß Frösche, welche sich unter einem mit Quecksilber abgesperrten Rezipienten in vollständig sauerstofffreier Luft befinden, dennoch 11 Stunden weiter leben können und während dieser Zeit Kohlensäure ausatmen. Da diese Kohlensäurebildung ohne Sauerstoffzutritt von außen stattfindet, so muß der Sauerstoff notwendigerweise der Körpersubstanz des Frosches entstammen. Die Kohlensäurebildung, welche nur durch molekulare Aenderungen der organischen Substanzen des Froschkörpers zu stande kommen kann, wurde aus diesem Grunde als innere oder intramolekulare Atmung bezeichnet. Denselben Vorgang innerer Atmung kann man an Pflanzen beobachten. Keimpflanzen können tagelang in einer sauerstofffreien Atmosphäre verweilen und atmen dabei Kohlensäure aus, gerade wie in sauerstoffhaltiger Luft. Die Pflanzen, welche freilich ihr Wachstum einstellen, bleiben dennoch eine kurze Zeit lang lebendig, denn man kann, wenn dieselbe nicht über-

* Pfeffer, Wesen und Bedeutung der Atmung. Landwirtschaftl. Jahrb. 1878, VII, Pflanzenphysiologie I, p. 346. Arbeiten aus dem botan. Institut zu Tübingen, II, p. 636.

schritten wird, die Versuchspflanzen nachträglich in Erde pflanzen und sie beginnen dann unter normalen Bedingungen wieder ihr Wachstum und gedeihen, als ob nichts geschehen wäre. Diese Beobachtungen wurden von Wortmann* angestellt und bestätigten die schon früher von Pfeffer gemachten Beobachtungen der Kohlensäureabgabe ohne Zutritt von Luftsauerstoff.

Man muß, gestützt auf die bis jetzt vorliegenden Untersuchungen, annehmen, daß auch in der normalen Pflanze diese intramolekulare Atmung stattfindet und daß dieselbe — das ist der Hauptpunkt — die Ursache der normalen Atmung sei. Erst die durch die intramolekulare Atmung im Protoplasma freigewordenen Sauerstoffaffinitäten rufen das Bedürfnis nach Ersatz hervor und diesen Ersatz liefert der freie Sauerstoff der Luft. Durch innere Vorgänge in der Pflanze, die zunächst von dem Einflusse des Sauerstoffes der Luft ganz unabhängig sind, wird die Notwendigkeit eines Zustroms von außen hervorgerufen. Die intramolekulare Atmung ist die Ursache der normalen Atmung. Durch diesen Satz ist die Ansicht über die Atmung eine ganz andere geworden, als man sie früher hegte.

Obgleich hier nicht ausführlich auf diesen Punkt eingegangen werden kann, so mag doch wenigstens darauf hingewiesen werden, daß Pfeffer auch die alkoholische Gärung des Zuckers, welche bekanntlich durch die Hefe hervorgerufen wird, auf intramolekulare Atmung zurückführt.**

Außer der Kohlensäurebildung, welche als das wichtigste Symptom der Atmung uns hier ausführlicher beschäftigen mußte, ist als ein weiteres die Wärmebildung hervorzuheben. Atmende Pflanzen oder Pflanzenteile erwärmen sich einige Grade, oft sogar viele Grade über die Temperatur der umgebenden Luft. Das Experiment ergibt, daß die Wärmeproduktion thatsächlich der Atmung zugeschrieben werden muß, da in einer Wasserstoffatmosphäre die Wärmebildung ausbleibt und erst mit Zutritt von Sauerstoff oder Luft beginnt. Man darf jedoch nicht außer acht lassen, daß in der freien Natur dieser Wärmebildung eine Bindung von Wärme durch die Verdunstung der Pflanzenteile parallel läuft, weshalb denn auch die Erwärmung bei der Atmung nicht so ohne weiteres wahrgenommen werden kann. Vielmehr fühlen sich die Blätter und sonstigen Organe kühler an als die Umgebung.

Im allgemeinen erwärmen sich in lebhafter Entwickelung begriffene Pflanzenteile am bedeutendsten. Dahin gehören Blüten, keimende Samen, aufbrechende Knospen.

Ein besonders merkwürdiges Beispiel der Erwärmung bilden die Blütenkolben der Aroideen, bei denen Lamarck die Erwärmung von Pflanzenteilen zuerst entdeckte. Spätere Beobachter haben festgestellt, daß sich bei Colocasia odora die Erwärmung bis zu 20° C. über die Lufttemperatur steigern kann. Die bekannte Victoria regia erwärmt sich ebenfalls sehr stark beim Aufblühen und es lassen sich mit einem zwischen

* Wortmann, Arbeiten des botan. Instituts zu Würzburg, Bd. II, p. 509.
** Ausführlicheres in Pfeffers Handbuch I, p. 363.

die Staubgefäße eingeführten Thermometer Steigerungen von 8—12° R. nachweisen. Mit derartigen großen Blüten gelingt die Beobachtung deshalb am leichtesten, weil die Menge der Wärme produzierenden Organe sehr groß ist und dieselben hier schon von Natur dicht vereinigt sind. Vergeblich wird man dagegen an einer einzelnen kleinen Blüte oder an einem keimenden Samen durch einfaches Anlegen des Thermometers eine Wärmebildung nachzuweisen versuchen. Wenn mit derartigen Objekten das Experiment angestellt werden soll, ist es nötig, dieselben zusammenzuhäufen, wodurch sich die geringen Einzelleistungen summieren und nun die Gesamterwärmung beobachtet werden kann.

Fig. 70 erläutert die Anordnung eines solchen Versuches. Der auf dem Glascylinder c befindliche Trichter e enthält keimende Samen, z. B.

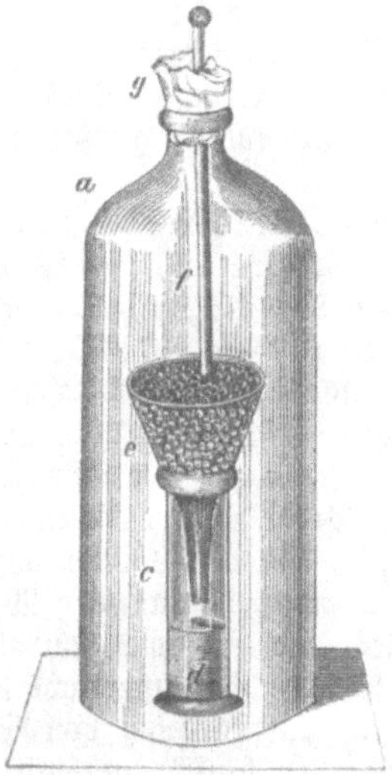

Fig. 70

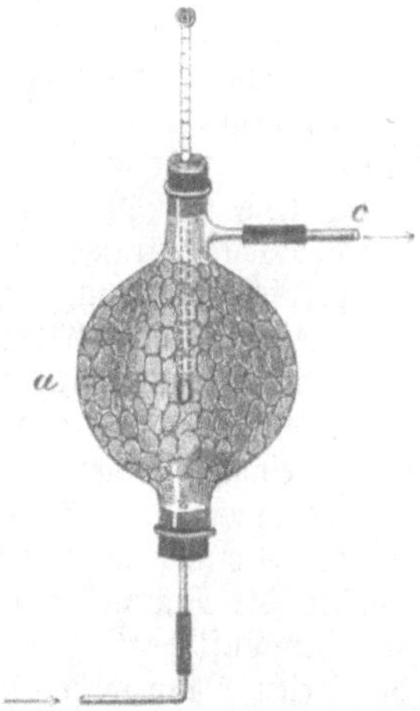

Fig. 71

Erbsen. Mit der Glasglocke a, welche auf der mattgeschliffenen Glasplatte b aufsteht, ist das Ganze bedeckt, um Abkühlung und Strahlung zu vermeiden. In den offenen Hals der Glocke ist ein Bausch Baumwolle gesteckt, welcher das Thermometer f in seiner Lage erhält, zugleich aber der atmosphärischen Luft Zutritt gestattet, damit die Atmung thatsächlich vor sich gehen kann. Zur Absorption der bei der Atmung gebildeten Kohlensäure dient eine kleine Menge Kalilauge d, welche der Cylinder c enthält. Man vergleicht die durch das Thermometer f angezeigte Temperatur mit einem ihm völlig gleichen, welches man in einem ganz ebensolchen Apparate wie Fig. 70 aufstellt, dessen Trichter aber statt Pflanzen etwas feuchtes Filtrierpapier enthält, um die Verhältnisse möglichst gleich zu gestalten. Es wird sich bei keimenden Erbsen eine Erhöhung der Temperatur um 1,5—2° C. ergeben.

Zur Demonstration eignet sich auch der von Pfeffer angegebene Apparat (Fig. 71), mit welchem man zugleich die Abhängigkeit der Wärmebildung von der Sauerstoffzufuhr nachweisen kann. Der Glasballon enthält keimende Samen oder Blüten, b ist ein luftdicht eingefügtes Thermometer. Durch einen bei c wirkenden Aspirator wird ein langsamer Luftstrom in der Richtung der Pfeile durch den Apparat gesogen und die Erwärmung der atmenden Pflanzenteile am Thermometer abgelesen. Zur Verhütung der Strahlung kann das Gefäß mit schlechten Leitern umgeben werden. Leitet man anstatt Luft Wasserstoff durch den Apparat, so sinkt die Temperatur, weil keine Atmung mehr stattfindet.

11. Die Insektivoren oder insektenfressenden Pflanzen.

In der Fähigkeit der Chlorophyllpflanzen, aus sogenannten anorganischen Verbindungen organische Substanz zu bilden, welche zur Ernährung der tierischen Welt dienen kann, erblicken wir die Hauptaufgabe, welche den Pflanzen im Kreislauf der irdischen Existenzen zufällt. Die völlige Unabhängigkeit der Chlorophyllpflanzen vom Vorhandensein organischer Nährstoffe hat nicht nur in der erdgeschichtlichen Entwickelung die Verbreitung der Vegetation ermöglicht, sondern veranlaßt auch jetzt die Ansiedelung von Pflanzen überall dort, wo die wenigen notwendigen Bedingungen, eine zum Haften der Wurzeln geeignete Bodenschicht, welche die wenigen Nährsalze liefern kann und Wasserzufuhr durch Rinnsale oder Niederschläge, vorhanden sind.

Kann man also im allgemeinen für die Chlorophyllpflanzen die Unabhängigkeit von jeglichen organischen Nährstoffen als Satz aussprechen, so ist eine Ausnahme um so merkwürdiger, wo mit Chlorophyll begabte Pflanzen sich, wenn auch nur nebenher, organischer Nahrung bedienen. Besonders merkwürdig ist dieser Fall, welcher in den insektivoren Pflanzen vorliegt, deshalb, weil diese Pflanzen zur Erreichung des bezeichneten Zieles mit auffallenden Organisationen begabt sind, welche in mehr als einem Punkte das Interesse auf sich ziehen.

Der sonderbare Name, welcher sich trotz seiner nichts weniger als glücklichen Wahl für die kleine Gruppe von Pflanzen eingebürgert hat, deutet wenigstens soviel an, daß es sich bei ihnen um eine Eigentümlichkeit ihrer Ernährungsweise handelt. Der unmittelbare Vergleich der Ernährungsvorgänge im allgemeinen mit der Besonderheit bei den Insektivoren wird aber am besten darthun, daß es sich bei den letzteren gar nicht um eine solche Abnormität handelt, wie die Bezeichnung erwarten läßt. Zunächst sei noch vorausgeschickt, daß die Benennung „insektenfressende Pflanzen" nicht etwa eine systematische Bedeutung hat, welche ausdrückt, daß man es mit einer besonderen Pflanzenfamilie oder Gattung zu thun habe. Die Insektivoren, von denen es etwa 350 Arten gibt, gehören in die verschiedensten Pflanzenfamilien. Es sind solche Mitglieder der Familien, die nur etwas andere Lebensgewohnheiten haben, als deren übrigen Angehörigen und die sich durch besondere Einrichtungen ihrer Lebensart angepaßt haben.

Rein äußerlich betrachtet, sind die Insektivoren Pflanzen, wie andere. Sie besitzen grüne, chlorophyllhaltige Blätter, durch welche sie im stande wären, sich wie alle grünen Pflanzen zu ernähren. Auch normale Wurzeln besitzen diese Pflanzen. Das Unterscheidende an ihnen ist nur das, daß sie in der Lage sind, sich auch noch auf eine andere Weise kleine Quantitäten Nährsubstanzen, und zwar organische, zu verschaffen, Mengen, die allerdings nur gering genannt werden können. Sehen wir, auf welche Weise die Pflanzen dies Ziel erreichen. Es wird sich dabei herausstellen, daß die Umstände, welche zur Erreichung eines nur zuweilen nennenswerten Vorteils gemacht werden, ganz auffallend große sind und daß das Wunderbare bei den Insektivoren nicht in der Benutzung von Insektenleichen als Nahrung liegt, sondern in den merkwürdigen Einrichtungen, mit welchen sie dafür begabt sind. Die Insektivoren besitzen nämlich eigenartige, oft sehr sonderbar und kompliziert gebaute Blattorgane, mittels denen sie kleine oder größere Insekten, die sich auf ihnen niederlassen, festhalten, töten und durch besondere Sekrete, welche ihre Blätter ausscheiden, die Leichname in lösliche Produkte umwandeln können. Diese Lösungen können sie dann aufsaugen und sich so einen kleinen Teil von Nährsubstanzen aneignen.

Mit dem „Fressen" der Tiere ist nun dieser Vorgang nicht im entferntesten zu vergleichen, der den Pflanzen gegebene Name also kein gut gewählter. Eine große Ähnlichkeit besitzt aber die ganze Erscheinung mit dem tierischen Verdauungsprozesse, wie wir später näher sehen werden. Man würde jene Sonderlinge unter den Pflanzen also besser als „insektenverdauende Pflanzen" bezeichnen. Ehe wir uns der Betrachtung einiger besonders interessanter Formen von Insektivoren zuwenden, sei noch erwähnt, daß obgleich erst im Jahre 1875 besonders lebhaft von ihnen geredet wurde, die Insektivoren doch nicht erst damals ganz neu entdeckt wurden. Schon 1765 kannte man durch die Beobachtungen des amerikanischen Naturforschers Ellis mehrere insektivore Pflanzen, über die er in einem Briefe an Linné Mitteilungen machte. Unter diesen Pflanzen befand sich auch eine der typischen Insektivoren, die Dionaea muscipula. Größere Aufmerksamkeit schenkte man diesen Dingen erst, als der bekannte Botaniker Hooker auf der Naturforscherversammlung in Belfast 1874 in einem Vortrage ein zusammenfassendes Bild dieser merkwürdigen Pflanzen entwarf. Populär wurden sie aber erst durch Darwins bekanntes Buch über die insektenfressenden Pflanzen und von jener Zeit datiert die allgemeine Beschäftigung mit ihnen.

Von den bei uns einheimischen Insektivoren, denn wir besitzen deren mehrere, sind die Drosera-Arten besonders merkwürdig. Die in der alten wie neuen Welt verbreitete Drosera rotundifolia, der Sonnentau, wächst auf den Torfmooren Nord- und Süddeutschlands, nicht nur als vereinzeltes Pflänzchen, sondern ganze Strecken bedeckend, zwischen den Torfmoosen. Es ist nur ein kleines niedriges Gewächs, dessen Blätter sich wie eine Rosette ausbreiten. Im Sommer erhebt sich aus ihr ein langer Blütenstiel mit kleinen weißen Blüten.

Im Einklang mit ihrer eigenartigen Thätigkeit besitzen die Blätter eine von der gewöhnlichen abweichende Form. Ein langer, dünner Stiel trägt eine fast kreisförmige, übrigens grüne Blattspreite. Die Blattscheibe ist auf ihrer ganzen Oberfläche bis zum Rande ganz mit Drüsenhaaren von prächtig purpurroter Farbe bedeckt. An der Peripherie und nahe dem Blattrande sind die Drüsen am längsten, je näher dem Centrum, je kürzer werden sie, wie das die Abbildung eines Blättchens in seitlicher Ansicht verdeutlicht. Die einzelnen Drüsen oder Tentakeln bestehen aus einem dünnen Stielchen, das an seinem Ende eine kopfförmige Anschwellung trägt. Ist das Blatt noch unberührt, so sind alle Tentakeln ausgestreckt, sie strahlen nach allen Seiten aus und jedes Köpfchen trägt einen klaren glänzenden Tropfen Sekret, welches die Drüsen ausscheiden. Weithin glitzern die Tröpfchen in der Sonne und die

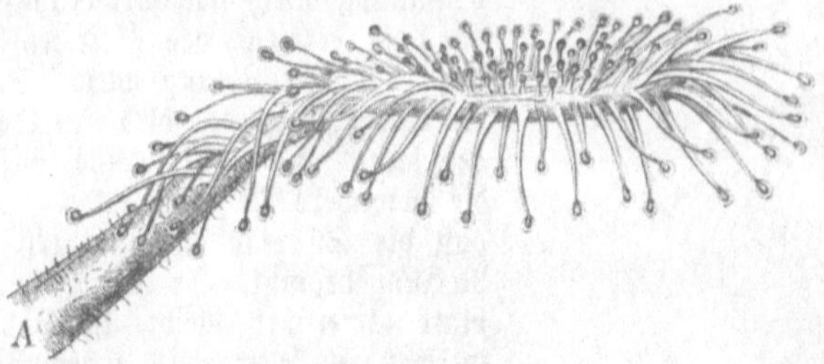

Fig. 72. Blatt von Drosera rotundifolia von der Seite gesehen (nach Darwin).

Insekten, welche über dem Moorrasen hin und her fliegen, werden von dem Glanze der Tröpfchen angelockt, die sie wohl für Nektartropfen halten, wie solche von Blüten abgeschieden werden. Läßt sich nun eine Mücke oder eine Fliege auf dem Blatte nieder, in der Hoffnung, ein Mahl zu halten, so erleidet das Insekt allerdings eine grausame Täuschung. Das Sekret ist schleimig und klebrig und die Versuche des Tieres, zu entkommen, sind vergeblich, da es nur immer mehr in die zähe Flüssigkeit hineingerät und endlich, da die klebrige Ausscheidung die Tracheen verstopft, zu Grunde geht. Durch die Berührung, die der Insektenkörper verursacht hat, ist aber gleichzeitig ein Reiz auf das Blatt ausgeübt worden, der sich auf die Tentakeln fortpflanzt und dieselben zu Bewegungen veranlaßt. Die Tentakeln fangen an, sich eines nach dem andern zu krümmen und gegen die Blattfläche zu neigen; sie legen sich in der Weise mit den Köpfchen auf die Blattfläche, wie man die Finger in die Handfläche legt. Merkwürdig ist dabei, daß die Tentakeln sich schließlich alle über dem Ort zusammenneigen, wo der Insektenkörper liegt, so daß das ganze Bild verschieden ist, jenachdem der Fremdkörper im Centrum oder am Rande liegt. Im Laufe einiger Stunden ist der ganze Vorgang beendet und dann pflegt auch noch die Blattfläche selbst zusammenzuneigen. In dieser Lage verharrt das Blatt einige Tage. Öffnet es sich wieder, so finden sich nur einige unscheinbare Reste vom Chitinskelett des Insektenkörpers. Alles andere hat das Blatt verdaut und die Produkte der Verdauung resorbiert. Bei einer neuen Reizung kann das Blatt von neuem in Funktion treten.

Zwei voneinander ganz verschiedene Erscheinungen sind es also, welche durch die Reizung des Droserablattes ausgelöst werden, ein Bewegungsvorgang und ein chemischer Prozeß: die Verdauung. Das Sekret, welches die Drüsen ausscheiden, enthält eine Substanz, welche ganz dieselbe Wirkung ausübt, wie das Pepsin, welches im tierischen Magensaft die Eiweißverdauung bewirkt. Wie bekannt, wirkt das Pepsin des Magens nicht unmittelbar verdauend auf Eiweißsubstanzen, sondern nur in Gegenwart einer Säure, welche vom Magen gleichzeitig ausgeschieden wird. Ganz dieselbe Forderung wird bei der Insektenverdauung durch das Droserablatt erfüllt, da das Ferment des Sekretes ebenfalls nur in saurer Lösung wirkt. Sobald die Verdauung beginnt, wird eine Säure ausgeschieden und es ist eine Erscheinung, die besondere Aufmerksamkeit beansprucht, daß die Säureausscheidung erst nach der Reizung beginnt. So lange das Droserablatt unberührt bleibt, ist das Sekret, welches zu jeder Zeit abgesondert wird, neutral, wird aber sofort stark sauer, wenn ein Insekt gefangen wurde.

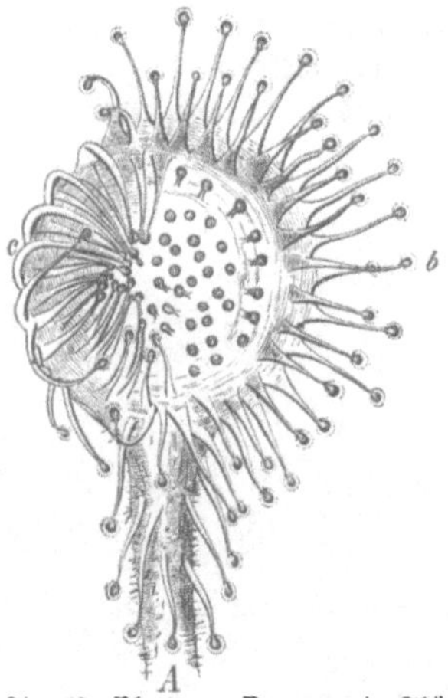

Fig. 73. Blatt von Drosera, in Thätigkeit, von oben gesehen (nach Darwin).

Die Übereinstimmung des ganzen chemischen Vorganges mit der tierischen Verdauung ist nicht nur eine äußerliche, was sich auch dadurch bestätigt, daß ganz dieselben Erscheinungen eintreten, wenn statt eines Insekts kleine Stückchen Eiweiß oder Fleischfäserchen auf die reizbaren Blätter gebracht werden, die eine vollständige Verdauung erleiden. Überdies gelingt es, durch Glycerin das peptonisierende Ferment aus den Blättern zu extrahieren und seine Wirksamkeit durch die Verdauung von Blutfibrin unabhängig von den Blättern zu konstatieren.

Die Reizerscheinungen äußert das Droserablatt allerdings nur nach einer Berührung und doch läßt sich nicht annehmen, daß es der mechanische Druck allein sei, welcher den Reiz auslöst. Die chemische Natur der berührenden Substanz hat einen bestimmenden Einfluß auf den Beginn der Blattthätigkeit. So ruft z. B. der heftigste Platzregen keine Veränderung hervor, obgleich die Wassertropfen eine bedeutende Erschütterung der Blätter und Tentakeln verursachen. Feste Körper wie Glas- und Holzsplitterchen bewirken dagegen eine Einbiegung der Tentakeln auf kurze Zeit, ohne aber die verdauende Thätigkeit der Blätter zu erregen. Aber auch nicht jede an sich als Nährmaterial geltende Substanz erregt den Verdauungsvorgang, Zucker- oder Gummilösungen beispielsweise sind ganz wirkungslos. Darwin hat zahllose Substanzen bezüglich ihrer erregenden Wirkung geprüft und man möge bei ihm näheres nachsehen. Eine heftige Reaktion rufen dagegen stickstoffhaltige organische Stoffe hervor, wie Eiweiß und Fleischfaser und dementsprechend auch die Insektenleichen. Die Pflanzen gewinnen also durch ihren Fang eine kleine Quantität stickstoffhaltiger Substanz und daß sie aus dieser Quelle einen kleinen Nutzen ziehen, geht aus Versuchen von Reeß hervor, welche darthaten, daß Droserapflanzen, denen man kleine Mengen Fleischfasern reichte, etwas kräftiger wurden, als andere, die diesen Zuschuß nicht erhielten.

Eine andere merkwürdige Insektivore und zwar die schon am längsten bekannte, ist die Dionaea muscipula, die Venusfliegenfalle. Sie ist nicht so verbreitet, wie unsere Drosera, beschränkt sich auf ein kleines Gebiet an der atlantischen Küste der Vereinigten Staaten, wo sie die moorigen Strecken bewohnt. Sie ist aber nicht minder mit kunstreichen Organen für den Insektenfang ausgerüstet, wie Drosera. Läßt sich diese mit ihren vielen beweglichen Tentakeln mit einem Polypen vergleichen, der mit lebendigen Armen sein Opfer umfaßt, so gleicht der Mechanismus der Dionaea einer förmlichen Falle. In der Fig. 74 erblickt man ein einzelnes Blatt dieser Pflanze. Der Blattstiel b ist durch ein Paar seitliche Flügel verbreitert. Er trägt das Blatt, die eigentliche Fangvorrichtung.

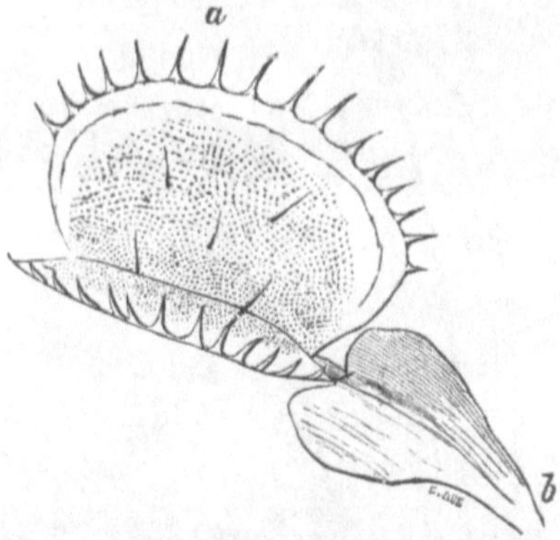

Fig. 74. Ein Blatt von Dionaea muscipula.

Die Blattspreite besteht aus zwei symmetrischen Hälften, die an der Mittelrippe wie an einem Scharnier befestigt sind, so daß das Blatt wie ein Buch zusammenklappen kann. Dabei greifen die Randborsten c wie die Finger beim Falten der Hände ineinander und vervollständigen den Verschluß der Blatthälften, zwischen denen das gefangene Insekt eingeklemmt ist. Die Auslösungsvorrichtung für diesen Mechanismus sind drei lange sehr feine Borsten, welche auf jeder Blatthälfte in Dreiecksstellung angeordnet sind. Die Blattfläche ist sonst überall unempfindlich, wird aber eine der Borsten auch nur leise berührt, so schnellt das Blatt zusammen und schließt sich mit einer solchen Energie, daß die Mühe ganz vergeblich wäre, es etwa mit den Fingern wieder öffnen zu wollen. Man würde das Blatt zerreißen, aber es nicht öffnen. Der Verdauungsprozeß, den gefangene Insekten erleiden, ist bei der Dionaea ganz ebenso, wie wir ihn bei der Drosera kennen lernten. Beide Blatthälften sind mit unzähligen scheibenförmigen Drüsen bedeckt (in der Zeichnung durch Punkte angedeutet). Durch die Berührung mit einem Insektenkörper werden die Drüsen zur Absonderung des verdauenden Sekretes veranlaßt, welches oft so reichlich abgeschieden wird, daß es zwischen den geschlossenen Klappen hervortropft. Nach 3—4 Tagen öffnet sich das Blatt wieder und nur unverdauliche Reste des Insektenkörpers sind zurückgeblieben. Die Leistung der Dionaea ist oft nicht unbeträchtlich. Eine Pflanze kann zuweilen mehrere größere Insekten verdauen und kommt dabei zu kräftigerem Gedeihen als andere Exemplare, welchen keine Insektennahrung gereicht wird. Gleiche Quantitäten von Eiweiß dagegen haben, obgleich sie verdaut werden, keinen günstigen Einfluß auf das Fortkommen der Pflanze, da die Blätter nach vollbrachtem Verdauungsgeschäft absterben.

Es ließe sich noch eine Reihe ähnlicher Beispiele von insektivoren Pflanzen anführen, allein da nur die morphologischen Verhältnisse etwas anders sind, der Vorgang aber im wesentlichen derselbe bleibt, so möge dies genügen. Ähnliche Vorgänge finden wir bei einer kleinen Pflanze unserer Flora, der Pinguicula, die einfach den Rand ihrer zungenförmigen Blätter um kleine Insekten rollt, die durch das klebrige Sekret festgehalten und verdaut werden. Auch einige wasserbewohnende Insektivoren gibt es, wie die in schlesischen Teichen vorkommende Aldrovanda vesiculosa und die weitverbreiteten Utricularia-Arten, die zwar auch mit Fangeinrichtungen versehen sind, ohne daß es jedoch vollkommen feststeht, ob sie ihren Fang auch verdauen.

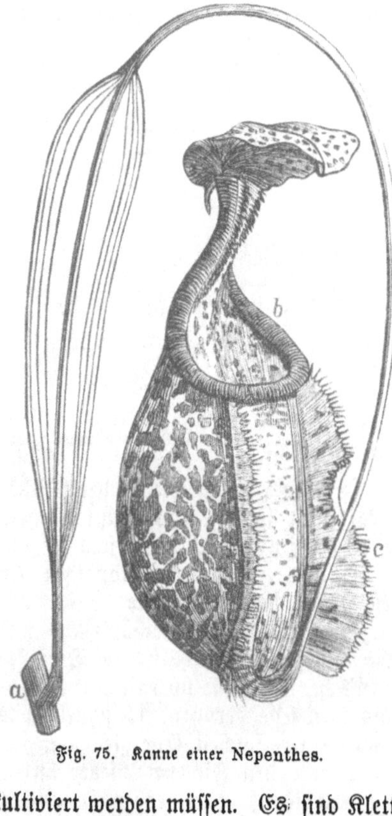

Fig. 75. Kanne einer Nepenthes.

Ganz andere und geradezu imposante Organisationen für den Insektenfang besitzen die tropischen Kannenpflanzen, die Arten der Gattung Nepenthes, die mit circa 30 Arten Madagaskar, den malaiischen Archipel und die Sundainseln bewohnen, bei uns daher in Warmhäusern kultiviert werden müssen. Es sind Kletterpflanzen, die sich zur Aufrichtung ihrer schmächtigen Stengel an Stützen klammern. Ihre ansehnlichen grünen Blätter, welche gewiß ausreichen, die Ernährung zu besorgen, laufen an der Spitze in lange Ranken aus, die sich um Baumzweige herumschlingen können und die Pflanze befestigen. Am Ende der Ranke hängt nun das merkwürdige krugförmige Organ, dem Zwecke des Insektenfanges dienend. Es ist ein mehr oder weniger bauchiges, mit einem deckelartigen Anhange versehenes Gefäß, außen häufig schön bunt gezeichnet, etwa 3—4 Zoll hoch, bei manchen Arten sogar über 1 Fuß groß werdend, so daß nicht nur Insekten, sondern Vögel und andere kleinere Tiere in diese Fallen hineingeraten und in der Flüssigkeit, die den Krug oft mehr als zur Hälfte anfüllt, ertrinken. Den Rand des Kruges bildet ein dicker Ring, der meist noch besonders lebhaft gefärbt und außer durch das Lockmittel der Farbe noch durch die Ausscheidung eines süßschmeckenden Nektars die Insekten anzieht. Entweder fliegen die Insekten direkt auf den Rand oder sie kriechen am Kruge hinauf und es ist noch eine Einrichtung vorhanden, damit sie den Weg ins Verderben nicht verfehlen. Seitlich an der Kanne befinden sich zwei wie Leitern geneigte, flügelartige Gewebeleisten (c), die bis an den Rand hinaufführen und den Tieren als bequeme und sichere Zugänge zum Untergange dienen. Im Begriff, sich des Honigs zu bemächtigen, gleiten sie vom Rande der Kanne, deren Wand oben spiegelblank ist, ab und stürzen in das Innere hinab. Hier müssen sie im flüssigen Inhalt den Tod durch Ertrinken erleiden; ein Kranz von Haaren, die sich mit ihren Spitzen nach abwärts richten, hindert obendrein Insekten, die den Versuch machen, sich zu retten, wieder ins Freie zu kommen. Die Flüssigkeit, welche die Kanne enthält, besitzt schon das peptonisierende Ferment in Lösung, denn die Sekretionsdrüsen, welche etwa das untere Drittel der Urnenwand bedecken, scheiden das Sekret stetig ab, ohne daß es dazu eines Reizes bedürfte. Es fehlt aber demselben noch die Fähigkeit, zu verdauen. Durch den Reiz, den ein in die Kanne hineingefallenes Insekt ausübt, werden die Digestionsdrüsen veranlaßt, eine Säure abzuscheiden, durch deren Gegenwart das Ferment erst in Wirksamkeit treten kann. Ebenso wie das Droserasekret vermag die Nepenthesflüssigkeit Eiweiß, Blutfibrin, Fleischfaser zu verdauen und sie besitzt diese Fähigkeit auch außerhalb der Kanne. Gießt man die Kannenflüssigkeit der Nepenthes heraus und säuert schwach an, so läßt sich mit gleichem Erfolg auch ein Verdauungsversuch im Becherglase anstellen.*

Im Naturleben steht den Insektivoren Insektennahrung zu Gebote, bei der Kultur in Gewächshäusern hat man Gelegenheit, sie vor dem Besuch von Insekten zu schützen, wobei sich dann herausstellt, daß sie mit bestem Erfolge jahrelang kultiviert werden können, ohne Insektennahrung zu erhalten. Der Insektenfang ist also keine absolute Notwendigkeit. Steht den Pflanzen anorganische Stickstoffnahrung zu Gebote, so können sie auch damit existieren. Das ist aber an dem natürlichen Standorte der Insektivoren, auf dem an Salzen armen Nährboden nicht immer der Fall. Mit ihren spärlichen Wurzeln können sie nicht genügende Mengen salpetersaurer Salze aus dem Torfmoospolster herausziehen und ihre Organisation zum Insektenfang sucht den Mangel auszugleichen. Der Wert der Insektennahrung besteht also in einer Förderung und Sicherung der Existenz der Insektivoren, ohne den notwendigen Bedingungen des Lebens anzugehören. Man braucht nur an die wirklichen

---

* Hansen, Fermente und Enzyme, Arbeiten des botan. Inst. Würzburg, Bd. III, p. 265.

Parasiten zu erinnern, deren Leben vollständig von der Erlangung organischer Nahrung abhängt, um des bezeichneten Unterschiedes inne zu werden.

An der Hand dieser Kenntnis von Einzelheiten über die insektivoren Pflanzen ist es nicht schwierig, ein Urteil darüber zu gewinnen, ob ihre ganze Eigenart sie in einen Gegensatz zu den übrigen Pflanzen stellt, wie das wohl ein flüchtiger Blick auf ihr Gebaren zu bestätigen scheint. Fassen wir die Ernährung chlorophyllhaltiger Gewächse im allgemeinen ins Auge, so finden wir bei den Insektivoren die Besonderheit, anstatt als Stickstoffnahrung unorganische Verbindungen zu benutzen, organische Substanz aufzunehmen, wenn sie dazu Gelegenheit haben. Das ist nicht die gewöhnliche Art grüner Gewächse, es pflegen nur die chlorophyllosen Pflanzen organisches Material als Nahrung zu benutzen. Dennoch ist es keine Unerhörtheit, daß die Insektivoren trotz ihrer Ausrüstung mit Chlorophyll organische Substanzen aufnehmen. Man braucht nur daran zu denken, daß im Stadium der Keimung, indem sie die Reservestoffe des Samens verzehren, alle Pflanzen organische Nahrung aufnehmen, die freilich von der Mutterpflanze selbst erzeugt wurde. Aber wir haben Beispiele, daß grüne Pflanzen auch im späteren Leben sich nicht begnügen, ihre Ernährungsthätigkeit mit Hilfe ihrer chlorophyllhaltigen Blätter und Wurzeln allein zu besorgen, sondern daß sie durch Schmarotzertum noch einen Zins organischer Nahrung von anderen Gewächsen ziehen. So leben viele Santalaceen trotz ihres Chlorophylls parasitisch, z. B. Thesium-Arten, die sich mittels kleiner Haustorien an die Wurzeln anderer Pflanzen heften, in dieselbe einen Saugfortsatz treiben und dem Wirte dessen erarbeitete Nährstoffe entziehen. Ebenso ist der Wachtelweizen, Melampyrum, ein Wurzelparasit trotz grüner Blätter.

Diese Pflanzen nehmen nun freilich mit den Wurzeln jene organischen Zuschüsse auf, während bei den Insektivoren das Blattorgan diese Thätigkeit übernimmt. Aber da braucht man wieder nur an die Keimblätter der anderen Pflanzen zu erinnern, welche, wie bekannt, als Organe der Aufsaugung die Samen-Reservestoffe dienen, um auch diese Merkwürdigkeit erklärlich zu finden; auch scheiden die Keimblätter bei diesem Prozeß Fermente aus, um die Stoffe in Lösung zu bringen, wenn auch nicht gerade peptonisierende Fermente.

Keinen Vorgang, den wir bei den Insektivoren bemerken, können wir als einen Verstoß gegen die physiologischen Gesetze, nicht einmal als eine erhebliche Abweichung von der Regel bezeichnen. Daß Pflanzen gerade Bestandteile von Insektenkörpern benutzen, um zu einem Vorteil an organischer Stickstoffzufuhr zu gelangen, ist noch am allerwenigsten merkwürdig, wenn es auch so scheint. Wer die Neigung hat, alles ins Kuriose und Absonderliche zu kehren, dem liegen in dieser Beziehung die Bakterien näher, die nicht nur kleine Insekten „fressen", sondern Elefantenleichen und Rhinozeroskadaver verdauen.

Verschwindet bei ruhiger Betrachtung und Vergleichung das Sonderbare an den Insektivoren von selbst, so treten um so mehr die hochmerkwürdigen Thatsachen in den Vordergrund, welche dem Forscher diese Gewächse so anziehend machen: die Aktion der komplizierten Bewegungsapparate und die Reizbarkeit durch mechanischen Druck und chemische Eigenschaften der Substanzen — Thatsachen, die heute noch zu den Rätseln unter den Naturerscheinungen gehören. Diese Fangeinrichtungen, ihre Reizbarkeit und ihre Bewegungen sind es, welche die Aufmerksamkeit anziehen müssen und weswegen man die Insektivoren als Besonderheiten betrachten kann, während die Thatsache, daß sie Insekten verdauen und als Nahrung benutzen, für den physiologisch Gebildeten das Unerklärliche verliert.

Im vorstehenden sind nur einige interessante Beispiele der Insektivoren herausgegriffen. Bezüglich eingehender Studien über die hier nicht genannten Formen muß auf die Speziallitteratur über diesen Gegenstand verwiesen werden.*

12. Parasitismus, Saprophytismus und Symbiose.

Ausgerüstet mit der Kenntnis über die Bedeutung des Chlorophylls würde die Überzeugung von seiner Notwendigkeit einen Moment erschüttert werden können durch die Wahrnehmung, daß sich nicht selten Pflanzen in Wald und Feld finden, welchen das Chlorophyll ganz und gar fehlt. Es sind Pflanzen, welche trotzdem nicht nur wachsen, sondern auch Blüten und Samen erzeugen, welche sich, obwohl sie in ihrem Aussehen den grünen Pflanzen gegenüber etwas fremdartig erscheinen, sich nicht anders verhalten als diese. Die Orobanchen, die Cuscuta-Arten sind Beispiele, die aus der heimischen Flora nicht unbekannt sein dürften, während die Tropen in den Balanophoren und Rafflesiaceen noch merkwürdigere Repräsentanten chlorophylloser Gewächse aufweisen. Diese phanerogamen Pflanzen bilden aber immer nur die Minderzahl unter den chlorophylllosen Pflanzen. Erst die außerordentlich große Artenzahl der Pilze, Bakterien und Myxomyceten lehrt, daß der Chlorophyllmangel keine vereinzelte Erscheinung ist. So leicht nun, wie gesagt, ein Widerspruch in dieser Erscheinung erblickt werden könnte, so ist thatsächlich doch gerade das Studium dieser Pflanzen geeignet, die Bedeutung des Chlorophylls nicht nur für die Chlorophyllpflanzen selbst, sondern für die gesamte übrige Welt der Organismen in das rechte Licht zu rücken. Alle diejenigen Pflanzen, welchen selbst diese hervorragendste Eigenschaft des Chlorophyllbesitzes fehlt, sind dadurch in die engste Abhängigkeit von den Chlorophyllpflanzen geraten, allerdings in den meisten Fällen zum Schaden dieser. Mit dem Mangel an Chlorophyll geht den Pflanzen die Fähigkeit ab, aus Kohlensäure und Wasser im Sonnenlichte organische Substanz zu produzieren. Deshalb sind die chlorophylllosen Pflanzen auch vom Lichte ganz unabhängig und können ihre Vegetation in der Finsternis vollführen. Sie thun dies vielfach auch, während die Chlorophyllpflanzen immer echte Lichtpflanzen sind. Die chlorophylllosen Pflanzen können nun aber ihre Körpersubstanz auch nur aus Kohlehydraten und Eiweißstoffen aufbauen. Sie müssen daher,

* Litteratur: Darwin, Insektenfressende Pflanzen. — M. Rees, Vegetationsversuche an Drosera. Botan. Zeitung 1875 u. 1878. — Drude, Die insektenfressenden Pflanzen in Schenks Handbuch der Botanik 1887. — Schimper, Notizen über insektenfressende Pflanzen. Botan. Zeitung 1882.

da ihnen die Fähigkeit abgeht, selbst Stärke und Zucker zu produzieren, sich diese Stoffe ebenso außerhalb suchen, wie dies zu thun das Tier gezwungen ist. Nirgends in der Natur als im Chlorophyll entsteht organische Substanz aus unorganischer und an diese Quelle der Ernährung sich zu wenden, sind die chlorophylllosen Pflanzen genötigt. Sie müssen aber dazu eine ganz besondere Lebensführung beginnen und leben als Schmarotzer, als Wegelagerer, die andere Organismen für sich arbeiten lassen und nur immer aufzehren, um zu existieren. So fallen sie ent-

Fig. 76. Eine auf Thymus schmarotzende Orobanche (aus den „Naturkräften").

weder direkt die Chlorophyllpflanzen an, um ihnen Nährstoffe zu entziehen, oder sie greifen tierische Organismen an, deren Körper ja auch nichts weiter ist, als umgewandelte Pflanzensubstanz.

Zwei bemerkenswerte Erscheinungen haben sich im Laufe der Pflanzenentwickelung herausgebildet, welche das Leben der Schmarotzer sehr verschieden charakterisieren, der Parasitismus und die Symbiose. Beide Ausdrücke bezeichnen ein Abhängigkeitsverhältnis chlorophyllfreier Gewächse von Chlorophyllpflanzen. Der Parasitismus ist eine einseitige Ausnutzung von seiten des Schmarotzers, welcher ganz rücksichtslos den eigenen Vorteil suchend, mit der Gefährdung und endlichen Zugrunderichtung des Lebens der Chlorophyllpflanze verbunden ist. Dagegen erscheint in der Symbiose die Erlangung einseitigen Nutzens eingeschränkt durch ein gemäßigtes und geordnetes Verhältnis von Gegenseitigkeit, wo auch der leidende Teil, d. h. die Chlorophyllpflanze, nicht gänzlich ohne Vorteil bleibt.

Der Parasit ist, soweit es sich um Pflanzen handelt, an eine Nährpflanze gebunden, zuweilen sogar an eine ganz bestimmte Pflanzenart und häufig sogar an bestimmte Organe. Der Mutterkornpilz, Claviceps purpurea, wächst nur in den jungen Fruchtknoten des Roggens heran und bildet endlich den violett gefärbten Körper, der die Stelle des Getreidekornes einnimmt. Andere Parasiten, wie die Orobanchen, siedeln sich nur auf den Wurzeln der Nährpflanze an.

Die Art, wie der Parasit mit seiner Nährpflanze in Verbindung tritt, kann eine sehr verschiedene sein; er kann sich seinem Wirte gegenüber als ziemlich selbständige Pflanze benehmen, indem sein Stengel, der später Blüten und Samen trägt, vollständig frei und von der Wirtspflanze getrennt existiert. Nur an bestimmten Stellen hat der Parasit eine innige Verbindung mit dem Wirte hergestellt. Wir sehen z. B. an der abgebildeten Orobanche, daß dieselbe nur an einer Stelle ihre Saugorgane in die Wurzel des Thymian hineingetrieben hat, so daß es recht schwer hält, die Verbindung mit der Nährpflanze im freien Boden aufzufinden.

Der Beobachtung leichter zugänglich sind diese Verhältnisse bei unserer Cuscuta, der Flachsseide. Sie umschlingt in der Abbildung den Leinstengel A scheinbar ganz harmlos mit ihrem windenden Stengel, welcher kleine blattartige Schüppchen und bei e Blütenknäuel trägt. Aber an den Stellen, wo die Windungen dem Leinstengel fester anliegen, z. B. bei d in der Figur treibt der Stengel der Cuscuta wurzelähnliche Bildungen in das Gewebe der Wirtspflanze hinein. In ihrer Form haben diese Saugorgane mit gewöhnlichen Wurzeln kaum mehr eine äußere Ähnlichkeit und nur das mit ihnen gemein, daß sie auch in das Substrat eindringen, um Nährstoffe aufzunehmen. Man bezeichnet die Saugorgane der Parasiten deshalb auch lieber mit dem besonderen Namen Haustorien. Es bleibt aber nicht bei dem einfachen Eindringen dieser Haustorien in den Stengel der Nährpflanze, dieselben treten vielmehr mit den Geweben der Wirtspflanze in feste Verbindung, indem sie förmlich mit derselben verwachsen. Tief hinein dringt das Haustorium der Cuscuta bis an den Holzkörper des Leins, mit dem die Gefäße des Saugorganes in vollständige Verbindung treten. Nun ist eine Straße angelegt, auf der die Stoffe aus dem Wirte durch die Haustorien in den Parasiten wandern,

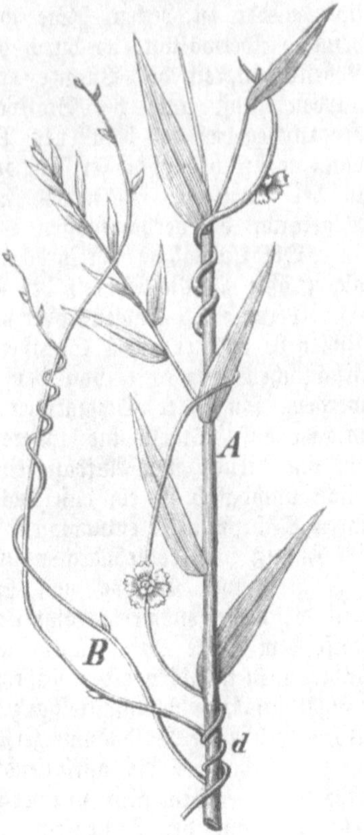

Fig. 77 Cuscuta auf Lein schmarotzend

der Strom der plastischen Stoffe ist abgeleitet durch den Schmarotzer. So hängt der Cuscutastengel durch seine Haustorien am Leinstengel fest, ohne mit einer eigenen Wurzel am Boden zu haften. Die Keimwurzel, welche der Cuscutasame bei der Keimung in den Boden treibt, stirbt ab, nachdem der Schmarotzer seinen Wirt gefunden. Der Boden für die Cuscutapflanze ist jetzt der Leinstengel, von ihm entnimmt sie alle für ihre Ernährung notwendigen Stoffe. Zunächst sucht die Nährpflanze den Verlust, welchen sie durch den Schmarotzer erleidet, durch Assimilation wieder zu decken. Sie wird aber meist sehr bald vom Parasiten dennoch überwältigt, da durch den bedeutenden Eingriff in ihre normale Lebensthätigkeit die Pflanze erkrankt und ihre Funktionen so gestört werden, daß auch der Stoffverlust nicht mehr ersetzt wird und ein Zugrundegehen der befallenen Pflanze unausbleiblich wird. Damit ist dann natürlich auch die Existenz des Parasiten besiegelt, der aber gewöhnlich in der Lage ist, ein neues Individuum anzufallen und durch weitere Vegetation die verheerendsten Verwüstungen anrichtet.

Die Aufnahme der organischen Nahrung durch den Parasiten hat die größte Ähnlichkeit mit der Ernährung einer Keimpflanze durch das Endosperm eines Samens oder mit der Ernährung von aus Knollen oder Zwiebeln austreibenden Sprossen. In ähnlicher Weise, wie die fertigen organischen Baustoffe von den Keimsprossen und Wurzeln verbraucht werden, saugt der Schmarotzer die plastischen Substanzen der Wirtspflanze auf. Stärke und andere Kohlehydrate wandern in den Parasiten ein und dienen zum Aufbau seines Protoplasmas und seiner Zellwände. Nicht unmöglich ist es, daß auch fertige Eiweißstoffe von den Parasiten ihren Nährpflanzen entnommen werden, obgleich sie wohl ohne Zweifel bei Zufluß von Kohlehydraten und Nitraten diese selbst erzeugen können

Bei einer Gruppe von Schmarotzern, den parasitischen Pilzen, tritt die bemerkenswerte Komplikation auf, daß dieselben nicht nur Nährstoffe dem Wirte entreißen, sondern auch ganz auffallende chemische Veränderungen im Körper der Nährpflanzen hervorrufen, die mit der Ernährungsthätigkeit nicht unmittelbar zusammenhängen. Die äußerst verderblichen Pilze, welche die Waldbäume zerstören, bewirken, während ihr Zerstörungswerk fortschreitet, die auffallendsten Stoffumwandlungen. So z. B. der Pilz Peridermium pini, welcher in den Kiefernadeln mit seinem Mycelium lebt und auf der Außenseite der Blätter seine gelbgefärbten Sporenbehälter erzeugt. So lange der Pilz nur auf die Nadeln beschränkt bleibt, ist er weniger gefährlich, allein das Mycel dringt auch in die Rinde junger Kiefern ein und verbreitet sich in derselben, um endlich durch die Markstrahlen in das Holz hinein zu wachsen. Äste und Zweige der Kiefer sterben dann oft schon nach wenigen Jahren ab. Wo das Mycel im Gewebe hinwuchert, wird Stärke und Zellinhalt aufgezehrt und in den Zellen scheiden sich Tropfen von Terpentinöl aus. Ein anderer Baumtöter ist der Hallimasch, Agaricus melleus, welcher auf sämtlichen Nadelholzarten Europas leben kann und junge Nadelbäume, wie auch hundertjährige Kiefern zu Grunde richtet. Sein Mycel bildet dickere Stränge oder flächenförmige Bänder unter der Rinde der Wurzeln und wächst dann oft hoch in die Stämme hinauf. Das Mycel zerstört das Rindengewebe, wobei ebenfalls der Zellinhalt in Terpentinöl umgewandelt wird, welches sich häufig in größerer Menge im Gewebe ansammelt oder aus Rissen und Spalten hervortritt. Durch die Markstrahlen gelangt das Myceltum in das Holz und zersetzt die Holzsubstanz.* Wie auffallend in manchen Fällen die Anpassung eines Parasiten an bestimmte Nährpflanzen sein kann, lehren die Rostpilze (Uredineen), bei denen ein überaus merkwürdiger Generationswechsel stattfindet. Auf der Unterseite der Berberitzenblätter findet man im Frühjahr häufig orangenfarbige Flecke. Es sind dies die becherförmigen in das Blattgewebe eingesenkten Früchte eines Parasiten, Aecidium Berberidis. In dem Becher entstehen zahlreiche Sporen, von denen jede ein neues Individuum des Pilzes erzeugen kann, aber eine Keimung der Sporen findet nur dann statt, wenn dieselben auf Blätter von Getreide gelangen, auf welche sie vorwiegend durch den Wind übertragen werden. Hier entsteht nun eine Krankheit des Getreides, der Getreiderost, der sich im Auftreten langgestreckter gelber Streifen offenbart. Der mit seinem Mycel in den Getreideblättern wuchernde Parasit bildet zahllose Sporen (Uredosporen), welche auf den Blättern ihre Keimschläuche treiben und hier weiterwachsen. Hierdurch kann der Parasit endlich ganze Felder okkupieren und vernichten. Am Ende des Sommers beginnt der Pilz jedoch eine andere Form von Sporen zu bilden (Teleutosporen). Diese überdauern den Winter und keimen im Frühjahr. Allein es kann sich aus ihnen nur dann ein neuer Pilz entwickeln, wenn die Sporen auf Berberitzenblätter zurückgebracht werden, wo dann wieder die becherförmigen Aecidium-Früchte entstehen. Der ganze Entwickelungsgang ist bei dem Parasiten auf zwei verschiedene Pflanzenarten verteilt und an diesen Wechsel durchaus gebunden.

Es sind hier nur einige Beispiele zur Erläuterung des Parasitismus herausgegriffen worden. Leicht ließen sich dieselben vermehren, es sei nur an die kleinsten aller Parasiten, die Bakterien, erinnert, welche trotz ihrer Kleinheit die auffallendsten Erscheinungen bei ihrer Ernährung hervorrufen, indem sie Gärungen und Fäulnisvorgänge verursachen oder als Erreger zahlloser Krankheiten auftreten, deren Erforschung und Bekämpfung eine ganze Wissenschaft für sich geworden ist.

In der Regel zerstören die Parasiten ihre Nährpflanzen vollständig. Um so interessanter ist das Verhältnis, welches in der Symbiose zwischen dem Parasiten und der Nährpflanze herrscht, wo im Gegensatz zu der einseitigen Ausnutzung durch den einen Teil, die Nährpflanze bis zum gewissen Grade geschont wird. Statt rücksichtsloser Ausbeutung erscheint ein Verhältnis zu gegenseitiger Erhaltung angebahnt. Das interessanteste und bezeichnendste Beispiel dafür sind die Flechten.

Die Flechten erscheinen als Pflanzenformen, die zuweilen eine entfernte äußerliche Ähnlichkeit mit Lebermoosen haben, aber niemals die frische grüne Farbe dieser, sondern graue, graugrüne, gelbe oder schwarze

* Über diese Vorgänge vergleiche man R. Hartigs bedeutende Untersuchungen. Eine Zusammenstellung in dessen Lehrbuch der Baumkrankheiten. Berlin 1889.

Färbungen zeigen. Durch die bahnbrechenden Untersuchungen Schwendeners in den Jahren 1863—69 wurde festgestellt, daß der Vegetationskörper der Flechten immer aus zwei Pflanzen bestehe, aus einem Pilze und einer Alge. Der Pilz lebt als Parasit der Alge, aber nicht in der gewöhnlichen Weise der Schmarotzer.

Die mikroskopische Untersuchung einer Flechte ergibt, daß ihr Körper aus einem Geflecht von Pilzfäden besteht, in welchem Algenzellen eingeschlossen sind. Ein Durchschnitt durch die an Bäumen leicht zu findende Wandflechte, Physcia parietina, läßt dies leicht erkennen. Bei den meisten Flechten ist die Einlagerung der Algenzellen in das Hyphengeflecht des Pilzes eine regelmäßige, die Algenzellen bilden flächenförmige Schichten, die der beleuchteten Oberfläche naheliegen, damit die Algen assimilieren können. Der Flechtenpilz schmarotzt im vollen Sinne des Wortes auf den Algen, er ernährt sich von den organischen Substanzen, welche die Alge durch Kohlensäurezersetzung gewinnt. Allein der Pilz richtet bei den Flechten seinen Wirt nicht rücksichtslos zu Grunde, sondern schützt die Algen vielmehr, indem er sie nur soweit ausnutzt, als unbedingt nötig ist. Die Algen leben von dem Flechtenpilz umsponnen gerade so, wie sie im Freien leben würden, indem sie durch die Arbeit ihrer Chlorophyllkörner Kohlehydrate erzeugen. Es leuchtet aber ein, daß die Algen innerhalb des Pilzgewebes ein geschützteres Dasein führen. Da der Pilz Wasser und Aschenbestandteile aufnimmt und ihnen zuführt, befinden sie sich unter günstigeren, wenigstens gleichmäßigeren Ernährungsbedingungen, als wenn sie in freiem Zustande vegetierten. Vielfach leben die Flechten auf dürren, wasserarmen Steppen oder auf kahlen, sonnendurchglühten Felswänden. Allein würden die Algen hier nicht leben können. Der Pilz aber schützt sie vor dem Untergang durch Austrocknen, dringt außerdem mit seinen Fäden in feine Ritzen des Gesteins ein und besorgt die Aufnahme mineralischer Bestandteile. Stahls Untersuchungen haben bewiesen, daß die Algenzellen in ihrer Verbindung mit dem Flechtenpilze größer und kräftiger werden, als im isolierten Zustande. Wenn der Flechtenpilz auf diese Weise die Algen schützt und in ihrem Gedeihen fördert, so verlangt er dafür aber auch eine Gegenleistung. Er entzieht den Algen die von ihnen produzierte organische Substanz, welche zum Aufbau seines eigenen Körpers nötig ist. Der Anspruch des Pilzes ist aber ein gemäßigter, er greift die Algen nur insoweit an, als es seine Ernährung verlangt, tötet nur in Perioden eine geringere Anzahl von Zellen und benutzt ihre plastische Substanz, während die übrigen Algenindividuen ungestört weiter leben, sich teilen und durch ihre ganz normale Vermehrung für Nachschub sorgen. Die Art und Weise, wie der Pilz mit den Algen in Verbindung tritt, ist einfach. Die Pilzfäden legen sich dicht an die Algen an und durchbrechen deren Haut, um den Zellinhalt sich nutzbar zu machen.

Ein ganz anderes Ziel tritt in einem solchen Verhältnis der Symbiose zu Tage, als beim Parasitismus. Dort einseitiger Vorteil, einseitige Zerstörung der Existenz, hier dauernde gemeinsame Existenz auf Grund gegenseitiger Opfer und durch gegenseitige Förderung in den

Lebenszielen. Durch die Symbiose sind die Flechtenpilze ganz unabhängig geworden von organischen Substraten, welche andere Pilze sonst aufsuchen müssen, die Flechten können auf rein mineralischem Boden wachsen und das ist von Wichtigkeit, weil dadurch auch sterile Gebiete in den Flechten eine Vegetation und damit die Vorbedingung tierischen Lebens erhalten. Es sind daher auch gerade manche Flechten, welche die ersten Pioniere bilden und durch ihre Besiedelung, für höhere Pflanzen unzugängliche Bodenflächen für diese vorbereiten. Sie unterstützen die Verwitterung des felsigen Bodens und helfen die erste dünne Schicht Erdkrume bilden, die einem Samen einer höheren Pflanze als Keimbett dienen kann.*

Ob es sich auch bei der von Frank entdeckten Mycorrhiza um eine Symbiose oder um bloßen Parasitismus handelt, läßt sich heute noch nicht bestimmt entscheiden. Von dem genannten Forscher wurde beobachtet,** daß die jungen Wurzeln der meisten Laubbäume, wie der Eichen, Buchen, Birken, sowie der Koniferen von einer förmlichen Scheide von Pilzgewebe umsponnen sind. Ein derartiges Vorkommnis war schon früher von Kamiensky bei den Wurzeln von Monotropa und von Reeß bei Kiefernwurzeln beobachtet worden. In letzterem Falle handelt es sich um das Mycelium der Hirschtrüffel (Elaphomyces granulatus), welches die Wurzeln überzieht und parasitisch lebt.

Frank glaubt dagegen, aus seinen Beobachtungen schließen zu müssen, daß die Wurzelpilze nicht parasitisch leben, sondern den Wurzeln bei der Nahrungsaufnahme zu Hilfe kämen, daß es sich also hier um eine Symbiose von Laubbäumen und Pilzen handle. Nach andern Beobachtern ist jedoch die Mycorrhiza wie Frank jene pilzumscheidete Wurzel nennt, nicht allgemein verbreitet und die Erscheinung als Parasitismus aufzufassen. Es ist auch eigentlich nicht sehr wahrscheinlich, daß die Existenz der Bäume besonders durch den Pilzüberzug ihrer Wurzeln gefördert wird, da offenbar die Vegetation des Pilzes die jungen Wurzeln krankhaft verändert.

Es scheint aber die Mycorrhiza bei anderen Pflanzen eine thatsächliche Bedeutung zu haben, nämlich bei den humusbewohnenden Schmarotzern unter den Phanerogamen. Manche Orchideen, wie Neottia Nidus avis, Corallorrhiza, ferner, wie erwähnt, Monotropa, sind stets mit Pilzmycelien vergesellschaftet, welche ihre Wurzeln überziehen oder in deren Gewebe eindringen, ohne jedoch die Pflanze wie gewöhnliche Parasiten zu zerstören. So könnte möglicherweise die Sache so liegen, daß bei den Wurzeln der Bäume das Mycel ein parasitisches ist, dagegen bei den ebengenannten Saprophyten der Pilz die Ernährung durch Zersetzung der Humussubstanzen, welche als Nährmaterial benützt werden, unterstützt.

---

* Litteratur über Flechten: Schwendener, Untersuchungen über den Flechtenthallus, Nägelis Beiträge z. wiss. Botanik, Heft II, III, IV, 1860—68. Die Algentypen der Flechtengonidien, 1869. — Stahl, Beiträge zur Entwickelungsgeschichte der Flechten, 1877. — Reeß, Über die Natur d. Flechten, Virchow und Holtzendorffs Vorträge, Heft 320. — A. Müller, Über Kultur flechtenbildender Ascomyceten, Münster 1887. — De Bary, Die Erscheinung der Symbiose, 1879.

** Frank, Berichte der d. botan. Ges. 1885.

Damit kommen wir auf eine dritte Form der Ernährung chlorophyllfreier Pflanzen zu sprechen, auf den Saprophytismus. Eine große Anzahl chlorophyllfreier Pflanzen gewinnt ihre organische Nahrung nicht durch Angriffe auf andere lebende Organismen, sondern durch Benützung der in abgestorbenen organischen Resten vorhandenen kohlenstoffhaltigen Nährsubstanzen. So leben die meisten Hutpilze auf Pflanzenresten, die Schimmelpilze nähren sich von den anderweitiger Benützung nicht unterliegenden Resten von Nahrungsmitteln, und ebenso ist ein Teil der Bakterien stets bereit, organische Überbleibsel in Besitz zu nehmen. Diese verschiedenen Pilze werden dadurch zu Erregern der mannigfachen Fäulnisprozesse und die bei ihrem Ernährungsgeschäfte hervorgerufenen chemischen Vorgänge verdienen ein besonderes Interesse. Die Pilze und Bakterien erzeugen, indem sie nur einen kleinen Teil der organischen Substanzen für ihren eigenen Körper wirklich benutzen, durch ihre Vegetation Zersetzungsprodukte ihres Nährbodens, ohne dieselben für ihre Ernährung zu benutzen. Letzteres ist schon deshalb meistens ausgeschlossen, weil die entstehenden Stoffe selbst keine oder schlechte Nährsubstanzen sind. Von Pilzen befallene Speisereste u. s. w. werden allmählich in weiche oder flüssige Massen umgewandelt, die ursprüngliche Form vollkommen zerstört und die ganze Masse des Nährbodens nur zum kleinsten Teile wirklich zum Zwecke der Ernährung resorbiert. Vorzugsweise sind die Bakterien in dieser Beziehung merkwürdig. Bei ihrer ganz verschwindenden Körpergröße ist die Substanzmenge, welche zu ihrer Ernährung nötig ist, eine sehr kleine und steht in gar keinem Verhältnis zu den bedeutenden Substanzmengen, welche sie bei ihrer Vegetation zersetzen. Außer den eigentlichen Fäulnis- und Verwesungsprozessen bewirken die Bakterien auch zahlreiche als Gärungen bezeichnete Vorgänge und werden durch ihre Thätigkeit zu außerordentlich wichtigen Organismen. Durch die Essigbakterie, Bacterium aceti, wird bei der Essigfabrikation der verdünnte Alkohol zu Essigsäure oxydiert. Andere Spaltpilze rufen Milchsäure- und Buttersäuregärung hervor. Das Sauerwerden der Milch, der Gemüse und anderer Speisen beruht darauf, daß durch Spaltpilze, welche sich auf diesen Substraten ansiedeln, die Zuckerarten in Milchsäure umgewandelt werden, welche den Speisen einen säuerlichen Geschmack verleiht. Die mannigfachen Gärungen, welche die verschiedenen Bakterienformen hervorrufen, lassen, indem die Produktion von Säuren, Alkoholen, Farbstoffen u. s. w. dabei in den Vordergrund tritt, den eigentlichen Ernährungsvorgang fast ganz zurücktreten. Wenn aus Zweckmäßigkeitsgründen die Saprophyten von den Parasiten getrennt betrachtet werden, so muß doch betont werden, daß im Prinzip die Ernährungsweise beider Gruppen ganz gleich ist; es handelt sich in beiden Fällen um Ernährung mittels fertig gebildeter organischer Substanzen, welche direkt oder indirekt von chlorophyllhaltigen Organismen abstammen. Kein chlorophyllfreier Organismus ist im stande, selbst atmosphärische Kohlensäure zur Synthese organischer Substanz zu benutzen.

Überblicken wir noch einmal alle Funktionen der Pflanzenernährung, so gliedert sich dieselbe wie folgt:

I. Assimilation (Kohlensäurezersetzung),

II. Stoffwechsel
1. Verdauung,
2. Transport,
3. Resorption,
4. Sekretion.

III. Plastik (Ansatz).

Die Assimilation findet allein bei chlorophyllhaltigen Pflanzen statt. Die Vorgänge des Stoffwechsels sind dagegen gleich bei den chlorophyllhaltigen und chlorophyllfreien Pflanzen. Während sich die Pflanzen durch die Assimilation durchgreifend von den Tieren unterscheiden, findet durch die Übereinstimmung der Stoffwechselvorgänge die größte Annäherung zwischen beiden Reichen organischer Wesen statt.

Um einem Mißverständnis vorzubeugen, möge hier hervorgehoben werden, daß das Wort Assimilation freilich auch in der Tierphysiologie Anwendung findet, allein man bezeichnet damit nicht die Assimilation des Kohlenstoffes der Kohlensäure, sondern den Ansatz der plastischen Substanz, also denselben Vorgang, welcher hier als Plastik bezeichnet wird.*

* Vgl. Arbeiten des Botan. Inst. z. Würzburg, Bd. III, p. 286.

IV. Die Fortpflanzung.

Die Lebensdauer der einzelnen Pflanze ist begrenzt. Die Organe nutzen sich ab, werden untauglich für die Arbeiten, welche sie für die Existenz der Pflanze zu verrichten haben und diese verfällt dem Tode, mag dies nun schon nach Wochen geschehen, wie bei einem niederen Pilze, nach einem kurzen Sommer, wie bei einjährigen Pflanzen oder nach vielen Jahrzehnten bei den Bäumen. Warum das Leben des Einzelwesens aufhören muß und die gegebene Frist bei den verschiedenen Arten ungleich ist, obgleich bei allen anscheinend dasselbe Protoplasma Träger des Lebens ist, darüber läßt sich wohl kaum eine befriedigende Antwort geben, wenn dieser Versuch auch ganz allgemein für alle Organismen in geistvoller Weise von Weismann gemacht worden ist.*

Die Schwierigkeit liegt namentlich darin, festzustellen, was Ursache und was Wirkung ist, ob der Organismus stirbt, weil die Organe nicht mehr funktionieren, oder ob die Organe aufhören, brauchbar zu sein, weil der Organismus abstirbt. Man kommt bei solchen Betrachtungen gewöhnlich nur zu rein teleologischen Gesichtspunkten. Es müßte allerdings unserem Verstande unzweckmäßig erscheinen, wenn bei der gegebenen Organisation der Pflanzen und bei den jetzt herrschenden äußeren Bedingungen den Pflanzen eine ewige oder auch nur eine viel längere Lebensfrist beschieden wäre, als sie besitzen.

Die natürlichen Verhältnisse sind nur zum kleinen Teil wirkliche Bedingungen des Lebens für die Pflanzen. Wie vielfach schädigend greifen z. B. die klimatischen Verhältnisse ein. Die Organe werden verändert, geschädigt, zerstört, um so mehr, je länger das Individuum lebt. Bei einer Lebensdauer, die nicht einmal ewig, sondern nur hundertfach verlängert zu sein braucht, würde also unsere Erde sehr bald nur mit verkrüppelten Pflanzen bedeckt sein. Das erscheint sinnlos, während die Verjüngung durch neue Generationen frisches Leben und neue Kraftentfaltung erzeugt. Die Notwendigkeit einer Erneuerung durch Fortpflanzung leuchtet also schon aus so einfachen Betrachtungen ein.

Wenn wir die auffallendsten Verschiedenheiten der Organisation auftreten sahen, durch welche die Pflanzen sich den verschiedensten Bedingungen angepaßt haben, um ihr Ernährungsgeschäft zu besorgen, so nimmt es nicht Wunder, daß die so bedeutungsvollen Fortpflanzungsvorgänge eine Mannigfaltigkeit aufweisen. Nur die hervorragendsten

---

* Weismann, Über die Dauer des Lebens. Jena 1882.

Beispiele können herausgegriffen werden, um diese Funktion des Pflanzenlebens, die wichtigste neben der Ernährung, kennen zu lernen. Wegen der vielen, zum Teil verwickelten Einzelheiten ist es besonders geboten, nach einem Faden zu suchen, an dem sich die Mannigfaltigkeit der Erscheinungen aufreiht. Versuchen wir, das Gemeinsame der Fortpflanzungsvorgänge aufzufinden.

Man beobachtet, daß sich bei den perennierenden Pflanzen, also z. B. bei unseren Sträuchern und Bäumen, nach der Winterruhe Tausende von Knospen entwickeln und daß sich jedes Jahr die Pflanzen mit neuen Blatt- und Blütensprossen bedecken. Diese jährliche Erneuerung von Organen fällt nun aber nicht unter den Begriff der Fortpflanzung.

Das ganz allgemein äußerliche Merkmal der Fortpflanzungsvorgänge ist die Loslösung bestimmter, die Fortpflanzung übernehmender Teile von der Mutterpflanze. Auf diese Weise können also wohl Vegetationsorgane, also z. B. Sprosse die Fortpflanzung übernehmen, wenn sie sich loslösen von der Pflanze und indem sie sich bewurzeln, ein neues selbständiges Pflanzenexemplar darstellen. Viel wichtiger als solche Fälle, die in der That vielfach vorkommen und noch im einzelnen besprochen werden sollen, sind jedoch diejenigen, wo zum Zwecke der Fortpflanzung besonders erzeugte und organisierte Fortpflanzungszellen sich abtrennen und ausgerüstet mit dem Erbteil väterlicher oder mütterlicher Eigenschaften zum Teil erst durch Vereinigung miteinander im stande sind, die Erhaltung der Art zu übernehmen. Wenn diese Fälle als die wichtigeren bezeichnet werden, so darf man dies wohl deshalb thun, weil ihnen wahrscheinlich eine ganz andere Bedeutung zukommt, als der einfachen Fortpflanzung durch losgetrennte Vegetationsorgane.

Da, wo es zur Bildung von Fortpflanzungszellen kommt, was thatsächlich bei den weitaus meisten Pflanzen eintritt, sind aber wieder zwei Fälle zu unterscheiden. Die Fortpflanzungszellen entstehen im ersten Falle durch einfache Abgliederung vom Vegetationskörper, in der Regel an bestimmten Orten und an besonderen Trägern. Diese Fortpflanzungszellen sind ohne weiteres fortentwickelungsfähig, sie können unter geeigneten Ernährungs- und Wachstumsbedingungen eine Pflanze gleicher Art hervorbringen. Es findet hier, um gleich auf das maßgebende hinzuweisen, keinerlei Geschlechtsakt bei der Fortpflanzung statt. Im zweiten Falle geht die Pflanze aber erst aus dem Produkt hervor, welches durch einen Geschlechtsakt entsteht, indem zweierlei Fortpflanzungszellen entstehen, von denen jede allein nicht fortentwickelungsfähig ist, weshalb eine Vereinigung der beiden, oft durch ihre Form, immer aber durch ihre Eigenschaften unterschiedenen Zellen erfolgen muß, damit ein Individuum gleicher Art entstehe.

Nach diesen Thatsachen lassen sich die Fortpflanzungsvorgänge, wie folgt, klassifizieren:

I. Vegetative Fortpflanzung.

Durch Ablösung von Teilen des Vegetationskörpers oder durch Teilung des ganzen Vegetationskörpers bei den niedersten Algen 2c.

II. Cellulare Fortpflanzung.

Durch besondere Fortpflanzungszellen:

1) ungeschlechtliche oder monogene Fortpflanzung,
2) geschlechtliche oder digene Fortpflanzung.

Diese Einteilung ist jedoch nicht so aufzufassen, als ob bei einer Pflanze immer nur je eine dieser Formen auftreten könne. Es kann im Gegenteil eine Pflanze sowohl geschlechtliche als ungeschlechtliche Fortpflanzung besitzen und daneben noch im stande sein, sich vegetativ zu vermehren.

1. Vegetative Fortpflanzung.

Nach diesen allgemeinen Bemerkungen zu den speziellen Formen, in denen die Fortpflanzung vor sich geht, übergehend, wenden wir uns zunächst zu der vegetativen Fortpflanzung, gewöhnlich auch vegetative Vermehrung genannt. Die vegetative Fortpflanzung wird gewöhnlich nicht mit zu den Fortpflanzungsvorgängen gerechnet,* wohl deshalb, weil die der Fortpflanzung dienenden Organe ursprünglich der Ernährung oblagen. Doch glaube ich, daß die hier versuchte Darstellung keinen Einwand erfahren kann, da ja z. B. bei den Konjugaten die Gameten auch ursprünglich den ernährenden Inhalt der Zellen bildeten.

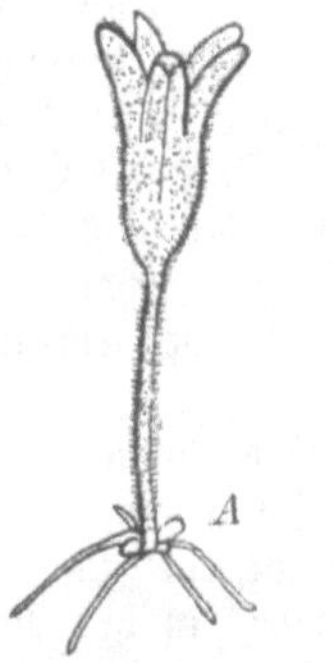

Fig. 78. Ein Blütenstiel mit Kelch von einer abgeblüten Blüte von Achimenes, welcher im feuchten Stand, bei A Sprosse und Wurzeln gebildet hat.

Die anzuführenden Beispiele werden den Lesern bekannt sein, so daß sich ein naturgemäßer Fortschritt vom Bekannten zum Unbekannten ergibt. Bei sehr vielen Pflanzen bewurzelt sich ein durch einen scharfen Schnitt abgetrennter Sproß mit Leichtigkeit, wenn derselbe in feuchten Sand gesteckt wird, und man vermehrt bekanntlich durch derartig gewonnene Stecklinge in der gärtnerischen Praxis zahlreiche Pflanzenarten. Auch Blätter, welche abgeschnitten und flach auf eine feuchte Sandschichte gelegt werden, bilden neue Sprosse und Wurzeln ebenso, wie dies bei manchen Pflanzen sogar abgeschnittene Blütenstiele thun. Diese Vorgänge, welche durch künstliche Eingriffe ausgelöst und nicht bloß bei höheren Pflanzen, sondern auch bei den einfacher organisierten beobachtet worden sind, beweisen zunächst, daß eine Fortpflanzung durch, man möchte sagen, jedes beliebige abgetrennte Stück vom Vegetationskörper der Pflanze möglich ist.

Unter natürlichen Bedingungen kommt nun bei vielen Pflanzen etwas ganz Ähnliches zu stande, wie bei der künstlichen Herstellung von Ablegern und Stecklingen.

Die Erdbeeren bilden an ihrem kurzen Stengel ein dichtes Laub großer Blätter und aufrechte Blütensprosse. Sehr bald entstehen jedoch

---

* Vgl. z. B. Sachs, Vorlesungen über Pflanzenphysiologie. 1882.

in den Axeln der Blätter Sprosse, welche sich nicht senkrecht erheben, sondern horizontal am Boden hinkriechen. Sie werden Ausläufer genannt. Ihre Axe ist dünn und langgestreckt und nur mit kleinen Blättern besetzt, deren Axelsprosse sich jedoch in einiger Entfernung von der Mutterpflanze kräftig entwickeln, sich bewurzeln, Blätter und Blüten entfalten und zu neuen Pflanzen erwachsen. Die Internodienstücke, welche die einzelnen Tochterpflanzen noch verbinden, werden nicht länger ernährt, vertrocknen und vermodern, wodurch dann eine vollständige Trennung der einzelnen Abkömmlinge der Mutterpflanze erfolgt.

Bei der Kartoffel dringen, wie unsere Abbildung S. 13 erläutert, die Ausläufer in den Boden ein, schwellen zu Knollen an, welche nach

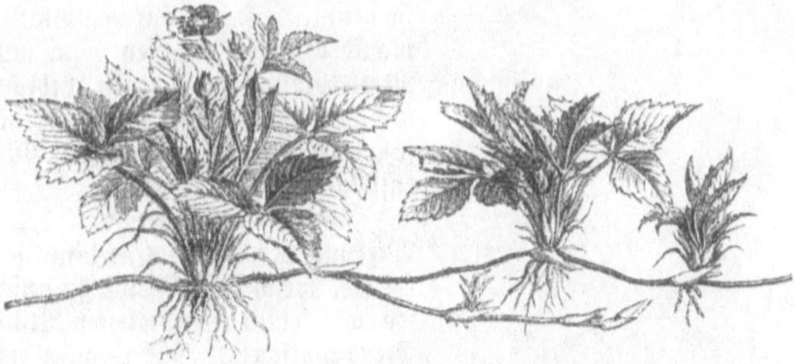

Fig. 79. Ausläufer der Erdbeere mit jungen Pflanzen.

dem Absterben der Kartoffelpflanze im Herbst im Boden liegen bleiben und nun im stande sind, zahlreiche neue Pflanzen wieder zu erzeugen.

In diesen Fällen schon, an die man zahlreiche ganz analoge anreihen kann, haben die zum Zwecke der vegetativen Fortpflanzung gebildeten Sprosse eine von den normalen Laubsprossen abweichende Form und eine ihrem Zwecke angepaßte Organisation, aber sie verhalten sich noch längere Zeit als der Pflanze zugehörige Glieder und trennen sich erst relativ spät von der Mutterpflanze. Anders ist dies bei den Pflanzen, welche sogenannte Brutknospen abwerfen. Die Brutknospen sind bei den höheren Pflanzen kurze, knollen- oder zwiebelähnliche Sprosse. Sie bilden sich in den Axeln der Blätter oder auf denselben, vertreten zuweilen sogar die Stelle der Blüten, z. B. bei Polygonum viviparum, einer auf Alpenwiesen häufigen Pflanze, an deren Blütenähren nur am oberen Teil Blüten entstehen, während an der unteren Hälfte der Ährenspindel in den Axeln kleiner Deckblättchen Knollen gebildet werden, welche wie Samen ausgestreut werden und zu neuen Pflanzen sich entwickeln. Dentaria bulbifera, Lilium bulbiferum können als weitere Beispiele von Brutknospen bildenden Pflanzen genannt werden. Keineswegs sind es aber bloß Monokotylen und Dikotylen, welche mit derartigen Organen der Vermehrung ausgerüstet sind. Unter den Lebermoosen erzeugen manche, z. B. Lunularia, Marchantia, Fegatella, auf ihrem Laube körbchenförmige Behälter, in denen Brutknospen entstehen.

Die Brutknospen entstehen bei Marchantia im Grunde der Becher, welche auf der Oberseite der dorsiventralen Lebermoossprosse sitzen. Ausgewachsen sind die Brutknospen flache, an beiden Seiten des Randes eingeschnürte Zellkörper, die auf einem kurzen Stiel sitzen. Die reifen Knospen lösen sich aus ihrem Becher los und erzeugen keimend eine neue Lebermoospflanze.

Im allgemeinen entstehen Sproßknospen nicht an oder auf Blättern, doch finden sich einige Fälle, wo dieser Regel widersprochen wird und auf den Blättern Knospen erzeugt werden, welche der vegetativen Vermehrung der betreffenden Pflanze dienen. Solche Adventivknospen, wie man sie nennt, entstehen auf den Blattrippen mancher Farne, wachsen sogar auf dem Mutterblatte zu kleinen beblätterten und bewurzelten Pflanzen aus, die abfallen und sich zu eigenen Pflanzen entwickeln.

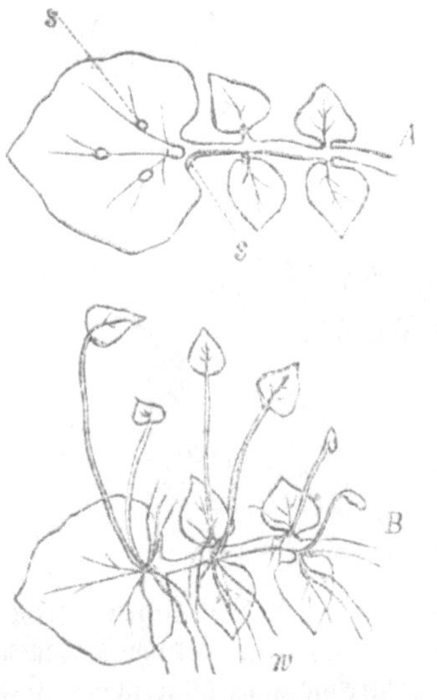

Fig. 80 Blätter von Cardamine pratensis. A mit ruhenden Adventivknospen (S), B mit ausgewachsenen Sprossen und Wurzeln.

Unser wohl jedermann bekanntes Wiesenschaumkraut, Cardamine pratensis, welches im Frühjahr auf Wiesen mit seinen hell-violetten Blüten in Menge erscheint, bildet ganz normal auf der Spreite seiner Fiederblättchen Sproß- und Wurzelanlagen. Man bemerkt die Vegetationspunkte schon mit der Lupe als kleine Anschwellungen auf den Verzweigungsstellen der Blattnerven. Wenn nach der Blütezeit die Pflanzen zu Grunde gehen und die Blätter auf den Boden fallen, schlagen die Adventivsprosse Wurzeln und wachsen zu jungen Pflänzchen aus.

Noch zahlreiche Beispiele einer vegetativen Vermehrung ließen sich anführen und mag noch auf das in den Tropen einheimische Bryophyllum calycinum, eine Crassulacee, aufmerksam gemacht werden, welches in seinen Blattkerben zahlreiche Adventivsprosse erzeugt. Wenn der Wind die Pflanzen schüttelt oder wenn man dieselben durch einen Schlag erschüttert, fallen nach Johows Beobachtung die nur lose sitzenden Sprosse wie Samen herab und vermehren die Pflanze reichlich. Auf vegetativem Wege pflanzen sich auch die niedersten Organismen vorzugsweise fort, wie die einfachsten Algen, die Bakterien u. s. w. Hier besteht die Fortpflanzung in einer einfachen Teilung des ganzen Vegetationskörpers, der nur aus einer Zelle besteht. Es wäre aber doch unrichtig, wenn man deshalb, weil in diesem Falle einzelne Zellen sich teilen, diese Vorgänge zur cellularen Fortpflanzung rechnen wollte. Die Zellen, welche sich bei der Vermehrung eines Coccus oder einer Palmella teilen, sind nicht zum Zwecke der Fortpflanzung besonders gebildete, sondern es sind vegetative

Zellen, da bei diesen niederen Organismen noch keinerlei Differenzierung vorhanden ist. Nur scheinbar würden sich also diese Vorkommnisse der cellularen Fortpflanzung anreihen, ihrem Wesen nach gehören sie zu den vegetativen Vermehrungsvorgängen. Sie beweisen, daß die zum Überblick über die Lebensvorgänge geschaffenen Einteilungen nicht absolut scharfe sein können, da es in der organischen Natur keine absoluten Grenzen gibt.

2. Cellulare Fortpflanzung.

Während es bei der vegetativen Fortpflanzung immer auf eine Teilung des vorhandenen Stoffes hinausläuft, wie die angeführten Beispiele beweisen, handelt es sich bei der cellularen Fortpflanzung ganz wesentlich um eine Änderung und Umformung des Stoffes zum Zwecke der Fortpflanzung. Dies in der cellularen Fortpflanzung erstrebte Ziel tritt schon bei den niedersten Pflanzen, bei Bakterien und Myxomyceten in deren Sporenbildung ganz deutlich zu Tage, im Gegensatz zu bloßen Teilungsvorgängen, wie sie beim Zerfallen von Coccen oder Bacillen in zahllosen Generationen beobachtet werden. Es kann daher nicht Wunder nehmen, daß diese Umformung des Stoffes zu Fortpflanzungszellen auch äußerlich fast immer dadurch hervortritt, daß die Fortpflanzungszellen selbst eine charakteristische Gestalt im Gegensatz zu den Formelementen des Vegetationskörpers besitzen, wie sich dies von den niedersten Pflanzen an bis zu den höchsten beobachten läßt. Im Zusammenhang damit steht ebenfalls die Thatsache, daß die Fortpflanzungszellen in der Regel an besonders gestalteten Trägern oder in besonders geformten Behältern, bei den höheren Pflanzen an Sprossen besonderer Form, welche Blüten genannt werden, entstehen, wodurch die Fortpflanzungsorgane in einen schon mit bloßem Auge wahrnehmbaren gestaltlichen Gegensatz zu den Vegetationsorganen treten. An einigen einfacheren Beispielen möge dies zunächst erläutert werden.

1. Konidien und Schwärmsporen.

Wenn Speisereste, Brot oder dergl. sich selbst überlassen werden, so bilden dieselben einen geeigneten Nährboden für Schimmelpilze und man sieht bald, daß die Okkupation dieser Reste beginnt, indem ein zarter, weißer, aus einem mikroskopischen Fadengeflechte bestehender Rasen das Substrat überzieht. Man hat in diesem gespinstähnlichen Geflecht den Vegetationskörper, das Mycelium des Schimmelpilzes, vor sich. Mit einem Teil der Fäden dringt dasselbe in das Substrat ein, löst durch Ausscheidung von Enzymen die Nährstoffe und ernährt sich durch Aufnahme eines Teiles derselben. Das auf der Oberfläche des Nährbodens hinkriechende Mycel besteht aus horizontal wachsenden, sich immer weiter verzweigenden Fäden, jedoch sehr bald erheben sich Verzweigungen

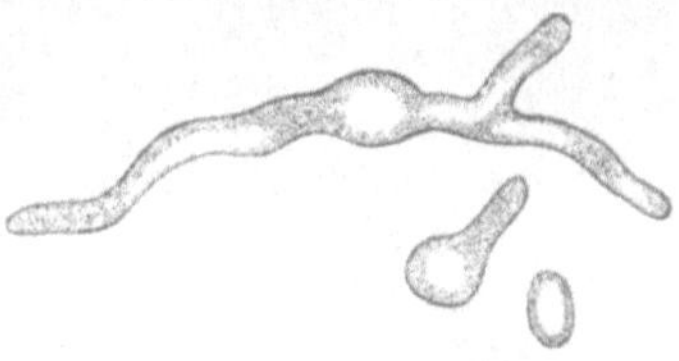

Fig. 81 Keimende Konidie eines Schimmelpilzes (Mucor)

dieser Fäden über die Oberfläche und wachsen senkrecht über diese empor. Sie werden zu Trägern der Fortpflanzungszellen, Konidien genannt, welche sich in sehr verschiedener Weise, je nach der Art des Pilzes, abgliedern.

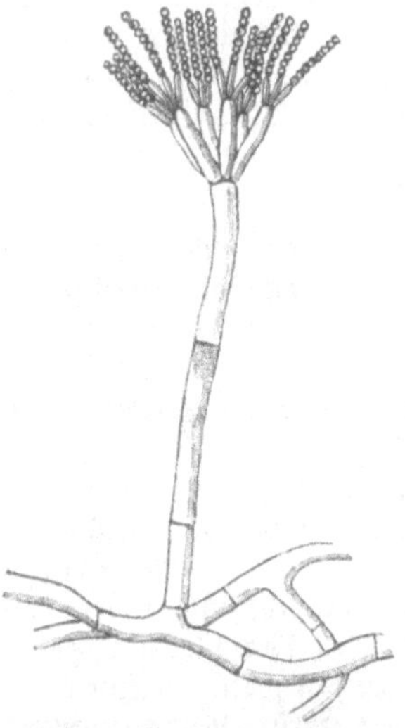

Fig. 82. Penicillium glaucum, Konidienträger

Die Konidienträger unseres gewöhnlichsten Schimmelpilzes, Penicillium glaucum, der anfangs weiß, dann, sobald die Konidienbildung beginnt, graugrün aussieht, verzweigen sich an ihrer Spitze wiederholt. Die letzten Äste dieses Verzweigungssystems schnüren zahlreiche Sporen hintereinander ab, welche, wie Perlschnüre anfangs miteinander verbunden, bald abfallen und keimen. In ähnlicher Weise entstehen die Konidien bei einem anderen Schimmelpilz, Eurotium Aspergillus glaucus. Seine Konidienträger schwellen keulartig an und auf der kugelförmigen Endfläche entstehen strahlig angeordnete Ausstülpungen (Sterigmen). Diese erst schnüren die Konidien ab, deren reichliche Menge den Tragfaden dicht bedeckt. Fig. 84 gibt den Konidienträger der Kartoffelkrankheit, Phytophtora infestans, um die Mannigfaltigkeit der Formen zu illustrieren. Während bei den ebengenannten Pilzen die

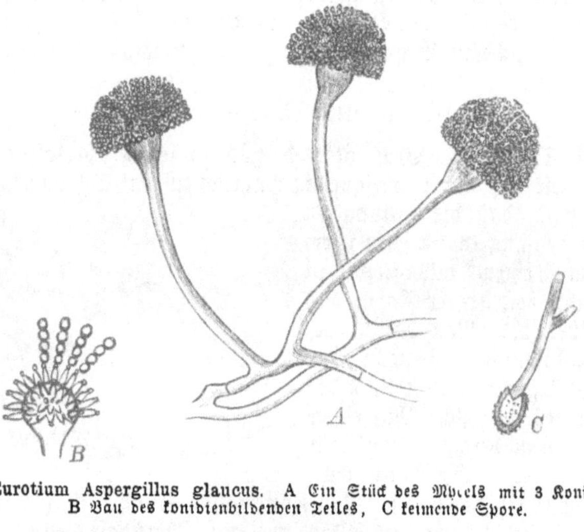

Fig. 83. Eurotium Aspergillus glaucus. A Ein Stück des Myzels mit 3 Konidienträgern, B Bau des konidienbildenden Teiles, C keimende Spore.

abgefallenen Konidien sogleich einen Keimfaden treiben können, aus dem sich ein neues Mycelium mit Konidienträgern entwickelt, machen die

Konidien des Kartoffelpilzes noch ein Schwärmstadium vor ihrer Keimung durch. Die reife Konidie B öffnet sich an ihrer Spitze und entläßt ihren Inhalt, der sich vorher in eine Anzahl beweglicher Protoplasmakörper geteilt hat. Ins Freie gelangt, strecken diese Schwärmer ihre Bewegungsorgane, Cilien, aus und schwärmen lebhaft im Wasser umher. Nach kurzem beweglichen Leben gelangen die Schwärmer zur Ruhe und keimen nun erst in gewöhnlicher Weise, Fig. 84 D, indem sie ein neues Mycel entwickeln.

Bei den Mucor-Arten entstehen die Konidien innerhalb der köpfchenförmigen Endzelle des Fruchtträgers. Die reifen Konidien liegen völlig

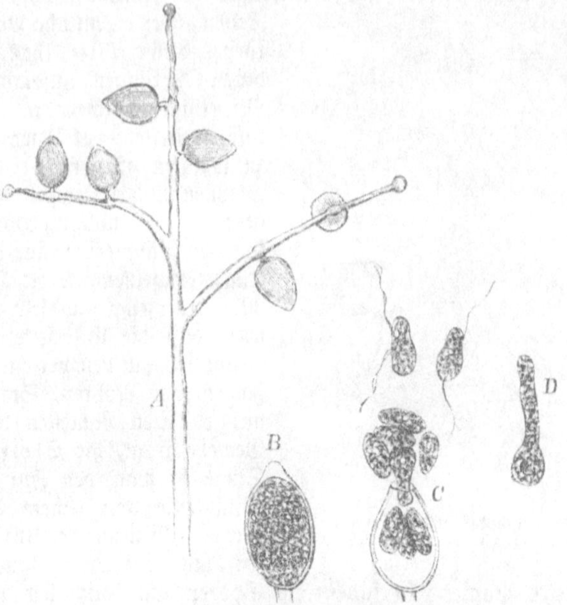

Fig. 84. Kartoffelkrankheit, Phytophtora infestans. A Konidienträger mit Konidien; B reife Konidie, C Austritt der Schwärmer, D Keimung.

frei in dem Raume, welcher durch die dünne Blase der Sporangiumwand umschlossen wird und werden erst frei, wenn bei der Reife die brüchige Wand des Sporangiums reißt. Zuweilen treten noch besondere Hilfsmittel hinzu, um die Konidien möglichst zu verbreiten, so z. B. bei einem zu den Mucorineen gehörigen Pilze, Pilobolus, welcher bei der Reife die Konidien weit von sich schleudert (Fig. 85). Die Konidienträger dieses Pilzes schwellen oben kugelig an und durch eine Querwand wird der Raum a, in welchem die Konidien entstehen, abgegrenzt. Die Außenwand des Sporangiums färbt sich schwarz und ist nur eine dünne Haut. Die Querwand, welche das Sporangium vom Stiel trennt, hebt sich jedoch etwas in den Sporenraum hinein und bildet hier ein Säulchen (vgl. Fig. b). Der Träger des Sporangiums schwillt unterhalb desselben allmählich blasenförmig an, ein Vorgang, welcher durch Wasseraufnahme bewirkt wird. Der hydrostatische Druck wird endlich so stark, daß das ganze Sporangium mit der Kolumella abreißt und als geschlossener Sack mit seinem Sporeninhalt durch den Druck des hervorspritzenden Wassers davongeschleudert wird; aus dem durch den Riß geöffneten Träger quillt ein Wassertropfen hervor. Das Fortschleudern der Sporangien geschieht sehr energisch und dieselben können einen Meter weit fortfliegen.

Die umfangreichsten ungeschlechtlich entstehenden Fruchtträger bilden die Hutpilze, deren über dem Boden oder dem sonstigen Substrat erscheinenden und oft in den intensivsten Farben prangenden Hüte keineswegs den ganzen Pilz, sondern nur die Träger der Fortpflanzungszellen darstellen. Der eigentliche Vegetationskörper dieser Pilze, das häufig zu dicken Strängen zusammentretende Mycelium, wuchert in den organischen Resten, auf denen diese Pilze zu wachsen pflegen; bei den baumtötenden Pilzen wächst das Mycel in der Rinde und im Holz der befallenen Bäume und nur die Fruchtträger erscheinen an der Oberfläche. Man überzeugt sich sehr leicht davon, daß die Unterseite der Hüte, welche je nach den verschiedenen Arten ein aus Röhren, Stacheln oder aus radialen Lamellen bestehendes Gewebe trägt, die Sporen enthält. Schneidet man den Hut an seiner Ansatzstelle von seinem Stiel und legt denselben mit der Unterseite auf ein mit schwachem Gummiwasser angefeuchtetes Papier, so fallen die Sporen allmählich heraus und da sie meistens gefärbt sind, so erhält man durch das Sporenpulver eines Agaricus einen getreuen Abdruck des Lamellenverlaufes an der Unterseite seines Hutes.

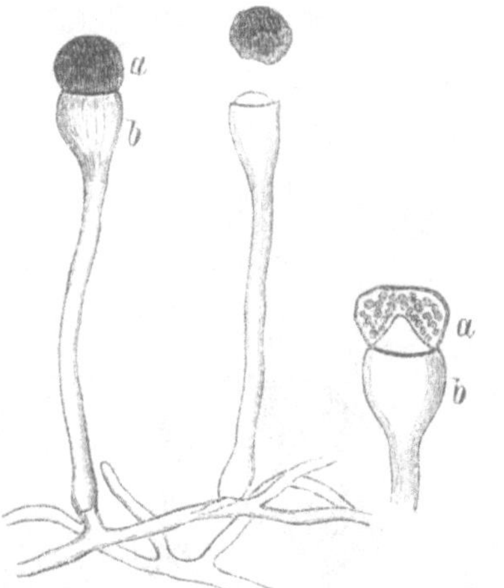

Fig. 85. Pilobolus crystallinus.
a Sporangium, rechts ein abgeschleudertes, b Stiel.

Aus den mehrfachen Beispielen, welche eben für die Bildung der Fortpflanzungszellen bei den Pilzen angeführt wurden, erhellt, daß die Konidien oder Sporen trotz der Verschiedenheit ihrer Träger und ihrer etwas verschiedenen Form in einem übereinstimmen; es sind einfache Zellen, welche ohne weiteres die Fortpflanzung übernehmen können. Die Art und Weise, wie dies zunächst geschieht, ist eine einfache und übereinstimmende. Werden derartige Sporen auf ein geeignetes Substrat ausgesäet, z. B. auf verdünnte Zuckerlösung, Fruchtsaft &c., so keimen sie. Die Spore nimmt Wasser auf, schwillt beträchtlich an und treibt nach einer oder nach zwei Seiten gleichzeitig eine fadenförmige Ausstülpung, den Keimschlauch, in welchen das Protoplasma der Sporen einwandert. Wenn die Ernährungsbedingungen günstige sind, so wächst der Keimschlauch als langer

Faden weiter, verzweigt sich und bildet endlich das komplizierte Fadensystem des Myzels aus, an dem wieder Konidienträger entstehen können, womit dann der Kreislauf von neuem beginnen kann.

Die chlorophyllhaltigen Algen gewinnen dadurch ein besonderes Interesse, daß ihre ungeschlechtlichen Fortpflanzungszellen sehr häufig, ehe sie keimen, eine Zeitlang als bewegliche Zellen leben und daher den allgemeinen Namen Schwärmsporen erhalten haben. Die Schwärmsporen entstehen, indem das chlorophyllhaltige Protoplasma der Algenzellen sich entweder im ganzen zu einer Spore umformt oder in eine Anzahl, zuweilen sogar in eine bedeutende Menge von kleinen Protoplasmakörpern zerfällt, die zunächst noch kurze Zeit von der Membran ihrer Mutterzelle umschlossen, endlich durch einen Riß derselben ins Freie gelangen und nun hier ein munteres Schwärmleben beginnen.

Die Schwärmsporen besitzen keine Zellmembran, es sind nackte Protoplasmakörperchen von kugelförmiger oder ovaler Gestalt, häufig

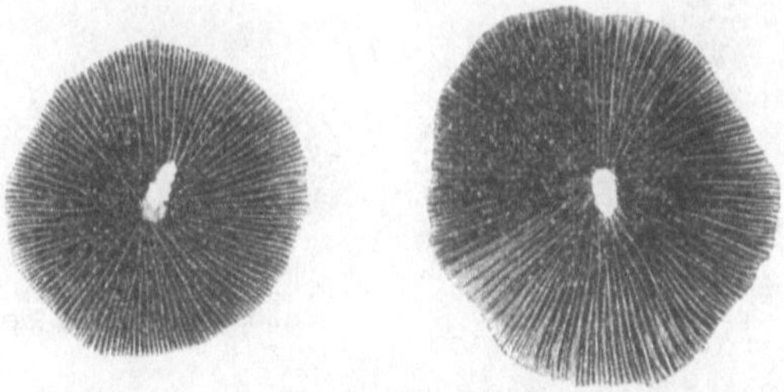

Fig. 86. Sporenbilder eines Coprinus.

mit verjüngtem Vorderende, welches bei chlorophyllhaltigen Algen gewöhnlich farblos ist. Zum Zwecke der Ortsbewegung besitzen die Schwärmsporen wimperförmige Organe, die die Oberfläche der Schwärmspore als kurzer Überzug bedecken oder sie haben nur ein bis zwei lange peitschenförmige Cilien an ihrem Vorderende. Die Cilien werden mit größter Schnelligkeit in schwingende Bewegung versetzt, wodurch die Fortbewegung der Schwärmspore veranlaßt oder wenigstens unterstützt wird. Bei ihrer Vorwärtsbewegung dreht sich nämlich die Spore auch noch um ihre Achse. Findet sie irgend einen Widerstand, etwa an einem im Wasser liegenden Algenfaden, gegen den sie stößt, so bleibt die Schwärmspore häufig stehen, dreht sich aber immerfort noch um sich selbst, bis sie dann durch Zufall wieder freie Bahn erlangt. Die Bewegung der Schwärmsporen erscheint unter dem Mikroskop als eine ungemein rasche. Wie der Blitz eilen sie oft durch das Gesichtsfeld und es ist unmöglich, sie zu verfolgen. Man muß sich zur Schätzung der absoluten Geschwindigkeit aber daran erinnern, daß die Bewegung bei einer 300 bis 400fachen Vergrößerung ebensovielmal schneller erscheint, als sie thatsächlich ist. Nach Nägeli legen die Schwärmzellen die Strecke von einem Fuß in etwa 1 Stunde, die schnellsten in einer Viertelstunde zurück. Ohne Vergrößerung würde man also, auch wenn die Schwärmsporen mit bloßem Auge sichtbar wären, dieselben nur nach längerer Zeit bemerken können. Dennoch ist die Bewegung im Vergleich zur Körpergröße der Schwärmsporen keine unbedeutende, da sie etwa in

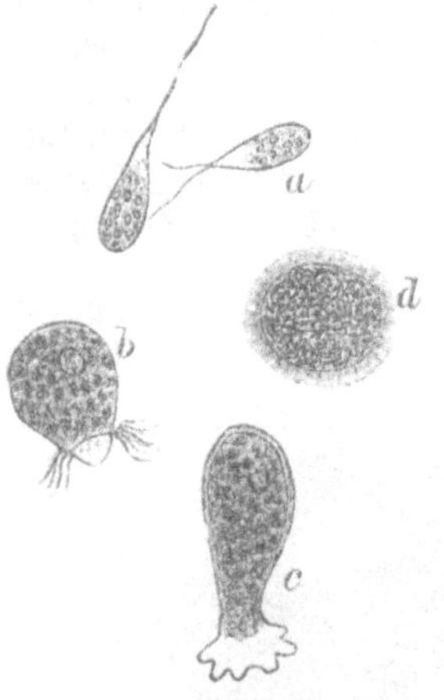

Fig. 87 Schwärmsporen. a von Botrydium; b Oedogonium; c dieselbe keimend, d Vaucheria.

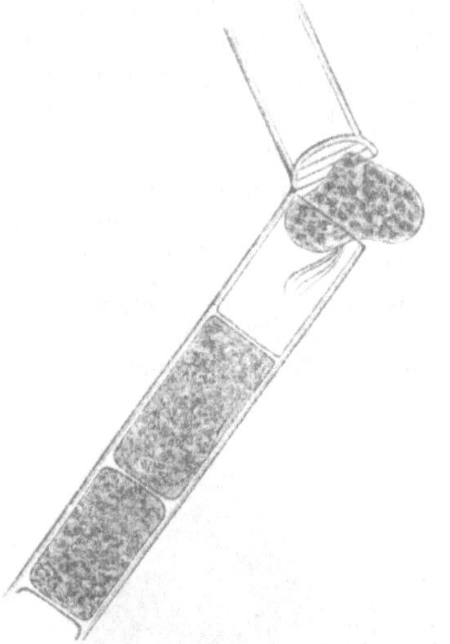

Fig 88 Austritt einer Schwärmspore aus einem Oedogonium-Faden.

einer Sekunde eine Strecke zurücklegen, welche 2—3mal so groß ist, als ihr Körperdurchmesser. Nach längerer oder kürzerer Dauer des Schwärmstadiums kommen die Schwärmsporen zur Ruhe, umgeben sich mit einer Membran, keimen und erzeugen eine neue Alge.

2. Gameten, Zygosporen und Ascusfrüchte.

Das Wesen der geschlechtlichen Fortpflanzung, welcher wir uns jetzt zuwenden, besteht darin, daß die Entstehung eines neuen Individuums nicht durch bloße Keimung einer Zelle zu stande kommt, sondern erst durch die Vereinigung zweier Zellen von verschiedenen Eigenschaften, welche als männliche und weibliche unterschieden werden können. Es ist dabei aber noch ein Punkt besonders hervorzuheben. Die Vereinigung dieser Zellen ist nicht ein bloßes Zusammentreten der beiden Protoplasmakörper, sondern auch die Kerne der beiden Zellen vereinigen sich und hierin liegt ein ganz hervorragendes Merkmal des wirklichen Geschlechtsaktes gegenüber einer bloßen Vereinigung mehrerer Protoplasmakörper, wie dieselbe bei der Verschmelzung der Amöben der Myxomyceten auftritt.

In einfachster Form findet sich die geschlechtliche Fortpflanzung bei einigen Algen, bei denen die Geschlechtszellen äußerlich noch gar nicht von einander verschieden sind und deshalb von Strasburger, dem wir auf dem Gebiete der Fortpflanzung eine Menge schöner Beobachtungen verdanken, mit dem gemeinsamen Namen Gameten belegt wurden.

Die Arten der Algengattung Chlamydomonas sind einzeln lebende, schwärmende Zellen, welche sich rein vegetativ fortpflanzen können, indem sie sich teilen. Zu Zeiten tritt jedoch an Stelle dieser Vermehrungsart ein Sexualakt. Die Schwärmzellen teilen sich in acht, mit vier Cilien versehene bewegliche Zellen. Diese haben eine fast ellipsoidische Gestalt, sind chlorophyllgrün, mit farblosem Vorderende und besitzen hier einen roten Pigmentfleck. Munter schwärmen diese Zellen im Wasser umher und fangen dann bald an, sich zu paaren. Haben sich zwei Schwärmer mit ihren farblosen Enden berührt, so beginnen sie in eine Zelle zusammenzufließen, wobei die Cilienbewegung langsam vor sich geht. Nach kurzer

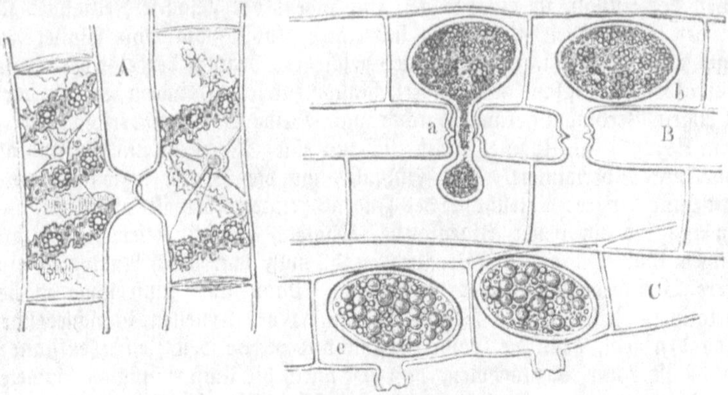

Fig. 89 Spirogyra longata, 550fach vergrößert (nach Sachs) A Beginn der Kopulation, B Kopulationsakt, C fertige Zygoten

Berührung ist die Verschmelzung der beiden Schwärmer zu einer Zelle vollendet, die nun acht Cilien und zwei Pigmentflecke besitzt. Bald nach der Paarung aber verschwinden die Cilien und die Spore wird eine Zeitlang zu einer ruhenden, worauf dann Teilung und Entwickelung von neuem beginnt.

Diese einfache Paarung der Schwärmer kommt vielfach vor, sie wurde bei Pandorina, einer Alge unserer Teiche, welche in kleinen Kolonien lebt, zuerst von Pringsheim beobachtet.* Aber nicht nur frei lebende Algenzellen zeigen diese Form der Fortpflanzung. Auch bei Fadenalgen, deren Fäden aus Reihen geschlossener Zellen bestehen, kommt sie vor. Bei ihnen, z. B. bei Ulothrix zonata, teilt sich der Inhalt der Zellen in 8—32 Portionen; jede bildet sich zur Schwärmspore mit zwei Wimpern aus und durch Öffnungen, welche in den Seitenwänden der Zellen entstehen, gelangen die Schwärmer ins Wasser. Hier vereinigen sie sich

* Über Paarung von Schwärmsporen, Ber. d. k. Akademie d. W. z. Berlin, 1869.

zu zweien und erzeugen Zygosporen, aus denen wieder neue Generationen der Fadenalge hervorgehen.

Einen gewissen, aber nur äußerlichen Gegensatz zu den eben geschilderten Kopulationen bilden die Erscheinungen, wie sie bei den Spirogyren und anderen Zygnemen beobachtet werden. Hier findet die Paarung der Gameten nicht im Wasser außerhalb der Mutterzelle, sondern innerhalb der geschlossenen Zellfäden statt, und auch die Zygospore oder, wie sie von Strasburger genannt wird, Zygote, bleibt noch eine Zeitlang in der Zelle eingeschlossen. Spirogyra ist eine Fadenalge, deren Name herrührt von dem zierlichen schraubenfömigen Chlorophyllbande, welches die vegetativen Zellen besitzen (Fig. 89). Zur Paarung schreitend, treiben zwei parallel nebeneinander liegende Fäden seitliche Fortsätze, welche sich begegnen und nach Auflösung der Trennungswand einen offenen Kanal zwischen den beiden Zellen bilden. Vorher schon formte sich in beiden Zellen der Inhalt zu einer Kugel um, indem der gesamte Zellinhalt sich von den Zellwänden ablöst und sich unter Ausstoßung von Wasser zur Kugel zusammenzieht. Nachdem dies geschehen, beginnt der eine der Protoplasmakörper langsam zum andern hinüberzukriechen, indem er sich durch den engen Verbindungskanal durchdrängt. Beide Gameten verschmelzen zu einem Körper, der Zygote, welche sich mit einer Membran umgibt und als Dauerspore überwintert. Im Frühjahr, wo die Spore, inzwischen durch Verwesung der leeren Zellhäute des Fadens freigeworden ist und keimt, entsteht aus ihr ein neuer Algenfaden. Obgleich die bei diesem Sexualakte thätigen Gameten an Gestalt gleich sind, muß man nach Analogien eine innere Verschiedenheit beider annehmen. Dann aber muß schon in den vegetativen Zellen beider Fäden die Ursache der sexuellen Verschiedenheit vorhanden sein, denn die Gameten sind aus vegetativen Zellen entstanden und es ist kaum anzunehmen, daß erst durch die Umformung zu Gameten eine Differenz von männlichen und weiblichen Eigenschaften entsteht. Ja man müßte sogar annehmen, da das wesentliche der Befruchtungsakte in der Verschmelzung der Kerne der weiblichen und männlichen Zellen besteht, daß schon die Kerne der vegetativen Zellen verschiedener Spirogyrafäden Träger verschiedener sexueller Qualitäten sind.

Die Zygosporenbildung bei verschiedenen Pilzen schließt sich im Prinzip an die eben besprochenen Kopulationsvorgänge an, aber wir treffen hier wieder auf eine etwas andere Form der Befruchtung durch Zusammentreten zweier äußerlich gleichgestellter Elemente.

Zur Zeit, wo manche sonst sich durch Konidien fortpflanzenden Pilze zu geschlechtlicher Fortpflanzung übergehen, entstehen an zwei Mycelienzweigen kolbenförmige Anschwellungen, in welche das Protoplasma hineinwandert. Es kommt auch hier zu einer innigen Berührung der beiden Zweige durch Verwachsung und völlige Verschmelzung, indem die Zwischenwand aufgelöst wird. Der dadurch ermöglichten Vereinigung der Protoplasmakörper folgt die Ausbildung der Zygospore, welche zu einer großen, mit einer stacheligen festen Haut umgebenen Dauerspore sich ausbildet (Fig. 90).

Viel weitgehendere Entwickelungsvorgänge findet man bei einer großen Gruppe der höheren Pilze, den Ascomyceten, wo sich im geschlechtlichen Akt einige Ähnlichkeit mit den soeben angeführten Beispielen nicht verkennen läßt, während die Folgen der Befruchtung nicht bloß in der

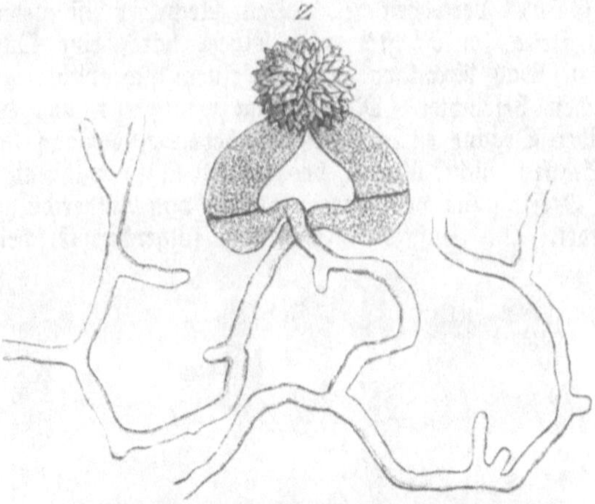

Fig. 90. Zygosporenbildung von Piptocephalis Freseniana.

Ausbildung einer Dauerspore ihr Ziel finden, sondern wo die Entstehung von komplizierter gebauten Fruchtkörpern nach geschehener Befruchtung eintritt. Der Formenreichtum ist aber gerade bei den Ascomyceten ein so großer, daß in einem Beispiele, welches wir herausgreifen, nur das Prinzip erläutert werden kann. Wer sich einen weiteren Überblick über dies Gebiet verschaffen will, sei in diesem wie in allen anderen dies Kapitel betreffenden Fällen auf Göbels Grundzüge der Systematik und speziellen Pflanzenmorphologie (Leipzig 1882) verwiesen.

Fig. 91. Keimende Zygospore von Mucor Mucedo, welche ein kurzes Mycel mit einem Konidienträger c erzeugt.

Die Befruchtungsorgane der Ascomyceten sind von ebenso einfachem Bau, wie wir dieselben schon bei den besprochenen Beispielen kennen lernten, kurze Seitenäste des gewöhnlichen Mycels werden zu Organen der Befruchtung und gibt sich der Unterschied der Geschlechter schon äußerlich gewöhnlich dadurch zu erkennen, daß der männliche Ast dünner und fadenförmig bleibt, während die weibliche Zelle eine gedrungenere ovale Gestalt annimmt. Es lassen sich deshalb auch hier zweckmäßig besondere Bezeichnungen einführen, indem man das männliche Organ Antheridium, das weibliche Archikarp nennt.

Die Form der beiden Sexualorgane ist bei den Pilzarten eine außerordentlich verschiedene, weshalb bezüglich der Einzelheiten auf das Werk von Göbel verwiesen sei. Das Archikarp ist gewöhnlich eine kleine ovale Zelle, welche sich vom Mycel durch eine Querwand abgegliedert hat. Das Archikarp wird von einem sich anschmiegenden cylindrischen Ästchen befruchtet. Man nimmt wenigstens an, daß die Berührung beider Organe einen Sexualakt bedeutet, obgleich sich ein Übertritt von Stoffen nicht überall beobachten läßt, während in anderen Fällen eine Vereinigung des Protoplasmas von Antheridium und Archikarp stattfindet. Die auf die Berührung folgenden Erscheinungen sind

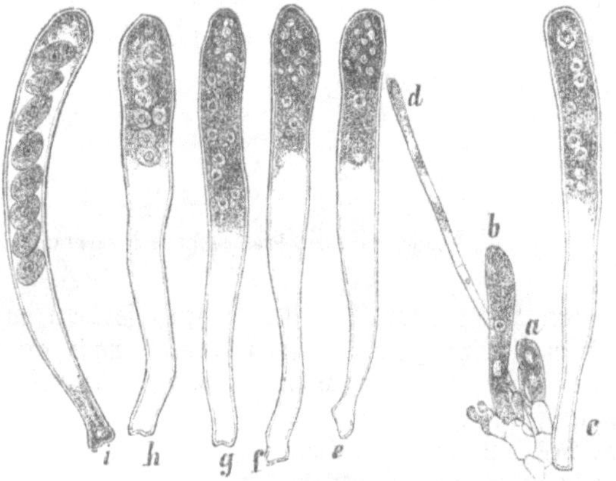

Fig. 92. Asci mit Sporen in verschiedenen Entwickelungsstadien in der Reihenfolge der Buchstaben a—i, nach Göbel.

aber immer sehr auffallende. Das befruchtete Archikarp wird nämlich bald von Fäden umhüllt, die aus seiner Basis hervorsprossend es mit einer Art Fruchthülle umgeben. Das Wesentliche aber ist, daß auch das Archikarp in den einfachsten Fällen selbst zum Sporenschlauch wird oder ein Fadensystem erzeugt, an dem schlauchförmige Zellen (Asci) entstehen. Diese richten sich senkrecht und parallel und in ihnen bilden sich nun die Sporen, aus denen ein neuer Pilz durch Keimung hervorgehen kann.

Die Entstehung der Sporen in dem Ascus gibt sich zunächst dadurch zu erkennen, daß aus dem Zellkern durch wiederholte Teilung acht Zellkerne entstehen; um jeden derselben sammelt sich ein Teil des Protoplasmas und indem sich endlich jede dieser Zellen mit einer Membran umgibt, ist die Sporenbildung vollendet. Der Ascus enthält nun 8 Sporen (Fig. 92) neben einem wässerigen Inhalte. Durch Zunahme des hydrostatischen Druckes im Ascus, welcher noch fortwährend Wasser aufnimmt, entsteht ein Spannungszustand, der endlich dadurch aufgehoben wird, daß der Ascus an seiner Spitze sich plötzlich öffnet, wobei die Inhaltsflüssigkeit und mit ihr die Sporen herausspritzen. Auf diese Weise gelangen sie mit Sicherheit nicht nur ins Freie, sondern werden noch möglichst weit verbreitet, was die Möglichkeit auf ein passendes Nährsubstrat zu fallen, wo sie keimen können, natürlich erhöht.

3. Spermatozoiden und Eizellen.

Es ist auffallend, daß wir nicht auf der höchsten Entwickelungsstufe der Pflanzen, bei den Blütenpflanzen, sondern teils schon bei den Algen, besonders aber auf einer Mittelstufe pflanzlicher Organisation, bei Moosen

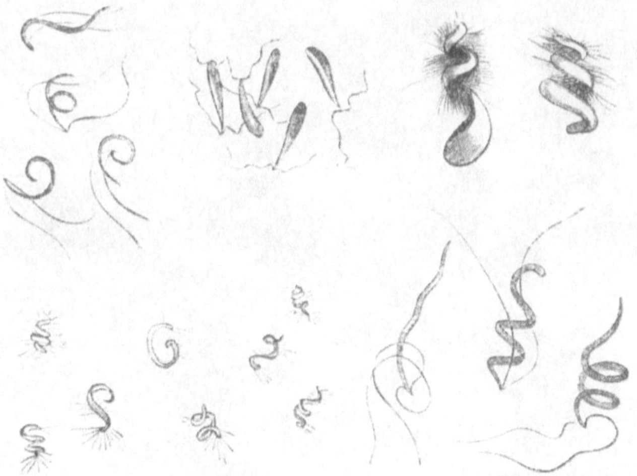

Fig. 93. Spermatozoiden verschiedener Kryptogamen.

und Farnen, die größte Ähnlichkeit mit den tierischen Befruchtungsvorgängen finden, während diese Ähnlichkeit sich bei den Phanerogamen äußerlich wenigstens wieder bedeutend verwischt. Bei manchen Algen schon tritt die Sonderung männlicher und weiblicher Organe viel schärfer hervor, als in den Fällen, welche in den letzten Abschnitten geschildert wurden. Die männlichen Antheridien sind bei den Algen sehr deutlich von den weiblichen Oogonien zu unterscheiden, und Zweifel über ihre Bedeutung als Sexualorgane, welche ja bei den Pilzen noch vielfach einen klaren Einblick stören, sind nicht möglich. Besonders deshalb nicht, weil auch die thatsächliche Vereinigung des männlichen Spermatozoids mit der Eizelle sich beobachten läßt. Was ganz besonders als übereinstimmendes Merkmal sich aufdrängt, ist, daß die männlichen Befruchtungskörper selbst einerseits an Körpergröße, so außerordentlich hinter der Masse der weiblichen Eizellen zurücktreten, so daß diese bei der Befruchtung nur eine minimale Substanzbereicherung erfährt und anderseits, daß die männlichen Spermatozoiden mit einer ganz eminenten Beweglichkeit begabt sind, während die Eizellen passiv das Eindringen der Spermatozoiden erwarten.

Wir greifen auch hier wieder ein Beispiel zur Erläuterung heraus, wozu sich am besten die Befruchtung von Fucus vesiculosus, dem bekannten im Meere lebenden Blasentang, eignen wird, weil hier der eigentliche Befruchtungsvorgang zwischen Eizelle und Spermatozoid außerhalb der Pflanzen im Wasser vor sich geht und das Wesentliche des Prozesses ungestört von verwickelten Formverhältnissen, klar und rein vom Beobachter erfaßt werden kann.

An den Enden der flachen mit Schwimmblasen ausgestatteten Zweige des Tanges entstehen zahlreiche nebeneinanderliegende krugförmige Höh-

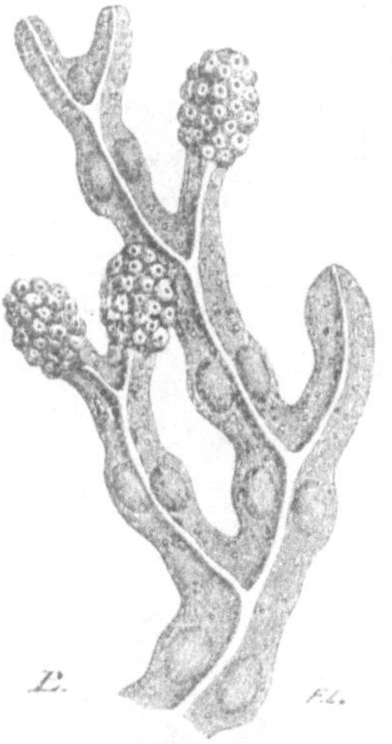

Fig. 94. Fruchtbarer Zweig von Fucus vesiculosus.

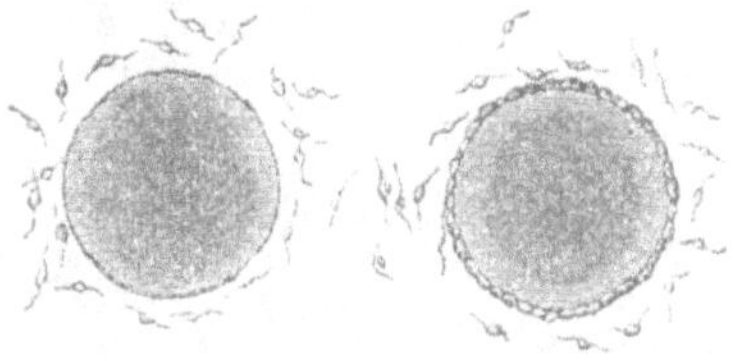

Fig 95 Fucuseier im Wasser schwimmend von Spermatozoiden umschwärmt.

lungen, welche durch eine Öffnung mit der Außenwelt in Verbindung stehen (Fig. 94).

Im Durchschnitt sieht bei mikroskopischer Vergrößerung ein Teil der Höhlungen aus, wie Fig. 96a demonstriert, sie sind ausgekleidet mit zahlreichen Haaren, zwischen denen die Oogonien sitzen, eiförmige, braune Körper, welche auf einem Stiele befestigt sind und deren Inhalt sich in acht Eizellen teilt. Die Antheridien entstehen in Höhlungen von derselben Form, enthalten nur an Stelle der Oogonien die an verzweigten Haaren sitzenden Antheridien (Fig. 96b). Letztere sind kleine eiförmige Behälter, deren Inhalt in zahllose Spermatozoiden zerfällt (Fig. 96c).

Die Befruchtung wird gewöhnlich zur Zeit der Ebbe vorbereitet, indem die Oogonien sich entleeren, und die Eier von einem blasenförmigen Sack umhüllt ausgestoßen werden. Sie gleiten ebenso wie die in ihren Behältern sich loslösenden Antheridien auf den reusenartig angeordneten Haaren zur Öffnung hinaus und sammeln sich an der Mündung des Behälters an. Die Flutwelle spült Antheridien und Archegonien vom Fucusaste fort und wirbelt beide Geschlechter durcheinander, die Antheridien platzen auf und in lebhaftem Gewimmel eilen die freigewordenen Spermatozoiden hervor, um die Eizellen aufzusuchen. Letztere sind durch die Einwirkung des Wassers ebenfalls aus ihrer Blase befreit worden und treiben, da sie keine eigene Bewegung besitzen, auf dem Wasser. Zu hunderten umschwärmen die Spermatozoiden das Ei und

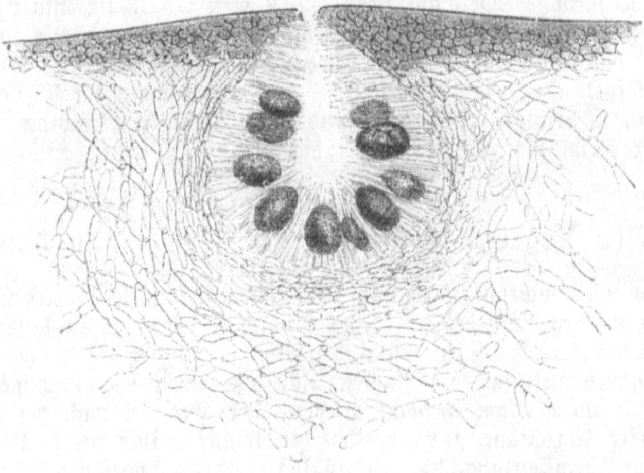

Fig. 96 a. Konceptakulum mit Eizellen von Fucus vesiculosus

Fig. 96 b. Antheridienstand aus einem männlichen Konceptakulum von Fucus.

Fig. 96 c. Geöffnete Antheridien mit ausschwärmenden Spermatozoiden.

suchen in dasselbe einzudringen (Fig. 95), wobei sie durch ihre Bewegung das Ei in lebhafte Drehung versetzen. Nach einer halben Stunde gelangt das vom Spermatozoid befruchtete Ei zur Ruhe, umgibt sich im Laufe eines Tages mit einer Membran und keimt. Die Spore wird birnförmig, haftet mit einem Ende, welches sich bald wurzelähnlich verzweigt, fest und wächst zur Fucuspflanze heran.

Bei unseren Süßwasseralgen Oedogonium und Vaucheria bleibt die Eizelle auch bei der Befruchtung im Oogonium eingeschlossen, wie dies auch bei Moosen und Farnen der Fall ist. Die Oogonien von Vaucheria haben eine etwas schief eiförmige Gestalt und sitzen neben den fingerförmigen, oft hornartig gekrümmten Antheridien seitlich an den schlauchförmigen Zellfäden der Alge. Das Oogonium ist erfüllt mit dem dunkelchlorophyllgrünen, zahlreiche Öltropfen enthaltenden Protoplasma und dies formt sich vor dem Eintritt der Befruchtung zu einem fast kugelförmigen Ei. In den Antheridien dagegen zerfällt deren Inhalt in zahlreiche farblose Spermatozoiden. Das reife Oogonium öffnet sich an der Spitze, stößt einen Tropfen farblosen Protoplasmas aus und nun entleert das Antheridium seine beweglichen Spermatozoiden, welche in das geöffnete Oogonium eindringen. Sie verschwinden im Ei, die Befruchtung ist erfolgt. Das Ei umgibt sich mit einer Membran und die Oospore bleibt bis zur Keimung ruhig liegen.

4. Der Generationswechsel der Moose und Farne.

Es wird nicht unzweckmäßig sein, nachdem so viele Einzelheiten besprochen worden sind, einen kurzen Ruhepunkt eintreten zu lassen, um noch einmal zurückzublicken und in der Mannigfaltigkeit der Erscheinungen Gemeinsames aufzusuchen. Zugleich soll auf einen sehr wichtigen Gesichtspunkt aufmerksam gemacht werden, der aber erst nach der Kenntnis einiger Einzelfälle gewonnen werden konnte. Daß beide Arten der cellulären Fortpflanzung, die geschlechtliche und die ungeschlechtliche, meistens bei derselben Pflanze vorkommen, ist oben schon hervorgehoben worden, und die mitgeteilten Beispiele gaben eine Anzahl Bestätigungen dafür. Wir haben außer den ungeschlechtlichen Konidien von Mucor, die geschlechtlich erzeugten Zygosporen desselben Pilzes kennen gelernt, ebenso bei Vaucheria die ungeschlechtlichen Schwärmsporen und die befruchteten Oosporen. Es möge ergänzt werden, daß auch die übrigen oben geschilderten Schimmelpilze, Penicillium und Eurotium, außer der Konidienbildung sich sexuell fortpflanzen, kurz, daß es eine ganz allgemeine Thatsache ist, daß beiderlei Fortpflanzungsformen nebeneinander bestehen. Es ist damit nicht gesagt, daß es verschiedene Individuen sind, welche sich in beide Formen der Fortpflanzung teilen, derselbe Algenfaden, welcher eine Zeitlang Schwärmsporen erzeugt hat, kann darauf zur Erzeugung von Sexualorganen übergehen, ebenso wie dasselbe Pilzmycel zunächst nur Konidien bildet und dann erst Zygosporen. Aber es findet hier trotzdem noch eine Trennung bei dem Vorgange statt, nämlich eine zeitliche. Die beiden Formen der Fortpflanzung verteilen sich auf verschiedene Lebensabschnitte der betreffenden Pflanze. Ein aus einer Konidie entstandenes Mycelium von Mucor erzeugt eine längere Zeit Konidienträger und immer wieder neue, dann aber tritt ein Zeitpunkt ein, wo die geschlechtliche Fortpflanzung einsetzt und Zygosporen gebildet werden. Wenn nun aber diese Zygosporen keimen, so erzeugen sie ein Mycel, welches keineswegs gleich wieder Zygosporen bildet, sondern dies Mycel verhält sich ganz wie dasjenige von dem die Zygosporen abstammen, es bildet zunächst wieder nur ungeschlechtliche Konidienträger (vgl. Fig. 91).

Es wechselt mit andern Worten stetig eine ungeschlechtliche Generation mit einer geschlechtlichen ab und daher nennt man diese bei fast allen mit Sexualorganen begabten Pflanzen auftretende Erscheinung

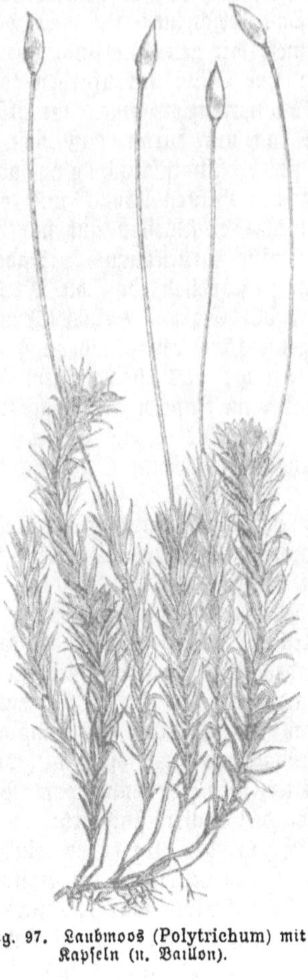

Fig. 97. Laubmoos (Polytrichum) mit Kapseln (n. Baillon).

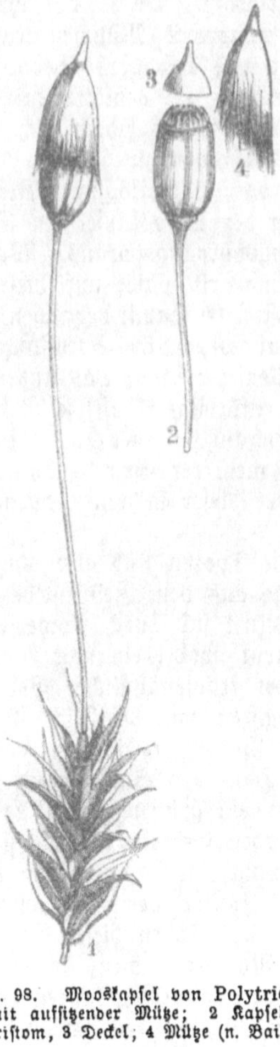

Fig. 98. Mooskapsel von Polytrichum 1 mit aufsitzender Mütze; 2 Kapsel mit Peristom, 3 Deckel; 4 Mütze (n. Baillon).

Generationswechsel. Nirgends tritt der Generationswechsel in so auffallender und interessanter Weise zu Tage, wie bei den Moosen und Farnen, wo die ungeschlechtliche und die geschlechtliche Generation auch räumlich getrennt sind. Dabei treten jedoch noch solche Formverschiedenheiten auf, daß beide Generationen derselben Pflanze gar keine Ähnlichkeit miteinander haben.

Diese etwas verwickelten Beziehungen verständlicher zu machen, soll an der Hand bekannter Beispiele versucht werden. Die Betrachtung eines Laubmooses wird dazu vielleicht der geeignetste Weg zur Anschauung sein.

Im Frühjahr oder im Spätherbst sind aus den Moosrasen, welche uns im Sommer durch ihre grünen samtnen Polster erfreuten, zahlreiche auf langen dünnen Stielen sitzende Kapseln, anscheinend Früchte, hervorgesproßt, welche auf ihren Spitzen ein lose aufsitzendes unregelmäßig gefranstes Mützchen tragen. Das Erscheinen dieser Moosfrüchte erscheint uns besonders überraschend, weil wir gewohnt sind, überall der Fruchtbildung an beblätterten Pflanzen eine Blüte voraufgehen zu sehen. Wir erinnern uns jedoch nicht, bei Sommerspaziergängen ein blühendes Moos beobachtet zu haben. Aber das lag nur daran, daß diese Moosblüten von mikroskopischer Kleinheit sind. Thatsächlich ging aber der Bildung der Mooskapsel ein Stadium der Blütenbildung und ein Befruchtungsvorgang voraus. Wir wollen dies einstweilen auf sich beruhen lassen und erst später auf diese Verhältnisse zurückkommen. Indem wir uns einstweilen damit begnügen, darauf hinzuweisen, daß die Mooskapsel keine bloße vegetative Sprossung, sondern das Erzeugnis eines Sexualaktes ist, wollen wir ihren Bau und ihre Eigenschaften etwas näher untersuchen. Die urnenförmige Kapsel selbst besteht anfangs aus gleichartigem Gewebe. Beim Heranreifen der Kapsel jedoch findet im Innern derselben die Ausbildung mehrerer Gewebeschichten statt; das Wesentliche ist, daß endlich aus einer dieser Schichten durch wiederholte Zellteilung Sporen hervorgehen.

Die Sporen sind also ohne jeden Sexualakt, durch bloße Teilungsvorgänge aus dem Zellgewebe der Kapsel entstanden. Die reife Mooskapsel öffnet sich durch Abwerfen eines Deckels und die Sporen werden ausgestreut, wobei ein nach Abwerfen des Deckels am Urnenrande stehenbleibender fransenähnlicher Besatz (Peristom) durch seine hygroskopischen Eigenschaften mit behilflich ist. Finden die Sporen einen genügend feuchten Boden, so können sie schon nach einigen Tagen keimen. Die äußere Haut der Spore platzt auf und es entwickelt sich zunächst aus derselben ein grüner Faden der weiterwachsend und sich verzweigend, einer Fadenalge sehr ähnlich sieht. Dies Gebilde nennt man Vorkeim (Protonema), seine oberirdisch hinkriechenden Rasen sind grün, während farblose Zweige derselben wurzelähnlich in den Erdboden eindringen.

An den Fäden dieses Vorkeims entstehen Knospen, die Knospen der jungen Moosstämmchen, welche senkrecht aufwärts wachsend sich wieder zu beblätterten Moospflanzen entwickeln. Die Vorkeimbildung hat etwas recht Auffallendes, es scheint, daß die Stoffe der Spore sich nicht unmittelbar zum Moose formen können und ein solcher, unvollkommener Jugendzustand, voraufgehen muß, wie uns derselbe im algenähnlichen Protonema der Moose entgegentritt, eine Erscheinung, welche auch bei anderen Pflanzen, natürlich in anderen Formen beobachtet wird.*

Mit der Entstehung und Ausbildung der beblätterten Moospflanze

* Göbel, Über Jugendzustände der Pflanzen. Flora 1889.

sind wir nun an dem Ausgangspunkt unserer Betrachtung wieder angelangt. Aber wir haben uns oben damit begnügt, nur das unmittelbar Wahrnehmbare ins Auge zu fassen und da hatte es allerdings den Anschein, als ob die Moospflanze durch unmittelbare Erzeugung der Mooskapsel ihren Entwickelungsgang abschlösse. Das ist nun aber nicht der Fall, sondern nachdem das beblätterte Moosstämmchen herangewachsen, tritt es zunächst in das Stadium der geschlechtlichen Entwickelung, d. h. bildet Sexualorgane. Entweder an Seitenzweigen, oder wie es in unserer Figur dargestellt ist, am Ende eines beblätterten Moosstengels bemerkt man größere und breitere Blätter, die sich häufig in Rosettenform gruppierend, sich durch ein auffallend verschiedenes Aussehen von dem Scheitel der gewöhnlichen Moossprosse unterscheiden. Hier sind die Orte der Antheridien- und Archegonienbildung. Wie der Durchschnitt durch diese Rosette ergibt, stehen in dem durch die Stellung der Hüllblätter gebildeten vertieften Raum die Geschlechtsorgane beisammen. Die **Antheridien**, die männlichen Organe, sind schlanke, gestielte Säckchen, und erzeugen in ihrem Innern die Spermatozoiden, die weiblichen **Archegonien** sind in der Regel flaschenförmig mit gedrungenem Körper und langem Halsteil.

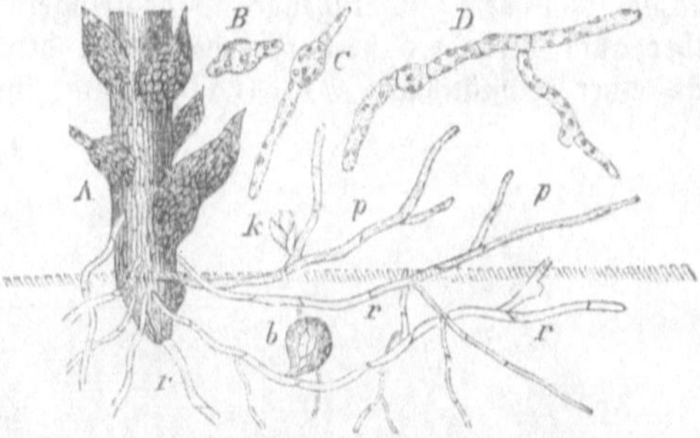

Fig. 99 A Unterer Teil eines Moosstengels mit Rhizoiden r, p Protonemafäden mit Knospe, k, b Brutknospe, keimende Sporen, B, C, D 150fach vergrößert (nach Luerssen).

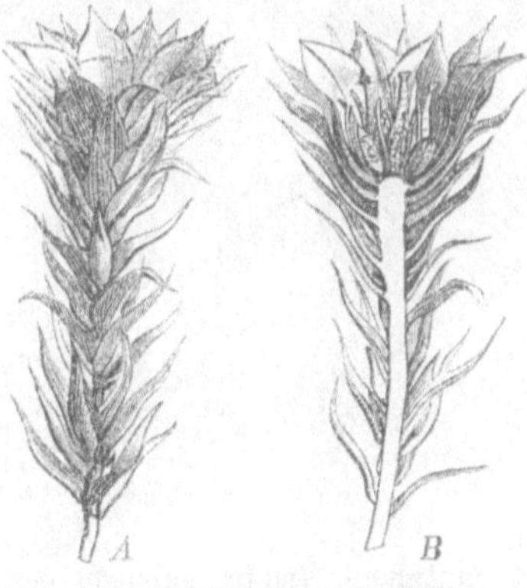

Fig. 100 Moosblüten von Polytrichum (nach Baillon).

Beim Befruchtungsakte werden die Spermatozoiden aus den Antheridien entleert und suchen nun in den Hals des Archegoniums einzudringen, wobei ihnen durch Absonderung einer zuckerhaltigen Flüssigkeit von seiten des Archegoniums, welche die Spermatozoen anlockt, der Weg durch den engen Kanal bis zur Eizelle gewiesen wird. Nach Vereinigung des Spermatozoids mit der Eizelle ist die Befruchtung erfolgt. Und was ist das Resultat der Befruchtung? Das Resultat ist **die Entstehung der Mooskapsel** aus der befruchteten **Eizelle**. Nachdem diese durch vielfache Zellteilungen und Wachstum zu einem Gewebekörper geworden, wächst derselbe innerhalb des anfangs noch mitwachsenden Archegoniums heran. Die junge Mooskapsel liegt dabei nur lose im Archegonium und tritt auch später nicht etwa durch feste Verwachsung mit der Moospflanze in Verbindung. Es ist dieser lose Zusammenhang einerseits sehr merkwürdig, weil doch die heranwachsende Kapsel von dem sie tragenden Moosstengel ernährt wird, andererseits aber auch besonders hervorzuheben, weil der Charakter der Mooskapsel als einer selbständigen Generation und ihre Verschiedenheit von einer

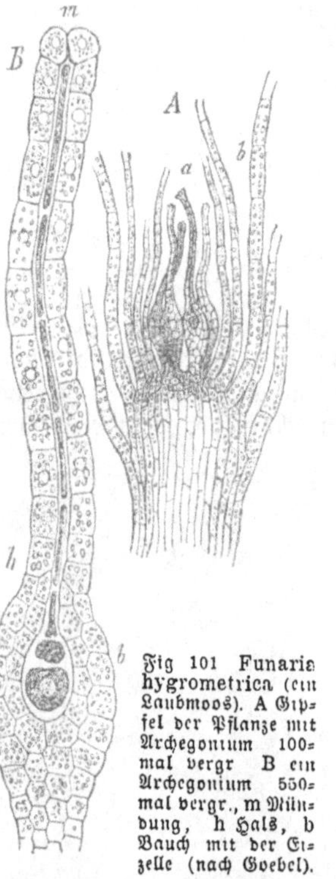

Fig 101 Funaria hygrometrica (ein Laubmoos). A Gipfel der Pflanze mit Archegonium 100=mal vergr B ein Archegonium 550=mal vergr., m Mündung, h Hals, b Bauch mit der Eizelle (nach Goebel).

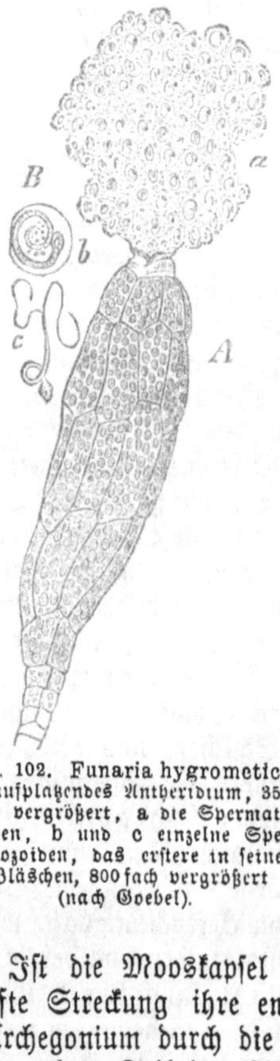

Fig. 102. Funaria hygrometica. A aufplatzendes Antheridium, 350=fach vergrößert, a die Spermatozoiden, b und c einzelne Spermatozoiden, das erstere in seinem Bläschen, 800fach vergrößert (nach Goebel).

gewöhnlichen Frucht dadurch hervortritt. Ist die Mooskapsel nun so weit herangewachsen, daß sie durch lebhafte Streckung ihre endgültige Ausbildung erhalten soll, so wird das Archegonium durch die hervorbrechende Kapsel gesprengt. Der abgerissene obere Teil des Archegoniums bleibt auf der Kapsel sitzen, wird von dieser bei ihrem weiteren Wachstum in die Höhe getragen und sitzt noch immer als Mützchen auf der Spitze der reifen Mooskapsel (vgl. Fig. 98).

Es ist ein komplizierter Entwickelungsgang, welchen die Moose durchlaufen, aber trotz dieser Verwickelung sind sehr deutlich zwei Abschnitte des ganzen Lebenslaufes zu unterscheiden. Mit der Erzeugung von Sexualorganen und der Befruchtung schließt der eine Lebensabschnitt der Moose ab, die Bildung der Mooskapsel bedeutet den Beginn einer neuen

Generation, welche ihrerseits nur auf ungeschlechtlichem Wege Sporen erzeugt. In steter Gesetzmäßigkeit wechseln bei allen Moosen diese beiden Generationen miteinander ab. Aus der Spore entsteht stets die geschlechtliche, und die Eizelle ist der Anfang der ungeschlechtlichen sporenbildenden Generation, der Mooskapsel.

Während bei den Moosen die Sexualorgane von einer immerhin ins Auge fallenden, meistens sogar beblätterten Pflanze gebildet werden, ist bei den Farnen der Träger der Sexualorgane ein kleines, unscheinbares Ding, welches man in der freien Natur kaum auffindet, ein zartes flächenförmiges, aber mit Chlorophyll begabtes Gebilde. Dasselbe entsteht durch Keimung der Farnsporen und bildet direkt Antheridien und Archegonien, entspricht also trotz seiner Kleinheit und seiner ganz abweichenden Form ganz und gar der Sexualorgane bildenden Moospflanze. Das **Prothallium**, wie diese Generation der Farnkräuter genannt wird, gelangt zu keiner höheren Ausbildung. Es treibt einige haarähnliche Wurzeln in seinem Nährboden, um Wasser und Salze aufzunehmen und hat lediglich die Aufgabe Antheridien und Archegonien zu bilden, welche entweder auf demselben Prothallium beisammen stehen oder bei manchen Farngattungen auf verschiedene Exemplare verteilt sind, so daß ein wirklicher Diöcismus Platz greift.

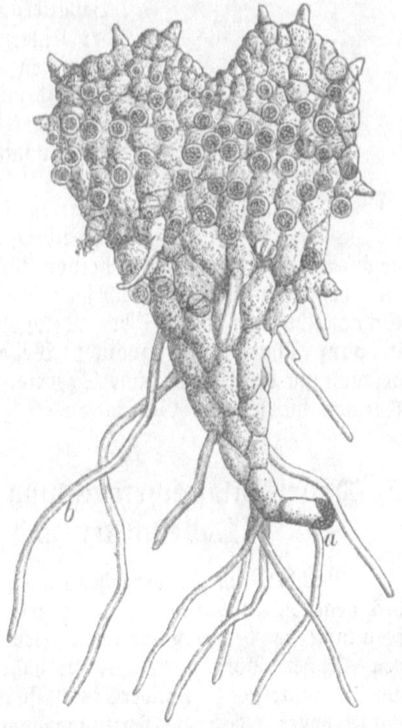

Fig. 103. Prothallium eines Farnkrauts mit Antheridien. a Spore, b Wurzeln (n. Baillon).

Beiderlei Geschlechtsorgane sind von relativ einfachem Bau, die Antheridien kleine, fast kugelförmige Behälter aus wenigen Zellen bestehend, aus ihrem Inhalte die Spermatozoiden bildend, während die Archegonien ähnlich, wie bei den Moosen einen bauchigen mit einem kurzen Hals versehenen Körper haben, der die Eizelle beherbergt. Nach der Befruchtung der Eizelle durch die lebhaft beweglichen Spermatozoiden, welche auch bei den Farnen durch eine Leitflüssigkeit, in diesem Falle Äpfelsäurelösung, in den Archegonienhals hineingelockt werden, bildet jene sich durch vielfache Teilungen zum Embryo um. Aus demselben wird ein beblättertes Farnkraut, wie wir sie in den mannigfachen Arten, mit ihren schön geformten Blättern in den Wäldern unserer Heimat finden. Der kurze bewurzelte Stamm der Farnkräuter mit seinem Büschel gefiederter Blätter ist das Produkt der geschlechtlichen Befruchtung. Aber diese Pflanze erzeugt nun keine Sexualorgane mehr, sie ist die ungeschlechtliche Generation des Farnkrautes, welche nur ungeschlechtliche Sporen erzeugt. Aus diesen können durch Keimung Farnprothallien hervorgehen und der Kreis der Entwickelung ist dadurch geschlossen. Die Sporen entstehen in kleinen kapselähnlichen Behältern, Sporangien, welche gewöhnlich auf der Unterseite der Farnblätter in gerundeten Häufchen entstehen, zuweilen aber auch an ährenförmigen Sporenblättern gebildet werden.

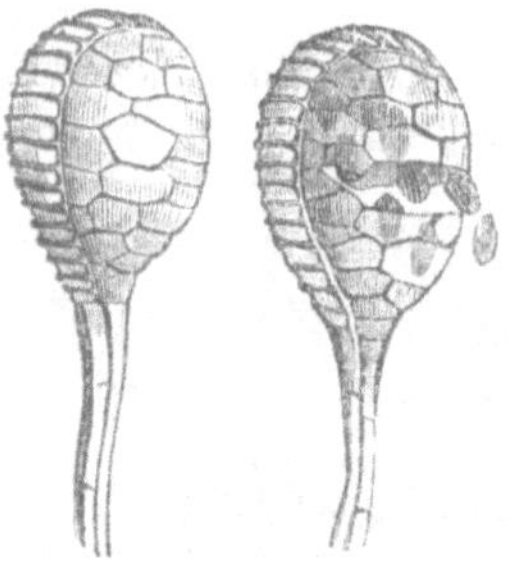

Fig. 104. Sporangien eines Farnkrauts.

So schließt sich auch hier der Cyklus, welcher mit der Keimung der Sporen begonnen, mit der endlichen Wiederbildung derselben, aber scharf tritt auch im Lebenskreise der Farne der Übergang von der geschlechtlichen zur ungeschlechtlichen Generation hervor und ganz ähnliche Verhältnisse finden wir beim Studium der übrigen Gefäßkryptogamen. Sowohl bei den Schachtelhalmen als bei den Lykopodiaceen tritt der Generationswechsel in ganz ähnlicher prägnanter Weise auf, das Prinzip der Eizellenbefruchtung durch bewegliche Spermatozoiden charakterisiert auch bei diesen Formen die sexuelle Generation.

5. Pollenschlauchbefruchtung bei den höheren Pflanzen (Nadelhölzer und Blütenpflanzen).

Nachdem im Vorhergehenden ohne auch nur annähernd Erschöpfendes gegeben zu haben, die Aufmerksamkeit auf die Hauptpunkte der Befruchtung bei den Kryptogamen gelenkt worden ist, wenden wir uns nun den gleichen Vorgängen bei den höheren Pflanzen zu, welche jedermann als Bekannte ganz besonders interessieren. Es ist den Lesern dieses Buches nichts neues, daß die Fortpflanzungsvorgänge in den Blüten vor sich gehen, allein wenn sich auch hier viel mehr als bei den übrigen Pflanzen manches schon mit bloßem Auge von diesen Vorgängen wahrnehmen läßt, so entziehen sich doch die wichtigsten Dinge hier wie dort wegen ihrer Kleinheit der direkten Beobachtung. Erst das Mikroskop gibt über das Wesentliche Aufschluß.

Die Fortpflanzungsvorgänge der höheren Pflanzen haben, namentlich solange man sich mit den Gymnospermen (Nadelhölzer) beschäftigt in einer Beziehung eine große Ähnlichkeit mit denen, welche bei den höheren Kryptogamen beobachtet werden. Auch bei den Gymnospermen sind die weiblichen Organe Archegonien. Es ändert sich jedoch der ganze Vorgang insofern bedeutend, als nicht mehr bewegliche Spermatozoiden als männliche Organe fungieren, sondern die Befruchtung durch den Pollenschlauch der Pollenkörner erfolgt. Wenn man nachforscht, weshalb diese neue Form der Fortpflanzung eine Notwendigkeit sein könne, so darf man wohl besonders darauf Gewicht legen, daß eine Befruchtung durch schwimmende Spermatozoiden an die Gegenwart von Wasser gebunden ist, eine Forderung, die bei den Moosen und Farnen durch die Verhältnisse ihrer Standorte in der Regel erfüllt ist, da sie sich eben nur da ansiedeln, wo genügende Feuchtigkeit auch für die Fortpflanzungsvorgänge ihnen zu Hilfe kommt. Die Gymnospermen und Angiospermen (Blütenpflanzen) sind aber im Gegensatz zu jenen vielmehr exquisite Luftpflanzen, deren Blüten vom Erdboden entfernt entstehen und in der Regel auch gerade so gebaut oder gestellt sind, daß das atmosphärische Wasser sie nicht benetzt. Für Spermatozoidenbefruchtung wären also hier die Bedingungen sehr ungünstige und die Befruchtung mittels der Pollenschläuche von Pollenkörnern ist den Verhältnissen ganz entsprechend. Um aber die Befruchtung, welche dadurch eine schwierigere geworden ist, daß die männlichen Sexualzellen unbeweglich geworden sind, nicht den größten Zufällen preiszugeben, tritt nun bei den Blütenpflanzen das Hineinspielen eines ganz neuen Faktors hinzu, das Eingreifen der Insekten bei der Befruchtung. Die Fortpflanzung, welche in den niederen Reichen von den gegebenen äußeren Bedingungen abhing, gelangt in eine unbedingte Abhängigkeit von der Tierwelt. Wenn man plötzlich alle Insekten vernichten könnte, so würde damit bei den meisten Blütenpflanzen die Möglichkeit sich fortzupflanzen aufhören, die Arten würden aussterben. Ein drittes unterscheidendes Moment tritt bei den Gymnospermen und Angiospermen in dem Produkt der Befruchtung auf. Bei diesen beiden Gruppen entsteht als Endprodukt der geschlechtlichen Vorgänge der Same, welcher einen Embryo enthält, während bei den Kryptogamen die embryonale Pflanze erst bei der Keimung aus dem noch ungeformten Plasma der befruchteten Eizelle sich formt.

Samenknospen und Pollenkörner.

Die weiblichen Organe der Befruchtung sind sowohl bei den Gymnospermen als bei den Angiospermen die Samenknospen, die männlichen Fortpflanzungszellen sind die Pollenkörner, populär gewöhnlich Blütenstaub genannt. Sowohl Samenknospen als Pollenkörner sind mikroskopisch kleine Organe und entstehen in besonderen Behältern oder wenigstens an blattähnlichen Tragorganen, welche ihnen zugleich einen Schutz während ihrer Entwickelung gewähren und auch noch sonst in verschiedener Weise als Hilfsorgane bei der Befruchtung dienen. Die Pollenkörner sind in der Regel kugelförmige Zellen, umgeben von einer doppelten Membran, von denen die äußere dicker und auf ihrer Außenseite mit verschiedenartigen Skulpturen, mit Warzen, Leisten, Stacheln u. s. w. bedeckt ist, wodurch die Pollenkörner an charakteristischem Aussehen gewinnen. Bei vielen Koniferen sind die Pollenkörner noch außerdem mit blasenförmigen Flugorganen versehen, was denselben ein ganz besonders auffallendes Ansehen gibt. Bei der Befruchtung öffnet sich das Pollenkorn und seine innere Haut tritt als Pollenschlauch hervor, der nun bedeutend in die Länge wächst, um zur Samenknospe zu gelangen. Vielfach findet man an den Pollenkörnern bestimmte Austrittsstellen für den künftigen Pollenschlauch schon vorgebildet, wie auch aus unserer Figur (2 u. 4) ersichtlich ist. Zuweilen sind diese Austrittsöffnungen für den Pollenschlauch papillenartige Vorwölbungen, an denen die äußere Haut dünner und daher später leichter zu durchbrechen ist, in andern Fällen springen kleine Deckel von den Öffnungen ab, um dem Pollenschlauch den Austritt zu erleichtern. Die Entstehung des Pollenschlauchs, welche bei der Befruchtung in einer Blüte nicht immer leicht zu beobachten ist, läßt sich bequem wahrnehmen, wenn man künstlich die Bedingungen herstellt, unter denen die Pollenkörner bei der Befruchtung keimen. Unter natürlichen Bedingungen geschieht dies auf der Narbe der Blüten, und zwar scheidet das Narbengewebe eine zuckerhaltige

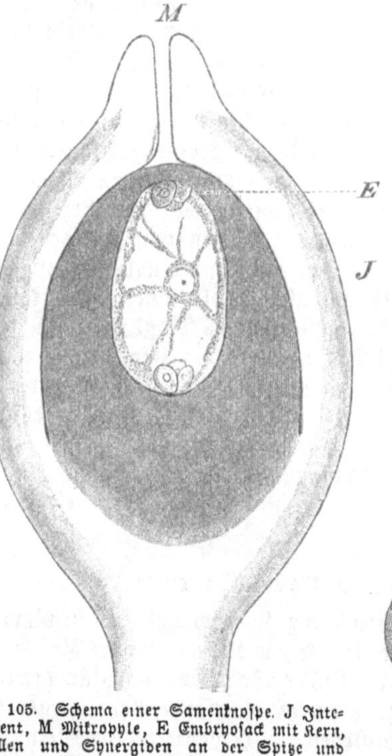

Fig. 105. Schema einer Samenknospe. J Integument, M Mikropyle, E Embryosack mit Kern, Eizellen und Synergiden an der Spitze und Antipoden am Grunde

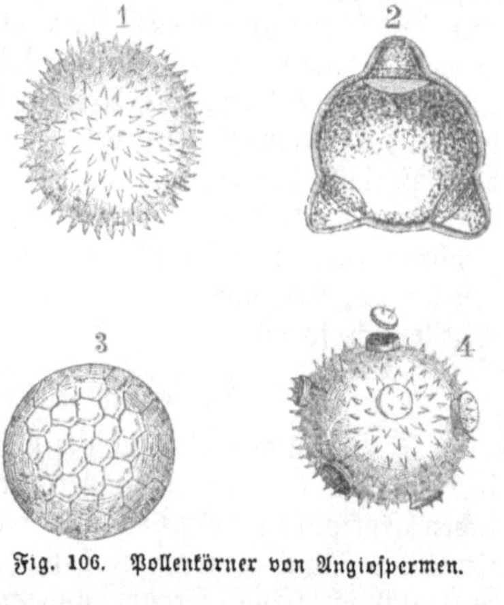

Fig. 106. Pollenkörner von Angiospermen.

Flüssigkeit aus, welche die Pollenkörner zum Keimen veranlaßt. Wenn man nun auf einen Objektträger Pollenkörner in einen Tropfen 5%iger Zuckerlösung bringt und das Präparat vor dem Austrocknen geschützt in einer feuchten Kammer einen Tag liegen läßt, so keimen die Pollenkörner geradeso, wie auf der Narbe und treiben lange Pollenschläuche. Natürlich kann eine weitere Entwickelung nicht stattfinden, denn nur die Vereinigung des Pollenschlauches mit der Samenknospe gibt ein Resultat, für sich geht sowohl Pollenkorn als Samenknospe endlich zu Grunde, aber das Stadium der Pollenschlauchbildung läßt sich auf die oben angegebene Weise vortrefflich beobachten.

Haben wir damit die relativ einfach gebauten Pollenkörner kennen gelernt, so wenden wir uns der Form der Samenknospen zu, die einen bei weitem verwickelteren Bau besitzen. Das ist auch ganz erklärlich; das Pollenkorn hat nur die Aufgabe, den befruchtenden Inhalt an die Samenknospe abzugeben, damit ist seine Funktion beendet, die Samenanlage aber soll sich zum Samen mit Embryo, Endosperm und Samenschale entwickeln, und es ist erklärlich, daß sie dem entsprechend schon im Jugendzustande einen anatomisch vollkommeneren Bau besitzt.

Die Samenknospen sind eiförmige auf einem kurzen Stiel sitzende Zellkörper, die mit wenigen Ausnahmen noch ein oder zwei mantelförmige Umhüllungen (Integumente) besitzen, wovon jede aus wenigen Zellschichten besteht. Die Integumente, aus denen später die Samenschalen hervorgehen, überwölben zwar den Scheitel des Samenknospenkernes, allein sie schließen auf dessen Spitze nicht zusammen, sondern lassen dort einen engen Kanal, die Mikropyle offen, durch welchen der Pollenschlauch eindringen kann. Durch die bloße Berührung des Pollenschlauches mit dem Scheitel der Samenknospe ist keineswegs schon die Befruchtung vollendet. Der Ort, welchen der Pollenschlauch erreichen muß um die Befruchtung zu vollenden, ist eine bestimmte Zelle der Samenknospe, welche nach einigen vorbereiteten Teilungen aus einer Zelle des Knospenkerns entsteht, sich bedeutend vergrößert und unter den übrigen Zellen des Gewebes als ein ganz besonderer, durch seine Größe ausgezeichneter Raum hervortritt.

Diese Zelle ist der Embryosack, so genannt, weil in demselben die Befruchtungsvorgänge und die Entstehung des Keims oder Embryos sich abspielen. Das Verhalten des Embryosackes ist beim Studium der Befruchtungsvorgänge der höheren Pflanzen als ein ganz besonders wichtiges zu beachten und da die in demselben vor sich gehenden Veränderungen bei den Gymnospermen und Angiospermen große Verschiedenheiten aufweisen, so wird es zweckmäßig sein, nacheinander diese beiden Abteilungen der höheren Pflanzen zu betrachten.

Die Gymnospermen, als deren Repräsentanten man bei uns immer an die Nadelhölzer, Fichten, Tannen, Wacholder u. s. w. zu denken hat, haben trotzdem hier ein ganz anderes Prinzip der Befruchtung, als bei den Kryptogamen herrscht und anstatt der Spermatozoiden der Pollenschlauch die Befruchtung veranlaßt, doch noch in bezug auf die weiblichen Organe eine größere Ähnlichkeit mit den Kryptogamen. Auch bei den Gymnospermen sind die eigentlichen empfängnisfähigen weiblichen Organe Archegonien, die denen der Kryptogamen ganz ähnlich gebaut sind. Aber der Ort ihrer Entstehung ist freilich ein ganz anderer. Während bei Moosen und Farnen die Archegonien auf selbständig lebenden chlorophyllhaltigen Pflanzen entstehen, wodurch eine ganze Generation charakterisiert wird, bilden sich die Archegonien der Gymnospermen im Embryosack ihrer Samenknospen, also in einem Erzeugnis, welches nicht als selbständiger Vegetationskörper erscheint, sondern ein Organ der erwachsenen Pflanze ist.

In seltenen Fällen sind die Samenknospen vereinzelt und sitzen an den Enden der Nadelzweige, so daß sie ohne weiteres ins Auge fallen, wie z. B. beim Taxus, wo die reife mit ihrem Scheitel aus der schön roten, fleischigen Umhüllung hervorragenden Samenknospe das Aussehen einer stattlichen Beere besitzt. Gewöhnlich sind die Samenknospen bei den Koniferen an einer Schuppe befestigt, aber diese Schuppen stehen nicht einzeln an den Zweigen, sondern es stehen zahlreiche dieser Schuppen, an denen die Samenknospen entweder mit aufwärts oder abwärts gerichteter Mündung angeheftet sind, an einer gemeinsamen Achse, wodurch dann das Gebilde zu Stande kommt, was man bei den Koniferen einen Zapfen nennt. Die Zapfen sind gewissermaßen die weiblichen Blüten der Koniferen. Wenn nun bei der Reife der Zapfen die Schuppen von der Achse etwas abstehen, so ist diese ganze Blüte dem Zugang der Pollenkörner geöffnet, diese können vom Winde direkt auf die Mikropyle der Samenknospen fallen, wo sie durch eine klebrige zuckerhaltige Flüssigkeit, die von der Samenknospe ausgeschieden wird, festgehalten werden und ihre Pollenschläuche zu treiben beginnen. Sehen wir uns danach um, woher die Pollenkörner selbst stammen. Bekanntlich erscheinen im Frühjahre an den Kiefern am untern Teil der jungen Triebe dichtgedrängte gelbe Sträuße männlicher Blüten, die beim Erschüttern der Zweige eine Menge gelben, durch die Luft fortfliegenden Staubes von sich geben. Jede dieser Blüten besteht aus zahlreichen Pollenbehältern, welche ähnlich wie die Samenschuppen um eine gemeinsame Achse gestellt sind.

Fig. 107. Männliche Blüte der Edeltanne, a Staubblätter, b zarte Knospenschuppen, als eine Blütenhülle ersetzend (nach Schacht).

Jeder dieser Pollenbehälter ist ein gestielter schildförmiger oder schuppenförmiger Körper, auf dessen Unterseite zwei oder mehrere Pollensäcke sitzen. Bei der Reife reißen dieselben auf und lassen die Pollenkörner herausfallen. Da die Pollenkörner bei vielen Koniferen mit blasenförmigen Anhängen versehen sind, welche Luft enthalten, so fallen dieselben nicht auf den Boden, sondern schweben vom Winde getragen mittels ihrer Flugorgane dahin und werden oft auf weite Strecken fortgetragen. Die Menge der vom Winde fortgetriebenen Wolken von Kieferpollen ist oft so groß, daß sie beim Niederfallen Boden- oder Wasserflächen als gelbes Pulver bedecken, welches zu dem Aberglauben des Schwefelregens geführt hat.

Nach dieser Orientierung über den Ort der Samenknospen und Pollenkörner können wir den Befruchtungsvorgängen selbst nähertreten. Die Einleitung dazu, die Bestäubung der Samenknospen, hat der Wind besorgt. Alsbald beginnen die Pollenkörner ihre Pollenschläuche zu treiben; allein nur eine kurze Strecke wachsen diese auf den Embryosack zu, dann tritt eine Ruhepause ein, denn der Embryosack ist noch gar nicht vorbereitet zum Empfange der Pollenschläuche. In demselben ist zwar schon vor der Bestäubung lebhafte Zellbildung vor sich gegangen und der anfangs eine zwar sehr große, aber nur eine einzige

Zelle darstellende Embryosack hat sich erfüllt mit einem vollständigen Gewebe, einer Art von Prothallium, welches man jedoch bei den Samenpflanzen mit dem besonderen Namen **Endosperm** bezeichnet. Aber darauf beschränkte sich zunächst die Thätigkeit des Embryosackes und die Hauptsache, die Entstehung der Archegonien, erfolgt, was höchst merkwürdig erscheint, erst, nachdem die Bestäubung schon erfolgt ist. Bis zur Ausbildung der Archegonien müssen die Pollenschläuche sich gedulden und in ihrem Wachstum tritt daher die Ruhepause ein. Sie kann bei den verschiedenen Koniferen, Wochen, Monate oder länger dauern. Bei der Kiefer verstreicht zwischen dem Augenblick, wo die Pollenkörner auf die Mikropyle gelangen und wo der Pollenschlauch den Embryosack erreicht und die Befruchtung ersetzt, ein volles Jahr. Diese Vorgänge müssen uns außerordentlich rätselhaft und wie alles Rätselhafte ganz besonders interessant erscheinen. Wie wunderbar ist es, daß der schon im Wachstum begriffene Pollenschlauch sein Wachstum wieder einstellt, und nach langer Ruhe im richtigen Moment wieder beginnt, um endlich die Befruchtung auszuführen, und nicht minder wunderbar erscheint, daß die Bildung der weiblichen Organe erst überhaupt beginnt, nachdem die Pollenkörner schon auf der Mikropyle angelangt sind.

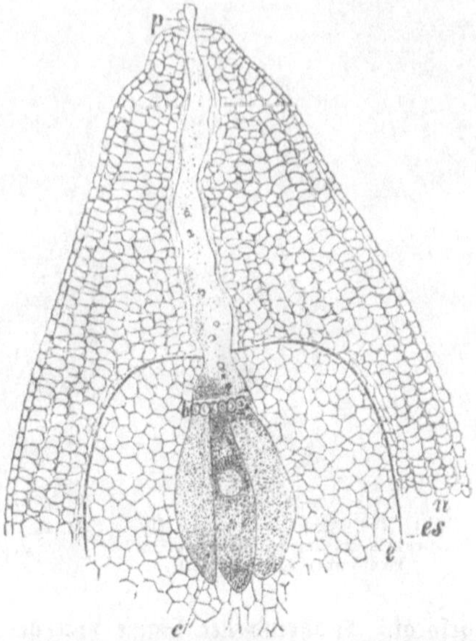

Fig. 108. Längsschnitt durch den Knospenkern von Juniperus virginiana, 66 fach vergrößert. n Knospenkern; es Wand des Embryosackes: e Embryosack mit Endosperm; c Archegonien; p Pollenschlauch (nach Strasburger).

Die Anzahl der Archegonien, welche im Embryosacke entstehen, kann sehr verschieden sein, gewöhnlich sind es 3—5, es können aber auch 15 und mehr Archegonien entstehen (Fig. 108). Von den Pollenkörnern treibt nun eine Anzahl ihre Schläuche hinab bis zu den Archegonien und dringen in den Hals derselben ein, um die Eizelle zu erreichen. Bei manchen Koniferen wie den Cupressineen genügt ein Pollenschlauch zur Befruchtung, indem derselbe sich über den Halsteilen mehrerer Archegonien ausbreitend, kurze Zweige in jedes Archegonium hineinsenkt. Die größere Anzahl der Archegonien soll wohl nur das Ziel der Befruchtung sichern, denn wenn auch thatsächlich mehrere derselben befruchtet werden, so gelangt doch schließlich nur einer der Embryonen zur Ausbildung, die übrigen gehen zu Grunde und der reife Koniferensame enthält doch nur einen einzigen Keim. Der eigentliche Akt der Befruchtung ist nach **Strasburgers** Beobachtungen die Vereinigung der beiden Kerne der Eizelle und des Pollenschlauchs. Der Kern des Pollen=

schlauchs tritt in die Eizelle ein, es erfolgt eine Verschmelzung mit dem Eikern und damit ist die Befruchtung beendet. Der entstandene Kopulationskern wandert in den unteren Teil der Eizelle des Archegoniums und hier treten nun die Zellteilungen auf, welche die Bildung des Embryos einleiten. Von den im Grunde des Eies entstandenen Zellen bildet nur ein Teil die Embryonlage, während die übrigen zu einem langen Träger derselben auswachsen, durch den der Embryo tief in das Endosperm hineingeschoben wird. Das Endosperm erfüllt sich während dessen mit Nährstoffen, Fett und Eiweißstoffen, und wenn der Embryo seine Ausbildung erlangt hat, so liegt er in diesem Nährgewebe eingebettet und für das nötige Nährstoffmaterial, welches er bei seiner Keimung verbraucht, ist

Fig. 109. Fruchtknoten von Hydrastis im Durchschnitt mit Samenknospen (nach Baillon).

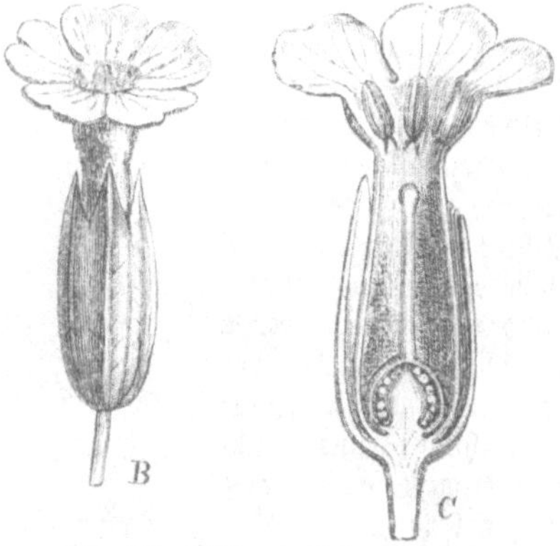

Fig. 110. Blüte von Primula. B von außen; C im Durchschnitt.

gesorgt. Während der Same nun heranreift, erfahren auch die Tragblätter der Samenknospe große Veränderungen. Die Zapfenschuppen verholzen und indem sie fest zusammenschließen, reift der Same, geschützt vor äußerer Unbill, heran. Erst nach vollendeter Reife öffnet sich der Zapfen oder wirft auch, wie bei der Edeltanne, die einzelnen Schuppen ab und der Same, welcher sich samt einem flügelartigen Anhang von seiner Schuppe abtrennt, gelangt zur Aussaat. Taxus und die Wacholderarten, welche keine eigentlichen Zapfen bilden, schließen ihre reifen Samen in beerenähnliche Umhüllungen ein.

Die männlichen und weiblichen Befruchtungsorgane sind bei den Gymnospermen immer voneinander getrennt, es stehen niemals Samenknospen und Pollensäcke in einer Blüte beisammen, eine Thatsache, für die man den Ausdruck Diklinie der Pflanzen auch bei den Angiospermen benützt. Ganz dem entgegengesetzt finden wir bei den Angiospermen als Regel, daß die Pollen- und Samenknospenbehälter vereinigt sind und an einem Sproß stehen, der außerdem noch mit häufig sehr schön gefärbten Hüllblättern ausgestattet sein kann. Diese Vereinigung beider Geschlechter zu sogenannten Zwitter- oder hermaphroditen Blüten, ist deshalb besonders auffallend, weil dieselbe gar nicht den Zweck hat, eine Befruchtung zu erleichtern, denn es ist eine ganz durchgehende Regel, daß die Befruchtung einer Blüte durch ihren eigenen Pollen möglichst vermieden wird und da wo sie vorkommt, oft ganz ohne Erfolg ist. Wenn wir in den Blüten, wo der ganze Komplex von Befruchtungsorganen mit seinen Hüllblättern genannt wird, einer ungemeinen Mannigfaltigkeit an Formen begegnen,

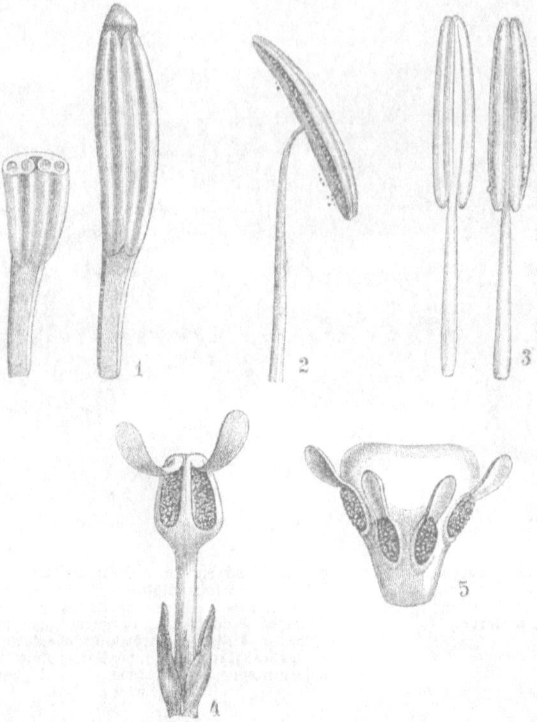

Fig. 111. Verschiedene Staubfadenformen mit verschiedener Art des Aufreißens. 1 Vochysia; 2 Amaryllis; 3 Iris; 4 Atherosperma; 5 Nectandra (nach Baillon).

so ist dieser Formenreichtum doch besonders durch die Nebenorgane bedingt, während die wirklich wesentlichen Teile der Blüten, die Sexualorgane, überall annähernd gleich gebaut sind. Eine vollständige Übereinstimmung findet in dem Befruchtungsprozeß selbst, trotz aller äußeren Verschiedenheit der Blütenorgane statt. Auch bei den Blütenpflanzen sind die in Wechselwirkung tretenden Organe Pollenkörner und Samenknospen von uns schon bekanntem Bau. Die Pollenkörner sind mit wenigen Ausnahmen große Zellen, deren Form und Struktur aus der Abbildung (106) sich ergibt. Für die Samenknospen ist aber ebenfalls ein Schema gegeben worden, dem nur noch beizufügen ist, daß die Samenknospen auch zwei Integumente haben können und daß ihre aufrechte Stellung vielfach durch die Krümmung des Stieles in eine umgekehrte verwandelt wird, so daß dann die Mikropyle nach unten gewendet ist (Fig. 113). Die Pollenbehälter der Blütenpflanzen sind ebenfalls Säcke, die meistens auf einem langen fadenförmigen Stiel befestigt sind, weshalb diese männlichen Blütenorgane allgemein als Staubfäden bezeichnet werden. Ihre Gestalt so-

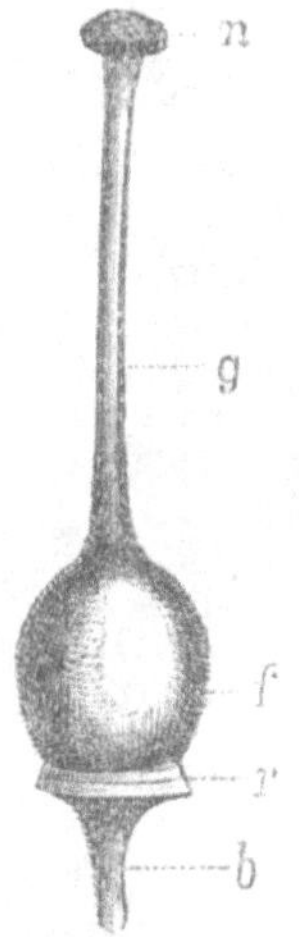

Fig. 112. Schema des Fruchtknotens. b Blütenstiel; r Blütenboden; f Fruchtknoten; g Griffel; n Narbe.

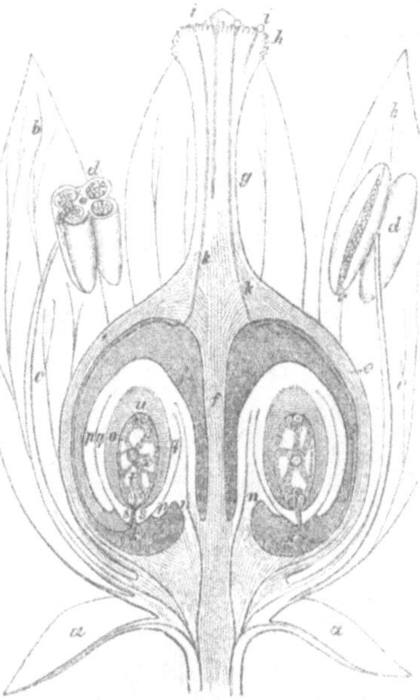

Fig. 113. Schema einer Blüte im Längsdurchschnitt. a Kelch; b Blumenblätter: c Staubfäden mit Antheren d, davon eine im Querschnitt gesehen; f zweifächeriger Fruchtknoten, in jedem Fach eine Samenknospe; g Griffel; i Narbe mit Pollenkörnern, welche ihre Pollenschläuche bis in die Mikropyle s der Samenknospen treiben; p, q Integument: t Eiapparat; u Antipoden.

wohl, wie auch die Art ihres Aufreißens bei der Reife kann eine sehr verschiedene sein, wofür die Bilder (S. 221) Belege geben.

Die Samenknospen der Blüten sind nicht wie dies bei den Gymnospermen der Fall ist, an offenen Tragblättern befestigt, sondern immer eingeschlossen in einen völlig geschlossenen Behälter, den Fruchtknoten, ein einfaches oder in mehrere Fächer geteiltes Gehäuse, welches in seinem Raume die Samenknospen beherbergt. Dadurch muß nun ein ganz anderer Modus der Befruchtung Platz greifen, denn da die Samenknospen in einem völlig geschlossenen Behälter sitzen, so können die Pollenkörner nicht unmittelbar auf die Mikropyle der Samenknospen gelangen, sondern nur außen auf den Behälter, den Fruchtknoten fallen. Diesen andern Verhältnissen entsprechend ist nun aber jeder Fruchtknoten mit einem besonderen Empfängnisapparat versehen, welcher dazu dient, die Pollenkörner aufzufangen. Dies Organ ist der **Griffel** mit der **Narbe**.

Ein Fruchtknoten entsteht dadurch, daß eines oder mehrere Blätter mit ihren Rändern zu dem geschlossenen hohlen Körper verwachsen. Die Spitzen dieser Blätter vereinigen sich und wachsen zu dem fadenförmigen Organ heran, welches sich auf seinem Gipfel zu einer aus papillenförmigen Zellen bestehenden Drüse verbreitet. Durch die zucker-

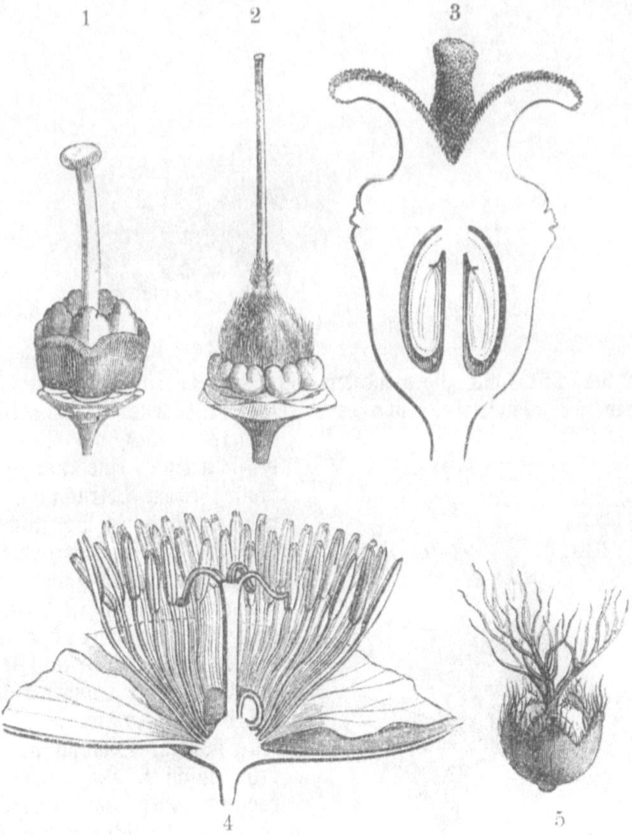

Fig. 114. Griffel und Narbenformen. 1 Coleonema; 2 Medicosma; 3 Helwingia; 4 Ochna; 5 Acalypha.

haltige Flüssigkeit, die diese Drüse ausscheidet, werden die Pollenkörner festgehalten und zur Keimung veranlaßt.

Um zur Samenknospe zu gelangen, haben die Pollenschläuche oft einen beträchtlichen Weg zurückzulegen, sie müssen durch den Griffel, der entweder hohl oder doch nur mit einem zarten Gewebe ausgekleidet ist, hinabwachsen, bis in den Innenraum des Fruchtknotens, wo sie dann in die Mikropyle der Samenknospen eindringen (siehe die Fig. 113).

Auch bei den Angiospermen ist es der Embryosack, in welchem die Befruchtung vor sich geht. Hier waren aber schon vor der Bestäubung

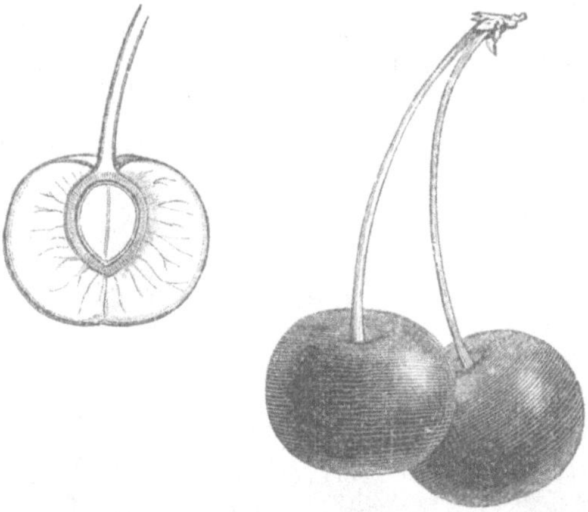

Fig. 115. Kirsche (Steinfrucht).

an dem der Mikropyle zugewendeten Ende des Embryosackes drei Zellen entstanden, der Eiapparat, von denen eine die Eizelle ist, während die anderen beiden, als Synergiden bezeichneten, eine vermittelnde Rolle bei der Befruchtung übernehmen. Aus dem Pollenschlauch, welcher in die Mikropyle eingedrungen und bis zum Embryosack vorgedrungen ist, tritt, wie aus Strasburgers Beobachtungen hervorgeht, ein Zellkern in die Eizelle ein und verschmilzt mit deren Kern, worauf die Eizelle sich zur Bildung des Embryo anschickt. Zu gleicher Zeit beginnt aber der Raum des Embryosackes sich mit Endosperm zu füllen, dem Gewebe, welches später dem Embryo die Stoffe zur Ernährung liefert. Während sich nun nach erfolgter Befruchtung die Samenknospe innerhalb des Fruchtknotens zum Samen ausbildet, beginnt der Fruchtknoten selbst ein erneutes Wachstum und erleidet sowohl gestaltlich als chemisch mannigfache Veränderungen seiner Gewebe. Der Fruchtknoten

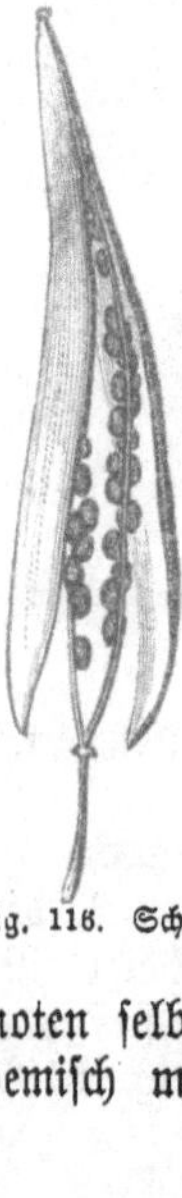

Fig. 116. Schote.

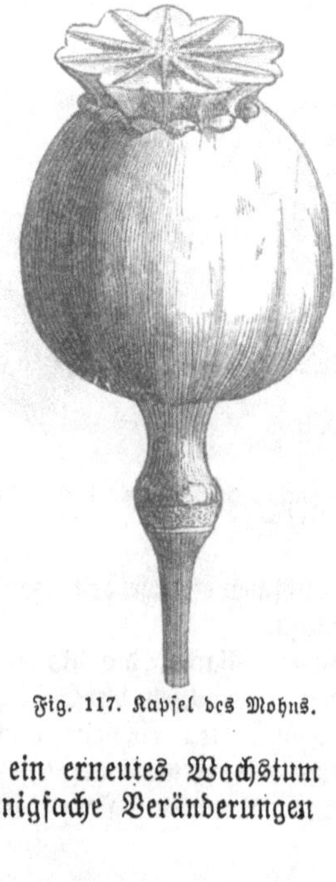

Fig. 117. Kapsel des Mohns.

wird hierdurch zur Frucht und je nach dem seine Gewebe sich zu einer fleischigen, verholzten oder anders beschaffenen Hülle für die Samen umwandeln, wird die reife Frucht als Beere, Kapsel, Nuß u. s. w. bezeichnet.

In der Regel lassen sich an den reifen Früchten drei Schichten, das Epikarp, Mesokarp und Endokarp, unterscheiden. Bei unseren Kirschen wird die innerste Schicht der Fruchtknotenwand, das Endokarp, hart und holzig und trennt sich bei der reifen Kirsche von den saftig bleibenden Gewebeschichten leicht ab, so daß man dann den Samen mitsamt dieser inneren Fruchtpartie als Stein herauslösen kann. Das Epikarp ist bei den Kirschen eine glänzende, gefärbte Haut. Das Fleisch der Kirsche ist das Mesokarp. Ebenso ist es bei andern Steinfrüchten, wie Pflaumen, Pfirsichen, Aprikosen 2c. Bei der Stachelbeere bildet das Epikarp die

Fig. 118. Erdbeere.

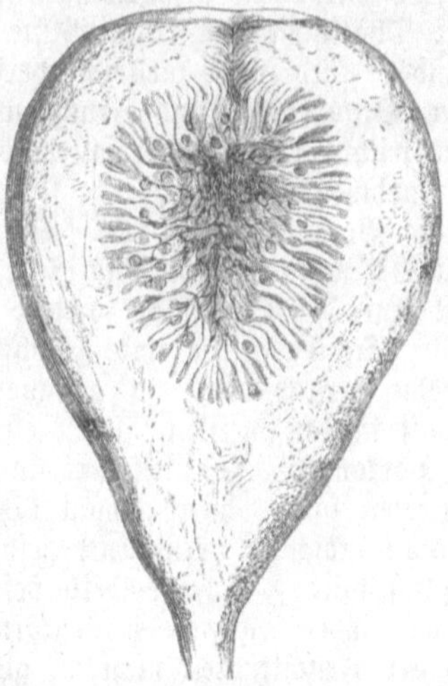

Fig. 119. Feige.

zähe Haut, das übrige Fruchtknotengewebe wird zu einer weichen Pulpa, in der die Samen eingebettet sind. Wird dagegen der Fruchtknoten lederartig und trocken, so entstehen die Kapseln, welche später in verschiedener Weise sich öffnen.

Bei manchen Pflanzen beginnen auch nach der Befruchtung Teile, welche gar nicht zum Fruchtknoten gehören, zu wachsen und indem sie so an der Fruchtbildung teilnehmen, entstehen dadurch sogenannte Scheinfrüchte.

So schwillt bei der Erdbeere der Blütenboden fleischig an und erscheint bei der Reife als Frucht, während die eigentlichen Früchte jene harten kleinen Nüßchen sind, welche die Oberfläche der Erdbeere bedecken. Bei der Feige wird der ausgehöhlte, urnenförmige Stiel des Blütenstandes fleischig, die Früchte selbst stehen aber im Innern dieser Urne.

6. Blumen und Insekten.

Wer im Frühjahr zur Zeit der Obstblüte unter Kirschen- oder Apfelbäumen umherwandelt, wird bald auf das geschäftige Summen der Bienen in den Kronen der Blütenbäume aufmerksam werden und kann leicht beobachten, wie die geflügelten Arbeiter von Blüte zu Blüte fliegen und offenbar sehr Wichtiges zu thun haben, da sie sich durch einen Zuschauer nicht stören lassen. Sie sammeln Honig, sagt man dann wohl. Das thun sie allerdings, allein wenn auch unbewußt, verrichten sie nebenher ein zweites für den Besitzer des Obstgartens sehr bedeutungsvolles Geschäft. Die Bienen bestäuben die Narben seiner Kirsch- und Apfelblüten. Keine einzige Frucht würde er ernten, wenn die Bienen nicht für den geringen Entgelt einiger Zuckertropfen, welche sie aus den Blüten holen, auf jede Narbe den befruchtenden Pollen abstreifen würden, welchen sie bei ihrer Thätigkeit von einer Blüte zur anderen tragen. Warum diese Umstände, wird man vielleicht versucht sein zu fragen. In jeder Blüte stehen Staubfäden und Fruchtknoten nebeneinander, so daß die Pollenkörner leicht auf die Narbe fallen können, warum also fremde Hilfe in Anspruch nehmen, wo die Dinge so einfach liegen. Aber nur scheinbar liegen die Verhältnisse einfach. Die Gründe, weshalb die Insektenhilfe für die Befruchtung notwendig ist, ergeben sich erst aus Thatsachen, welche nicht auf der Oberfläche liegen. Trotzdem die räumliche Vereinigung von Staubgefäßen und Fruchtknoten so außerordentlich zweckmäßig erscheint, ergab doch ein genaueres Studium der Befruchtungsvorgänge, daß in den meisten Fällen eine direkte Befruchtung der Blüte selbst nicht vorkommt, ja meistens unmöglich ist und damit sie noch weniger eintreten kann, durch, man könnte sagen, sinnreiche Natureinrichtungen vollständig zu verhindern gesucht wird.

Unmöglich wird z. B. eine Selbstbefruchtung d. h. eine Befruchtung der Blüte mit ihren eigenen Pollenkörnern dadurch gemacht, daß der Pollen und der Fruchtknoten nicht zu gleicher Zeit reif, d. h. funktionsfähig sind. Man bezeichnet dieses Verhalten als **Dichogamie**. Bei solchen dichogamen Blüten ist entweder die Narbe zu der Zeit noch nicht empfängnisfähig, wenn der Pollen derselben zu verstäuben beginnt, oder die Pollensäcke öffen sich erst später, nachdem die Narbe schon verwelkt ist. Bei den Orchideen ist die Selbstbefruchtung dadurch verhindert, daß die Pollenkörner zu keulenförmigen Massen verklebt sind und nicht aus ihren Pollensäcken herausfallen können. Durch andere auffallende Organisationen, durch sogenannte **Heterostylie** wird eine Kreuzung bei der Schlüsselblume, Primula officinalis, u. a. erreicht. Bei der genannten Pflanze erzeugt ein Stock Blüten, mit langem Griffel, bei denen die Narbe höher steht als die Staubfäden, ein anderer Stock nur Blüten, bei denen umgekehrt der Griffel kurz ist und die Narbe tief unterhalb der Staubgefäße steht. Ein Insekt, welches mit seinem Rüssel die Pollenkörner von den höher stehenden Staubgefäßen abstreift, kann damit immer nur eine mit langem Griffel versehene Blüte befruchten, weil die Narbe einer kurzgriffeligen Blüte gar nicht von jenem mit Pollen bedecktem Rüsselteil erreicht wird. Dagegen wird der Pollen aus Blüten mit tiefstehenden Staubfäden immer nur auf in gleichem Abstande vom Blüteneingange stehende Narbe, also auf die kurzgriffeligen Blüten übertragen, weil hier wieder gleiche Entfernungen korrespondieren.

In allen Fällen wird hier eine Wechselbefruchtung von Blüten mit verschieden langen Griffeln angebahnt, eine Thatsache, die noch bei anderen Pflanzen vorkommt. Die scharfsinnigen Beobachtungen Charles Darwins haben diese merkwürdigen Beziehungen aufgedeckt.

Noch zahlreiche andere Beispiele ließen sich anführen als sichere Belege dafür, daß im Prinzip die Vereinigung nächstverwandter Fortpflanzungszellen vermieden und eine Kreuzung verschiedener Blüten durchgeführt wird. Wo den erwähnten ähnliche oder mechanische Hindernisse der Selbstbestäubung nicht entgegentreten, stellt sich vielfach heraus, daß diese zwar eintreten kann, aber thatsächlich von keinem Erfolge begleitet ist. Ein Beispiel dafür liefert Corydalis cava. In den Blüten dieser Pflanze berühren die Staubgefäße die Narbe und die aus den Antheren fallenden Pollenkörner fallen auf jene. Allein diese mit eigenem Pollen bestäubten Blüten bringen niemals Samen, es tritt also eine Befruchtung gar nicht ein, was um so merkwürdiger ist, als die Pollenkörner nicht etwa keimungsunfähig sind, sondern thatsächlich mit ihren Pollenschläuchen in den Griffel eindringen. Ja man kennt sogar Beispiele, wo der eigene Blütenstaub geradezu wie Gift auf die Blüte wirkt, wenn man denselben künstlich auf ihre Narbe bringt. Die Blüten einer brasilianischen Orchidee, Noctylia, erkranken nach der Bestäubung mit eigenem Pollen und fallen ab.

Bei der so gestalteten Sachlage, welche das Verlangen nach einer Kreuzung zum Naturgesetz erhebt, fällt nun die Schwierigkeit sofort ins Auge, welche in der Unbeweglichkeit beider Sexualorgane liegt. Es muß also ein Vermittler hier eingreifen. Dieser ist in vielen Fällen der Wind, welcher die leichten Pollenkörner auf seinen Rücken nimmt bis zu den Narben entfernter Blüten fortträgt. Für die Bestäubung der Koniferen, der Gräser und anderer Pflanzenklassen wird nur diese elementare Hilfe in Anspruch genommen, weshalb man diese Pflanzen als Windblütler bezeichnet. Wie wir gesehen haben, würde aber gar nicht in allen Fällen die Übertragung durch den Wind erfolgen können, wie beispielsweise bei den Orchideen, wo die Pollenkörner keine lose, stäubende, sondern eine festverklebte Masse bilden. In allen diesen Fällen tritt Insektenhilfe als Notwendigkeit ein, sie ist aber auch dort thätig, wo die Pollenkörner nicht in der Blüte mechanisch festgehalten werden, sondern ein loses stäubendes Pulver bilden. Zum Zwecke der Insektenbefruchtung haben sich sowohl die Blüten in ihren Formen als die Insekten ihrerseits mit ihrer Organisation gegenseitig so angepaßt, daß die Übertragung des Pollens mit größter Sicherheit erfolgt. Bei den Insekten ist nun freilich diese Anpassung durchaus nicht zum Zwecke der bloßen Befruchtung der Blüten erfolgt. Ihr Besuch gilt den Blüten, weil dieselben meistens tief in ihrem Grunde oft aus besonderen kleinen Organen, den Nektarien, Tropfen von Zuckerlösung absondern. Die Nektarien sind in engster

Übereinstimmung mit dem ganzen Blütenbau in den Blüten so angebracht, daß das Insekt, welches den Nektar zu erlangen sucht, es dabei gar nicht umgehen kann, den Pollen mit seinem Rüssel, seinen Beinen oder seinem behaarten Körper abzustreifen und beim Besuch der nächsten Blüten durch Berührung der Narbe einen Teil dieses ihm angehängten Auftrages an seinem Bestimmungsort abzulegen.

Die Formen, in welchen dieses geschieht, sind so zahlreich, daß hier nur darauf hingewiesen werden kann. Die ausführlichste Auskunft über diese interessanten Einzelheiten findet man in Darwins und Müllers Werken.* Nur einige Beispiele mögen hier angeführt werden.

Einige Schwebfliegen (Ascia und Melanostoma) sind es, welche in der Regel die Blüten von Veronica Chamaedris bestäuben, jene

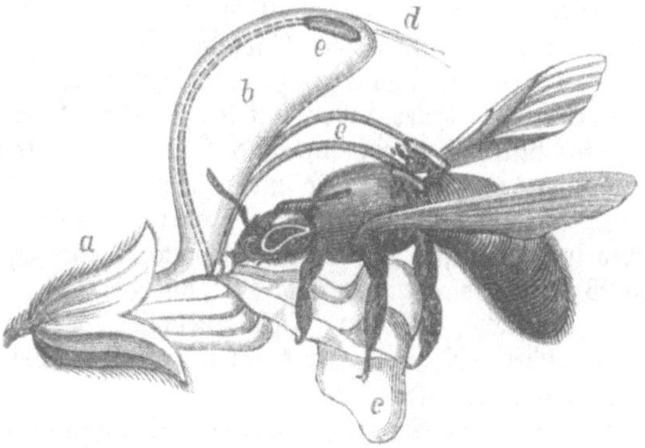

Fig. 120. Befruchtung einer Salbeiblüte durch eine Biene. a Kelch, c Unterlippe der Blüte dem Insekt zur Stütze dienend, d Stellung der Staubfäden vor der Berührung innerhalb der helmförmigen Oberlippe der Blüte, e die durch den Insektenrüssel vorgebogenen und Pollen auf dem Rücken der Insekten ausstreuenden Staubfäden.

kleinen himmelblauen Blüten, deren Griffel nach abwärts gerichtet ist, während die beiden Staubfäden nach beiden Seiten auseinanderspreizen.

Die Fliege, eine Zeitlang vor der Blüte schwebend, schießt plötzlich auf diese zu und setzt sich auf das unterste Blumenblatt, wobei sie mit ihrem Hinterleib die Narbe des herabhängenden Griffels berührt und den Blütenstaub, den sie sich vorher in einer anderen Blüte aufgeladen, hier abwischt. Während die Fliege ihren Rüssel in die kurze Blumenröhre steckt, um den Nektar zu trinken, wird ihr in folgender Weise eine neue Portion Blütenstaub appliziert. Indem die Fliege bei ihrem Ernährungsgeschäft auf der Mitte der Blüte, wo durch einen weißen Fleck der Eingang zum Nektarbrunnen sehr auffallend gekennzeichnet ist, sich festzuhalten sucht, erfaßt sie mit ihren Vorderbeinen die Basis der beiden Staubfäden und schlägt dieselben dadurch unter der Bauchseite

* Ch. Darwin, Die verschiedenen Einrichtungen, durch welche Orchideen von Insekten befruchtet werden 1877, und Ch. Darwin, Die Wirkungen der Kreuz- und Selbstbefruchtung im Pflanzenreich, 1877. H. Müller, Die Befruchtung der Blumen durch Insekten, 1873. Kirchner, Flora von Stuttgart, 1888.

ihres Hinterleibes zusammen, wo nun der Blütenstaub, reichlich aus den Antheren herausfallend, haften bleibt.

Leicht zu beobachten sind die Vorgänge bei den Orchideen, deren keulenförmige Pollenmassen am Grunde mit einer Klebdrüse versehen sind, welche am Rüssel der Bienen oder Hummeln kleben bleibt, so daß das Insekt mit einem sonderbaren Schmuck versehen davon fliegt. Bei unserer Wiesensalbei, Salvia pratensis, ist ein Hebelmechanismus vorhanden, der beim Einführen des Insektenrüssels die Staubfäden nach außen zu in Bewegung setzt, wodurch dem Insekt der Blütenstaub auf den Rücken fällt.

Erinnern wir uns, mit der geschlechtlichen Befruchtung hier abschließend, noch einmal an die oben behandelten ungeschlechtlichen Fortpflanzungsvorgänge. Man dürfte wohl die Frage aufwerfen, weshalb die eben geschilderten bedeutenden Komplikationen entstanden sind, um auf dem zweiten Wege geschlechtlicher Vermehrung die Erhaltung der Pflanzenarten zu sichern. Wenn sich herausstellt, daß Pflanzen sich durch Bewurzelung von Ausläufern oder durch abfallende Brutknospen oder Adventivsprosse unmittelbar fortpflanzen können mit Erhaltung aller Eigenschaften der Pflanzenart, dann erscheint das Verlassen eines so einfachen Weges zu gunsten des vielverschlungenen der geschlechtlichen Fortpflanzung schwer begreiflich. Darwin hob besonders den Gesichtspunkt hervor, daß das Ziel der geschlechtlichen Fortpflanzung die Kreuzung verschiedener Individuen sei, die ja nur auf diesem Wege ermöglicht ist. Durch eine sexuelle Kreuzung scheinen insofern mehrere besondere Vorteile erreicht zu werden, als für die Existenz der Art wertvolle Eigenschaften konstanter zu werden scheinen. Krankhafte oder unnütze verschwinden durch geschlechtliche Prozesse bei den Nachkommen, die Möglichkeit der Variation, der Heranbildung neuer Charaktere steigert sich durch die Sexualität. Es sind dies allerdings nur Erwägungen, welche keineswegs die unbedingte Notwendigkeit der Sexualität beweisen, sondern diese Annahmen dokumentieren das Streben, womöglich eine Erklärung für die so ungemein bedeutsamen Vorgänge zu finden.

Ich möchte mir erlauben, noch auf ein Ziel aufmerksam zu machen, welches mir nicht in letzter Linie durch die Sexualität angebahnt zu werden scheint, nämlich die Hervorbringung eines Produkts, welches die Fähigkeit besitzt, lange Zeiträume zu überdauern.

Wenn man die Organe ungeschlechtlicher Fortpflanzung betrachtet, so ergibt sich, daß es sich bei den Konidien, Brutknospen, Adventivsprossen, Ausläufern ꝛc. in den meisten Fällen um Organe handelt, für die eine sofortige Entwickelung Bedingung ist. Alle diese ungeschlechtlichen Fortpflanzungsorgane müssen im Laufe nicht zu langen Zeiträumen keimen können, sonst gehen sie zu Grunde. Das Produkt der geschlechtlichen Fortpflanzung ist aber ein solches, welches Jahrzehnte, ja Jahrtausende überdauern kann, wie manche Samen. Es wird also thatsächlich durch die sexuelle Fortpflanzung die Erhaltung der Art eine ganz unverhältnismäßig gesichertere, als durch die bloße ungeschlechtliche Vermehrung.

Ist man bei der Besprechung der Bedeutung der Sexualität auf

Theorien angewiesen, so ist dies noch in höherem Maße der Fall, wenn man darüber sich Klarheit zu verschaffen sucht, in welchen sichtbaren Vorgängen man das Wesen der Sexualität zu erblicken habe. Von Oskar Hertwig wurde zuerst eine Antwort auf diese Frage ganz im allgemeinen bezüglich aller Organismen zu geben versucht,* welche lautete: „die Befruchtung beruht auf der Verschmelzung geschlechtlich differenzierter Zellkerne.“ Die Berechtigung dieses Satzes wurde für die Pflanzen durch Strasburgers umfassende Beobachtungen über pflanzliche Befruchtungsvorgänge vollkommen bestätigt. Auch bei den Phanerogamen, wo die Befruchtung durch den Pollenschlauch erfolgt, konnte Strasburger** feststellen, daß eine Vereinigung der Kerne des Pollenschlauches und der Eizelle stattfinde. Hierauf ist also, was die Morphologie der Zeugung anbetrifft, das Hauptgewicht zu legen. Das Haupträtsel, in welcher Weise diese im wesentlichen aus Eiweißkörpern, Nuklein und Wasser bestehen-

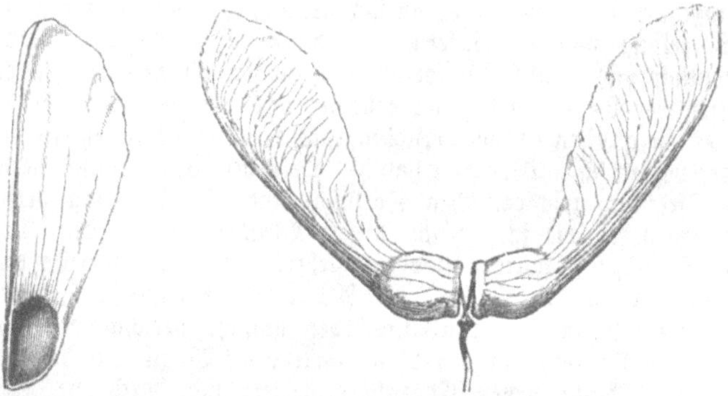

Fig. 121. Mit flügelförmigen Flugorganen ausgerüstete Samen und Früchte von Fichte und Ahorn (nach Baillon).

den Kerne so weittragende Entwickelungen hervorrufen und wie diese in ihrer eigenen Gestalt auf die einfachsten Formen reduzierten Körper die Fähigkeit zur Ausbildung der kompliziertesten Gestalten übertragen können, ist dadurch freilich noch nicht gelöst. Aber aus Hertwigs und Straßburgers Untersuchungen geht soviel hervor, daß man nur in den Kernen der Befruchtungszellen die Träger der befruchtenden Eigenschaften zu erblicken hat und das Protoplasma der Sexualorgane für die Befruchtung nicht wesentlich ist. Es liegt aber in diesen Ansichten über das Wesen der Befruchtung zugleich eine Theorie der Vererbung, denn die genannten Forscher erblicken zugleich in den Zellkernen die Träger der erblichen Eigenschaften.

Nach diesen theoretischen Andeutungen möge das Kapitel mit einigen thatsächlichen Angaben beschlossen werden, welche sich auf das Endprodukt der Befruchtung auf Frucht und Samen beziehen. Die Früchte und

* O. Hertwig, Das Problem der Befruchtung. Jena 1884.

** Strasburger, Neue Untersuchungen über den Befruchtungsvorgang bei den Phanerogamen, als Grundlage für eine Theorie der Zeugung. Jena 1884.

Samen sind bestimmt, sich von ihrer Mutterpflanze zu trennen und sich, um neuen Pflanzen das Leben zu geben, zu verbreiten. Wenn ein Baum seine Samen zu Boden fallen läßt, so werden nur wenige von den Keimpflanzen gedeihen, weil sie weder Boden noch Licht oder sonstige Bedingungen für ihr Fortkommen in ausreichendem Maße finden. Samen und Früchte müssen womöglich andere Orte aufsuchen und sie sind auch vielfach mit Einrichtungen versehen, welche ihnen weitere Wanderungen ermöglichen.

Das bewegende Agens ist vor allem der Wind, welcher einerseits kleine, leichte Samen ohne weiteres forttragen kann, anderseits an verschiedenartigen Ausrüstungen der Samen und Früchte angreift, um die Bewegung zu bewerkstelligen. Solche Ausrüstungen bestehen z. B.

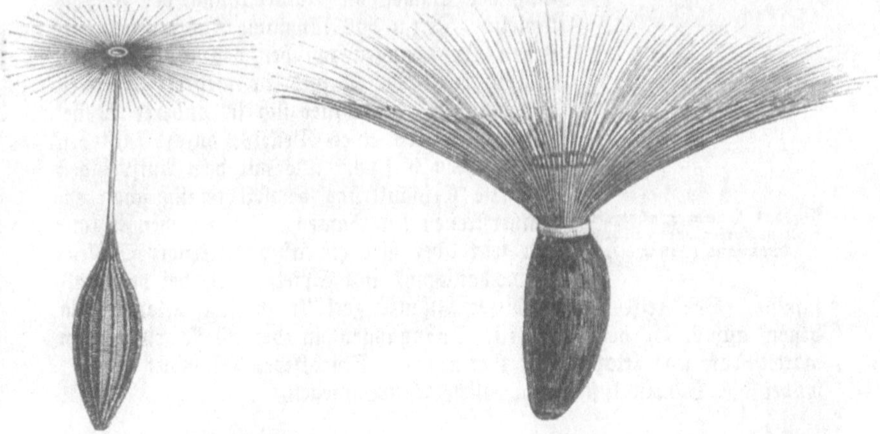

Fig. 122. Früchte mit haarförmigen Flugapparaten von Lactuca und Carduus (nach Baillon).

vielfach in flügelartigen Anhängen, welche die Samen oder Früchte besitzen, wie z. B. die Samen der Fichten und Tannen, der Same ist hier an einem Ende des Flügels angeheftet, wodurch der Schwerpunkt des ganzen Systems so liegt, daß der Same beim Herabfallen aus der Luft senkrecht auf den Boden trifft und in weicheres Erdreich noch etwas eindringen kann.* Die Ahornfrüchte besitzen wie bekannt eine symmetrische Form durch ihre zwei Flügel. Bei den Ulmenfrüchten sitzt der Same mitten in einer häutigen Umrahmung, bei unseren Linden ist die Braktee, welche den Fruchtstand stützt, eine Flugeinrichtung, welche die Früchte in ziemliche Entfernungen tragen kann.

Ist in diesen Fällen das ganze System doch so schwer, daß schon ein etwas energischerer Wind dazu gehört, um dasselbe in Bewegung zu setzen, so entsprechen dem Zwecke des Transportes vortrefflich die aus Haaren bestehenden Ausrüstungen, mittels denen kleine, leichte Samen

* Über die Flugbahnen der verschiedenen Samen ist eine ausführliche Arbeit von Dingler erschienen.

und Früchte durch den leisesten Luftzug fortgetragen werden. Jedermann kennt die mit einer Haarkrone wie einem Fallschirm versehenen Früchte des Löwenzahns, Taraxacum officinale, mit denen man schon als Kind physiologische Experimente anstellt. Ähnliche Einrichtungen finden sich auch bei anderen Kompositen, wie der hier abgebildeten Lactuca.

Die Samen fleischiger Früchte werden meistens durch Tiere verbreitet, welche die Früchte fressen und die Samen fortwerfen und oft weit verschleppen. Mit hakigen Anhängen versehene Früchte, wie die Früchte vieler Borragineen hängen sich an das Haarkleid der Tiere leicht an und werden von ihnen mit genommen und verbreitet.

Fig. 123. Schleudermechanismus einer ausspringenden Frucht von Impatiens (Balsamine).

Eine große Rolle spielt bei der Verbreitung der Samen die Austrocknung der Fruchtkapseln. Durch das langsame Austrocknen entstehen Spannungen zwischen den Geweben und endlich reißt die Kapsel in mehrere Klappen auseinander oder öffnet sich in anderer Weise, durch Abwerfen eines Deckels, durch Entstehen von Löchern u. s. w. Die mit dem Aufspringen bewirkte Erschütterung bewirkt häufig schon ein Umherstreuen der Samen. Bei manchen Pflanzen tritt aber hier ein aktiv wirkender Schleudermechanismus ins Spiel, z. B. bei der Balsamine. Die reife Frucht dieser Pflanze zerfällt in fünf Klappen, in denen allmählich bei der Reife Spannungen in der Weise eingetreten waren, daß jede Klappe zur Form einer Spiralfeder zusammenschnurrt, wobei die Samen lustig nach allen Seiten fliegen.

V. Die Bewegungserscheinungen.

(Reizbewegungen.)*

Welche Rolle die Bewegungserscheinungen im Leben der Pflanzen spielen, ist bei der Ernährung schon mehrfach hervorgehoben worden. Alles Leben beruht auf der Bewegung des Protoplasmas und die Vorgänge des Ansatzes sind an die stetige Fortbewegung von Stoffen innerhalb der Pflanze gebunden. Auf diese Prozesse soll jedoch nicht zurückgegriffen werden, sondern wir wollen uns hier mit den sichtbaren Ortsveränderungen beschäftigen, welche die Organe teils aus inneren Eigenschaften, welche wir nicht kennen, vorwiegend aber infolge bestimmter Reize durch äußere Einflüsse, wie Licht, Wärme, Schwerkraft u. s. w. vollführen. Andererseits sollen die freien Bewegungen im Raume und deren Ursachen ins Auge gefaßt werden, welche sowohl ganze Organismen, wie die Myxomyceten, Bakterien, als auch losgelöste Teile aufweisen, wie dies bei den Fortpflanzungsvorgängen namentlich der Fall ist.

Noch einmal möge hervorgehoben werden, was schon oben betont wurde. Die pflanzenphysiologischen Vorgänge pflegen bei den Pflanzen viel langsamer zu verlaufen, als bei den Tieren und so gelangen auch gerade viele Bewegungen bei den Pflanzen erst bei einer aufmerksamen und andauernden Beobachtung zur Wahrnehmung. Aus diesem Grunde pflegt man wohl im gewöhnlichen Leben die Pflanzen im Hinblick auf die bewegliche Tierwelt für viel unbeweglichere Geschöpfe zu halten, als sie wirklich sind.

Wo Bewegungen im Pflanzenreich beobachtet werden, muß man, um dieselben zu verstehen, sich bewußt sein, daß unter den natürlichen Bedingungen die Pflanzen, abgesehen von in ihnen liegenden Bewegungsursachen, dem gleichzeitigen Einfluß mehrfacher Kräfte unterliegen, z. B. kann eine Bewegungserscheinung durch das Licht allein veranlaßt sein, ohne daß man dies doch ohne weiteres behaupten kann, da zugleich andere äußere Kräfte auf die Pflanze einwirken. Erst durch experimentelle Untersuchung läßt sich dann feststellen, welchen Anteil einem jeden dieser Einflüsse an der beobachteten Bewegungserscheinung zukommt, eine solche Einsicht erst gibt ein Verständnis des Vorganges soweit dasselbe sich nach dem jeweiligen Stande der Wissenschaft erlangen läßt. Von den überall gleichzeitig auf eine Pflanze wirkenden äußeren Kräften sind es vor allem Licht, Wärme und Schwerkraft, auf welche man seine Aufmerksamkeit zu richten hat.

* Der Begriff der Reizbarkeit der Pflanzen ist in Decandolles Pflanzenphysiologie in einem besonderen Kapitel ausführlich erörtert worden, später wurde derselbe von Sachs in dessen „Vorlesungen“ als leitender Faden benutzt.

Zunächst wollen wir von den Anstößen durch äußere Reize ganz absehen, um zu untersuchen, wieviel von den Bewegungen die man beobachtet und welche von ihnen auf Kosten von inneren Veränderungen zu setzen sind. Finden im Pflanzenkörper physikalische oder chemische Veränderungen statt, so können dadurch Bewegungen zu stande kommen, die von äußeren Kräften nicht abhängig sind. Sie kommen zu stande, gleichgültig ob äußere Kräfte noch nebenher auf die Pflanze einwirken oder nicht. Durch letztere werden die hier gemeinten Bewegungen weder gefördert noch gehemmt und die äußeren Bedingungen wie z. B Licht und Temperatur haben nur insofern eine Bedeutung, als sie allgemeine Lebensbedingungen sind, bei deren dauerndem Fehlen überhaupt jede Lebensäußerung aufhört. Auf Grund dieser gewissen Unabhängigkeit mancher Bewegungen von äußeren Kräften nennt man dieselben spontane oder autonome, also Eigenbewegungen.

Bei genauer Beobachtung der Pflanzen läßt sich feststellen, daß die Pflanzenteile während ihrer Entwickelung und auch vielfach später im erwachsenen Zustande in steter Veränderung ihrer Lage begriffen sind. Fast kein Pflanzenteil strebt ruhig in der einmal angenommenen Wachstumsrichtung vorwärts, sondern bewegt sich. Die langen Sproßenden der Schlingpflanzen neigen bald nach dieser, bald nach jener Seite, pendeln hin und her oder beschreiben mit ihrer Spitze eine kreisförmige oder elliptische Bahn. Blüten, die sich öffnen, bewegen ihre Blätter nach auswärts, bis sie ausgebreitet sind und Blätter bewegen sich bei ihrer Entfaltung. Im allgemeinen sind diese Bewegungen sehr langsame und die Linie, welche die Spitze eines solchen nutierenden Organes beschreibt, eine ungemein komplizierte, wie aus Darwins ausführlichen Beobachtungen hervorgeht.* Die Hin- und Herbewegungen der Stengel und der übrigen Organe kommen dadurch zu stande, daß bald die eine, bald die andere Seite des nutierenden Organs sich verlängert. Die Verlängerung ist Wachstum und nur durch ungleichseitiges Wachstum entstehen die Bewegungen. Daraus ergibt sich, daß die Form der Krümmung und der Weg, den das bewegte Organ zurücklegt, ganz und gar von der Verteilung dieses wechselnden Wachstums abhängig ist. Es ist klar, daß wenn gegenüberliegende Seiten eines Stengels im Wachstum abwechseln, d. h. abwechselnd länger werden, der Stengel pendelnde Bewegungen nach zwei Seiten machen muß Umläuft das Wachstum den Stengel allmählich, so beginnt derselbe drehende Bewegungen zu machen.

Von Interesse sind besonders die autonomen Bewegungen der Blätter einiger Pflanzen, wie diejenigen der Kleearten und Oxalisarten, welche mit Hilfe ihrer Blattgelenke innerhalb kürzerer und längerer Zeit die Blätter schwingende Bewegungen ausführen lassen. Die beweglichen Blattgelenke werden jedoch nicht durch Wachstumsänderungen in Bewegung versetzt, sondern durch wechselndes Schwellen und Schlaffwerden, durch Ein- und Austritt von Wasser in ihre Gewebe. Es handelt sich in diesen Fällen um Turgeszenzänderungen, wie unten ausführlicher aus-

* Darwin, Das Bewegungsvermögen der Pflanzen. 1881.

einander gesetzt werden wird. Das interessanteste Beispiel dieser Art sind die Schwingungen der Blätter von Hedysarum gyrans, welches schon innerhalb einiger Minuten eine deutlich zu verfolgende Drehung mit seinen Blättern ausführt.

Die autonomen Blattbewegungen sind von äußeren Einflüssen, z. B. vom Lichte, unabhängig, sie treten auch im Dunkeln in periodischen Abschnitten ein. Bei denselben Pflanzen, welche solche autonome Bewegungen ihrer Blätter beobachten lassen, kommen aber auch gleichzeitig Bewegungen vor, welche durch das Licht veranlaßt werden. Die Lichtwirkung hat nun einen ganz beträchtlich stärkeren Erfolg und die hierdurch hervorgebrachten Bewegungen verdecken daher die autonomen, schwächeren vollständig. Wenn eine Pflanze im Lichte Bewegungen ausführt, so kann die Erscheinung eine kombinierte sein, und es muß durch besondere Versuche festgestellt werden, ob die Pflanze, welche auf das Licht reagiert, auch autonome Bewegungen mit ihren Organen ausführt. Zu dem Zwecke muß die Pflanze in einem dunkeln Raume gehalten werden und die periodischen Bewegungen, welche sich dann etwa an ihr beobachten lassen, können nur autonome, vom Lichte unabhängige sein.

Dieser kurze Hinweis auf von inneren Kräften abhängige Bewegungen möge genügen. Derselbe war nötig, um Irrtümer zu vermeiden. Ausführlicher wollen wir uns mit den durch äußere Kräfte veranlaßten Bewegungen deshalb zuwenden, weil dieselben einer experimentellen Untersuchung zugänglicher sind und ein tieferes Eindringen in das Verständnis derselben ermöglicht ist, als bei den autonomen Bewegungen.

1. Das Licht und die Bewegung frei beweglicher Protoplasmakörper.

Die Myxomyceten sind schon mehrfach erwähnt worden und deshalb von ganz besonderem Interesse, weil sie zu Zeiten eine hautlose Protoplasmamasse darstellen. Sie geben dadurch Gelegenheit, die Eigenschaften des Protoplasmas zu studieren. Die Bewegung der Plasmodien, welche sich kriechend auf ihrem Substrate fortbewegen, ändert sich mit dem Wechsel der mannigfachen äußeren Bedingungen. Einen bemerkenswerten Einfluß unter diesen übt unter anderen das Licht aus. Die Myxomyceten fliehen nämlich so lange sie sich im Stadium des beweglichen Plasmodiums befinden das Licht. Wie oben geschildert wurde, kriecht das Plasmodium der Lohblüte im Innern der Lohhaufen umher, seiner Ernährung obliegend. Das Plasmodium läßt sich jedoch hervorlocken, wenn man eine Glasglocke auf den offen daliegenden Lohhaufen deckt und dieselbe mit einem dunkeln Rezipienten bedeckt. Nach einiger Zeit sammelt sich das Plasmodium, langsam aus der Lohe hervorkriechend, unter der verdunkelten Glasglocke an. Entfernt man von dem hervorgelockten Plasmodium die dunkle Hülle und setzt dasselbe der Tagesbeleuchtung aus, so kriecht es wieder in seinen Lohhaufen hinein. Die Lichtstrahlen veranlassen den Myxomyceten in die unbeleuchteten Zwischenräume des Substrates zurückzuweichen. Von Baranetzky und Stahl wurde der Einfluß des Lichtes auf die Plasmodien genauer studiert. Die beiden Forscher beobachteten, daß Plasmodien, welche sich auf Glasglocken netzartig ausgebreitet haben, sich von den beleuchteten Stellen entfernen und verdunkelte aufsuchen.*

Schon an sich durch ihre Beweglichkeit außerordentlich anziehend sind die im Wasser sich herumtummelnden Schwärmsporen der Algen und Pilze. In der Regel mit Bewegungsorganen ausgerüstet, die als Wimpern den ganzen Körper umgeben, oder in Form zweier oder mehrerer Cilien vorhanden sind, durcheilen die mikroskopischen Schwärmsporen mit lebhafter Geschwindigkeit einen Wassertropfen. Auch bei diesen Protoplasmakörperchen wird die aktive Beweglichkeit durch das Licht in auffallender Weise beeinflußt. Zuerst von Treviranus, Nägeli und Hofmeister beobachtet, wurden die Thatsachen von Strasburger und Stahl genauer festgestellt.**

In stehendem Wasser, in welchem Algen vegetieren, sind Schwärmsporen oft in so reichlicher Menge vorhanden, daß man nur mit einem Gefäße das Wasser zu schöpfen braucht, um das nötige Material zur Anstellung von Versuchen sich zu verschaffen. Setzt man ein offenes Gefäß mit Schwärmsporen am Fenster der einseitigen Beleuchtung aus, so sammeln sich die Schwärmsporen an dem einen oder andern Rande des Gefäßes an und drängen sich hier zusammen. Dreht man das Gefäß herum, so daß die Beleuchtungsverhältnisse entgegengesetzt werden, so verlassen die Schwärmsporen ihren Platz, um mit größter Behendigkeit wieder in ihre frühere Stellung zum Lichte zurück zu eilen. Das Verhalten der Schwärmsporen zum Licht bezeichnet man als Phototaxis und nennt diejenigen, welche sich bei einseitigem Einfallen des Lichtes der Lichtquelle entgegen bewegen positiv, diejenigen, welche das Licht fliehen, negativ phototaktisch. Man könnte die Erscheinung, wie man später einsehen wird, ebensogut als Heliotropismus bezeichnen.

Nun haben die Beobachtungen ergeben, daß das Verhalten der Schwärmsporen zum Lichte vorwiegend von der Intensität des Lichtes abhängt und mit Helligkeitsänderungen wechselt. Im allgemeinen eilen die Schwärmsporen einem schwächeren Lichte entgegen und fliehen ein Licht von stärkerer Intensität, wenn man jedoch ein Gemenge verschiedener Schwärmsporen einer konstanten Lichtquelle aussetzt, so können dieselben doch ein entgegengesetzes Verhalten zeigen, die einen positiv, die anderen negativ phototaktisch sich erweisen. Dieser Gegensatz rührt daher, weil für die positiven Schwärmsporen die wirkende Lichtintensität nur als schwächere empfunden wird, während die als negativ erscheinenden dieselbe schon als intensives Licht empfinden. Die verschiedenen Arten Schwärmsporen besitzen nach Strasburgers Ausdruck eine bestimmte Lichtstimmung. Diese Lichtstimmung erstreckt sich aber nur auf einen Teil des gemischten weißen Lichtes. Es hat sich ergeben, daß

* Stahl, Zur Biologie der Myxomyceten. Botan. Zeitung 1884.

** Strasburger, Wirkungen des Lichtes und der Wärme auf Schwärmsporen. Jena 1876. Stahl, Botan. Zeitung 1880 Nr. 24.

nur Strahlen von einer gewissen Wellenlänge einen Reiz auf die Schwärmsporen ausüben, während andere Strahlen ganz unwirksam sind, die Schwärmsporen gar nicht zu Bewegungen in bestimmter Richtung veranlassen. Die Bewegung veranlassen die stärker brechbaren Strahlen des Spektrums, die blauen und violetten, welche man bekanntlich leicht dadurch von den übrigen sondern kann, daß man das weiße Tageslicht durch eine Lösung von Kupferoxydammoniak gehen läßt. Werden solche einfarbige Strahlen zur Beleuchtung der Schwärmsporen verwendet, so ver-

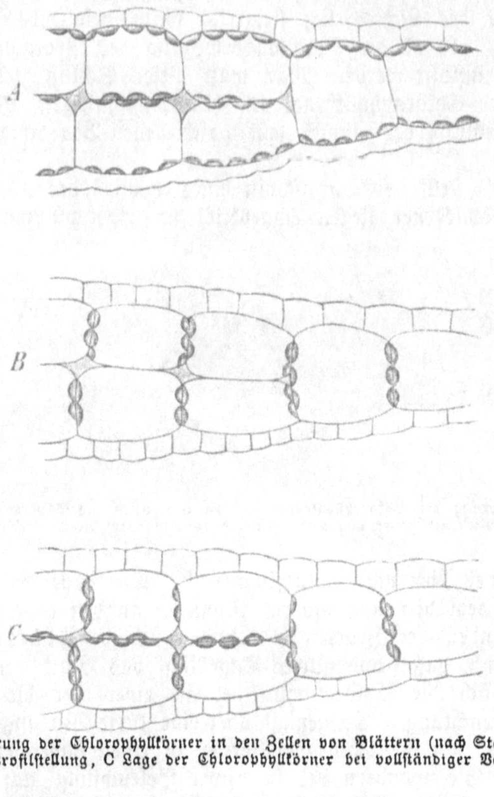

Fig. 124. Wanderung der Chlorophyllkörner in den Zellen von Blättern (nach Stahl). A Flächenstellung, B Profilstellung, C Lage der Chlorophyllkörner bei vollständiger Verdunkelung.

halten sich dieselben ganz so, wie im gewöhnlichen weißen Tageslichte. Dagegen wirkt Licht, welches durch eine Lösung von bichromsaurem Kali gegangen ist und dem die blau-violetten Strahlen fehlen, gar nicht richtend auf die Bewegung der Schwärmsporen ein.

Die ins Auge fallende Wirkung des Lichtes auf freibewegliche Protoplasmakörper legt den Gedanken nahe, daß das Licht ganz allgemein auf das Protoplasma einen Reiz ausübe, infolgedessen Bewegungen ausgelöst werden. Wendet man sich unter diesen Gesichtspunkten den höheren Pflanzen zu, so ist dabei nicht außer acht zu lassen, daß das Protoplasma sich hier unter anderen Verhältnissen befindet, als bei den ebengenannten Organismen. Das Protoplasma eines Zellgewebes ist nicht frei, sondern von einer Kapsel, der Zellmembran umgeben, seine Bewegung ist eine gehemmte. Es übt aber zweifelsohne das Licht auch auf das Protoplasma der Gewebzellen einen Einfluß, der mit demjenigen auf die beweglichen Schwärmsporen sich vergleichen läßt. Zunächst besitzt auch, wie oben erörtert, das Protoplasma der Zellen ebenfalls eine vom Lichte unabhängige Bewegung, welche auch in der Dunkelheit ihren Fortgang nimmt. Nach Nägelis Beobachtungen scheint diese Strömung bei Beleuchtung vom Licht direkt beeinflußt zu werden, indem sie mit der Intensität des Lichtes sich steigert. Ganz besonders aber hat es den Anschein, als ob die Rotationsbewegung des Protoplasmas durch das Licht beeinflußt werde. Man muß diesen Schluß ziehen aus der Bewegung der Chlorophyllkörner in chlorophyllhaltigen Zellen, welche unter dem Einflusse des Lichtes von verschiedenen Beobachtern festgestellt wurde.

Fig. 122 stellt den Durchschnitt eines Blattes der Wasserlinse vor. Die Chlorophyllkörner liegen eingebettet im Protoplasma des Wand-

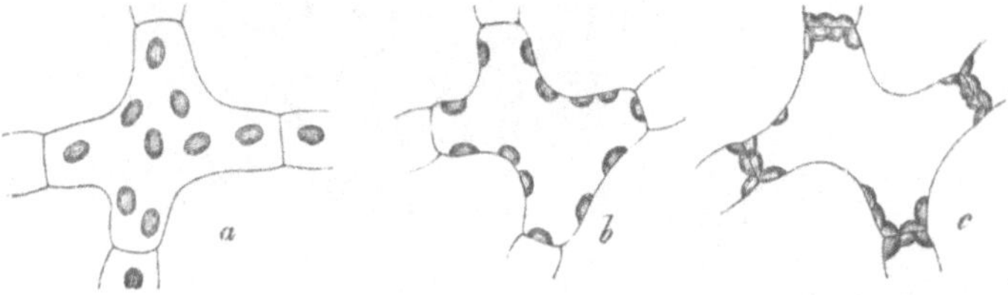

Fig. 125. Wanderung der Chlorophyllkörner in den Blattzellen des Sauerklees (nach Stahl). Man erblickt die Zellen von oben, also als ob man durch die Blattfläche sähe.

beleges, welches hier nicht mitgezeichnet ist. Die Lage der Chlorophyllkörner ist in dem hier abgebildeten Momente an den gegenüberliegenden breiteren Wänden der Zellen, sie befinden sich in Flächenstellung. Man denke sich, daß gewöhnliches Tageslicht das Blatt von oben trifft, so befinden sich die Chlorophyllkörner in einer für die Assimilation günstigen Beleuchtung. Es genügt aber eine kurze Wirkung des direkten Sonnenlichtes, um die Chlorophyllkörner zu einer Lagenveränderung zu veranlassen. Sie wandern bei intensiver Beleuchtung auf die Seitenwände der Zellen hinüber wie Fig. 122 B zeigt. Die jetzt angenommene Stellung kann man als Profilstellung bezeichnen. Bei vollständiger Verdunkelung nehmen die Chlorophyllkörner Lagen an, welche vom Lichte unabhängig sind und daher auch weder mit der Profil- noch mit der Flächenstellung übereinzustimmen brauchen (Fig. 122 C). Die Fig. 123 gibt noch ein anderes Beispiel der Bewegung von Chlorophyllkörnern in den sternförmigen Blattzellen des Sauerklees (Oxalis acetosella). Das Bild a gibt die Lage der Chlorophyllkörner bei mäßiger Beleuchtung, dieselben liegen der äußeren Wandfläche an, in einer Ebene senkrecht zu den einfallenden Lichtstrahlen. Sobald die Beleuchtungsstärke wächst, wandern die Chlorophyllkörner auf die Seitenwände hinüber (b), um bei noch intensiverer Beleuchtung in die äußersten Ecken der Zellen zu rücken. Im allgemeinen kann man aber sagen, daß bei schwacher Beleuchtung die Chlorophyllkörner dem Lichte die größte Fläche, bei stärkerer Beleuchtung die kleinere Fläche entgegenstellen und so die Beleuchtung kompensieren.

Die hier angeführten Beispiele über die Wanderung der Chlorphyllkörner bei wechselnder Beleuchtung bestätigen nun die oben geforderte Reizbarkeit des Protoplasmas gegen Lichteinwirkungen. Denn bei den Wanderungen der Chlorophyllkörner verhalten diese mit eigener Bewegung nicht begabten Körperchen sich vielleicht nur passiv. Man kann sich die Erscheinung, was freilich nur zum Teil gelingt, so erklären, daß das Protoplasma der Zellen, ganz ähnlich wie die freibeweglichen Schwärmsporen infolge des Lichtreizes Lagenveränderungen innerhalb der Zellhaut vollführt, wobei dann die im Protoplasma eingebetteten Chlorophyllkörner passiv mitbewegt werden. Damit ist aber keineswegs der interessante Vorgang vollständig aufgeklärt, denn es fehlt uns noch die Einsicht, weshalb bei der Wanderung des Protoplasmas die Chlorophyllkörner eine so bestimmte Richtung und systematische Verteilung erfahren. Diese Thatsache spricht dafür, daß das Licht auch auf die Chlorophyllkörner selbst einen Reiz ausübt, welcher, wenn auch das Protoplasma die Ortsveränderungen in der Hauptsache veranlaßt, doch als richtender Einfluß auf die Chlorophyllkörner zu Tage tritt.

Der Zweck dieser Mitteilungen über die Bewegung des Protoplasmas und protoplasmischer Körper war, abgesehen von dem Interesse, welches gerade diese Erscheinungen beanspruchen, noch wesentlich der, das Verständnis des Folgenden zu erleichtern. Bei der Bewegung der Organe höherer Pflanzen müssen wir wieder auf die Reizbarkeit des Protoplasmas zurückkommen. Gehen wir also jetzt zur Schilderung der Bewegungen, welche an Stengel, Blättern und andern Organen beobachtet werden über.

2. Der Heliotropismus der Pflanzenorgane.

Heliotropismus nennt man die durch einseitige oder wenigstens durch einseitig stärkere Beleuchtung hervorgerufenen Krümmungen, welche Stengel, Wurzeln und andere Organe, durch die Lichtstrahlen veranlaßt, erleiden. In ihrem Wesen sind wohl diese Erscheinungen mit den eben besprochenen, welche man gewöhnlich als phototaktische zusammenfaßt, nicht verschieden, man trennt die ersteren aus Zweckmäßigkeitsgründen von diesen, weil sich so eine Gruppe von Erscheinungen, welche an nicht aktiv beweglichen Pflanzen zu Tage tritt, besser überblicken läßt. Daß an festgewurzelten Pflanzen dieselben Lichtreize in anderer Form zu Tage treten, als an freibeweglichen Protoplasmakörpern, hat nichts Überraschendes, liegt vielmehr auf der Hand. Angewurzelte Pflanzen können keine vollständigen Ortsbewegungen ausführen, um dem Lichtreize zu folgen, oder ihn zu fliehen, sie können eine solche Bewegung nur unvollständig machen und die teilweise Hemmung veranlaßt eine Krümmung. Die Erscheinung des Heliotropismus darf als eine allgemein bekannte bezeichnet werden. Bei der Kultur von Zimmerpflanzen, welche in der Regel am Fenster geschieht, sind die Pflanzen einer einseitigen Beleuchtung durch das Tageslicht ausgesetzt. Die anfangs senkrecht stehenden Stengel solcher Topfpflanzen beginnen sich gewöhnlich der Lichtquelle entgegenzukrümmen, und zwar so lange bis die Stengel und die daran sitzenden Blätter eine bestimmte Stellung zum einfallenden Lichtstrahl angenommen haben, in welcher sie, so lange die Lichtstärke dieselbe bleibt, verharren. Exakter stellt man den Versuch an, indem man eine Pflanze in einen allseitig geschlossenen Kasten stellt, an dessen Vorderseite das Licht nur durch einen schmalen Spalt eintritt. Auf diese Weise tritt dann die Thatsache klarer und deutlicher hervor, daß die Krümmung des Stengels in der Ebene des einfallenden Lichtstrahles geschieht. Bei Anwendung verschiedener Pflanzenarten zu solchen Versuchen wird man in der Regel das Resultat erhalten, daß die Konvexität der Stengel nach vollendeter Krümmung der Lichtquelle zugewendet ist. Dennoch ist dies keine ganz allgemeine Regel, vielmehr verhalten sich nicht alle Pflanzen in dieser Beziehung gleich. Die Sprosse des Epheus z. B. krümmen sich gerade entgegengesetzt wie die Stengel einer Sonnenrose, indem die Spitze des Epheusprosses sich vom Lichte fortwendet. Die Konvexität des gekrümmten Stengels liegt noch vollendeter Krümmung von der Lichtquelle abgewendet. Ganz denselben äußeren Einfluß ruft also bei verschiedenen Pflanzen ein entgegengesetztes Verhalten hervor, eine Thatsache, welche die Erklärung des Heliotropismus besonders schwierig macht. Um diese Verschiedenheit sprachlich zu unterscheiden, bezeichnet man den einen Fall als positiven, den andern als negativen Heliotropismus. Positiv heliotropisch nennt man Pflanzen oder Pflanzenteile, welche sich der Lichtquelle zuwenden, negativ heliotropisch diejenigen, welche sich durch Krümmung von der Lichtquelle abwenden.

Die Pflanzenwurzeln besitzen zum Teil ebenso wie die Stengel eine Reaktionsfähigkeit gegen das Licht, welche durch Krümmungen zum Ausdruck kommt. In der Natur befinden sich die Wurzeln in der Regel im Boden und sind daher der Wirkung des Lichtes ganz entzogen. Um so auffallender erscheint es, daß sie überhaupt diese Reizbarkeit besitzen. Man kann Wurzeln ebensogut wie im festen Boden in Wasser hineinwachsen lassen, wie oben, pag. 105 erörtert wurde. Bedeckt man einen solchen Kulturcylinder mit einem dunkeln Rezipienten, so wachsen die Wurzeln senkrecht abwärts. Setzt man die entwickelten Wurzeln darauf einer einseitigen Beleuchtung aus, so treten heliotropische Krümmungen der Wurzelspitze auf, die entweder negativ sind, z. B. bei den Wurzeln von Sinapis alba und Helianthus annuus, bei anderen Pflanzen dagegen positiv sein können.*

Heliotropische Krümmungen von Wurzeln lassen sich auch in der Natur bei solchen Wurzeln beobachten, welche dem Lichte ausgesetzt

---

* Wiesner, Die heliotropischen Erscheinungen. 1880. III. p. 79.

werden; dies sind bekanntlich die Luftwurzeln. Sie sind wie Dutrochet zuerst entdeckte und Hofmeister und Wiesner für zahlreiche Pflanzen nachwiesen, negativ heliotropisch, eine Eigenschaft, die ihnen für ihre Funktion, als Klammerorgane zu dienen, sehr zu statten kommt.

Wir sehen an diesem Beispiele, daß die Reizbarkeit der Organe gegen das Licht und ihre durch den Reiz hervorgerufenen Krümmung nicht eine bloße merkwürdige Eigenschaft ist, sondern eine Eigenschaft, welche für die Existenz der Pflanze eine ganz bestimmte Bedeutung hat. Das wird aus anderen Beispielen noch weiter einleuchten. Es ist klar, daß ein beblätterter Stengel, welchem die Fähigkeit zukommt, auf Beleuchtungsunterschiede zu reagieren, in der Lage ist, trotz eines solchen Wechsels doch immer die für die Assimilationsthätigkeit der Blätter günstige Beleuchtung aufzusuchen, indem er durch Krümmungsbewegungen sich den Änderungen der Helligkeit anpassen kann. Dies Ziel wird deshalb in vollkommener Weise erreicht, weil auch die Blätter, wenn auch in etwas anderer Weise, heliotropisch sind und durch Bewegungen ihrerseits die Erreichung einer für die Assimilation günstigen Lage unterstützen. Damit ist nicht gesagt, daß der Heliotropismus mit dem Chlorophyllgehalt der Organe zusammenhängt. Das ist keineswegs der Fall, wie ja übrigens aus dem Verhalten der chlorophyllfreien Wurzeln hervorgeht. Man kann aber auch zum Überfluß an völlig chlorophyllfreien Pflanzen diesen Nachweis führen. Die Fruchtträger von Schimmelpilzen, wie Mucor Mucedo, Phycomyces nitens u. a. zeigen denselben Heliotropismus wie grüne Pflanzen.

Inwiefern nicht minder wie den Sprossen auch den Wurzeln der Heliotropismus von Nutzen ist, ergibt sich aus folgendem. Die Luftwurzeln, welche als Haftorgane fungieren, werden dem Zwecke durch festes Anlegen an die Unterlage am besten genügen. Ihr Heliotropismus veranlaßt sie, durch Krümmungen sich vom Lichte fortzuwenden und der durch die Blätter der Pflanze beschatteten Unterlage, wie dies ein Baumstamm oder eine senkrechte Wand sind, anzupressen. Die Reizbarkeit fördert also offenbar ganz wesentlich die Befestigung der Pflanze durch ihre Klammerwurzeln.

Ein derartiges Anpressen an Unterlagen infolge von negativem Heliotropismus kommt auch bei den Ranken vor. Von Knight wurde der negative Heliotropismus der Ranken des Weinstockes Vitis vinifera und unseres wilden Weins, Ampelopsis hederacea entdeckt. Infolge ihres Heliotropismus legen sich die Ranken einer Wand, welche jene Kletterpflanzen bewachsen, fest an. Dadurch ermöglichen sie an geeigneten Stellen der Unterlage eine Anheftung, welche noch dadurch vollkommen hergestellt wird, daß die Ranken sich an den Berührungsstellen mit der Unterlage zu Saugscheiben verbreitern.

In allen Fällen handelt es sich hier um die Wirkung einseitiger Beleuchtung, was sich durch einen sehr instruktiven Versuch besonders anschaulich machen läßt. Stellt man eine Pflanze vor einseitig wirkendem Lichte, also etwa vor einem Fenster auf und richtet es ein, daß die Pflanze sich ganz langsam um ihre Achse drehen kann, so wird keine heliotropische

Krümmung entstehen. Der Grund dafür ist leicht einzusehen. Infolge der Drehung werden in kurzen Zeitabschnitten stets neue Stellen ihrer Oberfläche von den Lichtstrahlen getroffen, die dauernde einseitige Beleuchtung einer und derselben Seite wird umgangen und das Resultat ist, daß gar keine heliotropische Krümmung zu stande kommt. Um die Rotation der Pflanze gleichförmig zu gestalten, bedient man sich eines Uhrwerkes, welches eine als Tisch dienende Scheibe, auf welcher die Versuchspflanzen aufgestellt sind, in etwa 40 Minuten vollständig dreht.

Wenn es nun auch keine Schwierigkeit hat, die Erscheinungen des Heliotropismus zur Anschauung zu bringen und ihre Abhängigkeit vom Lichte nachzuweisen, so stößt man dagegegen auf ganz erhebliche Hindernisse, wenn man die Frage aufwirft, in welcher Weise das Licht diese Vorgänge auslöst und wie dieselben mechanisch zu erklären seinen. Nur die sorgfältigste Berücksichtigung aller hier in Betracht kommenden Punkte kann uns dem Ziele, diese dunkeln Vorgänge aufzuklären, näher bringen. Wir wollen das wichtigste aus dem Beobachtungsmaterial zu diesem Zwecke hervorheben.

Betont muß zuerst werden, daß die heliotropischen Krümmungen nur in demjenigen Teile eines Organes stattfinden können, welcher noch im Wachstume begriffen ist. Sehen wir von den Versuchen, welche diesen Satz beweisen, einstweilen ab, so ergibt sich seine Richtigkeit schon aus einer einfachen Überlegung. Biegt man einen biegsamen Stab kräftig zusammen, so ist es klar, daß die konvexe Seite desselben durch die Dehnung länger geworden ist, während die konkave Seite sich durch Zusammenpressen verkürzt hat. Auch bei einem heliotropisch gekrümmten Stengel ist, wie einzusehen und durch Messung leicht festzustellen, die konvexe Seite länger geworden, während die konkave sich verkürzte. Während jedoch bei dem toten elastischen Stabe die Krümmung nach dem Aufhören des Druckes wieder ausgeglichen wird, bleibt sie bei der lebenden Pflanze bestehen, weil bei dieser etwas stattgefunden hat, was beim Stabe nicht eintritt: Wachstum. Bei dem gebogenen Stabe ist die Verlängerung der konvexen Seite eine einfache Dehnung, bei der heliotropischen Krümmung ist die Dehnung der konvexen Seite mit einer Einlagerung von neuer Substanz verbunden, wodurch die Krümmung fixiert und ein Zurückgehen unmöglich gemacht wird. Physiologisch definiert ist also die heliotropische Krümmung eine W a ch s t u m s e r s ch e i n u n g. Das Licht veranlaßt ein ungleichseitiges Wachstum, in welchem die nächste Ursache der Krümmung selbst zu erblicken ist. Man versteht jetzt, daß bei den Stengeln und Wurzeln sich nur eine noch im Wachstum begriffene Zone krümmt und das in der Regel mit dem Wachstum der Heliotropismus aufhört.

Nur ein erster Schritt zum Verständnis des heliotropischen Lichtreizes ist damit zurückgelegt. Es ist noch nicht gelungen, eine Einsicht zu erlangen, in welcher Weise die Bewegung des Lichtäthers auf die Pflanzenorgane in der Weise einwirken kann, daß diese ein ungleichseitiges Wachstum beginnen. Rätselhaft ist namentlich die Thatsache, daß bei den h e l i o t r o p i s ch v e r s ch i e d e n e n Pflanzen trotz ihrer dem Anschein nach ähnlichen Organisation es einmal die beleuchtete Seite, das andere

Mal die nicht beleuchtete Seite ist, welche das stärkere Wachstum beginnt. Noch verwickelter erscheinen die Vorgänge durch die mehrfachen Beobachtungen, daß bei denselben Pflanzen eine Änderung des Heliotropismus in verschiedenen Altersstufen stattfindet. Die jungen Stengelteile von Tropaeolum majus sind positiv heliotropisch, die älteren dagegen vollführen starke negative heliotropische Krümmungen. Die Blütenstiele von Linaria cymbalaria, welche positiven Heliotropismus besitzen, werden nach der Befruchtung negativ heliotropisch und krümmen sich vom Licht fort. Derartige Beispiele ließen sich leicht durch Benutzung der Litteratur vermehren.*

Da anfangs nur an Organen höherer Pflanzen heliotropische Erscheinungen beobachtet wurden, wo es sich um Krümmungen vielzelliger, kompliziert gebauter und aus verschiedenen Geweben bestehender Teile handelt, so richtete sich die Aufmerksamkeit auf ein mögliches verschiedenes Verhalten der vom Lichte getroffenen und der entgegengesetzten Zellschichten. Es ist eine durch Messungen festgestellte Thatsache, daß das Licht das Längenwachstum der Stengel bei allseitig gleichmäßiger Beleuchtung hemmt, Verdunkelung dasselbe fördert. So erschien die Erklärung ziemlich einfach, daß die dunklere, dem Lichte abgewendete Stengelseite sich selbstredend verlängern müsse, die beleuchtete dagegen im Wachstum gehemmt würde, woraus dann die Krümmung resultiere. Dieser Erklärungsversuch würde aber, wie unmittelbar einleuchtet, nur für die positiven heliotropischen Krümmungen, nicht für die negativen Geltung haben. Nach einer anderen Ansicht sollte die Richtung der Lichtstrahlen die heliotropischen Krümmungen bedingen. Durch diesen Ausdruck wird jedoch ebensowenig eine mechanische Erklärung des Phänomens gegeben.

Besonders wichtig erschienen die Beobachtungen, daß auch ganz einfach gebaute Pflanzen, wie die Fruchtträger von Schimmelpilzen, welche nur aus einem dünnen, durchsichtigen Schlauch bestehen, dieselben heliotropischen Krümmungen zeigen wie vielzellige Pflanzenteile. Bei den vielzelligen Organen, war von de Vries eine Differenz des Turgors auf den entgegengesetzten Seiten der gekrümmten Organe nachgewiesen und der genannte Forscher hatte den Turgor als wesentlich für die Mechanik der Krümmung erklärt. Bei einzelligen Organen kann eine Verschiedenheit des hydrostatischen Druckes von verschiedenen Orten der Zellschläuche nicht eintreten, womit die Allgemeinheit des Erklärungsversuches durch Turgordifferenzen allein fortfallen mußte. Es war wohl von manchen Seiten die mikroskopische Methode bei der Lösung dieser Frage unterschätzt worden, wodurch der ganze Heliotropismus etwas Mystisches erhielt. Vor einigen Jahren hat jedoch Wortmann** durch Verbindung des Experimentes mit mikroskopischen Beobachtungen Resultate erlangt, welche für das ganze Gebiet der Reizbewegungen überhaupt von großer Bedeutung sein dürften.

---

* Vöchting, Die Bewegungen der Blüten und Früchte. Bonn 1882.

** J. Wortmann, Zur Kenntnis der Reizbewegungen. Botan. Zeitung 1887, Nr. 48—51.

Der genannte Autor beobachtete die heliotropischen (aber zugleich auch die durch andere Reize verursachten) Krümmungen einzelliger Pflanzen, wie der Fruchtträger von Phycomyces u. a. Die Beobachtungen ergaben, daß sich im gekrümmten Zustande immer eine ganz bedeutende Ansammlung des Protoplasmas an der konkaven Seite des Fruchtträgers mikroskopisch beobachten läßt, während in den gerade gewachsenen Fruchtträgern das Protoplasma gleichmäßig das Innere der Zelle überkleidet. Das Protoplasma wandert also mit anderen Worten durch den Lichtreiz veranlaßt der konkaven Seite zu, ähnlich wie freibewegliche Schwärmsporen oder Plasmodien dem Lichte zuwandern oder dasselbe fliehen. Natürlich werden durch die Wanderung des Protoplasmas die übrigen Stellen der Zellmembran nicht ganz von demselben entblößt, das Protoplasma bildet an jenen Stellen aber nur noch eine dünne Schicht. Dies die erste zu beobachtende Thatsache, eine zweite ist folgende. An jenen Stellen, wo sich das Protoplasma ansammelt, findet eine stärkere Ernährung der Zellwand, eine reichlichere Ablagerung neuen Zellstoffes statt, infolge dessen sich die Membran hier stärker verdickt, als in der übrigen Zelle. An dieser einen Stelle wird daher die Zellwand fester, weniger dehnbar. Es sind also anatomische Veränderungen, welche als Folge der Lichtwirkung auftreten; diese müssen das folgende Längenwachstum einer solchen Zelle ganz wesentlich beherrschen Wächst ein Fruchtträger eines Schimmelpilzes, dem wir unsere Betrachtung zu Grunde legen, unter gleichmäßigen äußeren Bedingungen, so dehnt der Druck des Turgors die Zellhaut gleichmäßig, eine Einlagerung neuer Cellulosemoleküle kann allseitig stattfinden, die Zelle verlängert sich geradlinig. Bei einer durch Lichtwirkung in der geschilderten Weise veränderten Zelle wird dagegen der Turgor an jener Stelle, wo die Zellwand eine Verdickung erfahren hat, auf Widerstand stoßen.

Eine Dehnung und Substanzeinlagerung kann nur auf der unbeleuchteten Seite stattfinden und es muß infolge dieses ungleichseitigen Wachstums eine Krümmung eintreten. Die Krümmung wird so lange fortschreiten, bis das Licht wieder gleichmäßig einwirkt, also bis die Zelle mit ihrer Längenrichtung der Richtung des Lichtstrahles parallel steht, wo dann infolgedessen das Protoplasma zu einer gleichmäßigen Verteilung innerhalb der Zellwand zurückkehrt. Wir haben in dem betrachteten Pilzfaden ein einzelliges Organ vor uns, in welchem eine Wanderung des Protoplasmas leicht möglich ist. Etwas schwieriger liegen die Verhältnisse bei komplizierter gebauten, aus vielen Zellschichten bestehenden Stengeln und Wurzeln höherer Pflanzen. Die Zellen sind durch Zellwände getrennt und es fragt sich, ob es möglich ist, auch bei einer derartigen Organisation eine Wanderung des Protoplasmas anzunehmen. Die Beobachtungen, welche Wortmann in dieser Richtung angestellt hat, haben ergeben, daß sich auch in Stengeln und Wurzeln, welche sich heliotropisch krümmen, eine Ansammlung von Protoplasma an der konkav werdenden Seite nachweisen läßt. Das läßt sich aber nur durch die Annahme erklären, daß die durch feine Kanäle der Zellhaut miteinander verbundenen Protoplasmakörper eigentlich einen zusammenhängenden Körper bilden, in dem sich der Lichtreiz fortpflanzt. Infolgedessen würde durch die Kanäle der Zellwände hindurch eine Zuwanderung des Protoplasmas nach der einen Seite hin stattfinden und hier wie in den einzelligen Organen die Bildung stärkerer Wandverdickungen stattfinden können, welche die Krümmung veranlassen. Wenn sich diese Beobachtungen bestätigen, so dürfte wohl damit ein wichtiger Fortschritt auf diesem bisher noch ganz dunklen Gebiete angebahnt sein.

Da der Heliotropismus eine Lichtwirkung ist, so muß dieselbe Frage, welche bei der Assimilation gestellt wurde, hier wieder aufgeworfen werden: ob die Strahlen verschiedener Wellenlängen, aus denen das weiße Licht besteht, dieselbe oder eine verschiedene heliotropische Kraft besitzen. Untersuchungen haben ergeben, daß vorwiegend die stärker brechbaren Strahlen des Spektrums, also die blauen und violetten Strahlen heliotropische Krümmungen bewirken. Dies wurde besonders durch die Experimente von Guillemin* festgestellt, welcher beobachtete, daß Pflanzen in den brechbaren Strahlen des Spektrums das Maximum der Krümmung zeigen. Wenig empfindliche Pflanzenteile krümmen sich bei der Beleuchtung mit grünen, gelben, orangefarbenen und roten Strahlen gar nicht, bei empfindlicheren zeigt sich dagegen noch ein sekundäres Maximum im Ultrarot.

3. Die Lichtstellung der Blätter (Transversalheliotropismus) und die Schlafbewegungen.

Einem aufmerksamen und liebevollen Beobachter der Pflanzen wird es nicht entgehen, daß die beblätterten Kräuter, Stauden und Bäume schon zu gewissen Tageszeiten ein wechselndes Aussehen zeigen. In der Glut des heißen Sommermittags scheint, wie auf dem Menschen, ein erschlaffender Druck auf den Pflanzen zu lasten. Sie stehen still und schläfrig da. Auch abends, wenn die Dämmerung hereinsinkt und die Geschöpfe sich zur nächtlichen Ruhe anschicken, scheint es, als ob auch die Pflanzen ihre Zweige senkten und in leisen Schlummer verfielen, während in der Frische des Morgenwindes sie sich beim Erwachen des jungen Tages erfrischt und straff aufzurichten scheinen. Diese Änderungen, welche nicht auf bloßer Einbildung beruhen, sind im wesentlichen dadurch verursacht, daß die Stellung der Blätter mit dem Wechsel der äußeren Bedingungen, ganz besonders der Beleuchtung, Veränderungen unterliegt. Die Blätter machen hin und her gehende Bewegungen, wodurch dann, wie begreiflich, das Aussehen der Pflanze ein vielfach verändertes werden kann. Die Lage der Blätter ist ja gewöhnlich eine horizontale oder doch der Horizontalebene genäherte und man könnte meinen, daß diese Lage eine selbstverständliche, nämlich durch den Blattstiel oder die sonstigen Befestigungseinrichtungen der Blätter ein für allemal fixierte sei. Aber das ist durchaus nicht der Fall. Die Blätter

* Guillemin, Annales des sciences nat. 1857 IV sér. Bd. 7. Sachs, Botan. Zeitung 1864 Wiesner, Die heliotropischen Erscheinungen. 1878 bis 1880.

bilden durch Bewegungen bald einen spitzeren Winkel mit ihren Zweigen, bald erscheinen sie weiter von ihnen abgebogen und dieser Wechsel hängt, worauf alles hindeutet, mit der wechselnden Tagesbeleuchtung zusammen. Die Bewegungen der Blätter passen sich den Änderungen der Tagesbeleuchtung in der Weise an, daß sie solche Lagen aufsuchen, in denen die Lichtstärke für die Assimilation die günstigste ist. Diese Stellung ist erreicht, wenn die Blattflächen von den Lichtstrahlen senkrecht getroffen werden. Hieraus ergibt sich der enge Zusammenhang der Blattbewegungen mit den täglichen Änderungen der Helligkeit. Der Bewegung der Sonne folgen die Blätter, um die normale Lichtlage beibehalten zu können.

Das Bestreben zur Erreichung dieses Zieles kann sich sehr energisch äußern. Sucht man durch Festbinden die Blätter an ihren Bewegungen zu hindern, so machen dieselben die sonderbarsten und verzerrtesten Drehungen, um die normale Lichtlage zu erreichen. In den meisten Fällen wird die Bewegung der Blätter vermittelt durch ein Gelenk, mit dem die Blattflächen an ihren Stielen befestigt sind und um welches sie sich, wie an einem Scharnier bewegen können. Die Blattstiele unterstützen durch ihre eigene Bewegung diesen Mechanismus. Man hatte früher den Stielen selbst eine größere Bedeutung für die Erreichung der Lichtlage beigelegt, wegen des positiven Heliotropismus des letzteren. Auch den Geotropismus und das Gewicht der Blätter glaubte man bei der Erlangung der Lichtstellung beteiligt, so daß die endgültige Stellung der Blätter als eine Gleichgewichtslage aus der kombinierten Wirkung von Heliotropismus, Geotropismus und Blattgewicht angesehen werde. Darwin hatte schon die Blattstellung als Lichtwirkung aufgefaßt und die Richtigkeit dieser Ansicht ist durch die ausführlichen Untersuchungen von Vöchting bestätigt worden.* Wenn auch, so lange der Blattstiel noch wächst, der Heliotropismus die Stellung zum Lichte mit unterstützt, so ist es doch später das Gelenk ganz allein, welches die Bewegungen vollführt und die Blattflächen nehmen ihre senkrechte Stellung zum Lichte dann ganz unabhängig von den heliotropischen Eigenschaften der Stengel und Gelenke selbst an. Die experimentellen Untersuchungen haben aber ferner ergeben, daß der Geotropismus für die Lichtstellung nicht in Betracht kommt, da die Blätter auch am Klinostaten nur der Richtung der Lichtstrahlen folgend, immer die transversale Lage annehmen.

Das Phänomen, welches also eine reine oder doch fast reine Lichtwirkung ist, erläutern die schematischen Figuren 124. Dieselben stellen Malvenpflanzen dar, deren rundliche Blätter auf langen Stielen sitzen. Während die Sonne im Laufe des Tages vorwärts rückt, folgen die Blätter dieser Bewegung. Es leuchtet aus dem Vergleich der drei Figuren besonders hervor, wie die langen Blattstiele nur durch geringe Biegungen sich an der Bewegung beteiligen. Die Hauptbewegung wird durch Drehung der Blätter an ihrem Gelenk bewerkstelligt. Dennoch ist es nicht das Gelenk, welches direkt durch die Lichtstrahlen veranlaßt wird, die entsprechenden Krümmungen zu vollführen, damit die Blatt-

* Vöchting, Die Lichtstellung der Laubblätter. Botan. Zeitung 1888.

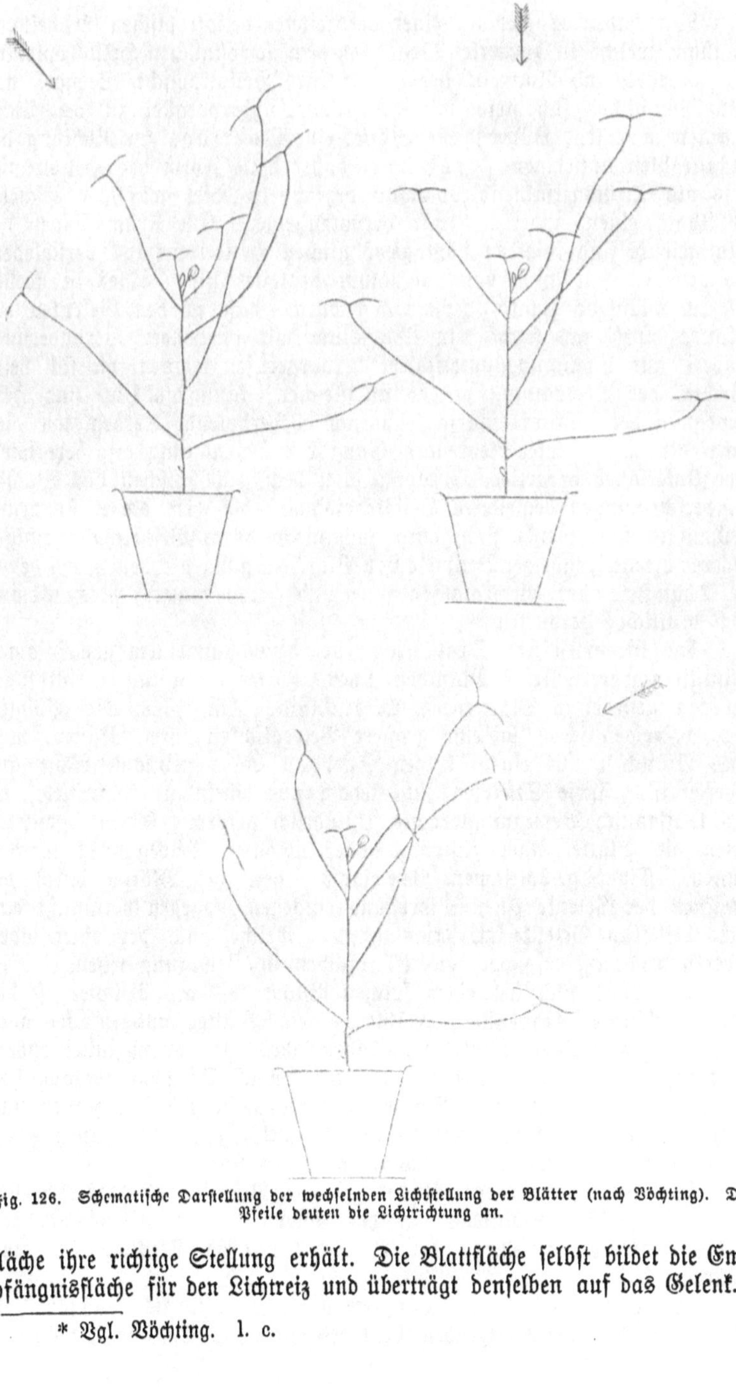

Fig. 126. Schematische Darstellung der wechselnden Lichtstellung der Blätter (nach Vöchting). Die Pfeile deuten die Lichtrichtung an.

fläche ihre richtige Stellung erhält. Die Blattfläche selbst bildet die Empfängnisfläche für den Lichtreiz und überträgt denselben auf das Gelenk.*

* Vgl. Vöchting. l. c.

Wir haben es hier mit einer verbreiteten heliotropischen Erscheinung zu thun, welche in zweierlei Weise von dem gewöhnlichen Heliotropismus der Stengel und Wurzeln verschieden ist. Heliotropische Stengel und Wurzeln suchen sich stets mit ihrer Längsachse parallel zu den Lichtstrahlen zu stellen, während die Blätter eine Querlage zur Richtung der Lichtstrahlen annehmen. Frank hat daher diese Form des Heliotropismus als Transversalheliotropismus bezeichnet. Viel wichtiger erscheint es jedoch einen anderen Punkt hervorzuheben. Die Krümmungen der Blattgelenke sind insofern vom gewöhnlichen Heliotropismus verschieden, als dieselben gar nicht von Wachstum begleitet sind. Dies ist natürlich ein wichtiger Punkt, denn nur dadurch, daß in den Gelenken der Blätter durch das Licht kein Wachstum mit bleibender Veränderung, sondern nur Spannungsunterschiede hervorgerufen werden, die sich beim Wechsel der Beleuchtung wieder ausgleichen, kann die Hin- und Herbewegung der Blätter eine so leicht sich wiederholende werden, wie dies durch den täglich wiederkehrenden Gang der Beleuchtung erfordert wird. Der Unterschied derartiger Vorgänge von dem gewöhnlichen von Wachstumserscheinungen begleiteten Heliotropismus, bei dem die entstandenen Krümmungen bleibende sind, wird noch mehr durch Besprechung einiger anderer hierher gehöriger Beispiele von Blattbewegungen erhellen, bei denen die Thätigkeit der Bewegungsorgane und deren ganzer Mechanismus noch deutlicher hervortritt.

Die Kleearten und Oxalisarten, bei denen an einem gemeinsamen Blattstiel mehrere kleine Blättchen sitzen, ferner die Pflanzen mit sogenannten gefiederten Blättern, z. B. Robinia, Amorpha, die Bohnen u. s. w. zeigen schon so eine größere Beweglichkeit ihrer Blätter, weil jedes Blättchen mit einem kurzen Stiel an die gemeinsame Achse angeheftet ist. Diese Stielchen sind jedoch nur scheinbare Blattstiele, es sind thatsächlich Bewegungsorgane, cylindrisch geformte Gelenke, mittels denen die Blätter nach aufwärts oder abwärts Bewegungen machen können. Einer gewaltsamen Bewegung setzen die Blätter durch die Steifheit der Gelenke einen Widerstand entgegen, dagegen veranlaßt das Licht dieselben Gelenke zu Krümmungen, welche nach der einen oder anderen Richtung erfolgend die Blattflächen in Bewegung setzen.

Am Tage sind bei einer solchen Pflanze — als Beispiel ist die hier abgebildete Amorpha gewählt — die Blätter ausgebreitet oder bilden doch nur einen Winkel nach oben oder nach unten miteinander, der wenig von einem gestreckten abweicht. Nach Sonnenuntergang hat die Pflanze ihre sämtlichen Blattpaare nach unten herabgeschlagen und außerdem auch die Hauptblattstiele gesenkt, welche ebenfalls mittels eines größeren Gelenkes mit dem Stamm verbunden sind.

Das Herabhängen der Blätter gibt der Pflanze das Aussehen der Unthätigkeit, des Schlafens, so daß sogar in der Wissenschaft der Ausdruck der Schlafstellung der Blätter für diese Stellung sich eingebürgert hat.

Untersucht man diese Bewegung genauer, so ergibt sich zunächst, daß die Gelenke allein die bewegenden Teile des ganzen Systems sind, während die Blattflächen und der Hauptblattstiel nur passiv mit bewegt werden. Den besten Aufschluß über diese Grundthatsache erhält man, wenn man die Blattflächen z. B. von einem Bohnenblatt abschneidet, die Gelenke

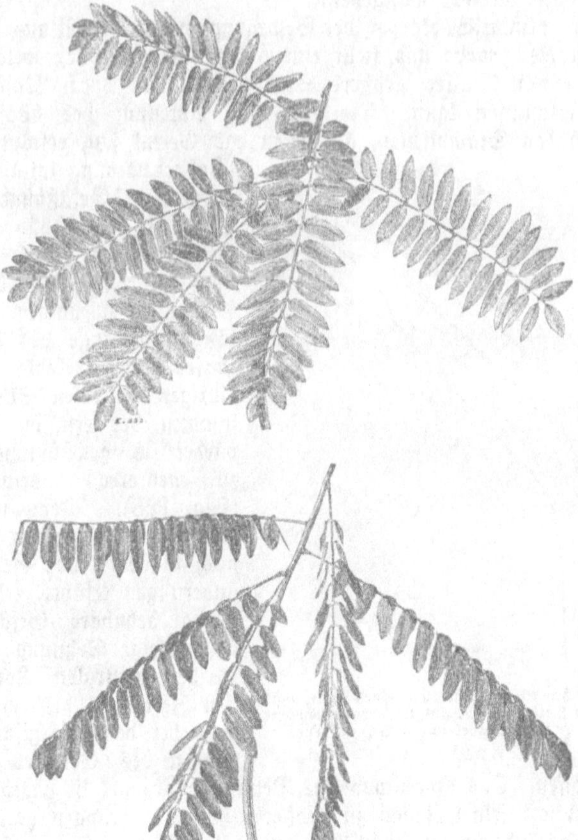

Fig. 127 Blätter einer Amorpha in Tag- und Nachtstellung.

vollführen dann allein die Aufwärtskrümmung während des Tages und nehmen bei Verdunkelung die Nachtstellung an.

Die äußeren Veränderungen, welche die Gelenke erleiden, sind so sichtbare Formveränderungen, daß die gröbere Mechanik der Bewegung daraus schon ersichtlich ist. Zwei Richtungen schlägt diese Gelenkbewegung ein, aufwärts und abwärts. Wie aus der Fig. 128 zu ersehen, vollführt das Gelenk Krümmungen in dem einen oder anderen Sinn, welche durch eine abwechselnde Verlängerung oder Verkürzung der beiden antagonistischen Seiten bedingt ist. Bei der Tagstellung der Blätter ist die Unterseite der Gelenke länger geworden, die Oberseite verkürzt. Bei der Nachtstellung sind die Verhältnisse umgekehrt. Für das Zustandekommen der Gelenkbewegungen ist, wie leicht vorauszusehen, die anatomische Struktur der Gelenke maßgebend.

Der cylindrische Körper der Bewegungsorgane besteht aus parenchymatischem Zellgewebe und stellt einen Schwellkörper vor, welcher durch Aufnahme von Wasser größere Steifheit erlangt, durch Wasseraustritt dagegen erschlaffen kann. Die Zu- und Ableitung des Wassers von oder nach den Stammteilen, an denen das Gelenk sitzt, erfolgt, wie die Wasserbewegung im allgemeinen durch die Gefäßbündel. Die Lage des Gefäßbündelstranges im Gelenk steht jedoch in Beziehung zu dessen Aufgabe, starke Biegungen zu machen. Die Gefäßbündelstränge des Stammes laufen in den Gelenken zu einem einzigen zentralen Strange zusammen, der erst im Blattstiel wieder in gewöhnlicher Weise zu mehreren auseinandertritt (Fig. 128). Wenn nun auch das Gelenk bei seiner Biegung noch so bedeutende Gestaltsveränderungen erfährt, erleidet der wenig dehnbare Gefäßbündelstrang keine Dehnung, weil er in der neutralen Zone liegt. Ein Zerreißen des Gefäßbündels bei den energischen Biegungen des Gelenkes ist also ausgeschlossen. Das Parenchym des Bewegungsorganes ist dagegen durch die Eigenschaft seiner Zellen zu größeren Volumänderungen geeignet und indem diese Änderungen die Ober- und Unterseite treffen, erfährt der ganze Körper eine Krümmung. Die treibende Kraft der Bewegungen ist das Wasser. Es ist der hydrostatische Druck, der sich bei Beleuchtungsunterschieden in dem Schwellkörper des Gelenkes steigert oder vermindert. Der Wasserdruck steigert sich in der konvex werdenden Seite des Organes und sinkt in der konkav werdenden. Mit diesen Andeutungen kann man sich begnügen und die Mechanik dieser Bewegungen ganz im allgemeinen zu erklären, indem nur auf die Hauptpunkte Gewicht gelegt wird. Thatsächlich kommt noch eine Anzahl von Nebenumständen in Betracht, bezüglich deren auf die Spezialuntersuchungen Pfeffers verwiesen werden muß, weil die Erörterung der Feinheiten und Komplikationen das Verständnis der Hauptsache dem Leser erschweren würde. Aus diesem Grunde möge es gestattet sein, ein Eingehen auf diese

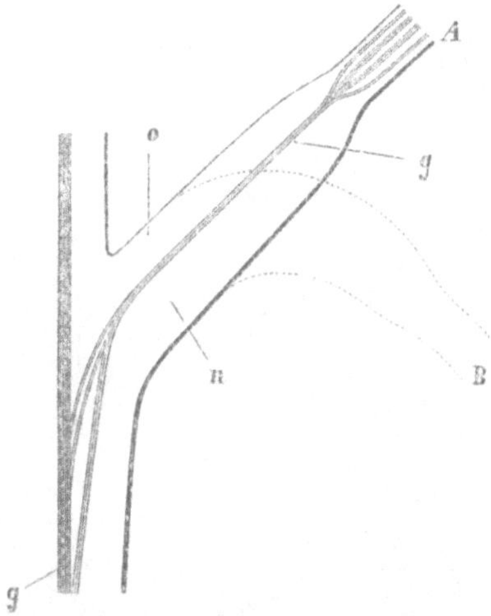

Fig. 128. Schematische Darstellung eines Bewegungsorgans (nach Detleffen). A aufgerichtet; B abwärtsgeneigt; g Gefäßbündel und o Schwellkörper.

wissenschaftlich wichtigen, aber schon speziellere Studien verlangende Ausführungen zu unterlassen.*

Wir wollen nur schließlich nochmals an die eigentliche Ursache dieser merkwürdigen Bewegungen erinnern. Sie werden hervorgerufen durch Veränderungen der Lichtstärke und nur weil diese mit der Tagesperiode zusammenfallen, haben die Schlafbewegungen der Blätter mit dem Wechsel von Tag und Nacht einen Zusammenhang. Nicht sind es die zugleich mit dem Beginn der Nacht eintretende Temperatur und die Änderung des Feuchtigkeitsgehaltes der Luft, welche für das Eintreten der Schlaf-

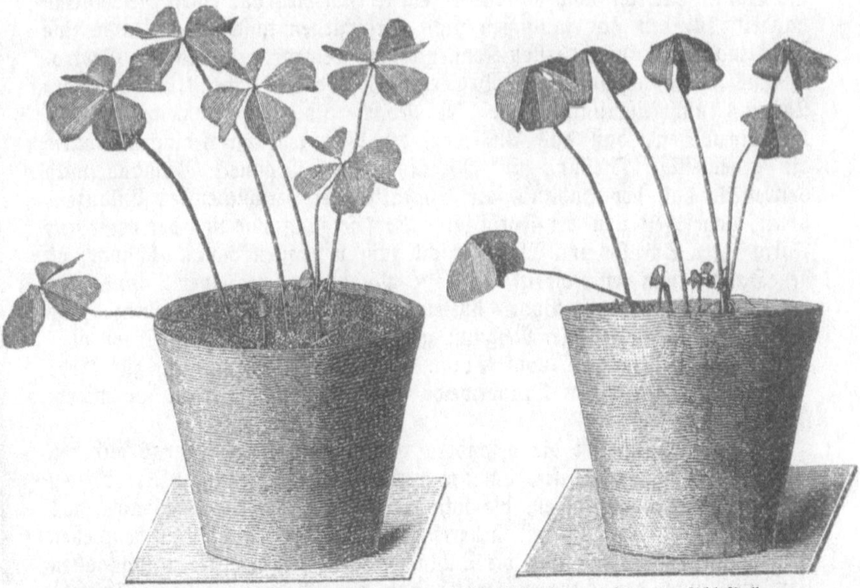

Fig. 129. Eine Oxalisart in Tagstellung und durch künstliche Verdunkelung zur Schlafstellung gebracht.

stellung mit in Betracht kommen. Daß die Schlafstellung mit der Nacht als einem Inbegriff der verschiedensten äußeren Bedingungen nichts zu thun hat, sondern lediglich mit dem Sinken der Beleuchtung nach Sonnenuntergang, geht daraus hervor, daß man am hellen Mittage die periodisch beweglichen Pflanzen in die Schlafstellung bringen kann, wenn man, nachdem die Blätter in heller Tagesbeleuchtung ihre Tagstellung angenommen haben, die Pflanzen mit einem undurchsichtigen Rezipienten bedeckt. Nach kurzer Zeit ist eine so behandelte Oxalis, wie sie in unserer Fig. 129 nach der Natur abgebildet wurde, aus der Tagesstellung in die Nachtstellung übergegangen.

---

* Pfeffer, Pflanzenphysiologie II, p. 254 und dessen Periodische Bewegungen 1875.

4. Der Geotropismus und andere Krümmungserscheinungen.

Eine der merkwürdigsten Erscheinungen und dabei für die ganze Gestaltung der Pflanzen äußerst wichtige Eigenschaft ist die als Geotropismus bezeichnete Reizbarkeit der Pflanzenorgane durch die Schwerkraft der Erde. Die Schwerkraft hat einen ganz wesentlichen Anteil an dem ganzen Aussehen der Pflanzenwelt, indem sie die Organe zwingt, in ganz bestimmten Richtungen zu wachsen. Die beblätterten Sprosse wachsen infolge davon im allgemeinen senkrecht nach oben, die Hauptwurzeln mit der Spitze senkrecht nach abwärts. Da es sich hier um einen Gegenstand handelt, für den sich Analogien nicht heranziehen lassen, so ist kaum eine Erscheinung bei ihrem ersten Kennenlernen fremdartiger, als der Geotropismus. Einige einleitende Bemerkungen werden daher für das Verständnis nicht überflüssig sein. Es bedarf nur eines Hinweises darauf, um einzusehen, daß das Aussehen der Pflanzen mit bedingt ist durch die gegenseitige Stellung und Richtung ihrer Organe. Niemand wird bestreiten, daß der Habitus, der Charakter der verschiedensten Pflanzenarten, abgesehen von der Form ihrer Verzweigung und von der vererbten Form ihrer Sprosse und Blätter nicht zum wenigsten davon abhängt, ob der Hauptstamm senkrecht in die Höhe wächst, wie bei einer Tanne oder horizontal am oder im Boden hinkriecht, wie bei den Rhizompflanzen, ob die Seitenäste in geringer Neigung gegen den Horizont emporstreben oder in rechtwinkeliger Lage vom Stamme abstehen oder gar sich zur Erde senkend, wie bei einer Trauerweide den Wachstumsgesetzen zu widersprechen scheinen.

Zum Teil beruht die besondere Architektonik einer Pflanze auf den Äußerungen innerer Kräfte, auf den durch Vererbung konstant gewordenen inneren Wachstumsursachen, die sich der Analyse entziehen, die aber das Wachstum der Organe mit beherrschen. Wir haben uns in dem eben abgeschlossenen Kapitel über die Lichtwirkungen von dem bedeutungsvollen Einflusse auch der äußeren Kräfte auf die Pflanzengestaltung so sehr überzeugt, daß es kaum nötig erscheint, nochmals zu betonen, daß diese die gegebenen Eigenschaften der Pflanzen auf die mannigfachste Weise beeinflussen.

Wie sehr die Lichterscheinungen die Gestalt der Pflanzen verändern, erhellte schon aus dem Vergleich etiolierter und normaler Pflanzen.

Die Formen, welche entstehen, wenn Pflanzen vollständig dem Lichte entzogen werden, sind so abweichend von den in normaler Beleuchtung entstandenen, daß man dieselben unter diesen entgegengesetzten Bedingungen herangewachsenen Pflanzen nicht wiedererkennt. Das Licht hemmt das Längenwachstum der Stengelglieder, fördert das Flächenwachstum der Blätter, während ein im Dunkeln erzogener Kartoffelsproß statt dessen ellenlange Sproßachsen und winzige Blattschuppen erzeugt. Bei dieser ungemein auffallenden Gestaltungskraft des Lichtes ist die Frage an sich schon ganz besonders berechtigt, ob die Gravitation, die Kraft, welche die Ordnung im Kosmos aufrecht erhält und welche auch auf dem Stäubchen im Weltraum, unserer Erde, alles beherrscht, auf die Pflanzen eine physiologische Wirkung ausübt.

Stellen wir uns auf den Standpunkt des in der Litteratur vollständig Unerfahrenen, so ist diese Frage nicht leicht zu beantworten. Wir sehen nicht, daß die Schwerkraft in anderer Weise auf die Pflanzen wirkt, wie auf leblose Körper, wir sehen es deshalb nicht, weil das fertige Resultat dieser Wirkung schon vorliegt und weil wir gewohnt sind, das Resultat von Jugend auf hinzunehmen, ohne nach der Ursache zu fragen.

Daß die Schwerkraft es ist, welche thatsächlich nicht nur die Stellung der Pflanzen auf der Erdoberfläche, sondern auch die besondere Gestalt dieser oder jener Pflanze mit verursacht, kann der bloße Augenschein

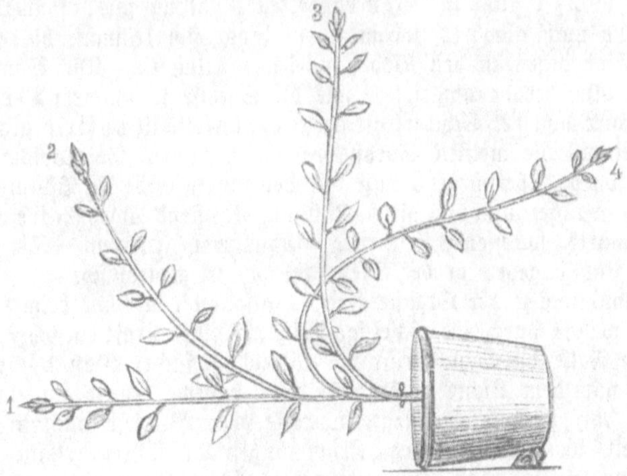

Fig. 130. Schematische Darstellung der geotropischen Krümmung. Reihenfolge der Stellungen 1, 2, 4, 3.

ebensowenig lehren, als man einem am Boden liegenden Apfel es ansehen kann, daß er nach bestimmten Gesetzen vom Zweige zu Boden gefallen ist. Eine Abhängigkeit der Pflanzen von der Schwerkraft würde aber nur dadurch sich beweisen lassen, daß mit einer Änderung der Richtung und Größe derselben die Pflanzen Veränderungen zeigten.

Die Richtung der Schwerkraft ist konstant auf der Erde, wir können dieselbe nicht ändern und auch die Größe der Kraft bleibt, abgesehen von den durch die Gestalt der Erde und die bei vertikaler Erhebung eintretenden Abweichungen, dieselbe.

Trotz dieser anscheinenden Schwierigkeit läßt sich nun doch ein Ausweg finden. Wenn man einen senkrecht wachsenden Pflanzenstengel aus seiner natürlichen Lage bringt und denselben horizontal auf die Erde legt, so ist offenbar die Richtung der Schwerkraft eine ganz andere geworden in bezug auf die Versuchspflanze. In der natürlichen Stellung fiel die in der Richtung des Endradius wirkende Schwere zusammen mit der Wachstumsrichtung der Pflanze. Die veränderte Lage des Pflanzenstengels bewirkt, daß die Schwere jetzt senkrecht zur natürlichen Achse des ersteren gerichtet ist.

Der Erfolg tritt bald hervor in einer auffallenden Wachstumserscheinung, welche man als geotropische Krümmung bezeichnet.

An derjenigen Stelle, welche sich noch im Wachstum befindet, beginnt der Stengel sich langsamer aufwärts zu krümmen, wodurch die Spitze sich allmählich hebt, bis sie wieder senkrecht steht, wie vorher.

Der Stengel hat also das Bestreben, sich vom Mittelpunkt der Erde in senkrechter Richtung zu entfernen, er wird gleichsam von der Schwerkraft abgestoßen. Der Stengel ist negativ geotropisch. Stellt man denselben Versuch mit einer Wurzel an, indem man z. B. die gerade abwärts gewachsene Keimwurzel einer Bohne horizontal legt, so wächst auch die Wurzel nicht in der veränderten Richtung fort, sondern richtet ihre Spitze nach abwärts, indem sie so lange sich krümmt, bis ein senkrechtes Eindringen in den Boden wieder möglich ist. Die Wurzel verhält sich also gerade umgekehrt, wie die Sprosse in unserem Versuch, die Wurzel wird von der Schwerkraft angezogen, sie ist positiv geotropisch.

Weitaus die meisten Sprosse besitzen negativen Geotropismus, wie ja schon daraus hervorgeht, daß auf der ganzen Erde die Pflanzenstengel aufwärts wachsen und von dieser Richtung bedeutend abweichende oder gar nach abwärts wachsende, zu den Ausnahmen gehören. Die Hauptwurzeln sind dagegen in der Mehrzahl positiv geotropisch.

Krümmungen der Organe sind es also auch hier wie beim Heliotropismus, welche durch die einseitige Wirkung einer Kraft entstehen, nur ist in diesem Falle die Schwerkraft die wirkende Ursache. Daß diese Krümmungen mit dem Lichte nichts zu thun haben, erhellt am einfachsten daraus, daß horizontal gelegte Sprosse oder Wurzeln auch in völliger Dunkelheit ihre geotropischen Krümmungen ausführen. Eine geringe Überlegung ergibt, daß auch die geotropischen Krümmungen nur durch Wachstum zu stande kommen können, wie die heliotropischen Bewegungen. Die konvexe Seite des geotropisch gekrümmten Pflanzenteiles ist verlängert, die konkave Seite hat sich etwas verkürzt. Wir stehen hier aber, wie beim Heliotropismus, vor demselben Rätsel, daß bei positiv und negativ geotropischen Pflanzenteilen die entgegengesetzten Seiten ein stärkeres Längenwachstum beginnen, wodurch die Krümmungen im entgegengesetzten Sinne erfolgen. Dieser Hinweis ergibt, daß für das Zustandekommen geotropischer Krümmungen dieselbe Bedingung gilt, wie beim Heliotropismus. Die Pflanzenteile müssen noch im Wachstum begriffen sein. Ausgewachsene Pflanzenteile krümmen sich nicht mehr geotropisch und wenn man einen Baum fällte, so würden sich an diesem nur die jungen Zweige wieder aufrichten, die älteren, ausgewachsenen in ihrer Lage verbleiben müssen.

Trotz der Übereinstimmung, welche die geotropischen Krümmungen im großen Ganzen besitzen, ergeben sich in Einzelfällen kleine Unterschiede der Form, der bis zur Aufrichtung verlaufenen Zeit u. s. w. Die anatomische Struktur und die sonstigen Eigenschaften der Stengel beeinflussen die Erscheinung in sehr verschiedener Weise. Es ist klar, daß ein dicker, wenig biegsamer Stengel sich langsamer und in anderer Form krümmen wird, als ein dünner, biegsamer, ebenso ist es maßgebend, ob man eine schnell wachsende oder in langsamer Streckung begriffene Pflanze zum Versuch benützt, ob die wachsende Strecke lang oder kurz ist, überhaupt wie sich das Wachstum am Stengel verteilt.

Den ganzen Verlauf der geotropischen Krümmungen wird man erst verstehen, wenn man nicht außer acht läßt, daß die größte Wirkung der Schwerkraft auf Sprosse und Wurzeln dann eintritt, wenn ihre Richtung die Längsachse des Organs rechtswinkelig schneidet. Die Wirkung nimmt daher schon ab, wenn die geotropische Krümmung eines Stengels begonnen hat. Beim Fortschreiten der Krümmung wirkt die Schwerkraft in immer spitzerem Winkel auf die Sproßachse. Außerdem ist aber auch ein Punkt hervorzuhoben. Die Einwirkung der Schwerkraft hört, wenn ein Stengel

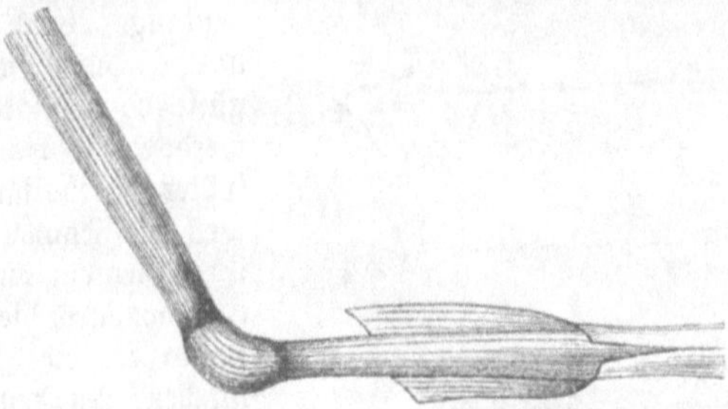

Fig. 131. Geotropische Krümmung eines Grashalmknotens (nach Pfeffer).

begonnen hat, sich zu krümmen, nicht sofort auf, wenn derselbe der Einwirkung der Schwere entzogen wird, sondern krümmt sich noch eine Zeitlang fort, es findet eine sogenannte Nachwirkung statt.

Aus diesen Verhältnissen entspringt es, daß die geotropische Krümmung der Stengel nicht immer ein stetig bis zur Aufrichtung des Sprosses fortschreitender Prozeß ist, sondern eine verwickeltere Bewegung darstellt. Bei der Einwirkung der Schwerkraft auf empfindliche Stengel z. B. kann es vorkommen, daß sich der Stengel nicht nur senkrecht stellt, sondern infolge der Nachwirkung noch über die Gleichgewichtslage sich hinaus bewegt, wie ein angestoßenes Pendel. Er nimmt dann z. B. die Lage, in Fig. 130 (4) ein. Durch diese Überkrümmung hat der Sproß eine solche Stellung erhalten, daß die Schwerkraft wieder senkrecht zu seiner Lage angreift, jedoch an der anderen Seite. Infolgedessen krümmt sich der Sproß wieder zurück (3). Und so kann ein solcher geotropischer Stengel unter dem Einfluß der Schwerkraft hin und her pendeln, bis er endlich die genau senkrechte Stellung erreicht, womit dann die Bewegung ein Ende hat. Bei diesen Bewegungen muß das Wachstum natürlich abwechselnd auf entgegengesetzten Seiten des Stengels eine Steigerung erleiden.

Ein sehr instruktives Beispiel für den Zusammenhang geotropischer Krümmungen mit dem Wachstum bieten die Grashalme und dies Bei=

spiel ist besonders geeignet, den Nutzen der geotropischen Krümmungen für die Pflanze zu illustrieren.

Die Internodien der Grashalme sind durch Knoten getrennt, Anschwellungen, welche sich sehr deutlich von den Zwischenstücken abheben. Die Knoten der Grashalme sind Stellen, welche auch an ausgewachsenen Grashalmen unter Umständen erneutes Wachstum beginnen können. Werden Grashalme horizontal gelegt, so richten sich dieselben durch Geotropismus wieder auf, allein die Krümmung findet nur in den Knoten statt, während die Zwischenstücke gerade bleiben.

Die Krümmung, welche ein Halmknoten in der Regel vollführen kann, reicht gewöhnlich nicht aus, um den Halm völlig senkrecht zu stellen, und es findet daher auch in den nächst höheren Knoten dieselbe Krümmung statt, bis die senkrechte Stellung des Halmes wieder erreicht ist. Für die Getreidefelder ist diese Eigenschaft der Halmknoten von Bedeutung. Wenn die Getreidehalme durch starke Regengüsse oder Hagel niedergelegt werden, so richten sich doch später die Halme wieder auf, weil die Knoten nun infolge ihres Geotropismus sich krümmen, wodurch die Halme selbst passiv in die Höhe gehoben werden. An den Grasknoten ist auch ohne Messung in der Regel die Längendifferenz der Unter- und Oberseite sehr deutlich zu sehen. Durch die energische Krümmung erscheinen die kurzen Knoten häufig scharf umgeknickt.

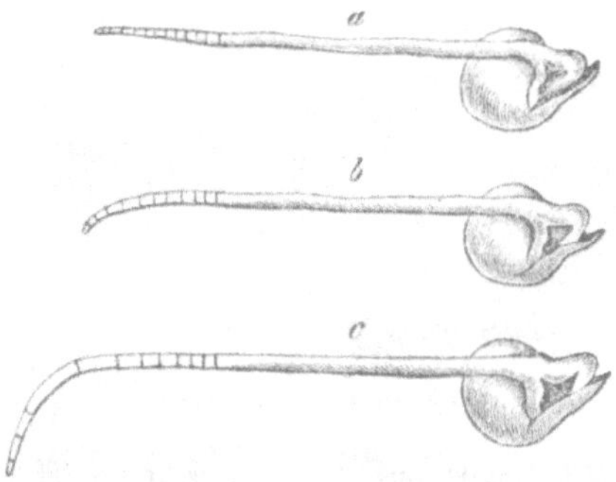

Fig. 132. Beobachtung der geotropischen Krümmung einer Keimwurzel (nach Pfeffer).

An den Wurzeln lassen sich die geotropischen Krümmungen und namentlich die damit verbundene Wachstumsverteilung sehr schön beobachten, wenn man nach Sachs' Angaben auf die Keimwurzeln Marken mit Tusche in etwa 2 mm Entfernung aufträgt. Die Wurzeln lassen sich während ihres Wachstums dann in dem oben geschilderten Kulturkasten beobachten.

Horizontal gelegte Wurzeln von Erbsenkeimpflanzen beginnen ihre Krümmungen nach abwärts und das Auseinanderrücken der Tuschmarken erlaubt, sehr schön zu beobachten, wo die krümmungsfähige Stelle liegt. Wie unsere Figur ergibt, ist es die nahe hinter der Wurzelspitze liegende Zone, welche die Krümmung vollführt, während die an dem unveränderten Abstande der Tuschmarken erkennbaren ausgewachsenen Teile an der Krümmung nicht teilnehmen. Messungen von Sachs ergaben, daß sich eine solche Wurzel auf der konvexen Seite um 10,8 mm, dagegen auf der konkaven nur um 6,1 mm verlängern konnte.

Fragt man nach den inneren Ursachen des Geotropismus, so muß man sich auch hier ohne Zweifel an die Eigenschaften des Protoplasmas halten. Beim Heliotropismus waren die Verhältnisse insofern theoretischen Betrachtungen günstiger, da sich thatsächlich heliotropische Erscheinungen an Protoplasmakörpern selbst beobachten lassen. Die Versuche Stahls, an Myxomyceten geotropische Eigenschaften zu entdecken, haben, entgegen früheren Angaben, zu keinem positiven Resultate geführt, vielmehr wurde durch diesen Forscher erwiesen, daß die Myxomyceten keinen Geotropismus besitzen.

Wir haben also keine Thatsachen, welche am freien Protoplasma beobachtet, zur Verwertung für die Theorie des Geotropismus benutzt werden könnten. Wortmann, dessen theoretische Ansichten oben beim Heliotropismus auseinandergesetzt worden sind, hat dagegen an dem Protoplasma in den Fruchtträgern der Mucorineen, welche zu den Schimmelpilzen gehören, geotropische Eigenschaften des Protoplasmas insofern nachgewiesen, als dieses bei einer Krümmung der konkaven Seite der Zelle zuwandert und hier die oben beim Heliotropismus beschriebenen Membranverdickungen hervorruft. Hoffentlich gelingt es diesem Forscher, diese hochinteressanten Vorgänge weiter zu verfolgen und damit wichtige Beiträge zur Erklärung des Geotropismus zu liefern.

Wir sind nun aber unseren Lesern noch den Beweis schuldig, daß es sich in den beschriebenen Erscheinungen auch thatsächlich um Schwerkraftswirkungen handelt. Die Wirkungen, welche wir hier als Schwerkraftswirkungen kennen gelernt haben, sind von den gewöhnlichen Äußerungen dieser Kraft so verschieden, daß ein Zweifel erklärlich erschiene, ob es nicht bloß innere Kräfte seien, welche die Krümmungen der Pflanzenorgane bei veränderter Lage zum Horizont hervorrufen.

Der Beweis, daß es sich beim Geotropismus um die Wirkung der Schwerkraft handelt, wurde schon im Jahre 1809 von dem hochverdienten englischen Naturforscher Knight in sehr scharfsinniger Weise erbracht. Knight, überzeugt, daß es sich bei den Krümmungen um Schwerkraftsäußerungen handle, kam auf den sehr wichtigen Gedanken, die Schwerkraft bei seinen wachsenden Versuchspflanzen auszuschließen, indem er sie durch eine andere Kraft, die Centrifugalkraft, kompensierte.

Um Keimpflanzen unter der Wirkung der Centrifugalkraft wachsen zu lassen, befestigte Knight dieselben auf vertikal und horizontal drehbaren Rädern und versetzte diese in schnelle Rotation. Die Wurzeln und Sprosse der Versuchspflanzen wuchsen nun während dieser dauernden Drehung weiter, und zwar wendeten sich die Wurzeln stets vom Centrum des Rades in centrifugaler Richtung fort, die Stengel dagegen wuchsen dem Mittelpunkte zu. Die Pflanzenwurzeln, welche Knight auf einem horizontal sich drehenden Rade wachsen ließ, zeigten eine Richtung, welche um 10° von der horizontalen Drehungsebene des Rades abwich, und zwar nach unten geneigt war, während die Stengel dieselbe Abweichung nach oben erkennen ließen. Je langsamer nun das Rad gedreht wurde, um so mehr konnte die Schwerkraft zur Wirkung kommen, um so mehr senkten sich die Wurzeln, hoben sich die Stengel und näherten sich der Vertikalen. Wenn man auch heute mit etwas veränderten experimentellen Hilfsmitteln den Geotropismus beweist, so gebührt doch Knight unbestreitbar das Verdienst der Entdeckung und der vollgültigen Beweisführung. Wenn man liest, bei der nötigen Klarheit des Denkens hätte man schon aus der senkrechten Stellung der Baumstämme auf der ganzen Erdoberfläche die Schwerkraft als Ursache der geotropischen Krümmungen erkennen und die Knightsche umständlichere Beweisführung umgehen können, so ist doch diese Betrachtungsweise mit einem erheblichen logischen Fehler behaftet, denn man kann die theoretisch genau senkrechte Stellung der Baumstämme und aufrechten Sprosse durch Beobachtung gar nicht feststellen, da dies Gesetz thatsächlich in außerordentlich vielen Fällen gestört ist. Dies lehrt jeder Gang durch den Wald. Umgekehrt hat man auch erst aus Knights epochemachender Entdeckung das theoretische Postulat abgeleitet, daß die Baumstämme senkrecht wachsen müßten.

Hofmeisters Untersuchungen suchten, nachdem Knights Entdeckung lange geruht hatte, die Frage zu präzisieren und waren ein neuer Beginn zum Versuch ihrer experimentellen Lösung, welche später von Sachs aufgenommen wurde. Letzterer förderte namentlich die Methode der Untersuchung durch Einführung des Klinostaten.

Der Klinostat besteht aus einer genau horizontalen Achse, welche durch ein Uhrwerk in langsame Umdrehung gesetzt wird. Die Rotation muß deshalb eine langsame sein, weil an diesem Apparat die in Knights Rotationsversuchen auftretende Centrifugalwirkung ganz vermieden werden soll. Wenn man an die sich drehende Achse des Klinostaten eine wachsende Pflanze befestigt, so wird dieselbe nicht der Wirkung der Schwerkraft entzogen. Dennoch unterbleibt jede geotropische Krümmung vollständig, weil durch die Rotation in gleicher Zeit die Schwerkraft an genau entgegengesetzten Seiten angreift. Ehe eine affizierte Stelle der Pflanzenteile der Schwerkraftswirkung folgen und sich krümmen kann, ist die Drehung fortgeschritten und die Kraft greift nun an einer ganz anderen Stelle an. Infolge dieser allseitigen Wirkung findet keine geotropische Krümmung statt, die Pflanzenteile wachsen in der Richtung fort, in der sie am Apparat befestigt wurden. Wenn man mit Pflanzen experimentiert, welche leicht austrocknen, z. B. mit Keimpflanzen oder mit auf einem Brotwürfel wachsenden Schimmelpilzen, so müssen die Objekte in einem feuchten Raume gehalten werden, was durch Überdecken mit einem Glasgehäuse geschieht, welches in einem mit Wasser versehenen Untersatz steht.

Pfeffer hat einen handlicheren und in verschiedener Weise verwendbaren Klinostaten konstruiert, der in Fig. 133 abgebildet ist.* „Als Triebkraft dient ein Ankeruhrwerk (u) mit sehr starker Feder, das an dem Deckel (d) befestigt ist, aus welchem auf der anderen Seite zwei Zapfen (z) hervorsehen, die sich mit verschiedener Schnelligkeit (15 bis 30 Minuten) drehen. Auf einen dieser Zapfen ist eine dünne Messingachse (a) aufgeschoben, die anderseits auf dem Zapfen (t) ruht. Wird der schwere Kasten (k) durch Umlegen des Deckels geschlossen, so stehen

* Dieser empfehlenswerte Apparat wird von Albrecht in Tübingen angefertigt.

die Zapfen vertikal und nach dem Aufstecken eines Tischchens können Blumentöpfe u. s. w. aufgestellt und gedreht werden. Mit Hilfe des Bügels (b) und der Klemmschraube (c) kann der Deckel auch in schiefer Lage festgehalten und die Achse (a) in geneigte Stellung gebracht werden. In dem Ende ist das Lager bei (s) mit nickendem Gelenk versehen und an der massiven Säule (o) verschiebbar. In der Figur ist mittels des durch die Schraube anklemmbaren Schiebers (e) auf der horizontalen

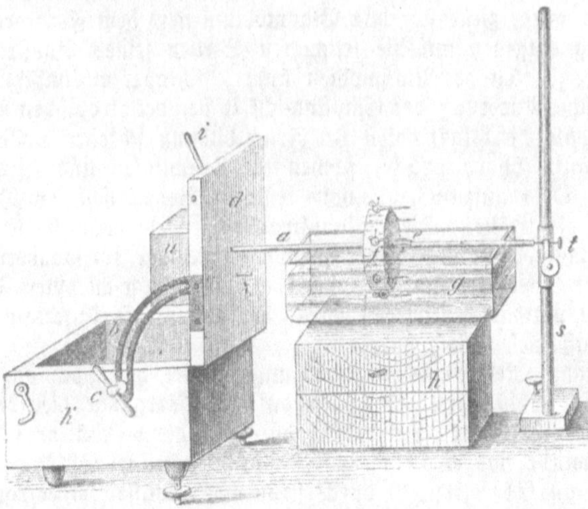

Fig. 133. Klinostat von Pfeffer (Beschreibung im Text).

Achse ein Kork (f) geschoben, an dem Keimpflanzen befestigt sind, die während der Drehung teilweise in dem Wasser des Troges (g), teilweise in Luft sich befinden, welche durch Überstülpen eines mit entsprechendem Schlitz für die Achse (e) versehenen Glaskäfigs feucht erhalten wird.“ (Pfeffer.)

Die Studien über den Einfluß der verschiedensten äußeren Kräfte auf im Wachstum begriffene Pflanzenteile haben zu dem ganz allgemeinen Ergebnis geführt, daß die einseitige Wirkung der verschiedensten Kräfte stets Krümmungen hervorruft, welche durch ungleichseitiges Wachstum verursacht, erst dann aufhören, wenn die Pflanzenteile in eine Gleichgewichtslage zur einwirkenden Kraft gelangt sind. Solche Krümmungen, die den geotropischen und heliotropischen durchaus ähnlich sind und wie diese positiv und negativ sein können, werden auch durch Feuchtigkeitsdifferenzen hervorgerufen. Wurzeln, welche in einem Raum wachsen, der eine ungleiche Verteilung des Wasserdampfes besitzt, wachsen in der Regel der feuchteren Region zu. So legen sich dieselben denn auch, wenn sie zwischen festen Wänden wachsen, von denen eine feuchter ist, der feuchteren Fläche an. Diese Eigenschaft, welche als Hydrotropismus bezeichnet wird, kann von biologischer Bedeutung werden, indem die Wurzeln, welche als wasseraufnehmende Organe dazu bestimmt sind, die Bodenfeuchtigkeit aufzusuchen, schon auf kleine Feuchtigkeitsdifferenzen hin Krümmungen machen, durch welche sie sich einer Stelle größeren Wasserreichtums nähern. Durch Stahls Beobachtungen wurde im Hydrotropismus der Myxomyceten eine für diese Organismen wichtige Eigenschaft erkannt, welche ihnen ermöglicht, nach feuchteren Orten, welche für ihre Existenz eine Bedingung bilden, hinzukriechen. Plasmodien, welche auf einer gleichmäßig feuchten Filtrierpapierunterlage liegen, breiten sich hier gleichmäßig aus, sobald jedoch die Unterlage in einem trockenen Raume zum langsamen Austrocknen gebracht wird, zieht sich das Plasmodium stets dem Fortschreiten der Austrocknung entgegen auf die feuchteren Stellen seines Substrates zurück. Die Reizbarkeit der Plasmodien ändert sich aber in ähnlicher Weise, wie eine solche Änderung der Empfindlichkeit bei heliotropischen Pflanzen eintritt. Sobald die Plasmodien zur Fruchtbildung schreiten wollen, werden sie negativ hydrotropisch, fliehen die Feuchtigkeit und kriechen oft, um trockene Orte aufzusuchen, vom feuchten Boden hoch an Pflanzenstengeln in die Höhe. Dies Hinaufwandern wird dadurch ermöglicht, daß das Plasmodium von einer feuchten Unterlage fortwandernd seine Straße selbst anfeuchtet und nun von der selbst mitgeschleppten Feuchtigkeit so lange vorwärts getrieben wird, bis endlich die Unterlage trocken genug ist, daß dieser Reiz aufhört.

Eine ganze Reihe von Reizbewegungen wäre hier noch anzureihen, doch muß ein ausführliches Eingehen auf diese Vorgänge hier des Raumes wegen unterbleiben. Reizbarkeit durch strahlende Wärme (Thermotropismus) wurde von Wortmann,* durch elektrische Ströme (Elektrotropismus) von Elfving,** durch strömendes Wasser (Rheotropismus) von Jönsson*** entdeckt. In allen Fällen handelt es sich um den richtenden Einfluß einseitig wirkender Kräfte. Von großem Interesse ist es, daß, wie es scheint, nach Wortmanns Untersuchungen alle diese in ihrem äußerlichen Effekt ähnlichen Fälle durch dieselben inneren Veränderungen der Pflanzenteile, durch Wanderung des Protoplasmas und damit verbundene einseitige Membranverdickungen und Krümmung infolge des ungleichen Widerstandes erklärt werden. Die Theorie des genannten Forschers ist oben beim Heliotropismus ausführlich erörtert und läßt sich leicht auf die hier angezogenen Fälle übertragen.

5. Stoßreize.

Alle Bewegungserscheinungen im Pflanzenreiche pflegen auf den Beobachter den lebhaftesten Eindruck zu machen, weil mit der Ansicht, welche gemeiniglich über die Pflanze gehegt wird, die Bewegung einen überraschenden Kontrast bildet. Um so begreiflicher ist das Interesse, welches seit langer Zeit schon die Pflanze hervorgerufen hat, bei der Bewegungen in so energischer und rascher Weise stattfinden, wie man sie

* Botan. Zeitung 1883.
** Botan. Zeitung 1882.
*** Berichte der deutschen botan. Ges. 1884.

sonst an Pflanzen selten findet, und zwar werden diese Bewegungen durch Berührung, durch leichte mechanische Stöße ausgelöst.

Die Pflanze von welcher hier die Rede ist, ist Mimosa pudica. Sie stammt aus Brasilien, ist in den Tropen aber als Unkraut weitverbreitet und wird bei uns in allen botanischen Gärten kultiviert, so daß es nicht schwer hält, sich von derselben eine Anschauung zu verschaffen. Die Pflanze ist durch ihre zierlich gefiederten Blätter ausgezeichnet, deren Form aus der Figur 134 hervorgeht.

An einem längeren Stiele sitzen vier sekundäre Blattstiele, deren jeder 12—20 Paar Blättchen trägt. Jedes Blättchen ist durch ein Bewegungsorgan am Stiele befestigt und weitere Bewegungsorgane verbinden sowohl die vier sekundären Stiele mit dem Hauptblattstiel, als auch diesen mit dem Stamm der Pflanze. Die Form und der anatomische Bau der Bewegungsorgane ist im wesentlichen der schon oben

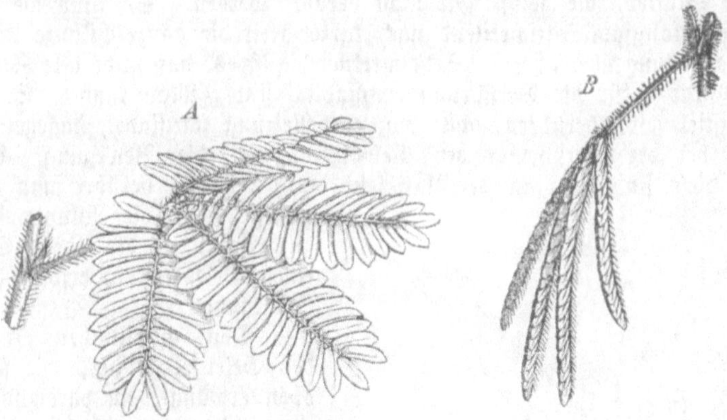

Fig. 134. Blatt von Mimosa pudica. A ausgebreitet, B nach der Berührung.

(p. 250) beschriebene. Ein dicker Parenchymcylinder wird durchzogen von einem axilen Gefäßbündelstrange, der in den Blattstiel übertretend sich wieder in einzelne Stränge auflöst. Mittels dieser Ausrüstungen kann die Pflanze unter dem Einflusse des wechselnden Lichtes Hin- und Herbewegungen machen in gleicher Weise, wie dies schon bei den oben angeführten Beispielen der Schlafbewegungen der Fall war. Ganz anders antwortet aber die Mimose auf eine Erschütterung der ganzen Pflanze. Momentan schlagen die Blätter nach aufwärts zusammen, die sekundären Blattstiele biegen sich etwas gegeneinander, die Hauptblattstiele senken sich tief herab. Die Pflanze nimmt also durch eine plötzliche Erschütterung gereizt, das Aussehen einer in Schlafstellung befindlichen Pflanze an.

Um die Reizstellung der Mimosenblätter hervorzurufen ist es jedoch nicht nötig, die ganze Pflanze zu erschüttern, sondern es genügt, eine leise Berührung einzelner Blättchen oder eines Bewegungsorganes um sogleich eine Bewegung erfolgen zu sehen. Dieselbe ist deshalb besonders lehrreich, weil sich die allmähliche Fortpflanzung des Reizes von der berührten Stelle nach entfernteren beobachten läßt. Die Art der Reizung erscheint gleichgültig, immer tritt dieselbe Bewegung ein, ob nun der Reiz durch mechanischen Stoß, durch hohe Temperatur, indem man z. B. ein Blatt der Mimose mit einer heißen Nadel berührt oder in anderer Weise verursacht wird. Berührt man eines der Blattpaare an der äußersten Spitze, so schlägt sich das betreffende Blattpaar zusammen, aber nun beginnt, ohne daß man die Berührung fortsetzt, wenn der erste Anstoß nicht gar zu fein war, ein Blattpaar nach dem andern sich zusammenzulegen. Nachdem dies an den ersten der vier Stiele geschehen, beginnt an den übrigen das gleiche Spiel und am Schlusse ergreift der Reiz auch das große Bewegungsorgan, welches das ganze Blatt hinabsinken läßt. Dabei kann es nun sein Bewenden haben, die übrigen Blätter können ihre normale Stellung behalten, war der Reiz jedoch stärker, so bleibt die Wirkung beim ersten Blatte nicht stehen, sondern ergreift auch die anderen Blätter, die selbst gar nicht berührt werden. So kann die Bewegung langsam fortschreitend nach kurzer Zeit die ganze Pflanze in die Schlafstellung überführen. Sehr merkwürdig ist es, daß nicht alle Stellen der Pflanze für die Berührung empfindlich sind. Man kann z. B. den Blattstiel selbst berühren, ohne daß eine Reizung stattfindet, dagegen erfolgt bei der Berührung der Gelenke sogleich die Bewegung. Aber auch diese sind nur an der Unterseite direkt reizbar, berührt man vorsichtig, ohne die Pflanze sonst zu erschüttern die obere Seite eines Gelenkes, so erfolgt keine Bewegung.

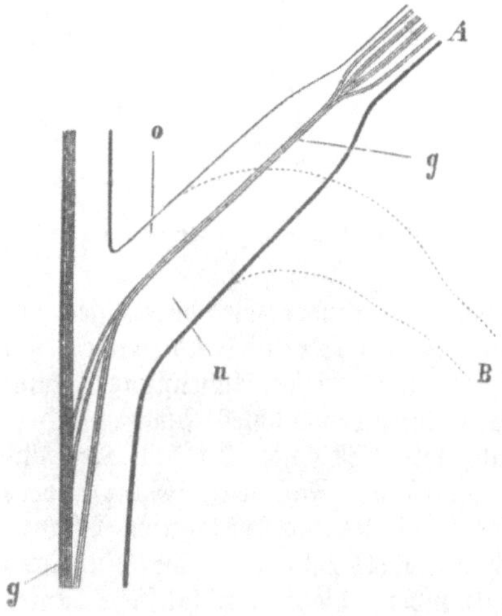

Fig. 135. Schematische Darstellung eines Bewegungsorgans (nach Detleffen). A aufgerichtet, B abwärtsgeneigt; g Gefäßbündel und o Schwellkörper

Den wesentlichen Körper des Gelenkes bildet, wie schon oben erwähnt, ein parenchymatisches Gewebe, welches im stande ist, zu schwellen und zu erschlaffen. Die Ursache der abwechselnden Zustände des Gelenkes ist aber das Wasser, welches in das Schwellgewebe aus- oder eintritt. Durch die Änderung des hydrostatischen Druckes in den Zellen des Gelenkes und durch die verschiedene Verteilung dieses Druckes auf Unter- und Oberseite desselben werden Spannungen erzeugt, deren Ausgleichungsbestreben die Krümmungen des Gelenkes und damit die Bewegungen der Blattteile hervorbringt.

Die Abgabe und Aufnahme von Wasser durch die Blattgelenke erfolgt in der Weise, daß einmal ein Abfließen in die benachbarten

Stengelteile, einmal ein Zufluß aus diesen zu den Gelenken stattfindet. In der That läßt sich nachweisen, daß bei der Reizung der Gelenke Wasserbewegungen stattfinden. Es läßt sich durch einen scharfen Schnitt der Blattstiel abtrennen, so daß nur das Gelenk am Stamm stehen bleibt. Nachdem der durch diesen gewaltsamen Eingriff hervorgerufene Reiz sich ausgeglichen hat, kann das Gelenk, wenn man die Pflanze, um das Austrocknen zu verhindern im dampfgesättigten Raume hält, allein seine Bewegungen machen. Wird das Gelenk gereizt, so schießt das Wasser, welches nun nicht mehr in den Blattstiel eintreten kann, an der Schnittfläche hervor, wie sich bei genauerer Beobachtung ergibt aus den innersten Zellschichten der unteren Gelenkhälfte, wodurch dieses erschlafft, und von der sich dehnenden oberen Hälfte komprimiert wird.*

Die Möglichkeit des Wasseraustritts ist in den Veränderungen zu suchen, welche innerhalb der Parenchymzellen des Gelenkes durch den Reiz hervorgerufen werden. Ob es sich ausschließlich um eine Änderung der osmotischen Leistung des Zellinhaltes durch Bildung und Verschwinden osmotisch wirksamer chemischer Verbindungen handelt oder ob andere Faktoren mit eingreifen, bedarf noch der Untersuchung. Es handelt sich hier um ein Gebiet, welches die größten Schwierigkeiten für experimentelle Untersuchungen darbietet.

Das interessante Beispiel der Mimosenblätter mag für die durch Reize verursachte schnell verlaufenden Bewegungserscheinungen genügen. Wie schon aus dem Abschnitte über die Insektivoren hervorging, finden sich auch bei diesen sehr bemerkenswerte Reizbewegungen, z. B. bei den Blättern von Dionaea muscipula, deren Hälften bei einer Berührung plötzlich zusammenklappen. Ferner sind auch bei manchen Blüten die Staubfäden sehr reizbar durch Berührung, was sich an Berberis- und Mahoniablüten leicht beobachten läßt. Bei einem Anstoß schlagen die Staubfäden gegen die Narbe. Die Staubfäden der Cynareen verkürzen sich bei der Berührung und sind von Pfeffer genauer untersucht worden.**

b. Kontaktreize.

Wenn manche Autoren das Wesen der Reizerscheinungen darin erblicken, daß der mechanische Anstoß in keinem Verhältnis zu den bei den Reizbewegungen eintretenden mechanischen Leistungen steht, so tritt dies Moment ganz besonders bei den Kontaktreizen hervor, wo durch die leiseste Berührung, zuweilen mit Substanzen, welche durch ihr Gewicht kaum einen Druck ausüben, die auffallendsten und kompliziertesten Bewegungsvorgänge ausgelöst werden. Wenn ein senkrecht gewachsener Fruchtträger von Phycomyces durch einen haarfeinen Glasfaden oder Platindraht berührt wird, den man, auf einem geeigneten Fuß befestigt seitlich an den Pilzfaden so anlegt, daß eben eine Berührung stattfindet, so macht der

---

* Pfeffer, Physiologische Untersuchungen 1873.
** Pfeffer, Physiologische Untersuchungen p. 80.

Fruchtträger nach der Seite hin, wo der Glasfaden anliegt, in wenigen Minuten eine starke Krümmung. Hört die Berührung auf, so kann die Krümmung sich wieder ausgleichen, aber nur dann, wenn die gekrümmte Strecke noch wachstumsfähig ist.

Vorwiegend sind es die Kletterpflanzen, die Schlingpflanzen sowohl als die Rankenpflanzen, bei denen die Kontaktreize eine biologisch wichtige Rolle spielen, da sie die Bewegungen auslösen, welche die Stengel der Schlingpflanzen und die Greiforgane der Ranken zum Winden veranlaßt. Die Schlingpflanzen und Rankenpflanzen sind insofern mit einem Mangel behaftet, als ihre im Verhältnis zu ihrer Länge dünnen und biegsamen Sproßachsen sich nicht aufrecht erheben können. Sie würden am Boden liegen müssen und nicht immer in der Lage sein, das nötige Licht zu finden, wenn ihre Reizbarkeit diese Pflanzen nicht in den Stand setzte, an aufrechten Stützen hinaufzuklettern und so doch zum selben Resultat zu gelangen, wie andere Stengel von genügender Steifheit.

Der Hopfen, die Gartenbohne, die Windenarten, Aristolochia, Geißblatt sind Pflanzen, welche wie bekannt diese Eigenschaft besitzen. Eigentümlich ist, daß die verschiedenen Pflanzenarten eine Konstanz in der Richtung ihrer Windungen zeigen und sich als rechts- oder linkswindende unterscheiden lassen.

Ein Hauptpunkt der von Sachs zuerst hervorgehoben worden, ist jedoch, daß die Schlingpflanzen nur um aufrechte Stützen oder doch nur um wenig geneigte, dagegen nicht um horizontale winden können. Ebensowenig kann eine Schlingpflanze nach abwärts klettern. Die Neigung, welche die Stütze einer Schlingpflanze haben kann, mag vielleicht bis zu einem Winkel von 45° gehen können, dagegen wird bei einem Versuch eine Schlingpflanze um eine horizontale Stütze zu leiten, dies nicht gelingen, es wird vielmehr das Gegenteil eintreten, wenn man etwa den Stengel um die Stütze gelegt hat, die Pflanze wird sich hartnäckig wieder von der Stütze abwickeln. Woher dies kommt, werden wir weiter unten sehen.

Die Schlingpflanzen verlangen keineswegs eine sehr dicke Stütze, sie können vielmehr auch an ganz dünnen Stützen hinaufklettern. Ein Beispiel dafür bietet die abgebildete Ackerwinde, Convolvulus arvensis, deren Stengel sich um einen dünnen Grashalm gewunden hat. Dadurch steht nun die Winde steif und aufrecht, sie erreicht mit fremder Hilfe die für andere Pflanzen normale Stellung und ihre Blätter erhalten die für ihre Ernährungsthätigkeit passende Lage.

Der Vorgang des Windens einer Schlingpflanze genauer zu beobachten, bietet ein großes Interesse. Die ersten Stengelglieder, der aus dem Samen erwachsenden Keimpflanze, sowie junge Seitensprosse einer älteren Pflanze zeigen noch nicht das Vermögen des Windens, erst bei den nächstälteren Stengelgliedern beginnt dieser Vorgang.

Der Sproßgipfel einer windenden Pflanze ist gewöhnlich langgestreckt, mit noch kleinen Blättern besetzt und dient der Pflanze wie ein Tastorgan, welches durch die oben besprochenen Nutationen im Kreise

Fig. 136. Eine Ackerwinde (Convolvulus arvensis), welche sich um einen Grashalm geschlungen hat und nun mit diesem steif aufgerichtet steht.

Fig. 137. Eine Schlingpflanze mit ihrem nutierenden Gipfel.

herumgeführt wird, bis der Gipfel an einer Stütze anstößt. Die Spitzen windender Pflanzen sind also in beständiger langsamer Bewegung. Stößt nun das Sproßende an eine Stütze, so krümmt sich das Knospenende um die Stütze herum und bewerkstelligt eine neue Windung. Der Gipfel wächst wieder in die Länge und das Spiel beginnt von neuem. In Folge der Nutationen und der darauffolgenden Krümmungen um die Stütze, kann also die Pflanze in dem Maße, wie sie wächst, sich allmählich um die Stange herumwickeln. Es handelt sich aber auch noch darum, die Pflanze dauernd an der Stütze festzuhalten.

Wenn wir einen Bindfaden um einen Holzstab schraubenförmig aufwickeln und den Stab wie eine Schlingpflanze aufrecht stellen, so rutscht der Faden am Stabe herab und bleibt keineswegs dort sitzen. Es würde also offenbar das einfache Herumwinden auch bei der Schlingpflanze noch nicht dem Ziele vollständig genügen. Die endgültige Befestigung des gewundenen Stengels wird dadurch erreicht, daß die älteren Stengelglieder, teils durch Wachstum, teils durch ihren negativen Geotropismus eine Streckung erleiden. Die anfangs wenig geneigten Windungen werden steiler und indem der gewundene Stengel dadurch straff angezogen wird, legt er sich fest um die Stütze. Da die Schlingpflanzen oft noch durch Borsten, Stacheln oder Riefen ihres Stengels rauh sind, wodurch die Reibung vermehrt wird, so sitzt endlich die Schlingpflanze an ihrer Stütze vollständig fest.

Die wichtige Rolle, welche der Geotropismus beim Winden spielt, läßt nun auch erkennen, weshalb die Schlingpflanzen um horizontale Stützen nicht winden können. Legt man eine um eine Stütze gewundene Schlingpflanze horizontal, so beginnt sofort der Geotropismus sich bemerkbar zu machen, die Pflanze sucht sich aufzurichten und indem sie diesem Einfluß folgt, muß sie sich von der Stütze abwickeln.

Die Rankenpflanzen kommen in einer anderen Weise ihrer Aufgabe durch Klettern, Luft und Licht für ihre Ernährungsorgane zu erlangen nach. Sie umklammern nicht mit ihrem Stengel selbst die Stütze, sondern sind mit fadenförmigen Greiforganen, R a n k e n ausgerüstet, welche, nachdem sie eine Stütze berührt haben, sich um diese, wie ein Faden herumwickeln und die Pflanze gleichsam anbinden. Die Ranken sind entweder metamorphosierte Sprosse, oft sogar umgewandelte Blütensprosse oder auch Teile von Blättern, wie ja bei manchen Pflanzen z. B. den Wicken u. a. das Ende des gefiederten Blattstieles in eine Ranke ausläuft.

Die typischen Ranken, wie wir sie bei den Cucurbitaceen finden, sind lange, dünne fadenförmige Organe, die sich aber auch wohl noch verzweigen. In der Knospe sind die Ranken spiralig aufgerollt im entwickelten Zustande vollkommen gestreckt. Ihre Schraubenform nehmen sie erst später an.

Die meisten Rankenpflanzen entwickeln ihre Ranken in großer Anzahl. Das abgebildete Stück einer Bryoniapflanze mag von der Menge der Organe, welche hier zum Teil um Blätter und Stengel der eigenen Pflanze gewickelt sind, eine Vorstellung geben (Fig. 140).

Betrachten wir nun die Arbeit einer Ranke, z. B. von einer Bryonia. Die Ranke bildet ausgebildet einen fast geraden Faden, der in ganz ähnlicher Weise, wie der Gipfel einer Schlingpflanze Nutationen macht und durch die verschiedensten Formen der Bewegung endlich in den Bereich irgend einer Stütze gelangt. Für die ganz leise Berührung, welche das Anlegen der Ranke an dieselbe veranlaßt, ist sie außerordentlich empfindlich. Der Effekt des Berührungsreizes ist der, daß

Fig. 138. Blattranke der Erbse (nach Baillon).

die berührte Seite der Ranke ihr Wachstum verlangsamt, während die entgegengesetzte Seite eine Förderung des Wachsens erfährt. Infolgedessen krümmt sich die Ranke mit starker Krümmung um die erfaßte Stütze. Der Kontakt mit dieser wird dadurch nur inniger, der Reiz wird vermehrt und die Ranke wickelt infolgedessen ihr Ende wiederholt um die Stütze herum.

Nach diesen Vorgängen würde sich das Bild so gestaltet haben, daß der Pflanzenstengel mittels eines geradegestreckten, mit einigen Windungen an der Spitze befestigten Fadens gehalten wird. Nachdem dies geschehen, tritt nun aber eine höchst merkwürdige Erscheinung ein. Der Reiz durch die Berührung wirkt noch fort und pflanzt sich auf der Rankenstrecke zwischen Stengel und Stütze fort und äußert sich dadurch, daß dieses Stück der Ranke sich korkzieherförmig einrollt. Die Ranke besitzt nun die sehr charakteristische Form, welche sie nach vollendeter Arbeit zeigt. Durch dies nachträgliche Verhalten der Ranken wird die Befestigung noch eine bessere, durch die Schraubenwindung der Ranke wird der befestigte Stengel näher an die Stütze herangezogen, der Stengel hängt nun auch nicht mehr an einem leicht zerreißbaren Faden,

Fig. 139. Ranken von Bryonia in verschiedenen Altersstadien.

sondern an einer haltbaren Spiralfeder, welche bei der Bewegung der Stengel durch den Wind nicht reißt, sondern ganz wie eine Feder funktioniert.

An diesen eingerollten Ranken läßt sich noch eine Eigentümlichkeit bemerken, die Schraubenwindungen verlaufen nämlich nicht alle gleichsinnig, man sieht einen oder mehrere Wendepunkte, wo die Windungen in umgekehrter Richtung verlaufen, eine Thatsache, die durch das Einrollen der an beiden Seiten befestigten Ranke bedingt ist.

In der Fig. 142, welche wie die anderen nach der Natur gezeichnet ist, sind die Greifbewegungen der gabelförmigen Ranken des Weines abgebildet. Diese Ranken zeichnen sich dadurch aus, daß sie später verholzen und dadurch die Befestigung noch zu einer vollkommeneren machen.

Das Interessanteste an den Ranken ist ihre ganz auffallend große Reizbarkeit. Eine Ranke krümmt sich schon bei der leisesten Berührung

Fig. 140. Ranken von Bryonia.

mit einem ganz dünnen Draht oder Stabe, sie krümmt sich sogar, wenn man ein Bändchen Baumwolle leicht an derselben aufhängt.

Über die Kontaktreize, welche die Bewegung der Ranken veranlassen, hat Pfeffer eine Reihe interessanter Untersuchungen mitgeteilt, durch welche diese bisher schwer verständlichen Vorgänge einen bedeutenden Schritt zu ihrer Erklärung gemacht haben.*

Das Charakteristische für die durch Kontakt hervorgerufenen Erschei-

* Pfeffer, Zur Kenntnis der Kontaktreize. Arbeiten des botan. Instituts zu Tübingen I.

nungen bei den Ranken ist, daß dieselben nur durch eine andauernde Berührung zu stande kommen im Gegensatz zu den Stoßreizen, wo durch einmalige Berührung der ganze Vorgang bis zum Schluß verläuft. Die Reizung durch Kontakt bleibt aber ganz aus, wenn die Berührung nicht als eine ungleichmäßige oder sprungweise erfolgt. Ein ganz gleichmäßiger Kontakt, wie er durch Wasser, Quecksilber oder weiche Gelatine erzeugt wird, ist ohne Wirkung auf die Ranken. Bei der Einkrümmung der Ranke um einen Holzstab werden von selbst immer neue Stellen

Fig. 141. Ranken vom Weinstock.

derselben gereizt, so daß also hier die geforderte Ungleichmäßigkeit des Kontaktes vorhanden ist. Pfeffer wickelte dagegen die Ranken von Sicyos um einen mit weicher Gelatine überzogenen Glasstab von nur 5 mm Durchmesser, ohne daß nachher eine Reizung eintrat, während ein Holzstab, der einen diskontinuierlichen Kontakt verursachte, sofort Krümmung hervorrief. Wasser verursacht, wie gesagt keine Reizkrümmung, dagegen tritt dieselbe ein, wenn das Wasser feste Partikel von merklicher Größe enthält. Aus allen Versuchen Pfeffers ergibt sich, daß zur Erzielung der Reizung in der empfindlichen Strecke der Ranke, diskrete Punkte gleichzeitig oder in schneller Folge gereizt werden müssen, während die Krümmung unterbleibt, sobald alle Punkte eines Flächenstückes in gleicher Stärke gereizt werden. Daher wirken auch Wind und Regen nicht als Reiz auf die Ranke, während jede feste Stütze durch ihre Unebenheiten eine ungleichmäßige Berührung verursacht und die Ranke reizt.

7. Chemotaktische Reize.

Die Studien Darwins an den Insektivoren ergaben das interessante Resultat, daß die Bewegungen, welche manche dieser Pflanzen bei der Berührung mit ihren Greiforganen ausführen, von der chemischen Zusammensetzung der berührenden Stoffe abhängig sind. Während Drosera auf ein heftiges Aufschlagen von Regentropfen, ferner auf Berührung mit Gummi, Zucker, Stärkekleister nicht reagiert, erfolgt eine Bewegung ihrer Tentakeln, wenn Fleischfasern, Eiweißstoffe, also stickstoffhaltige Substanzen auf die Blätter gebracht werden. Die Versuche mit den verschiedensten Substanzen, welche Darwin mit seiner bekannten unermüdlichen Forschergeduld anstellte, ergaben, daß für das Zustandekommen des Reizes die chemischen Eigenschaften der reizenden Substanzen im allgemeinen durchaus maßgebend seien.

Als viel allgemeiner verbreitet und in Beziehung stehend mit den wichtigsten Lebensvorgängen der Pflanzen sind seit einer Reihe von Jahren die Reizwirkungen chemischer Verbindungen durch Pfeffers Untersuchungen festgestellt worden. Dieselben ergaben namentlich, daß die freibeweglichen Fortpflanzungszellen, wie den Spermatozoiden, der Moose und Farne durch bestimmte Stoffe veranlaßt werden, ganz bestimmte Richtungen, entweder auf die Substanzen zu oder von ihnen fort, einzuschlagen.

Für die Spermatozoiden der Farne ist Äpfelsäure ein ganz spezifisches Reizmittel, wodurch dieselben angelockt werden und ebenso verhalten sich die Samenfäden von Selaginella.* Die Spermatozoiden der Laubmoose dagegen werden von Rohrzucker angelockt. Die Wirkung dieser Substanzen gelangt in folgender Weise zur Beobachtung. Wenn man eine enge einseitig zugeschmolzene Glaskapillare mit 0,01—0,1 prozentiger Äpfelsäurelösung füllt und die Kapillare zu in einem Wassertropfen umherschwimmenden Farnspermatozoiden bringt, so ändern die nächsten sofort ihre Richtung und eilen auf die Kapillare zu, in welche sie nach einigen Momenten eindringen. Indem sich durch Diffusion die Äpfelsäure im Wassertropfen verbreitet, wird die Anziehung auf fernere Spermatozoiden ausgeübt und nach einer Minute sind Hunderte von Spermatozoiden in die Kapillare eingedrungen. Die Konzentration der Äpfelsäurelösung braucht nur eine schwache zu sein, da die Farnspermatozoiden bei einem Gehalt der Lösung von 0,001 % Äpfelsäure reagieren. Eine stark saure Lösung wirkt dagegen abstoßend auf die Samenfäden der Farne ein. Es stellte sich jedoch heraus, daß kein anderer der verbreiteten Pflanzenstoffe eine gleiche anziehende Wirkung auf die Spermatozoiden der Farne ausübe, so daß es sich also hier um eine ganz spezifische chemotaktische Reizwirkung handelt.

Die Spermatozoiden der Laubmoose verhalten sich in gleicher Weise

* Pfeffer, Untersuchungen aus dem botan. Institut zu Tübingen, Bd. I 1884, Bd. II 1888.

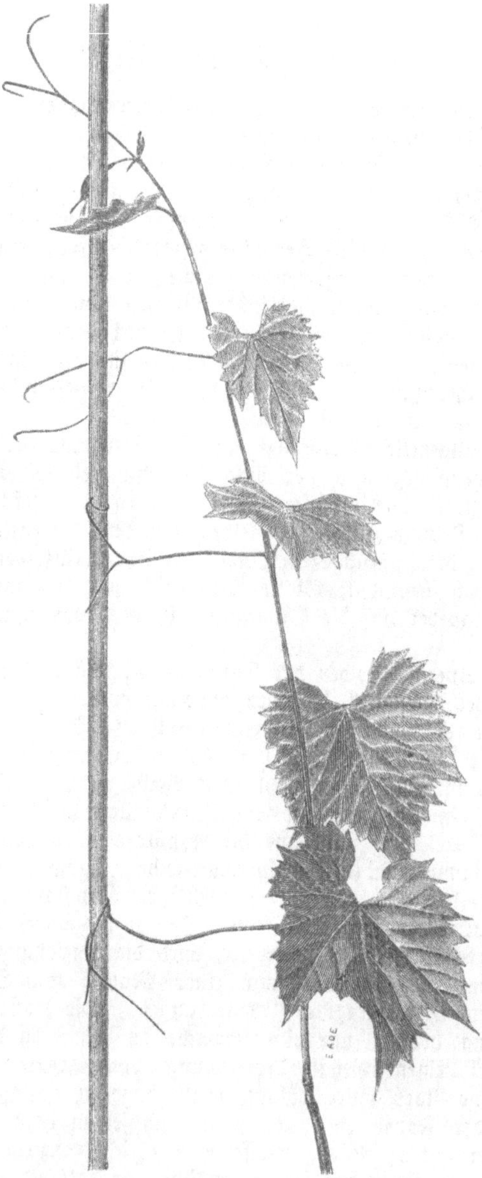

Fig. 142. Ranken des Weines, eine Stütze ergreifend.

gegen Rohrzucker, wie die der Farne gegen Äpfelsäure. Es genügt eine 0,001 prozentige Lösung des Zuckers, um noch eine Anziehung zu bewirken. Die Wichtigkeit dieser Beobachtungsresultate ist unbestritten hervorragend, da durch dieselben Vorgänge aufgeklärt und einer experimentellen Prüfung zugänglich gemacht wurden, welche bisher ganz rätselhaft erschienen und mit dem dunklen Namen **Fernewirkung** bezeichnet wurden. Vielfach war beobachtet worden, daß die Archegonien der Moose und Farne die Spermatozoiden aus weiteren Entfernungen anlockten, was sich nicht durch bloße Diffusionsströme oder mechanische Ursachen erklären ließ. Die scheinbaren Fernewirkungen erklären sich nun dadurch, daß die Archegonien der Laubmoose und Farne die obengenannten spezifischen Anlockungsstoffe ausscheiden und daß bei den noch nicht untersuchten Kryptogamen ebenfalls vermutlich spezifische Stoffe die Ursache der Wanderung der Spermatozoiden zu den Archegonien sind.

Chemotaktische Bewegungen freibeweglicher Protoplasmakörper finden in andern Fällen aber auch statt, wo es sich um andere Ziele als die Fortpflanzung, um Ernährung der betreffenden Organismen handelt. Die Plasmodien der Myxomyceten, deren vielfache Bewegungserscheinungen schon oben besprochen wurden, legen nach **Stahls** Beobachtungen Strecken zurück, um einer Nährstoffquelle, z. B. einem mit Lohabsud getränkten Filtrierpapier zuzuwandern. Ohne Zweifel unterstützt diese Eigenschaft das Ernährungsgeschäft des im Lohhaufen lebenden Aethaliums, welches die Differenzen des Nährstoffgehaltes gleichsam empfindend, diejenigen Stellen aufsucht, wo eine reichere Nährstoffquelle sich darbietet und einen Lohhaufen in allen Richtungen nach Nährstoffen durchsucht. Manche Stoffe, die dem Plasmodium nach allgemeinen Voraussetzungen schädlich sein müssen, flieht der Myxomycet, so zieht sich ein Plasmodium bei der Berührung mit Kochsalzkrystallen eilig zurück.

Von **Pfeffer** wurden in Fortsetzung seiner Untersuchungen auch chemotaktische Reize an Bakterien beobachtet. Die Empfindlichkeit der verschiedenen Bakterien ist nicht ganz die gleiche, die gewöhnlichen Fäulnisbakterien (Bacterium termo) folgen einem Reize leicht, während Cholera- und Typhusbacillen kaum empfindlich gegen chemische Reize sind. Am besten reagieren die Bakterien auf Kaliumsalze und Pepton, ferner auf Asparagin, während Traubenzucker wenig, Glycerin gar nicht anlockend wirkt. Es sind also durchaus nicht alle guten Nährstoffe für Bakterien zugleich Anlockungsmittel für dieselben. Durch manche Substanzen werden die Bakterien abgestoßen, z. B. durch freie Säuren, Alkalien und Alkohol. Doch kommt auch bei den Anlockungsmitteln die Konzentration der Lösung sehr in Betracht. Spirillum undula meidet z. B. schon eine 2 %ige Kochsalzlösung, während Bacterium termo noch eine 20 %ige energisch aufsucht. So auffallend diese Reizwirkungen sind, so ist doch nicht ohne weiteres eine ganz hervorragende Bedeutung derselben für das Leben der Fäulniserreger abzuleiten, sondern es kann ihnen nur ein gewisser Vorteil bei der Ernährung daraus erwachsen, im Vergleich mit anderen Bakterien, denen eine Bewegung überhaupt abgeht.

In den Vordergrund tritt auch bei den chemischen Reizbewegungen der Bakterien die geringe Menge der wirksamen Substanz. Bacterium termo kann noch durch eine Flüssigkeit in eine Kapillare gelockt werden, welche nur ein 200 millionstel Milligramm Pepton enthält, wovon beim Diffundieren dieser Lösung in die Umgebung doch nur ein noch geringerer Bruchteil anlockend wirken kann. Es handelt sich auch bei diesen Reizen immer um Differenzen der Stoffmengen in der nächsten Umgebung und am Anlockungszentrum. Wenn z. B. ein Bakterium, welches sich im Wasser befindet, durch eine Flüssigkeit von 0,001 % Gehalt eines Anlockungsmittels herbeigezogen wird, so würde dasselbe statt im Wasser in einer 1 % Lösung befindlich erst durch eine 5 % Lösung der Substanz an einen andern Ort gelockt werden.

VI. Organbildung und Wachstum.

1. Innere Wachstumsursachen.

Organbildung und Wachstum bilden ein zusammengehöriges Kapitel. Man pflegt zwar gewöhnlich beide zu trennen und die erste als Entwickelungsgeschichte zu bezeichnen, Wachstum dagegen die Erscheinungen der Streckung und Flächenentwickelung, sowie das Dickenwachstum zu nennen. Bei den in ihrer Form so verschiedenen Wachstumserscheinungen ist als gemeinsames und wesentliches Resultat zu bezeichnen, daß der wachsende Teil an Volumen gewinnt und seine Gestalt ändert. Nicht immer ist dagegen eine gleichzeitige Zunahme des Trockengewichtes mit dem Wachstum verbunden. Wachstum und Ernährung sind also zwei voneinander unabhängige Vorgänge, was bei den Pflanzen viel weniger auf der Hand liegt, als bei den Tieren. Ein ausgewachsenes Tier oder ein Mensch ernährt sich fortdauernd, ohne noch zu wachsen. Leichter läßt sich bei den Pflanzen ein Wachstum ohne gleichzeitige Ernährung beobachten, z. B. bei etiolierenden, im Dunkeln erwachsenden Pflanzen, wo wegen des Lichtmangels keine Ernährung stattfinden kann und die Pflanzen trotzdem ein recht in die Augen springendes Wachstum zeigen. Das Ziel des Wachstums ist die äußere und innere Gestaltung der Pflanzenorgane. Nach Erlangung der endlichen Gestalt hört das Wachstum auf, die Organe sind ausgewachsen. Schon aus der Thatsache, daß das Wachstum der Pflanzenteile kein unbegrenztes ist, sondern endlich völlig erlischt, ferner die weitere, daß das Wachstum bei jeder Pflanze und jedem Pflanzenteile zu verschiedenen, der Pflanzenart eigentümlichen Gestalten führt, geht hervor, daß es sich zunächst um die Äußerung von Kräften handelt, welche sich der Analyse entziehen. Es läßt sich heute noch nicht sagen, weshalb ein Eichenblatt stets die gebuchtete Form annimmt, während dasjenige einer Roßkastanie sich zu einem geteilten entwickelt. Man kann keine Gründe angeben, warum diese oder jene Blüte immer ihre Form annimmt, die sie von anderen scharf unterscheidet, weshalb Früchte derselben Art stets dieselben Gestalten zeigen. Die Kräfte, welche das Wachstum beeinflussen, liegen in den Organen selbst. Es handelt sich hier um diejenigen Eigenschaften, welche man als ererbte bezeichnet. Der Ausdruck der Vererbung ist jedoch nur ein Wort zur Bezeichnung uns unbekannter Vorgänge, ein Ausdruck unserer Unkenntnis.

Die experimentelle Physiologie hat aber wenigstens so viel feststellen können, daß die äußeren Kräfte, wie die Schwerkraft, das Licht, die Wärme u. a. einen ganz wesentlichen Einfluß auf das Wachstum der Organe ausüben. Die äußeren Kräfte können das Wachstum, welches die Organismen als Wirkung ihrer inneren Kräfte beginnen, hemmen oder fördern, sie können dasselbe zu ganz bestimmten Richtungen zwingen, ja die äußeren Kräfte rufen sogar oft allein ein Wachstum dort hervor, wo dasselbe ohne ihr Hinzutreten ganz unterbleibt.

Entstehung von Pflanzenorganen.

Das Wachstum aller Organe beginnt mit ihrer Entstehung, der immer die Bildung eines Vegetationspunktes vorausgeht. Von größtem Interesse ist es nun, daß man im stande ist, auf experimentellem Wege die Neubildung von Vegetationspunkten hervorzurufen. Es ist gelungen, gewöhnliche Gewebezellen eines Blattes oder eines Stengels zu veranlassen, sich zu Sproß- oder Wurzelvegetationspunkten umzubilden.

Beispiele für diese Sätze liefert die Untersuchung der Stecklinge und der Kallusbildungen an abgeschnittenen und kultivierten Zweigen und Ästen. Auf einem Begonienblatt kann man die Entstehung neuer Pflanzen künstlich hervorrufen, indem man mit einem scharfen Messer die Blattnerven quer durchschneidet, das Blatt auf eine feuchte Sandschicht legt und mit einer Glasglocke bedeckt. An den Schnittstellen bilden sich zahlreiche Vegetationspunkte, welche zu Sprossen und Wurzeln werden. So kann eine gewöhnliche Epidermiszelle des Begonienblattes den Ursprung eines Sprosses, einer neuen Pflanze abgeben. Neubildung von Organen tritt auch an saftigen Stengeln oder holzigen Ästen ein, wenn dieselben abgeschnitten und in einem feuchten Raum unter geeigneten Bedingungen gehalten werden.

Die Regung des erneuten Wachstums gibt sich dadurch zu erkennen, daß an der Schnittfläche Gewebewülste hervorwachsen, welche man als Kallus bezeichnet. Sie bilden die Vorbereitung für die Entstehung neuer Organe, welche jedoch nicht eher aus dem Kallus hervorgehen können, bis sich aus dem gleichmäßigen Teilungsgewebe desselben gestaltlich und wohl mit Sicherheit auch chemisch scharf charakterisierte Zellkomplexe, die Vegetationspunkte, abgegrenzt haben. Die mikroskopische Untersuchung des Kallus ergibt, daß derselbe anfangs aus einem zwar in lebhafter Teilung begriffenen, aber doch ziemlich gleichartigen Gewebe besteht und so lange diese gleichmäßigen Teilungs- und Wachstumsvorgänge herrschen, ist eine Entstehung von Sprossen und Wurzeln nicht zu beobachten; dann aber ordnet sich an zahlreichen Stellen das Gewebe in Schichten, es entstehen vom Kallusgewebe scharf sich abhebende Zellhügel, an denen sich schon die junge Epidermis wahrnehmen läßt und bald bildet der entstehende Sproßvegetationspunkt die ersten Blätter, es entstehen Organe.*

Ein Vegetationspunkt selbst ist ja noch kein Organ, er ist nur der Keim, die Anlage eines solchen und es läßt sich in vielen Fällen aus der Form der Vegetationspunkte nicht einmal erkennen, zu welchem Organ derselbe sich gestalten, ob derselbe zum Laubsproß, zur Blüte oder zum ganzen Blütenstande werden wird.

Die Ähnlichkeit junger Vegetationspunkte untereinander ist eine

---

* Hansen, Vergleichende Untersuchungen über Adventivbildungen. 1881

ganz auffallende. Indem diese anfangs gleichgestalteten Anlagen in ihren verschiedenen Zonen ein verschiedenes Wachstum beginnen, gehen aus ähnlichen Anfängen Organe hervor, welche später sich auch äußerlich nicht mehr ähneln. Die Anlage eines Laubsprosses, der Vegetationspunkt einer Blüte von Rubus und der eines Blütenkopfes der Sonnenrose, also eines ganzen Blütenstandes, sehen fast gleich aus in ihren jüngsten Zuständen. Während aber der Vegetationspunkt des Laubsprosses als seitliche Auswüchse nur Blätter erzeugt, und sein Scheitel sich nicht an der Organbildung beteiligt, treten bei der Blüte auch auf dem Scheitel des Vegetationspunktes Zellhügel hervor, welche zu Fruchtknoten werden, während auf dem Vegetationspunkt der Sonnenrose ebenfalls Hügel erscheinen, die aber die Anlagen vollständiger Blüten sind.

Die große Ähnlichkeit dieser drei genannten Beispiele findet man vielleicht dadurch erklärlicher, daß ja alle drei derselben Kategorie von Gliedern angehören, nämlich sämtlich Sprosse sind. Bekanntlich ist auch eine Blüte nur ein Sproß, dessen Blattorgane sich zu Sexualorganen umbilden. Beim Vergleiche von Sproßvegetationspunkten mit Wurzelvegetationspunkten wird man bei den höheren Pflanzen auch im jugendlichen Zustande in der Regel eine größere Verschiedenheit beider wahrnehmen, da schon die in der Regel frühzeitig erfolgende Bildung der Wurzelhaube dem Wurzelvegetationspunkt ein charakteristisches Aussehen verleiht. Ob und inwiefern die äußere Ähnlichkeit oder Verschiedenheit von Vegetationspunkten ein Ausdruck innerer besonderer Eigenschaften ist, läßt sich nicht sagen oder auch nur theoretisch diskutieren, denn es ist eine merkwürdige Thatsache, daß gerade die sich äußerlich am wenigsten gleichenden Vegetationspunkte einer Wurzel und eines Sprosses sich zuweilen ineinander umwandeln können. So kann man zuweilen die direkte Umwandlung der Wurzelvegetationspunkte bei Neottia nidus avis in blattbildende Sprosse beobachten. Die Wurzelspitze nimmt die Eigenschaften des Sproßvegetationspunktes an, es entstehen Blätter und die Wurzel ist völlig zum Sprosse geworden. Auch bei Anthurium longifolium hat Göbel solche Umwandlungen beobachtet.*

Nicht allein die äußere Ähnlichkeit der Vegetationspunkte deutet auf ihre innere Verwandtschaft, die durch die eben erwähnte Umwandlung ineinander noch bestätigt wird. Die nahen Beziehungen, der Zusammenhang und die Abhängigkeit der Vegetationspunkte voneinander treten noch in anderen Erscheinungen sehr deutlich hervor. Als solche sind die sogenannten Korrelationen, d. h. die gegenseitige Beeinflussung der Vegetationspunkte und der aus ihnen hervorgehenden Organe zu nennen. Auf dem Glauben an eine solche Abhängigkeit beruht die Praxis des Obstzüchters, welcher durch Beschneiden der Laubtriebe, die Entstehung des „Fruchtholzes“ zu fördern, d. h. die Bildung von Blütenknospen zu veranlassen sucht. Dieser Glaube ist kein leerer, sondern durch experimentelle Untersuchungen als durchaus berechtigt bestätigt worden. Im allgemeinen kann man sagen, daß die Pflanzen sich im Anlegen von Organen nicht

* Göbel, Botan. Zeitung 1878 p. 645

beschränken. In der Regel entsteht ein Überfluß von Laub- und Blütensprossen, aber thatsächlich pflegt auch nur ein Teil seine volle Ausbildung zu erreichen, die übrigen dagegen zurückzubleiben oder überhaupt auf embryonaler Stufe zu verharren. Von den zahlreichen Seitenknospen, die eine Staude anlegt, wachsen gewöhnlich nur die mittleren kräftig aus, während die obersten und namentlich die tiefer am Stengel stehenden nicht zur Entfaltung gelangen, obgleich sie durchaus so entwickelungsfähig sind, wie die übrigen.

Es findet hier eine Korrelation statt; die kräftiger ernährten Sprosse entwickeln sich auf Kosten der zurückbleibenden, denn wenn man die kräftigeren Sprosse abschneidet, beginnen plötzlich die schwachen Seitenknospen zu wachsen und wenn sie auch die entfernten Sprosse an Kraft nicht erreichen, so bilden sie sich doch zu entwickelten Laubsprossen aus. Entfernt man bei einer Sonnenrose, deren Gipfelblüte noch im Knospenzustande ist, alle Seitenknospen, so wird die Gipfelblüte bedeutend kräftiger, schneidet man dagegen diese im Knospenzustande ab, so entwickeln sich die seitlichen Köpfe besser, als sonst. An einer Kürbispflanze, welche zahlreiche Fruchtansätze zeigt, kann man alle Früchte sich entwickeln lassen, man erhält aber dann kleinere Früchte, als wenn man nur eine oder wenige Fruchtanlagen stehen läßt und die übrigen ganz abschneidet.

In allen diesen Fällen sind es Konkurrenten gleicher Art, welche durch Anspruch auf dasselbe Nährstoffmaterial sich gegenseitig beschränken, aber auch zwischen ungleichnamigen Organen findet eine solche Konkurrenz statt. Das Wachstum der Blätter kann durch Sprosse beeinflußt werden. Bei der Tabakkultur wird durch Entfernung der Seitensprosse (der sogenannten Geizen) das Wachstum der Blätter ganz bedeutend gefördert, was ja hier im Interesse der Kultur liegt.

Besonders merkwürdig ist es, daß mit einer solchen Korrelation zuweilen Änderungen fundamentaler Eigenschaften der Organe eintreten. Bei den Koniferen, wo durch Beschädigung oder Zerstörung des Gipfels einer der obersten Seitensprosse sich aufrichtet, um den Gipfel zu ersetzen, muß dieser frühere Seitensproß ganz andere geotropische Eigenschaften annehmen, da er sonst in seiner Lage verharren müßte.

Die Zahl der hier angeführten Beispiele ist nur gering im Vergleich zu den beobachteten Korrelationen. Dieselben lehren aber, daß unbedingt eine ursächliche Beziehung zwischen dem Wachstum der verschiedenen Organe einer Pflanze bestehen muß. Diese Vorgänge völlig zu durchschauen, sind wir aber heute noch nicht im stande. Warum ein Seitensproß im Wachstum zurückbleibt und nicht eher sich ausbildet, ehe eine Konkurrenz beseitigt ist, läßt sich nicht erklären. Die Stoffwanderung findet durch die ganze Pflanze statt. Ein zurückbleibender Seitensproß ist nicht von diesem Strome der Nährstoffe abgeschlossen, es geht ihm aber offenbar das Vermögen ab, die Substanzen heranzuziehen. Erst wenn Mitbewerber entfernt sind, scheint er diese Eigenschaft zu erlangen. Ähnliche Beispiele bieten auch die schlafenden Augen, Knospen an Bäumen, welche von der Rinde überwachsen und tief in dieselbe eingebettet

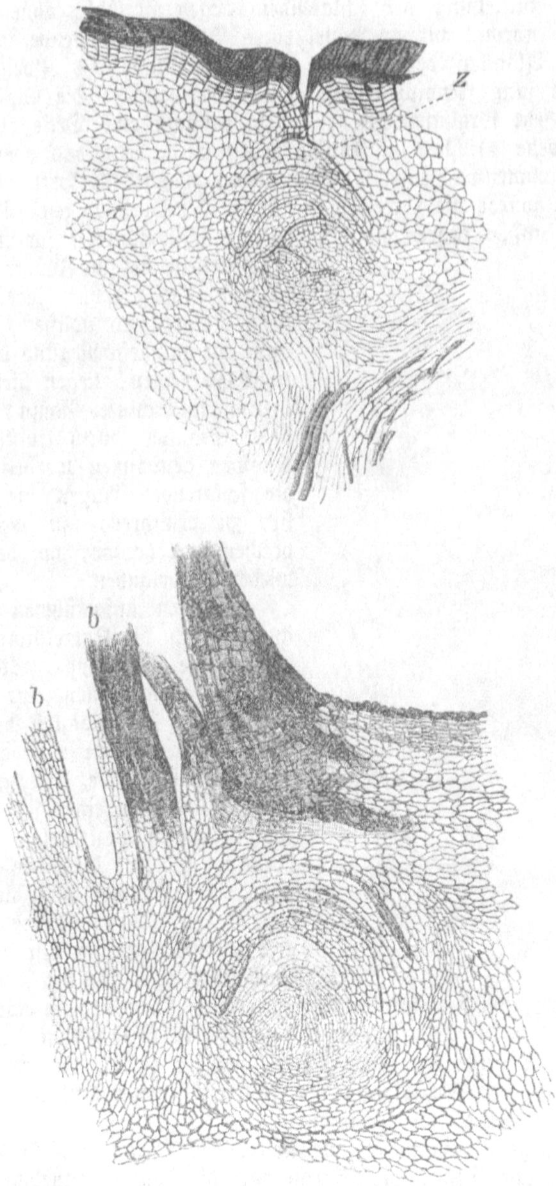

Fig. 143. Schlafende Augen, in der ersten Figur ist noch die nach außen führende Spalte vorhanden, während in der zweiten die Einschließung der Knospe vollendet ist.

werden, hier oft Jahrzehnte lang ruhen und erst durch Änderung der äußeren Verhältnisse zur Entwickelung gelangen.

Die Entstehung der schlafenden Augen ist nicht ohne Interesse.* Die ganz normal in der Achsel eines Blattes entstehende Knospe wird nach dem Abfallen des Blattes durch die Rinde des Zweiges bedeckt, welche die junge Knospe endlich völlig überwächst. Die Einbettung geschieht in sehr sorgsamer Weise, indem zunächst eine Decke von weichem Rindengewebe (z) über die Knospe gelegt wird, denn das oberhalb dieser Decke zusammenwachsende Rindengewebe, welches verkorkt, trocken und hart wird, würde die zarte Knospe durch Druck beschädigen. Die anfangs noch nach außen führende Rindenspalte wächst endlich zusammen und die Knospe liegt tief im Innern der Rinde eingeschlossen. Ohne ihre Entwickelungsfähigkeit einzubüßen, aber auch ohne die mindeste Regung des Wachstums zu zeigen, liegen diese Knospen hier wie im Schlafe. Wenn dem Zweige oder Stamme durch Umstände seine Knospen genommen werden, erlangen die schlafenden Augen die Fähigkeit, sich zu ernähren, zu wachsen und brechen nun hervor, um den Stamm wieder zu belauben.

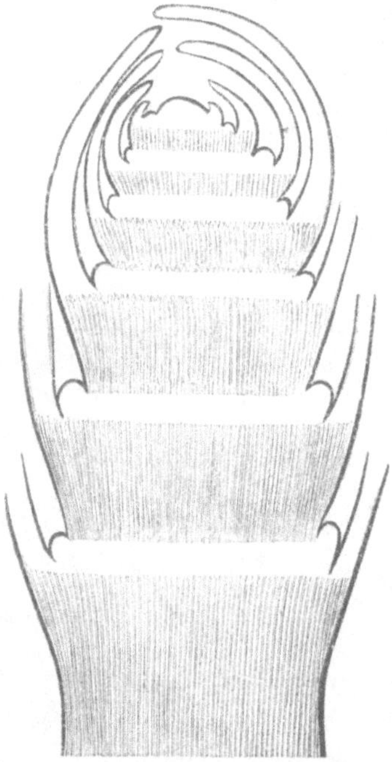

Fig. 144.

In den aufgeführten Beispielen äußerte sich die Korrelation als eine gegenseitige Hemmung. Sie ist aber nicht in allen Fällen eine derartige, sondern die Abhängigkeit der Organe voneinander erscheint in anderen Fällen als eine fördernde. Wurzeln und Sprosse stehen in einer sich gegenseitig begünstigenden Beziehung. Die Ausbreitung und das Gedeihen der Laubkrone eines Baumes wirkt auf das Gedeihen des Wurzelsystemes und umgekehrt. Es liegt hier also ein anderes Verhältnis vor, wie bei den Sprossen untereinander, wie der einfache Versuch ergibt. Nehmen wir einer Pflanze einen Teil der Wurzeln, so wird dadurch das Wachstum der Sprosse durchaus nicht gefördert, sondern geht vielmehr zurück. Jedermann weiß, wie schädlich jede Schädigung der Wurzeln unserer Kulturpflanzen auf das Gedeihen der Pflanzen einwirkt.

Die Vegetationspunkte sind Keime der Organe. Das Wachstum bestimmt, welche Gestalt der Sproß oder die Wurzel annehmen soll.

Die Fig. 144 bedeutet das Schema eines Vegetationspunktes. Es wird darauf ankommen, wie sich die Knospe in ihrem weiteren Wachstum verhalten wird. Wenn die zwischen zwei Blättern liegenden schraffierten

Strecken starkes Längenwachstum beginnen, werden die Blätter auseinanderrücken und es wird ein langgestreckter Stengel mit entfernt voneinander stehenden Blättern entstehen. Zeigen dagegen die Zwischenstücke ein langsames Wachstum, während die Blätter zur endlichen Größe heranwachsen, so erhalten wir einen kurzen Stengel mit einer Blattrosette, aus der sich dann später der Vegetationspunkt als Blütenstand erheben kann. Solche Pflanzen scheinen dann wegen ihrer kurzgebliebenen Stengelglieder keinen Stengel zu besitzen, wie z. B. unser Löwenzahn, Taraxacum officinale oder die bekannten Echeverien u. a.

Die Blätter entstehen am Vegetationspunkt als halbkugelige mikroskopische Hügel, die aber bald so weit heranwachsen, daß das ganze Blatt eine zungenförmige Gestalt erhält und mit breiter Basis am Vegetationspunkt ansitzt, denn der Blattstiel entsteht erst später. Kaum gibt es wohl eine größere Mannigfaltigkeit organischer Formen, als unter den Blättern und doch haben alle Blätter dieselbe einfache Gestalt bei ihrer Entstehung.

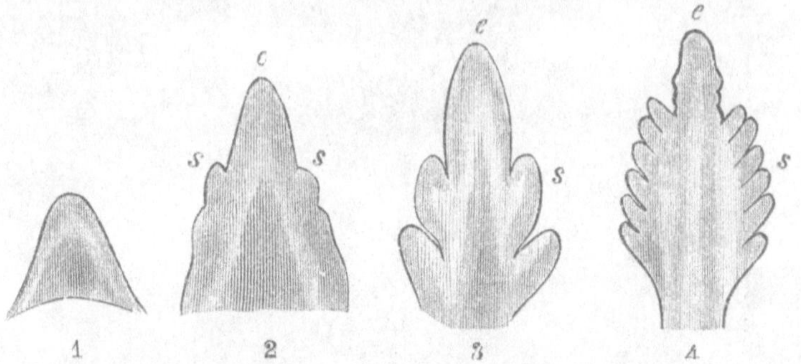

Fig. 145. Schematische Darstellung des Wachstums jüngster Blätter.

Von dem späteren Wachstum ist die Gestalt, welche aus dieser einfachen Blattanlage hervorgeht, abhängig. Am Rande des jungen Blattes (Fig. 145, 1) bilden sich in vielen Fällen seitliche Erhebungen (s. Fig. 2). Sie wachsen und indem sie sich selbst zu Blättern ausbilden, kann ein zusammengesetztes Blatt, wie das der Rose, des Holunders u. s. w. entstehen. Die seitlichen Auswüchse des primordialen Blattes können auch gleich in größerer Anzahl hervortreten (Fig. 145, 4), sie stellen diejenigen Randbildungen dar, welche dann am erwachsenen Blatte als Zähne erscheinen. Blattzähne entstehen dann, wenn von der Anlage (Fig. 145, 4) ausgehend, die Randpartien hinter dem Wachstum der Blattfläche zurückbleiben. Dann geht aus einer solchen Anlage, wie sie in Fig. 4 abgebildet ist, ein Blatt von der Form eines Linden- oder Erlenblattes hervor. Ein Robinienblatt (bei uns wird die Pflanze fälschlich Akazie genannt) hat nun so ziemlich dasselbe Aussehen im Zustande der ersten Jugend. Bei der weiteren Ausbildung aber beginnt jeder Abschnitt des gezähnten Randes ein Wachstum, welches dasjenige der Blattmitte weit überwiegt. Die anfängliche Blattfläche breitet sich nicht weiter aus, sondern wird zum langen Stiel, jeder Blattzahn wird zum vollständigen Fiederblatt.

Die drei Blattformen, welche in Fig. 146 abgebildet sind und doch ganz beträchtliche Verschiedenheiten ihres Umrisses besitzen, können aus ganz ähnlichen Jugendzuständen hervorgehen. Das Wachstum lenkte die

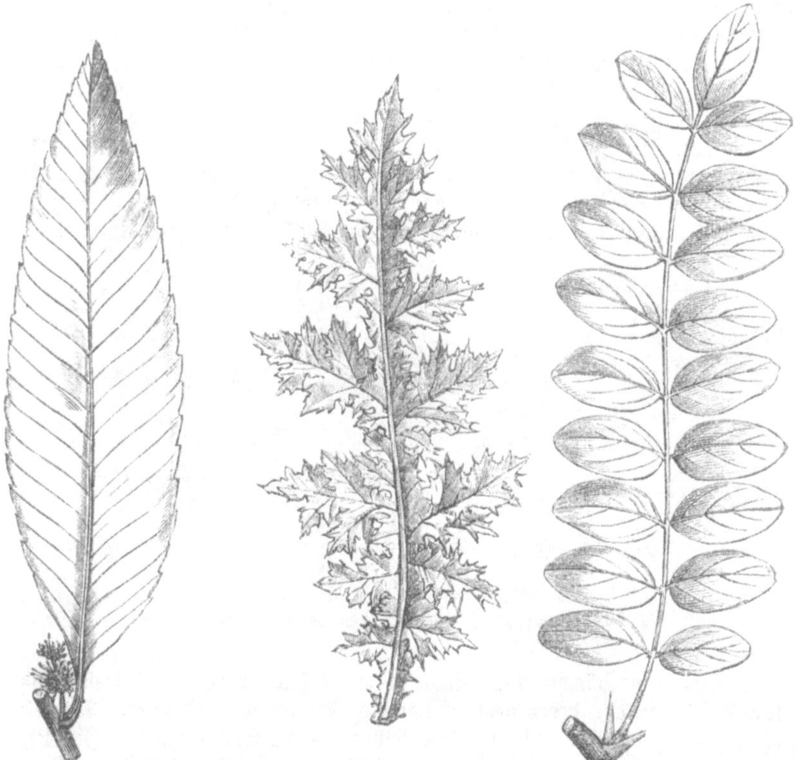

Fig. 146. Verschiedene Formen von Blättern, welche aus den ähnlichen Jugendformen hervorgehen können (nach Baillon).

Entwickelung in verschiedene Bahnen und das Endresultat ist ein so außerordentlich verschiedenes.

Wenn ein Vegetationspunkt, anstatt fortentwickelungsfähig zu bleiben und stets neue Laubblätter zu erzeugen, sich zur Blüte umbildet und damit seinen Entwickelungsgang abschließt, so erscheinen die später sehr voneinander verschiedenen Organe der Blüte, die Kelch- und Blumenblätter, Staubgefäße und Fruchtknoten sämtlich als einfache und untereinander ununterscheidbare Zellenhügel auf dem Vegetationspunkte.

In späteren Entwickelungsstadien wird die besondere Gestalt der

Organe erst derjenigen immer ähnlicher, welche sie in vollendeter Ausbildung besitzen.

Mit diesen Andeutungen sollte nur auf dieses wichtige Gebiet hingewiesen werden, welches so umfangreich geworden ist, daß es beinahe

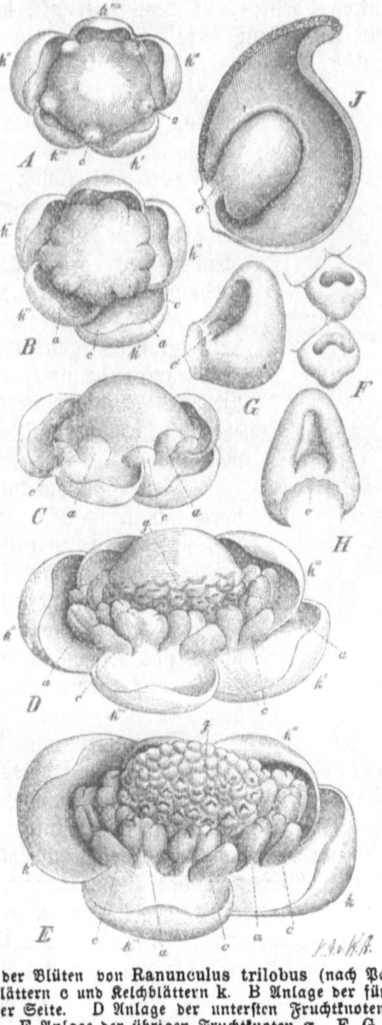

Fig. 147. Entwickelung der Blüten von Ranunculus trilobus (nach Payer). A Blüte mit Anlagen von fünf Blumenblättern c und Kelchblättern k. B Anlage der fünf ersten Staubgefäße a. C Dieselbe Blüte von der Seite. D Anlage der untersten Fruchtknoten g, die Staubgefäße a sind bedeutend gewachsen. E Anlage der übrigen Fruchtknoten g. F, G. H Fruchtknoten in verschiedener Entwickelung bis zur Reife.

eine besondere Wissenschaft darstellt. Für eingehendere Studien sei außer auf Göbels Grundzüge der Systematik und speziellen Pflanzenmorphologie, Leipzig 1882, auf desselben Verfassers Vergleichende Entwickelungsgeschichte der Pflanzenorgane (Trewendt, Breslau 1884) hingewiesen.*

* Vergl. K. Göbel, Über die Jugendzustände der Pflanzen Flora 1889.

Längenwachstum.

Wir verlassen damit die Anfangsstadien der Pflanzenorgane, um ihr weiteres Verhalten bis zur Erlangung ihrer eigentlichen Gestalt kennen zu lernen. Zwischen dem embryonalen Zustande der Organe, wie er in den Vegetationspunkten vorliegt und dem Zeitpunkt, wo ein Sproß oder ein Blatt seine volle Ausbildung erreicht hat, liegt eine Periode, welche man als die eigentliche Periode des Wachstums bezeichnen kann. Die Organe treten in das Stadium der Ausdehnung ein, die gewöhnlich nach einer Raumesrichtung überwiegt, bei den Blättern zur Ausbildung von Flächen, bei Stengeln und Wurzeln zur Ausdehnung in der Längsrichtung führt, womit zu gleicher Zeit ein Wachstum in die Dicke verbunden sein kann. Im allgemeinen ergibt ja schon die einfache Beobachtung, daß Pflanzenorgane ihr Wachstum langsam beginnen, dann eine Zeitlang ein deutlicheres Wachstum erkennen lassen und endlich langsam wieder aufhören, zu wachsen.

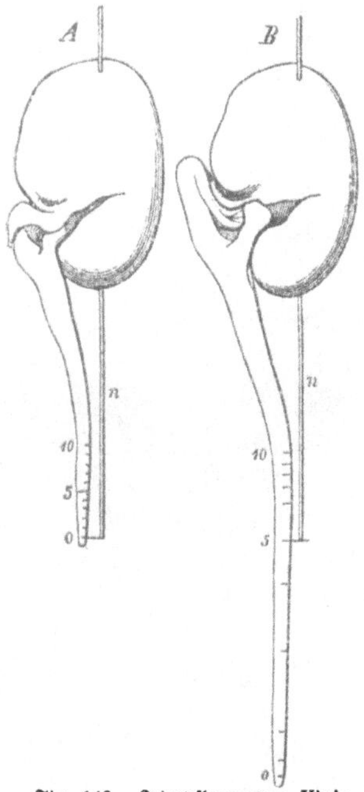

Fig. 148. Keimpflanze von Vicia Faba (nach Sachs).

Diese Entwickelungsperiode wurde durch die Untersuchungen von Harting (1842), Caspary (1856), Hofmeister (1863) und Sachs (1873) festgestellt, welcher letztere ihr den Namen der großen Periode des Wachstums gab, zum Unterschiede von Oscillationen des Wachstums, welche noch nebenhergehen, auf die jedoch hier nicht eingegangen werden kann.*

Messungen, um dies Gesetz festzustellen, sind am leichtesten an vorwiegend in die Länge wachsenden Organen, wie Stengeln oder Wurzeln festzustellen. Aus diesem Grunde sind vorwiegend solche Fälle untersucht worden. In welcher Weise man das Wachstum der Wurzeln nach Anbringung von Tuschmarken in gleichen Abständen beobachten kann, ist oben schon erläutert worden. Das Auseinanderrücken der Marken beim Wachsen der Wurzeln läßt die Länge der Strecke erkennen, welche noch im Wachstum begriffen ist. Das ganze Stück von der Spitze der Wurzel bis zum obersten Teilstrich gibt unmittelbar darüber Aufschluß, daß nahe an der Wurzelspitze das Wachstum noch nicht begonnen hat, da hier die Lage der Teilstriche nach einiger Zeit noch unverändert geblieben ist. Die Strecke zwischen dem Teilstrich 6—10 dagegen ist durch Wachs-

* Siehe darüber Pfeffer, Pflanzenphysiologie, Bd. 2.

tum stark verlängert worden, dagegen sind wieder oberhalb der Teilstriche 2 die Marken nicht verschoben, weil dieser Teil der Wurzel bei Beginn des Versuches schon ausgewachsen war. Da aber diese Teile der Wurzel früher auch einmal an der Spitze derselben lagen, so läßt sich die große Periode des Wachstums an einem solchen Objekte unmittelbar ablesen.

Nur selten ist die Zunahme der wachsenden Pflanzenteile so bedeutend, daß man dieselbe schon in kurzer Zeit wahrnehmen kann.

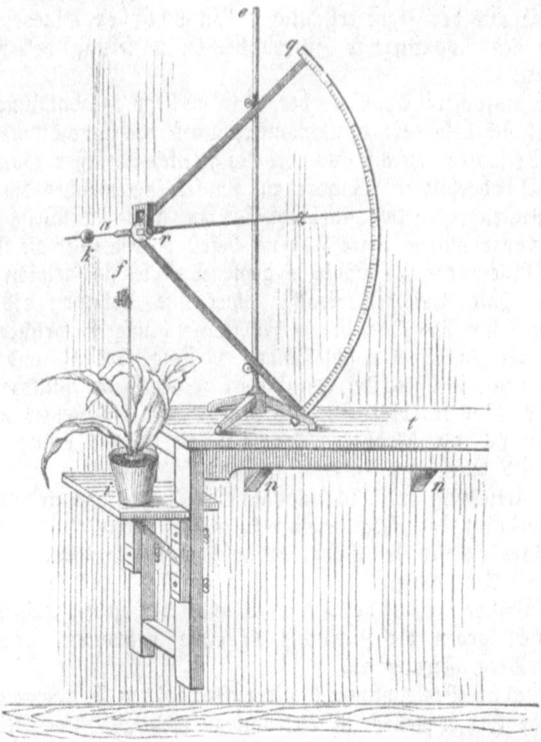

Fig. 149 Apparat zur Demonstration des Längenwachstums von Pflanzenstengeln (nach Pfeffer).

Askenasy beobachtete zwar, daß die Staubfäden der Weizen- und Roggenblüten nach dem Öffnen der Spelzen energisch, nämlich in weniger als einer halben Stunde von 2—3 mm auf 12—15 mm heranwachsen. So bedeutende relative Verlängerungen kommen bei wachsenden Stengeln und Wurzeln nicht vor. Es ist aber doch möglich, auch ein geringes Längenwachstum schon nach kurzer Zeit, also etwa in einer Stunde zur Wahrnehmung zu bringen, indem man die Bewegung der wachsenden Teile auf einen Hebel überträgt und dadurch vergrößert.

In Fig. 149 erblickt man einen Gradbogen, an welchem ein langer Zeiger e beweglich ist. Der Zeiger ist ein ungleicharmiger Hebel, der seinen Drehpunkt bei r hat. Hier ist eine Rolle angebracht, über die ein Faden geleitet wird, mit welcher nun eine wachsende Pflanze i angekoppelt werden kann. An dem kurzen Hebelarm a ist eine verschiebbare Messingkugel, welche als Gegengewicht dient, den Hebel zu equilibrieren. Wächst nun die Pflanze, so dreht sie den Zeiger nach unten, aber die Bewegung wird vergrößert, wenn der Quadrant einen Radius von 70 cm besitzt, etwa 43mal. Es ist nötig, daß der Apparat bei der Beobachtung nicht durch Erschütterungen gestört werde, deshalb ist der Bogen selbst schon an einem festen Eisenstativ befestigt; zweckmäßig ist es, durch die aus der Figur ersichtliche, von Pfeffer angegebene Tischkonstruktion den Apparat vor Zittern bei Erschütterung des Fußbodens zu bewahren.

Dieser einfachere Apparat, der aber auch zu Beobachtungen dienen kann, eignet sich besonders zu Demonstrationen des Wachstums. Zu andauernden Versuchen, welche auch die Nachtzeiten umfassen können, ist der in Fig. 150 abgebildete Apparat zu empfehlen, welcher die Zuwachse des Pflanzenstengels selbst aufzeichnet. In ähnlicher Weise wie oben wird die Pflanze mittels eines Fadens befestigt, der über die kleine Rolle bei x im Mittelpunkt des Rades r geht. Das leichte Gewicht am Ende des Fadens hält denselben straff, ohne eine Dehnung des Stengels zu bewirken. Um das Rad ist ein Faden geschlungen, welcher einerseits einen auf der Trommel t schleifenden Messingzeiger z, anderseits das Gewicht g trägt, welches ihn equilibriert. Sobald die Pflanze sich durch Wachstum verlängert, dreht sie das Rad r und der Zeiger z senkt sich und schreibt an der berußten Trommel die Verlängerung auf. Die Trommel wird durch das Uhrwerk in Umdrehung versetzt. Die Trommel kann durch Umsetzung der Führungsachse auch eine exzentrische Stellung erhalten, wodurch der Zeiger zeitweilig außer Berührung mit derselben kommt, während dieser Zeit gleitet er auf der zwischen den Schrauben b ausgespannten Darmsaite.

Die Abstände der auf der Trommel durch den Zeiger aufgeschriebenen weißen Linien geben die Zuwachse in einer bekannten, vom Apparat abhängigen Vergrößerung an.

Für genaue Beobachtungen mit einem solchen Registrator sind natürlich einige Fehlerquellen in Betracht zu ziehen. Zum Beispiel wird durch die Volumenänderung der Erde des Topfes beim Austrocknen während des Versuchs die Pflanze in ihrer Stellung alteriert, auch durch Verlängerung oder Verkürzung der hygroskopischen Fäden können Fehler hervorgehen, die man bei derartigen Beobachtungen kennen muß, um nicht zu einem falschen Resultat zu gelangen.

Soviel über die Technik der Experimentaluntersuchung. Wir wollen versuchen, nun in die Theorie des Wachstums etwas weiter einzudringen.

Alle Wachstumsvorgänge beruhen, wenn sie auch durch äußere Kräfte mannigfach beeinflußt, geändert, ja sogar ausgelöst werden können, auf Veränderungen in den Pflanzengeweben, also auf chemischen und physiologischen Prozessen in den Zellen. Diese Vorgänge entziehen sich unseren Forschungsmitteln noch ganz bedeutend. Es geht aber selbstredend das Streben der Physiologie dahin, in diese inneren Ursachen des Wachstums einen Einblick zu erhalten und wenn auch das Ziel noch in weiter Ferne liegt, so darf man doch schon von einem Anfang an Resultaten auf diesem Gebiete reden. Die jungen, im Wachstum begriffenen Pflanzenteile unterscheiden sich von ausgewachsenen auffallend durch ihren größeren Wassergehalt. Junge wachsende Pflanzenorgane sind saftig, ihre Gewebe prall von Wasser. Von welch hoher Bedeutung diese allgemeine Eigenschaft wachsender Organe ist, geht daraus hervor, daß die Unterbrechung einer Wasserzufuhr auch zugleich das Wachstum beeinflußt, beziehungsweise aufhebt. Wenn Pflanzen welken, wenn die Wasserabgabe durch Verdunstung die Aufnahme aus dem Boden überwiegt und die strotzenden Gewebe schlaff werden, steht auch das Wachstum still. Es ist nicht einmal immer ein völliges Welkwerden notwendig, um diesen Erfolg herbeizuführen.

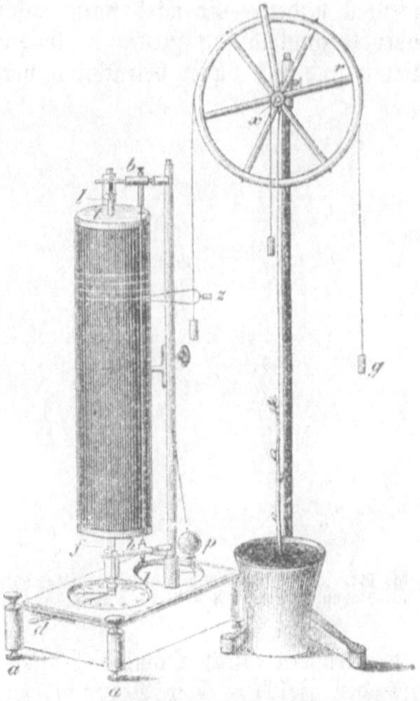

Fig. 150. Registrierender Wachstumsapparat (nach Pfeffer).

Man weiß, daß eine anhaltende Trockenheit im Sommer das Wachstum unserer Kulturpflanzen zurückhält und wenn endlich ein tüchtiger Regen den Boden wieder genügend mit Wasser versorgt, ein frisches Wachstum sich bemerklich zu machen beginnt.

Dieser Zusammenhang des Wasserreichtums der Gewebe mit dem Wachstum brachte auf den Gedanken, ob nicht das Wasser eine mechanische Wirkung beim Wachstum ausübe, ein Gedanke, den namentlich de Vries in zahlreichen Untersuchungen zu bekräftigen suchte. Thatsächlich hat es ja den Anschein, wenn eine welke Pflanze durch reichliche Wasserzufuhr sich wieder aufrichtet und ihr Wachstum von neuem aufnimmt, als ob durch den Druck des in die Pflanze eintretenden Wassers eine treibende Kraft für die Verlängerung und Ausdehnung der Organe gewonnen werden müsse. Durch de Vries' Untersuchungen wurde denn auch eine Theorie begründet, welche sich allgemeiner Anerkennung erfreut und Vorstellungen über die Mechanik des Wachsens zuerst ermöglichte. Was man unter Turgeszenz oder Turgor versteht, ist oben erörtert worden. Der Turgor der einzelnen Zellen, der in ihnen herrschende hydrostatische Druck ist es, welcher eine wesentlich mechanische Wirkung beim Wachstum ausübt. Der Turgor dehnt die jungen Zellwände der wachsenden Teile aus, die gedehnten Zellmembranen lagern festen Zellstoff ein und vergrößern sich also. Dadurch wird der Turgor herabgesetzt, allein die osmotisch wirksamen Zellbestandteile veranlassen eine erneute Wasseraufnahme, es findet eine erneute Dehnung der Zellhaut und eine wieder folgende Substanzvermehrung derselben statt. Der Effekt dieser Arbeit in den einzelnen Zellen ist die Verlängerung oder das Flächenwachstum des ganzen Organes.

De Vries trat der Frage in einer bemerkenswerten Weise experimentell näher. Er wies nach, daß wachsende Pflanzenteile, in Salpeter- oder Kochsalzlösung gebracht, in einigen Stunden ihre Turgeszenz verlieren und sich dabei beträchtlich verkürzen. Die Salzlösungen entziehen

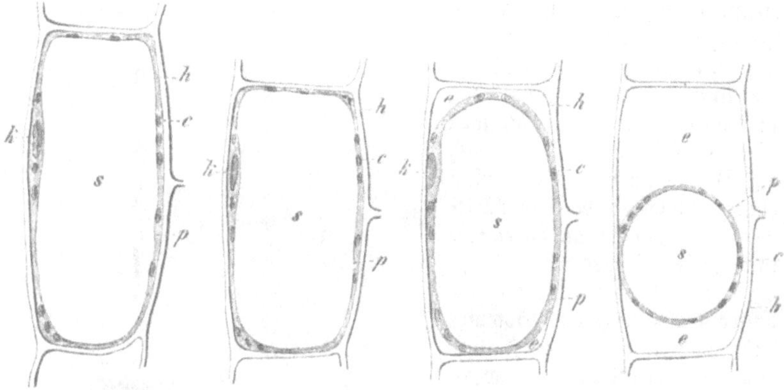

Fig. 151. Schematische Darstellung der Plasmolyse (nach de Vries). h Zellhaut; p Protoplasma, c Chlorophyllkörner; s Zellsaft, e zwischen Haut und Protoplasma eingedrungene Salzlösung.

den Stengeln durch Osmose Wasser und dieses Wasser stammt natürlich aus den Zellen. Der Vorgang, welcher in den Zellen sich abspielt, ist der folgende (Plasmolyse).

Die Salzlösung dringt in die Zelle ein, sie kann jedoch nur durch die Membran hindurchgehen, während der protoplasmatische Wandbeleg die Salzlösung nicht durchtreten läßt. Letzterer löst sich von der Wand, aber da die Salzmoleküle der Lösung wasseranziehend wirken, so läßt der Protoplasmaschlauch sein Zellsaftwasser austreten und kontrahiert sich infolge dessen. Dadurch ist der hydrostatische Druck in den Zellen aufgehoben und die vorher durch eben diesen Druck passiv gedehnte Zellwand kontrahiert sich ebenfalls. Mit anderen Worten verkürzen sich also alle Zellen des Zellgewebes um einen Teil ihrer Länge und wegen dieses Verhaltens seiner Bausteine muß auch der Stengel oder die Wurzel im ganzen sich verkürzen und diese Verkürzung am ganzen Organ ist eine meßbare.

Die Pflanzenteile werden durch die vorübergehende Behandlung mit Salzlösungen nicht getötet; bringt man dieselben nach vollendeter Plasmolyse in reines Wasser, so wird durch Wasseraufnahme der Gleichgewichtszustand in den Zellen wieder hergestellt, der Protoplasmaschlauch nimmt Wasser auf, dehnt sich aus, legt sich der Zellwand wieder an und die ursprüngliche Turgeszenz tritt wieder ein. Wie vorher durch Sinken des Turgors in den einzelnen Zellen die Verkürzung des ganzen Stengels eintrat, so verlängert sich derselbe jetzt wieder durch das umgekehrte Verhalten der Gewebeelemente.

Besonders wichtig für den aus diesen Versuchen gefolgerten Zusammenhang zwischen Wachstum und Turgor war der Nachweis durch de Vries, daß die Geschwindigkeit des Wachstums mit der Größe des Turgors steigt oder fällt, daß der Turgor dementsprechend von der Spitze eines Sprosses nach unten bis zur Zone stärksten Wachstums zunimmt, und dann in den tieferen Zonen des Stengels dem langsameren Wachstum entsprechend wieder abnimmt.*

In der Regel ist das Wachstum der Organe von Zellteilungen begleitet, nachdem die Zellen bis zu einem gewissen Maße herangewachsen sind, tritt eine Wandbildung ein, jede der entstandenen Zellen wächst wieder heran und kann sich später wiederholt teilen. In solchen Fällen ist mit dem Wachstum auch eine Vermehrung der Zellen verbunden. Nicht immer läuft jedoch eine solche Zellbildung neben dem Wachstum her. Bei denjenigen Pflanzen, deren ganzer Körper nur aus einem einzelligen Schlauche besteht, bei den Siphoneen unter den Algen u. a. wächst der Schlauch in derselben Weise, wie vielzellige Organismen, aber eine Zellteilung findet dabei nicht statt, die Pflanze bleibt einzellig.

Dickenwachstum.

Die cylindrischen Organe der Stengel und Wurzeln wachsen nicht nur in die Länge, sondern vergrößern ihr Volumen auch nach einer Richtung senkrecht zur Längsachse, sie wachsen in die Dicke. Für das Dickenwachstum finden dieselben Gesetze statt, auch hier ergibt die Beobachtung das Vorhandensein der Wachstumsperiode, des Beginnens, des Anschwellens und des Aufhörens. Neben dieser Periode treten dann die beim Längenwachstum erwähnten Oszillationen des Wachstums auf Das Dickenwachstum pflegt erst nach vollendetem Längenwachstum der Sprosse und Wurzeln mit größter Intensität einzusetzen. Am bemerkenswertesten tritt dasselbe bei den Holzpflanzen, besonders den Bäumen, zu Tage. Wie bei den meisten Pflanzen das Längenwachstum, ist das Dickenwachstum stets mit Entstehung neuer Zellen verbunden. Der Vegetationspunkt der Sprosse und Wurzeln erzeugt durch Teilung stets neue Zellen, ohne daß er selbst an Volumen gewinnt, er schiebt gleichsam nur die Bausteine den wachsenden Teilen zu, bleibt aber selbst unverändert. Das Dickenwachstum der Stämme und Wurzeln, bei dem es sich um eine andere Aufgabe handelt, wird aber doch ebenfalls durch ein embryonales, zellenbildendes Gewebe, das Kambium, unterhalten. In die Länge wachsende Sprosse bauen in die Höhe, daher liegen die Vege-

* Die Bedeutung des Turgors ist durch eine neue Arbeit von Wortmann bestätigt worden. Botan. Zeitung, 1889. J. Wortmann, Beiträge zur Physiologie des Wachstums.

tationspunkte an der Spitze der Sprosse und setzen oben neue Bausteine auf. Beim Dickenwachstum der Stämme soll der Umfang des Cylinders zunehmen, es ist klar, daß wenn neue Zellenelemente gleichmäßig dem vorhandenen Körper angefügt werden sollen, ein mantelförmiges zellenbildendes Gewebe in Thätigkeit treten muß.

In den Stämmen der Bäume ist ein Gewebe von dieser Form vorhanden, welches im Innern des Stammes an der Grenze von Holz und Rinde liegt und jährlich einen neuen Holzmantel dem Stamme zufügt, wodurch die konzentrische Schichtung, die sogenannten Jahresringe der Baumstämme zu stande kommen. Das Kambium, welches mit dem Vegetationspunkt die Eigenschaft teilt, ohne selbst an Ausdehnung zuzunehmen, auf lange Zeit teilungsfähig zu bleiben, oft Hunderte von Jahren neue Zellen zu produzieren, liegt als ein aus wenigen Zellschichten bestehender Mantel zwischen Holz und Rinde.

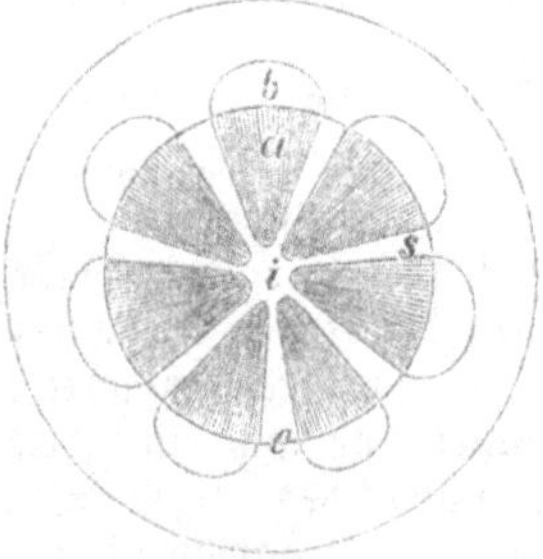

Fig 152

In unserer Figur ist das Kambium durch die Kreislinie c angedeutet, es scheidet nach außen Rindenzellen, (b) nach innen Holzzellen (a) und Markstrahlen (s) ab, welche durch Teilung aus den Kambialzellen entstehen. Die Zellen wachsen und infolge dieser abwechselnden Zellbildung und Wachstums gewinnt der Stamm an Umfang. Das Dickenwachstum ist, wie man sieht, viel enger an das Auftreten von Zellteilungen gebunden, als dies beim Längenwachstum der Fall ist. Letzteres kann ganz ohne gleichzeitiges Auftreten von Teilwänden verlaufen, aber ein einigermaßen ergiebiges Dickenwachstum können wir uns ohne Zellteilung schwer vorstellen und scheint dasselbe auch immer mit Zellteilungen verbunden zu sein. Beim Dickenwachstum sind Zellteilungen auch eigentlich eine Forderung, denn wenn keine neuen Zellelemente eingeschoben würden, so müßte ein ganz ungleichmäßiges Wachstum der anfänglich von Kambium gebildeten jungen Zellen stattfinden, damit diese den vom Cylindermantel begrenzten Raum eines Baumstammes ausfüllten. Auch die Thatsache spricht für die Notwendigkeit der Zellteilungen beim Dickenwachstum, daß bei der Mehrzahl der Monokotylen, die kein Kambium besitzen, ein nachträgliches Dickenwachstum nicht vorhanden ist.

Bei den Wurzeln geht das Dickenwachstum ebenfalls von einem Kambiumcylinder aus und ist bei den Baumwurzeln auch mit Holzbildung verbunden. Die Jahresringe sind jedoch bei den Wurzeln bedeutend schmäler und zuweilen so dünn, daß man sie nicht unterscheiden kann. Bei vielen unserer Kulturpflanzen unterbleibt die Verholzung des Wurzelgewebes, es bleibt weich und daher genießbar, wie bei den Rüben, Radieschen, Rettichen u. a.

Die auf dem Querschnitt bei diesen Wurzeln wahrnehmbaren ringförmigen Zonen können natürlich keine Jahresringe sein, sie kommen durch wiederholte Bildung des Kambiumringes zu stande, welche sich gegen das übrige Gewebe abheben und so die ringförmigen Grenzen hervorrufen.

2. Einwirkung äußerer Kräfte auf Organbildung und Wachstum.

Als die für das Wachstum und die Wachstumsänderungen maßgebenden äußeren Kräfte kann man kurz das Licht und die Schwerkraft bezeichnen. Schon aus den Erscheinungen des Heliotropismus und Geotropismus geht dies hervor. Hier handelt es sich jedoch um Reizbewegungen, bei denen das Wachstum nur bis zu einem gewissen Grade durch die Lichtwirkung beeinflußt wurde und Krümmungen veranlaßt. Eine weitere Bedeutung des Lichtes für die Auslösung gestaltender Wachstumsprozesse leuchtet aber aus diesen Vorgängen nicht hervor.

Sobald eine Zelle entstanden, unterliegt sie der Schwerkraft und in vielen Fällen auch der Wirkung des Lichtes; schon in den ersten Zuständen ihres Lebens können Schwerkraft und Licht eine aus einer Spore sich entwickelnde Pflanze beeinflussen. Sie können dies nicht nur, sondern sie thun dieses thatsächlich und in einer tief in die Gestaltungsprozesse eingreifenden Weise.

Der Embryo der höheren Kryptogamen, der Farne, Equiseten, Marsiliaceen, Salviniaceen u. a. ist das Resultat der Befruchtung einer Eizelle durch das Spermatozoid. Infolge dieser Vereinigung umgibt sich die Eizelle mit einer Haut und wächst durch nacheinander erfolgende Teilungen zum Embryo und zur jungen Pflanze heran. In der Regel treten die Teilungen in bestimmter Reihenfolge und so langsam ein, daß man dieselben mikroskopisch verfolgen kann. Die kugelige oder ovale Embryonalzelle teilt sich bei den Gefäßkryptogamen durch eine nahezu horizontal gelegte Wand, wodurch der Embryo in eine obere und untere Hälfte geteilt wird. Aus der oberen Zelle entwickeln sich später Stamm und Blätter, aus der unteren die Wurzeln, nachdem noch weitere auf der ersten Teilungswand senkrechte Wände entstanden sind. Wir haben unser Interesse hier jedoch nicht dieser weiteren Entwickelung des Embryos, sondern nur der ersten Teilungswand zuzuwenden. Die voneinander unabhängigen Untersuchungen Leitgebs und Sadebecks ergaben, daß die Lage der ersten Teilungswand eines Embryos von Marsilia von der Lage der befruchteten Eizelle zur Schwerkraft abhängig ist.*

Bei den Equisetumsporen ist es dagegen das Licht, welches die Richtung der ersten Teilungswand bestimmt.** Die Sporen teilen sich durch eine uhrglasförmige Wand in zwei Zellen; aus der kleinen Zelle geht das Wurzelhaar hervor, aus der größeren die chlorophyllhaltigen Prothalliumzellen.

---

* Leitgeb, Ber. d. Akad. d. Wiss. zu Wien 1878. Sadebeck, Schenks Handbuch d. Botanik Bd. I, p. 214.

** Stahl, Berichte der deutsch. botan. Gesellschaft, 1885.

Werden auf einer mit dünner Gelatine bedeckten Glasplatte Equisetumsporen ausgesäet und erfolgt die Keimung im Dunkeln, so tritt die Wand bald oben, bald unten, bald in anderen Richtungen auf. Im Lichte erfolgt die Teilung jedoch anders, nämlich ganz konstant so, daß die größere Zelle der Lichtquelle zugewendet, die kleine von ihr abgewendet liegt, die Wand durchschneidet immer senkrecht den Weg des Lichtstrahles.

Bei der der Wandbildung vorhergehenden Kernteilung wird der Kern selbst schon so durch das Licht orientiert, daß er sich in einer zum Lichtstrahl senkrechten Ebene teilt.

Wir haben es hier mit einfachen Pflanzenformen, mit einfachen Zellen zu thun, deren weitere Entwickelung durch Licht und Schwerkraft beeinflußt wurde. Nicht minder treten aber bei höher entwickelten Formen dieselben Bestimmungen durch äußere Kräfte zu Tage. So ist es gewiß auffallend, daß die Entstehung so wichtiger Organe, wie der Fortpflanzungsorgane der Farne, von denen man wohl voraussetzen möchte, daß ihr Ort durch innere ererbte Eigenschaften fixiert sei, abhängig ist von der Beleuchtung. Willkürlich kann man dieselben auf der einen oder anderen Seite eines Farnprothallium entstehen lassen.*

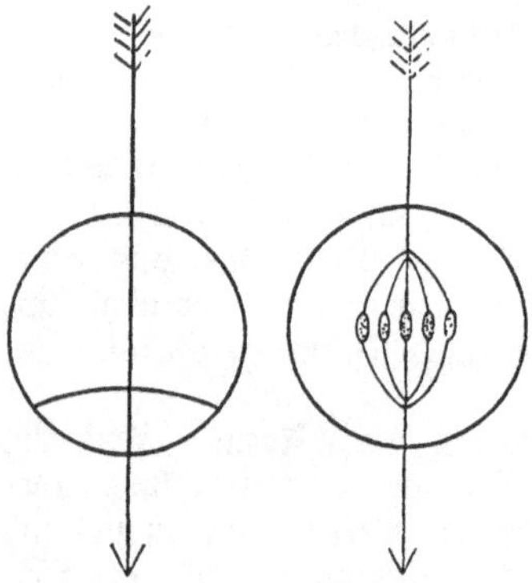

Fig. 153. Schematische Darstellung der Teilung von Equisetumsporen unter Lichteinfluß (nach Stahl). Der Pfeil gibt die Richtung des Lichtstrahles an. In Fig. 1 ist die uhrglasförmige Wand entstanden, in 2 die Orientierung des Zellkerns vor der Teilung angedeutet.

Auf den Farnprothallien, deren Form die Fig. 104 in das Gedächtnis zurückrufen möge, entstehen die weiblichen Geschlechtsorgane neben den Wurzelhaaren unter den natürlichen Bedingungen immer auf der Unterseite. Werden aber die Prothallien so kultiviert, daß ihre natürliche Schattenseite beleuchtet wird, so bilden sich die Geschlechtsorgane und Wurzelhaare an der nun beschatteten natürlichen Oberseite. Man kann also die Bilateralität der Prothallien völlig umkehren. Durch einen Versuch läßt sich namentlich nachweisen, daß nicht etwa die Feuchtigkeit des Substrates einen bestimmenden Einfluß auf die Entstehung der Organe an der Schattenseite ausübt. Es lassen sich sehr gut in einer Glasschale, welche eine wasserklare Nährlösung enthält, Farnsporen aussäen; dieselben schwimmen auf der Nährlösung und bilden bei der Keimung schwimmende Prothallien. Beleuchtet man die Aussaat von oben, so breiten sich die Prothallien auf der Wasseroberfläche aus oder erheben sich etwas über dieselbe, um sich dem Lichte transversal entgegenzustellen. An der Unterseite bilden sich Archegonien und Rhizoïden, die in das Wasser tauchen. Werden die Glasschalen dagegen nur von unten her beleuchtet, so wach-

* Leitgeb, Flora 1879.

sen die Prothallien in die Lösung hinein und krümmen sich unter die Wasseroberfläche, um sich senkrecht zu den Lichtstrahlen zu stellen. Trotzdem nun beide Seiten von Wasser benetzt sind, entstehen die Sexualorgane wieder nur auf der Schattenseite, die diesmal oben liegt. So hat man es ganz in der Hand, den Ort, wenigstens die Seite zu bestimmen, wo sich die Sexualorgane bilden sollen. Wohl könnte es den Anschein haben, als ob diese immerhin einfacher gebauten Pflanzen, von denen hier die Rede ist, plastischer seien und äußere Kräfte ihre einfachere Organisation leichter beeinflussen könnten, sich in einer anderen Richtung umzubilden. Aber die höheren Pflanzen sind in ganz derselben Weise abhängig von dem Einfluß äußerer Kräfte und sie verändern mit dem Wechsel der wirkenden Kraft ihre Organisation und ihre Gestalt.

Bei den Laubblättern ist die Bewegung des Chlorophylls und der richtende Einfluß auf die Lage des Blattes nicht der einzige, welchen das Licht auf diese wahren Lichtorgane ausübt. Das Licht ist sogar im stande, den anatomischen Bau der Blätter ganz umzuändern. Solche Änderungen durch Richtung und Intensität der Beleuchtung kommen bei Blättern derselben Pflanze in dem Maße vor, daß oft kaum ein Sonnenblatt und ein Schattenblatt von derselben Pflanze zu stammen scheinen. In der Regel pflegen horizontal stehende Blätter, wie die unserer Buchen, Eichen, Linden, an ihrer Oberseite dicht aneinanderschließendes Chlorophyllparenchym (Palissadenparenchym) zu besitzen, an der Unterseite aber nur aus lockerem Gewebe zu bestehen (vergl. oben p. 81). Durch künstliche Drehung der Blätter, wodurch nun die Unterseite derselben einer hellen Beleuchtung unterliegt, werden dieselben veranlaßt, auch an dieser Seite Palissadenparenchym zu bilden. Solchen experimentellen Resultaten entsprechend haben dieselben Pflanzenarten, welche an ihren natürlichen Standorten eine stärkere oder schwächere Beleuchtung erleiden, ganz verschieden gebaute Blätter, welche sich als „Sonnenblätter" und „Schattenblätter" unterscheiden lassen. Unsere Laubbäume, besonders die Buche, zeichnet sich durch eine solche Variabilität ihrer Blattanatomie aus. Außer auf das Assimilationsparenchym erstrecken sich die anatomischen Änderungen häufig auch auf die Epidermis, auf das Hypoderm und die Intercellularräume, so daß das Licht den gesamten Blattbau vollständig beherrscht.*

So stellt es sich allmählich heraus, daß die ganze Pflanzengestalt zum großen Teil das Erzeugnis äußerer Einwirkungen ist und daß es sich nicht um eine geschaffene unwandelbare Formenbildung handelt. Das geht auch aus dem Einfluß hervor, den die Schwerkraft auf eine Anzahl von Blüten ausübt, welche allein ihr ganzes Aussehen der Schwerkraftswirkung verdanken und deren Gestalt man willkürlich verändern kann, wenn man ihre Lage zum Erdradius ändert. Aus den Untersuchungen über die Zygomorphie der Blüten von Vöchting geht dies

* Stahl, Einfluß des sonnigen oder schattigen Standortes auf die Ausbildung der Laubblätter. Jena 1883

unzweifelhaft hervor.* Es ist der Geotropismus der Blütenorgane, welcher vielfach die symmetrischen sogenannten zygomorphen Blütenformen hervorruft, wie sie bei einer ganzen Reihe von Pflanzen verbreitet sind.

Diesen weitgehenden formbildenden Einflüssen äußerer Kräfte auf wachsende Organe schließen sich die weiteren interessanten Fälle an, wo überhaupt die Entstehung der Organe an Orten hervorgerufen wird, wo dieselben ohne äußere Einwirkungen gar nicht entstehen würden. Die äußeren Kräfte wirken sogar bestimmend, welche Art von Organen, ob Sprosse, Wurzeln u. s. w. an einer bestimmten Stelle entstehen.

H. Vöchting hat durch seine umfassenden Untersuchungen und durch geschickte Experimente über Organbildung eines der wichtigsten Felder physiologischer Forschung, welches bis dahin ziemlich brach gelegen, mit dem bedeutendsten Erfolge in Angriff genommen und im Laufe der Jahre eine große Menge hochinteressanter Thatsachen entdeckt. Die schon vor Jahren von dem genannten Forscher mit einer den Kakteen verwandten Pflanze Lepismium radicans (einer Rhipsalidee) angestellten Versuche ergaben, daß man an den Stammteilen derselben die Bildung von Wurzeln an willkürlich bestimmten Orten hervorrufen könne, indem man jene Seiten beschattet, also dem Lichte entzieht. Werden die Sprosse der Pflanze dem Tageslichte zugewendet, so bilden sich Wurzeln nur auf der Schattenseite. Der Versuch wird in der Weise angestellt, daß abgeschnittene Zweige von Lepismium vor dem Austrocknen geschützt, in einen bedeckten Glascylinder gestellt oder aufgehängt werden. Nach einiger Zeit beginnt in der Rinde der Stengelstücke die Bildung von Wurzelanlagen, welche wachsen und endlich aus dem Stengel hervorbrechen. Die Neigung der Versuchssprosse zum Horizont ist dabei gleichgültig, man kann dieselben auch horizontal legen, der Ort der Wurzelbildung richtet sich in diesem Falle allein danach, ob die Beleuchtung von oben oder von unten geschieht. Immer bilden sich die Wurzeln auf der Schattenseite. Ganz gleiche Erscheinungen lassen sich auch an anderen Pflanzen, z. B. an Weidenzweigen, beobachten.

Der Einfluß des Lichtes ist um so merkwürdiger deshalb, weil dasselbe nicht bloß das Auswachsen vorhandener Anlagen, sondern die Entstehung der Wurzelanlagen selbst beherrscht. Sind vor Beginn des Versuches keine Wurzelanlagen vorhanden, so hemmt das Licht die Bildung derselben auf der beleuchteten Seite; wenn dagegen schon in der Rinde rings um den Zweig herum Wurzelvegetationspunkte gebildet sind, so verhindertdas Licht doch, daß dieselben an der beleuchteten Seite auswachsen.

Der ungemein bedeutsame Einfluß des Lichtes auf die Pflanzengestaltung geht aus den Experimenten Vöchtings mit Kartoffeln hervor, die auch in anderer Richtung wichtige Thatsachen zu Tage förderten. Es gelang dem genannten Forscher, die Orte der Knollenbildung willkürlich zu verlegen und sogar in den Blattachseln der oberirdischen

* Vöchting, Über Zygomorphie und ihre Ursachen. Pringsheims Jahrbücher 1886, XVII.

Kartoffelsprosse Knollen zu erzeugen. Auf diese Erscheinung soll erst später eingegangen werden. Zunächst betrachten wir die Wirkung des Lichtes auf die Knollenbildung. Wie bekannt bilden sich die Kartoffelknollen unterirdisch. Man wußte aber bisher nicht, daß abgesehen von nicht meßbaren inneren Ursachen das Licht eine Haupursache ist, welche die Bildung von Knollen am oberirdischen Teil der Kartoffelpflanze unterdrückt. Wenn eine im Topfe erzogene Kartoffelpflanze zum Teil so verdunkelt wird, daß ein Stück des oberirdischen Stengels sich in völliger Dunkelheit befindet, so tritt ein sehr auffallendes Verhalten ein. Die Seitenknospen, welche am Licht zu Blattsprossen werden würden, bilden sich zu Stolonen um, die wie die normalen Stolonen einer Pflanze eines Kartoffelfeldes abwärts wachsen, aber noch keine Knollen bilden. Die an dem sogenannten Vortrieb der Kartoffel, welcher die Basis des Stengels bildet, entstehenden Stolonen dagegen bilden, ganz als ob sie unterirdisch wären, ihre Knollen aus. Durch einfache Verdunkelung läßt sich also die Region der Knollenbildung über die Erde verlegen. Aber durch das ganz ähnliche Experiment läßt sich noch weiter die Knollenbildung hoch oben an die Spitze der Pflanze verlegen, wenn man diese in einen undurchsichtigen Kasten leitet.

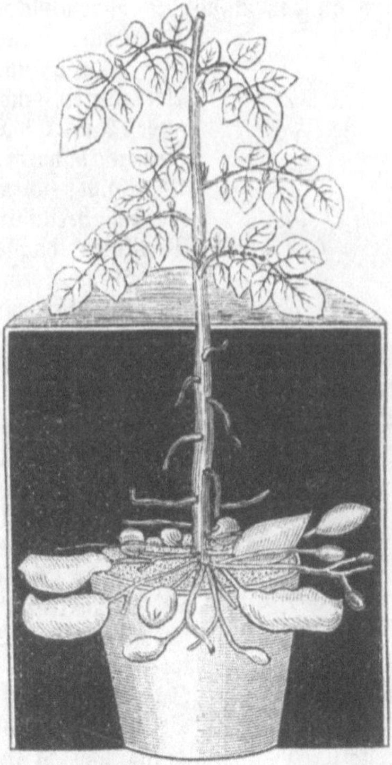

Fig. 154. Entstehung von oberirdischen Kartoffelknollen bei teilweiser Verdunkelung einer Pflanze (nach Vöchting).

Das Licht erscheint nach allem diesem als der maßgebendste der Faktoren, welche gestaltend und umgestaltend auf Pflanzen einwirken können. Schwerkraftswirkungen können aber in vielen Fällen in ähnlicher Weise bestimmend, ganz besonders auf Wachstumsvorgänge in schon entstandenen Organen einwirken.

Man kann an jeder aufrecht wachsenden Pflanze zwei Pole unterscheiden, die am Sproßende und an der Wurzelspitze gelegen, in ihren Wachstumsrichtungen entgegengesetzt sind. Schneidet man die Pflanze unterhalb der Kotyledonen, an der Grenze von Sproß und Wurzel in zwei Hälften, so kann sich unter günstigen Umständen jeder Teil ergänzen, und zwar erzeugt jeder an der Schnittstelle ungleichnamige Organe, der Sproß Wurzeln, die Wurzel Sprosse, ergänzt also den fehlenden

Pol. Eine solche Ergänzung findet entweder durch Neubildung dieser Organe statt oder durch Heranwachsen schon vorhandener Anlagen. Dies letztere geschieht bei manchen Pflanzen sehr leicht, z. B. wenn man Weidenzweige abschneidet und in einer sogenannten feuchten Kammer kultiviert wo dann die in der Rinde der Zweige verborgenen Wurzelanlagen zu wachsen beginnen und endlich am Stengel hervorbrechen.

Wenn ein solcher Zweig senkrecht, in seiner natürlichen Lage in einer feuchten Kammer aufgehängt wird, so brechen die jungen Wurzeln nur an der Basis des Zweigstückes hervor, während die ganze übrige Oberfläche keine Wurzelbildung zeigt, obgleich auch hier überall unter der Rinde Wurzelanlagen sitzen. Am oberen Ende dagegen treiben die Sproßknospen aus. Ändert man die Richtung der Schwerkraft zum Zweige dadurch, daß man demselben eine geneigte Lage gibt, so wird dadurch die Organbildung ganz merklich beeinflußt. Bei einem kleinen Winkel mit der Vertikalen wachsen die Sprosse noch um die Spitze herum aus, je mehr aber der Zweig der Horizontalen genähert wird, um so mehr fangen auch auf der Oberseite des horizontalliegenden Weidenzweiges die Knospen an auszuwachsen, so daß derselbe nicht nur an der Spitze, sondern auch an einem größeren Teil seiner Länge sich mit treibenden Zweigen bedeckt. Der Beweis, daß es sich hier nicht um Lichtwirkung handelt, ist ein sehr einfacher. Die Versuche gelingen auch im Finstern.

Fig. 155. Stück eines Weidenzweiges aufrecht in einem feuchten Glascylinder aufgehängt. Bei a entstehen Sprosse, bei b Wurzeln.

Es läßt sich aber außerdem noch durch Wiederholung der Versuche am Klinostaten beweisen, daß die Schwerkraft die wirkende Ursache der ganzen Erscheinung ist. Werden die Weidenzweige in horizontaler Lage am Klinostaten befestigt, so wirkt die Schwerkraft nicht mehr einseitig, sondern auf alle Seiten des Sprosses, während der Umdrehung gleichmäßig und es ist geradeso, als ob der Zweig senkrecht stände. Das Resultat ist aber auch, daß nun die Wurzeln nur an der Basis, die Sprosse nur an der Spitze auswachsen, wie in einem senkrecht aufgehängten Weidenzweige Die Schwerkraft bestimmt also geradezu erst die Polarität der Pflanze und wenn man die Lage derselben zur Schwerkraftsrichtung ändert, ändert sich auch die Lage der Pole. Sehr deutlich wird diese Thatsache, wenn man einen Weidenzweig nicht in seiner natürlichen Lage, sondern umgekehrt mit der Spitze nach unten in einem feuchtgehaltenen Glascylinder hängt.

Nun beginnt gewissermaßen ein Kampf der inneren organbildenden Ursachen mit der Schwerkraft. Die inneren Kräfte streben an der natürlichen Spitze des Zweiges, wenn dieselbe auch abwärts gekehrt ist, Sprosse zu bilden, an der Basis dagegen Wurzeln hervorzubringen.

Die Schwerkraft dagegen sucht die Pole der Pflanze zu drehen und an dem abwärts gekehrten Zweigende Wurzeln, am oberen Sproßbildung zu veranlassen. Dieser Kampf führt zu dem Fig. 156 abgebildeten Resultat. Zunächst wachsen aus der abwärts gekehrten Spitze Sprosse aus, an dem aufwärts gewendeten unteren Zweigende Wurzeln, dann aber veranlaßt nun die zur Wirkung kommende Schwerkraft auch höher gelegene Sproßknospen ihr Wachstum zu beginnen und veranlaßt anderseits, daß auch an den unteren Teilen des Zweigstückes Wurzeln entstehen, so daß dieses auf seiner ganzen Länge mit Wurzeln sich bedeckt. Durch die antagonistischen Kräfte erfolgt also ein Ausgleich und der unter natürlichen Bedingungen vorhandene Gegensatz von oben und unten verschwindet äußerlich in dem Bilde, welches hier entstanden ist.

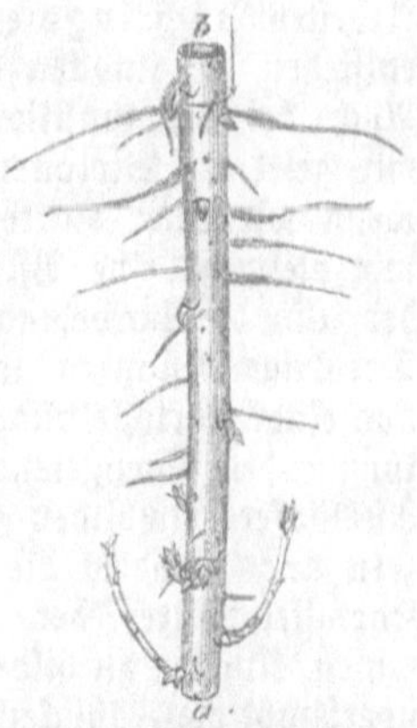

Fig. 156. Stück eines Weidenzweiges in umgekehrter Lage gehalten. a früheres Oberende, b früheres Unterende.

Wenden wir uns von der Organbildung ab, um auf das Längen- und Dickenwachstum derselben in ihren weiteren Entwickelungsstadien einen Blick zu werfen. Auch in der Folge sind die äußeren Bedingungen unter denen die Pflanze heranwächst, bedeutsam für ihre Entwickelung. Licht, Schwerkraft greifen fördernd oder hemmend ein. Bei dem Längenwachstum der Sprosse und Wurzeln und anderer Organe bedeutet die Beleuchtung im allgemeinen eine Hemmung, das Licht wirkt der Verlängerung der Pflanzenteile entgegen.

Damit ist nicht gesagt, daß die andauernde Verdunkelung einer normal an das Licht gewöhnten Pflanze ausnahmslos bloß die Wachstumsvorgänge beschleunigt. Wird eine Pflanze dauernd dem Licht entzogen, so treten die krankhaften Erscheinungen des Etiolierens ein, bei denen anfangs ein rapides Längenwachstum beobachtet wird, auf die Dauer aber alle Lebensvorgänge so gestört werden, daß auch das Wachstum aufhören muß.

Dagegen ruft eine kürzere Entziehung des Lichtes, ohne Störungen der normalen Entwickelung zu veranlassen, eine Beschleunigung des Wachstums hervor, allseitig gesteigerte Beleuchtung verlangsamt die Streckung. Es sind jedoch nicht alle Strahlen des gemischten weißen Lichtes, welche hier als maßgebend in Betracht kommen. Die Wachstumsvorgänge beeinflussen nur die blauen und violetten Strahlen, dieselben welche die heliotropischen Krümmungen hervorrufen. In rotgelbem Lichte verläuft das Wachstum ganz ähnlich wie in völliger Dunkelheit.

Aus den zahlreichen so anziehenden Einzelheiten, welche auf den letzten Blättern mitgeteilt wurden, kann man wohl den Schluß ziehen, daß das der Pflanze innewohnende Gestaltungsvermögen durch äußere Bewegungsursachen in ganz bestimmte Bahnen gelenkt wird, so daß die äußeren Kräfte eine offenbare Herrschaft auf die in der Pflanze gegebenen Strukturverhältnisse samt deren Eigenschaften ausüben. So könnte man wohl dazu gelangen, die Pflanzensubstanz als eine passive plastische Masse zu betrachten, welche den äußeren Anstößen zu folgen gezwungen, von diesen ihre Gestalt zudiktiert erhält. So einfach liegen die Verhältnisse aber durchaus nicht. Unter Umständen treten die in der Pflanze gegebenen Eigenschaften, welche sich unseren Messungen entziehen, ihrerseits in dominierender Weise hervor, so daß die mächtigen Gestaltungsursachen des Lichtes, der Schwerkraft u. s. w. vollständig besiegt erscheinen.

Wir wollen dafür ein Beispiel anführen, welches ebenfalls den Arbeiten Vöchtings entnommen ist. Bei einer normalen Kartoffelpflanze entstehen die Knollen aus den unterirdischen Ausläufern oder Stolonen. Auch bei der künstlichen Erzeugung oberirdischer Knollen sind es, wie wir gesehen, Stolonen aus denen sich Knollen bilden. Wie nun aber, wenn wir einer Kartoffelpflanze ihre Stolonen alle nehmen, oder wenn wir vielmehr eine Pflanze erziehen, welche gar keine Stolonen besitzt, der also die Vorbedingungen, die Organe für die Knollenbildung, fehlen. Derartige Pflanzen lassen sich herstellen, indem man einen Steckling von einer Kartoffelpflanze in der Weise schneidet, daß an dem in die Erde kommenden Stengelende keine Knospen vorhanden sind, die sich sonst zu Ausläufern umbilden würden. So jedoch bildet der Steckling nur Wurzeln und nachdem die Bewurzelung beendet, haben wir eine vollständige Kartoffelpflanze, der jedoch die gewöhnlich vorhandenen Einrichtungen fehlen, Knollen zu bilden. Man sollte annehmen, daß einer solchen Pflanze überhaupt die Fähigkeit abginge die Speicherräume für die in den Blättern produzierten Stärkemengen zu erzeugen. Ganz unmöglich ist es der Pflanze allerdings gemacht, unterirdische Knollen zu erhalten, denn die Wurzeln können sich nicht zu Knollen ausbilden. Die Pflanze hilft sich also auf eine andere Weise. Ganz gewöhnliche Achselknospen, welche unter normalen Verhältnissen zu beblätterten Seitenzweigen werden würden, schwellen an und bilden sich zu vollständigen Knollen aus, wodurch eine Pflanze entsteht, wie sie in Fig. 157 abgebildet ist.

In allen Blattachseln des Laubstengels sitzen kleine Kartoffelknollen und was noch hier hervorgehoben werden sollte, dieselben haben sich gebildet, trotzdem die Pflanze dauernd vom Tageslicht getroffen wurde. In diesem Falle, wo es der Pflanze durch weitgehende experimentelle Eingriffe unmöglich gemacht ist, in normaler Weise Organe zu bilden, die mit ihrer Leistung auf das Engste verknüpft sind, geschieht diese Bildung nicht nur an ganz außergewöhnlichen Orten, sondern die inneren Gestaltungskräfte überwiegen den hemmenden und sonst stets wirksamen Einfluß des Lichtes, um wichtigen Lebenszielen zu genügen.

Unter den natürlichen Bedingungen wechseln Beleuchtung und Dunkelheit in regelmäßiger Weise ab. Aus diesem Grunde könnte man erwarten, daß mit dem Wechsel von Tag und Nacht ein ganz regelmäßiger periodischer Wechsel des Wachstums verbunden sein müsse. In der Nacht sollte nach dem Gesagten das Wachstum sich steigern, am Tage infolge der hemmenden Wirkung des Tageslichtes langsamer werden. Man darf jedoch nicht vergessen, daß Tag und Nacht nicht nur einen Unterschied der Helligkeit bedeuten, sondern noch eine Menge anderer Bedingungen einschließen. Würde auch durch das Verschwinden des Lichtes das Wachstum in der Nacht schneller werden müssen, so wird dies Verhältnis dadurch ganz geändert, daß die nächtliche Abkühlung das Wachstum wieder herabsetzt. Infolgedessen ist das Wachstum im Freien des Nachts gewöhnlich dennoch langsamer als am Tage. Bei experimentellen Untersuchungen über den

Fig. 157. Kartoffelpflanze mit Knollen auf den Zweigen (nach Vöchting).

Einfluß des Lichtes auf das Wachstum müssen also alle anderen Bedingungen konstant erhalten werden, wo sich dann allerdings das genannte Wachstumsgesetz ergibt.

Von hervorragendem Einflusse auf den Verlauf des Wachstums sind außer dem Lichte, die Temperatur und der Turgor.

Die Erhöhung der Temperatur bis zu einer gewissen Grenze fördert das Wachstum. Die günstigsten Wärmebedingungen liegen zwischen 25 bis 35° C. Mit dem Sinken der Temperatur sinkt auch die Wachstumsgeschwindigkeit. Bei manchen Pflanzen hört dieselbe erst beim Nullpunkt des Thermometers ganz auf.

Aus den früher gegebenen Auseinandersetzungen über die Bedeutung des Turgors für das Wachstum geht hervor, daß durch eine Herabsetzung der Turgeszenz im allgemeinen das Wachstum verlangsamt wird. Demnach ist die Zuführung des Wassers von ganz besonderer Bedeutung für wachsende Pflanzen. Trockenheit des Wetters setzt das Wachstum herab.

Läßt sich nun die fördernde oder hemmende Wirkung aller äußeren Faktoren immer abwägen, so muß man sich doch stets erinnern, daß die Pflanze selbst eine hiervon ganz unabhängige Wachstumsperiode verfolgt und daß das Endresultat davon abhängt, ob die größte Geschwindigkeit der Wachstumsperiode mit den äußeren Bedingungen in gleichem Sinne oder entgegengesetzt verläuft. Zwei Pflanzen, welche bei ganz gleicher Temperatur wachsen, werden, wenn man jede derselben einer verschiedenen Beleuchtung aussetzt, vielleicht doch nur geringe oder keine Unterschiede im Wachstum zeigen, denn diese können dadurch, daß die beiden Pflanzen sich in verschiedener Phasen ihren großen Periode (vgl. p. 284) befinden, ausgeglichen oder umgekehrt werden.

Die steigende Temperatur begünstigt das Wachstum, aber sie begünstigt auch die Verdunstung der Blätter. Durch stärkere Verdunstung wird der Turgor herabgesetzt und wie wir eben hervorgehoben, ist damit eine Herabsetzung des Wachstums verbunden. Man sieht aus diesen kurzen Andeutungen, daß nur durch genaue Beobachtung der zahlreichen sich gegenseitig beeinflussenden Wachstumsursachen, ein richtiges Verständnis vom gesetzmäßigen Verlauf des Wachstums eines Pflanzenteils erlangt werden kann. Die Untersuchungen von Sachs* waren es, welche auf diesem schwierigen Gebiete zuerst durch wissenschaftliche Methoden Klarheit herbeiführten.

Man kann wohl sagen, daß kaum eine Änderung der äußeren Wachstumsbedingungen bei grünen Pflanzen von einem so auffallenden Erfolge begleitet ist, wie die vollständige und anhaltende Entziehung des Lichtes. Wenn manche Pflanzen, wie die chlorophyllfreien Pilze sich im Dunkeln normal entwickeln können, so zeigen sich bei den chlorophyllhaltigen Pflanzen durch dauernde Verdunkelheit ganz abnorme Wachstumsvorgänge, welche man als Etiolement bezeichnet. Abgesehen davon, daß etiolierte Pflanzen kein Chlorophyll bilden, wodurch also auf die Dauer ihre Ernährung brach gelegt wird, werden die Stengelglieder außerordentlich lang, während das Flächenwachstum der Blätter ganz unterbleibt und dieselben nur zu ganz winzigen Organen sich heranbilden.

Erscheinungen dieser Art werden häufig an im Dunkeln austreibenden Knollengewächsen, z. B. an Kartoffeln, beobachtet, deren lange etiolierte Triebe allgemein bekannt sind. Indem man beliebige Pflanzen, z. B. Erbsen, Bohnen 2c., im Dunkeln keimen läßt, lassen sich diese Vorgänge beobachten. Außer den äußerlich wahrnehmbaren Wachstumsabnormitäten an etiolierenden Pflanzen zeigen dieselben aber auch solche ihrer inneren Ausbildung. Wie schon seit Decandolle bekannt ist, unterbleibt bei im Dunkeln erwachsenen Pflanzen die Verholzung der Gefäßbündel, weshalb ihnen dann die nötige Steifheit, ihre langen Stengel aufrecht zu erhalten, fehlt.

* Arbeiten des botan. Instituts zu Würzburg. Bd. I.

VII. Der Einfluß der Temperatur auf die Lebenserscheinungen der Pflanzen.

Indem wir uns die Aufgabe stellten, die Lebensbedingungen der Pflanzen nach und nach kennen zu lernen, sind absichtlich um in den betreffenden Abschnitten die Aufmerksamkeit auf die Hauptsachen zu konzentrieren, einige wichtige Bedingungen des Lebens, die Sauerstoffzufuhr und die Temperatur übergangen worden. Daß die Besprechung dieser an das Ende geschoben wurde, geschah deshalb, weil der Leser, nachdem er die einzelnen Funktionen des Pflanzenlebens kennen gelernt hat, die allgemeine Bedeutung des Sauerstoffes und der Wärme für alle diese Funktionen um so besser überblicken kann.

Das Licht ist eine Lebensbedingung, welche nicht für alle Pflanzen unbedingt nötig ist, die Pilze können in völliger Dunkelheit ihren Lebenscyklus abschließen, Sauerstoff brauchen sie so gut wie alle Pflanzen und ein gewisses Maß von Wärme wird für alle Vorgänge des Pflanzenlebens ganz allgemein verlangt. Sie ist eine Bedingung für das Wachstum, wie für die Ernährung und für die Atmung. Wärme und Sauerstoff sind notwendig für die Bewegung des Protoplasmas, für die Reizbewegungen der Mimose und für alle andere Bewegungserscheinungen. Es genügt auf die Notwendigkeit des Sauerstoffes ganz summarisch hinzuweisen, ein nochmaliges Eingehen wäre, da oben der Art der Sauerstoffaufnahme in der Atmung ein ganzes Kapitel gewidmet ist, unnötig. Dagegen ist eine etwas speziellere Beschäftigung mit dem Einfluß der Wärme auf Prozesse des Pflanzenlebens deshalb notwendig, weil es sich darum handelt, hier gewisse Grenzen kennen zu lernen, innerhalb welcher in sehr verschiedenem Maße die Temperaturwirkungen hervortreten, jenseits welcher eine Hemmung, Schädigung oder ein völliges Aufhören des Lebens eintritt.

Wie im tierischen Organismus die Pulse lebendiger schlagen bei über den Nullpunkt des Thermometers sich erhebender Temperatur, so findet auch bei den Pflanzen unter denselben Umständen eine Steigerung der Lebensenergie statt. Nicht weniger, wie beim Tierkörper findet aber das fördernde Maß der Wärme sein ganz bestimmtes Ende. Bei den Pflanzen liegt diese höchste Grenze etwa zwischen 45—55° C. Wenn auch ausnahmsweise eine Pflanze eine so hohe Temperatur zu überstehen vermag, so darf man doch sagen, daß eine dauernde Wärme von 50° bis 55° C. von keiner Pflanze ertragen wird, ohne daß dieselbe dem Tode anheimfällt.

Bei einer solchen Wärmezufuhr gerinnt das Protoplasma, dessen Hauptbestandteil Eiweißkörper sind, das Leben erlischt. Man wird wenig weitere Beispiele mehr entdecken außer den Dauersporen mancher Bakterien, welche wie z. B. diejenigen des Bacillus subtilis nach Brefelds Untersuchungen sogar ein einstündiges Kochen im Wasser überstehen und dennoch keimfähig bleiben.

Wenn man als allgemein höchste Temperaturgrenze eine solche von 45—55° bezeichnet, so muß beigefügt werden, daß es sich dabei um wasserhaltige Pflanzenteile handelt. Der Wassergehalt fällt sowohl für das Ertragen niedrigster als höchster Temperaturen ganz bedeutend ins Gewicht. Trockene Organe ertragen eine viel höhere Temperatur ohne Schaden, trockene Samen lassen sich längere Zeit auf 100°, selbst auf 110° und vorübergehend auf 132° C. erhitzen, ohne ihre Keimfähigkeit einzubüßen und bei vielen trockenen Pilzsporen ist ein längeres Erhitzen auf 130° C. nötig, um sie im trockenen Zustande zu töten. Der sichere Erfolg der Desinfektion mit siedendem Wasser beruht darauf, daß die meisten Pilzkeime in feuchtem Zustande schon bei sehr viel niederer Temperatur zu Grunde gehen.

Bei allmählicher Steigerung der Temperatur von 0° bis zur höchsten Grenze findet anfangs eine Förderung der meisten Lebenserscheinungen statt, es geht aber diese Förderung doch nicht bis zum, an der höchsten Temperaturgrenze erfolgten Aufhören des Lebens, sondern schon unterhalb dieses Höhepunktes der erträglichen Temperatur beobachtet man einen Rückgang der Lebensenergie, die wenn die obere Temperaturgrenze nicht erreicht und das Leben noch erhalten bleibt, sich in sehr merkwürdigen Starrezuständen zeigt. Die Organe verlieren ihre Beweglichkeit, sie werden starr und unbeweglich. Nach dem Sinken der Temperatur auf die Optimalgröße verschwinden die Starrezustände wieder. Namentlich an reizbaren Organen, wie an den beweglichen Gelenken der Mimosen lassen sich derartige Starrezustände gut beobachten. Bei höherer Temperatur von etwa 49—50° C. wird die Mimose ebenso starr und unbeweglich, wie bei niederen Temperaturen unter 15° C., auf einen Anstoß rühren sich ihre sonst so beweglichen Blätter nicht mehr, die Pflanze ist wärmestarr geworden.

Ein mittleres Temperaturmaß ist es also, welches für die Leistung der Pflanzen die günstigste Bedingung darbietet. Es gilt dies nicht nur für die Reizerscheinungen. Ernährung und Wachstum verlaufen ebenfalls bei einer mittleren Höhe der Temperatur mit größter Energie. Man nennt eine solche Temperaturhöhe das Optimum. Dasselbe kann sowohl für verschiedene Pflanzenarten, als auch für die verschiedenen Lebensvorgänge ein etwas wechselndes sein, bewegt sich aber im allgemeinen zwischen 25—35° C. Bei diesen Temperaturen zeigen, die übrigen Lebensbedingungen vorausgesetzt, die Pflanzen das beste Gedeihen. Es sind ja auch die Temperaturen, welche bei uns im Sommer, zur Zeit des Pflanzenwachstums herrschen.

Wie es scheint, ist es nur die Atmung, welche bei Temperatursteigerungen ein Nachlassen unterhalb der oberen Lebensgrenze nicht zeigt.

Nach den übereinstimmenden Resultaten einer Anzahl Forscher, steigt die Intensität der Atmung bis zur Tötungstemperatur. Das Wachstum sinkt dagegen schon ziemlich weit unterhalb dieses Punktes, doch sind recht bedeutende Verschiedenheiten bei verschiedenen Pflanzenarten beobachtet worden. Als günstigste Temperatur für das Wachstum sind Temperaturen zwischen 35—46°, für andere Pflanzen zwischen 25—35° C. gefunden worden.

Fragt man nach der untersten Grenze der Temperatur für die Lebenserscheinungen, so wird dieselbe nicht für alle Pflanzen bei 0° gefunden, sondern kann zuweilen mehrere Grade unterhalb des von einem in der Luft hängenden Thermometer angezeigten Gefrierpunktes liegen, weil der Gefrierpunkt des Wassers nicht zugleich der Gefrierpunkt des Zellinhaltes ist. Um zu gefrieren müssen die Zellen vielmehr einige Grade unter Null abgekühlt werden. Manche Funktionen beginnen daher auch schon bei 0° oder doch wenige Grade über Null, wie z. B. die Assimilation, welche von Boussingault schon bei 0,5° C. beobachtet wurde. Für andere Vorgänge wird dagegen schon eine gewisse Erhebung der Temperatur über den Nullpunkt verlangt.

Die Chlorophyllbildung erfolgt z. B. nicht bei sehr niederen Temperaturen, wie von Sachs zuerst beobachtet wurde. Im Frühjahr erscheinen bei sehr niederem Stande des Thermometers, zuweilen die jungen Pflanzen mit goldgelben Blättern über dem Boden weil die Temperatur nicht für die Bildung des Chlorophylls ausreichend ist, während sie schon hinreicht die Pflanzen zum langsamen Wachsen zu veranlassen. Erst wenn das Thermometer auf 6—8° C. steigt, beginnen die Blätter Chlorophyll zu bilden.

Fassen wir also die Verhältnisse, welche der Temperatureinfluß auf die Pflanze betreffen, zusammen, so kann man sagen, daß im allgemeinen einige Lebensvorgänge schon bei 0° beginnen können, jedoch die unterste Grenze für andere Funktionen einige Grade über Null liegen. Es ergibt sich ferner, daß mit dem Wachsen der Temperatur die Lebensprozesse sich steigern bis zu einem gewissen Höhepunkt, der aber nicht für alle Lebensvorgänge bei demselben Thermometergrad liegt. Von diesem Optimum nehmen dann bei weiterer Temperaturerhöhung die Leistungen wieder ab.

Es ist hier anschließend hervorzuheben, daß in ähnlicher Weise, wie Beleuchtungswechsel Bewegungen von Organen hervorruft, auch Temperaturschwankungen in einigen Fällen Bewegungen verursachen.* Das Öffnen und Schließen mancher Blüten wird durch Temperaturwechsel veranlaßt. Die Blüten von Crocus luteus, Tulpenblüten sind besonders empfindlich gegen Temperaturwechsel. Sie schließen sich bei der Abkühlung, öffnen sich wieder beim Erwärmen. Schon eine Differenz von $^1/_2$ ° C. ruft diese Bewegungen hervor und dieselben lassen sich daher leicht beobachten, wenn man an kälteren Frühlingstagen jene Frühlingsblumen aus dem Garten ins geheizte Zimmer bringt, wo die geschlossenen

* Pfeffer, Physiologische Untersuchungen, 1873.

Blüten sich zu öffnen beginnen. Weniger empfindlich als die beiden genannten Pflanzen sind die Blüten von Adonis vernalis, Ornithogalum umbellatum, Colchicum autumnale, Anemone nemorosa, Ranuculus ficaria u. a., welche erst bei Schwankungen von 5—10 ° C. ihre Bewegungen eintreten lassen.

Man kann wohl in diesem Vermögen des Öffnens und Schließens infolge von Temperaturwechsel auch einen Nutzen für die betreffenden Pflanzen erblicken, da die in kalten Frühlingsnächten zusammenschließenden Blumenblätter die Sexualorgane vor Frostbeschädigung oder vor Benetzung durch Tau schützen können.

Die Beobachtung eines der merkwürdigsten pflanzlichen Lebensprozesses, die durch Hefe hervorgerufene alkoholische Gärung des Zuckers, ergab einen engen Zusammenhang mit bestimmten Temperaturgraden. Während bei niederer Temperatur die Gärung sehr langsam von statten geht, setzt dieselbe zwischen 25—30 ° stürmisch ein. Von ganz besonderem Interesse ist nun aber in neuester Zeit das Studium der Temperatureinflüsse auf die alkoholische Gärung dadurch geworden, daß dasselbe zu ganz eminent praktischen Ergebnissen geführt hat. Die Regulierung der Temperatur bei der Weingärung im großen hat auf die Zusammensetzung des gewonnenen Weines einen ganz hervorragenden Einfluß. Die von Müller-Thurgau* an der Versuchsstation für Obst- und Weinbau zu Geisenheim angestellten Versuche haben ergeben, daß durch eine richtig gewählte Gärtemperatur, welche bisher fast überall dem Zufall überlassen wurde, es möglich wird, die Qualität und den Wert des Weines zu erhöhen und die Zusammensetzung des Produktes nach bestimmten Richtungen willkürlich zu ändern. Bei 27 ° tritt der höchste Grad der Lebhaftigkeit der Gärung ein und je höher die Temperatur bleibt, um so rascher ist der Gärungsprozeß beendet, und zwar sowohl bei zuckerreicheren als bei zuckerärmeren Mosten. Läßt man gleiche Mengen desselben Mostes bei verschiedenen Temperaturen bei 9 °, 18 °, 27 °, 36 ° C. vergären, so zeigt sich, daß Weine von ganz verschiedener Zusammensetzung entstehen. Bei der niedrigsten Temperatur (9 °) erreicht die Gärung keine große Lebhaftigkeit, erfordert dagegen lange Zeit. Dabei entsteht jedoch die größte Menge Alkohol nämlich 14,05 gr % = 17,3 Vol. %, während bei höheren Temperaturen geringere Mengen Alkohol gebildet werden, nämlich bei

9 ° C.	= 14,05	gr in 100 ccm	= 17,29	Vol. %
18 ° C.	= 12,22	„ „ „ „	= 15,09	„ „
27 ° C.	= 9,88	„ „ „ „	= 12,23	„ „
36 ° C.	= 7,21	„ „ „ „	= 8,96	„ „

Man kann also durch Anwendung einer höheren Temperatur aus zuckerreicherem Most Weine erzielen, welche neben geringeren Mengen Alkohol noch unvergohrenen Zucker enthalten und daher süß sind, ohne doch weiter zu vergären. Wenn nun aus Mosten von gleichem Zuckergehalt Weine von verschiedenem Alkoholgehalt durch Anwendung ver-

* Kongreßbericht des Weinbau-Kongresses in Dürkheim 1882.

schiedener Gärtemperaturen entstehen, so werden nicht minder die übrigen Produkte der Gärung, wie Glycerin, Bernsteinsäure ꝛc., in verschiedenen Mengen entstehen und man wird durch die Regulierung der Temperatur des Gärgemisches doch immer ein konstanteres Produkt erhalten können, als wenn diese äußere Bedingung dem wechselnden Zufall überlassen ist.

Mit der oberen und unteren Temperaturgrenze des Pflanzenlebens haben wir uns schon beschäftigt. Aber es wurde noch nicht hervorgehoben, daß in unseren Breiten die untere Temperaturgrenze deshalb ein vorwiegendes Interesse besitzen muß, weil diese thatsächlich unter natürlichen Bedingungen in unseren Wintern überschritten wird. Es wird sich wohl der Mühe lohnen zu untersuchen, wie die Pflanzen, welche doch in unserem Klima den Winter überdauern, sich diesen niederen Temperaturen gegenüber verhalten.

Wenn man zunächst nur beachtet, daß die Pflanzen überhaupt Temperaturen unter dem Nullpunkt des Thermometers ertragen, so liegt dies zum Teil an ihrer besonderen Organisation, welche ihnen eine Resistenz gegen Kälte gewährt, wie dieselbe bei manchen niederen Pflanzen beobachtet worden ist. Höhere Pflanzen können mit den Organen, welche selbstverständlich zu Eis erstarren würden, wie Blätter und Blüten nicht überwintern. Sie werfen dieselben bekanntlich ab und überwintern mit unterirdischen Wurzeln und Rhizomen oder mit oberirdischen Holzstämmen. Die ersteren sind, wenn auch die Bodentemperatur auf 0° oder einige Grade unter 0° C. sinkt, doch vor dem Erfrieren geschützt, durch die Eigenschaften ihrer Zellsäfte, welche bei 0° und selbst bei etwas tieferer Temperatur noch nicht gefrieren. Bei Organen, welche der Winterkälte ausgesetzt bleiben, hängt die Resistenz auch wieder mit ihrem Wassergehalte zusammen, der wie bei den Einwirkungen hoher Temperaturen bestimmt, ob eine Schädigung stattfindet oder nicht. Wasserarme Organe, z. B. trockene Samen, können ohne Schaden die tiefsten Temperaturen ertragen und wegen ihrer Wasserarmut überstehen auch die Winterknospen der Bäume die Winterkälte unbeschädigt. Bei ihnen kommt freilich noch hinzu, daß sie durch ihre Knospenschuppen und Haareinhüllungen mit schlechten Wärmeleitern umgeben sind und also auch durch diese Umhüllungen vor dem Erfrieren geschützt werden.

Trotzdem kommt es bekanntlich oft genug vor, daß Pflanzen bei uns erfrieren, d. h. durch Erfrieren getötet werden und diese Vorgänge haben das Interesse der Wissenschaft lange schon auf sich gezogen, da dieselben keineswegs wissenschaftlich völlig erklärt erscheinen. Man nahm vielfach wahr, daß Obstbäume gar nicht bei starkem Frost zu Grunde gingen, sondern wenn Tauwetter eintrat. Dadurch wurde das Erfrieren der Pflanze keineswegs verständlicher. Mußte man theoretisch annehmen, daß die Vereisung des Zellsaftes den Tod herbeiführe, so war es unbegreiflich, daß eine Pflanze erst beim Auftauen sterben sollte.

Nachdem von Göppert und von Sachs das Erfrieren der Pflanzen der wissenschaftlichen Untersuchung unterworfen worden war, sind seit einer Reihe von Jahren die ausführlichsten Untersuchungen von Müller-

Thurgau über diesen Gegenstand angestellt worden. Die Experimente wurden in für diesen Zweck eingerichteten Eishäusern in umfassender Weise angestellt.

Wenn ein Pflanzenteil gefriert, so tritt, wie kaum gesagt zu werden braucht, die Bildung von Eiskrystallen innerhalb der Gewebe ein. Es schießen Eiskrystalle in den Zellen an und der Pflanzenteil wird durch Gefrieren hart. Die Eisbildung findet aber nicht bei 0° statt, sondern erst bei tieferen Temperaturen, weil die Zellsäfte kein reines Wasser, sondern mehr oder weniger konzentrierte Lösungen sind, welche bei 0° noch nicht gefrieren. Dazu treten aber noch weitere Komplikationen, welche veranlassen, daß der Vorgang des Erfrierens durchaus nicht so einfach verläuft, als man vermuten könnte.

Läßt man eine Kartoffel künstlich gefrieren, so sinkt die Temperatur langsam auf —3° C. und jetzt tritt Eisbildung in den Zellen der Kartoffel ein. Durch diesen Vorgang wird, wie bekannt, aber Wärme frei und die Temperatur steigt wieder im Innern der Kartoffel auf ca. 1° C., wenn auch die äußere Temperatur unverändert bleibt. Auf dieser Stufe kann die Temperatur stehen bleiben, wenn auch die umgebende niedriger ist, da die Kartoffel bei fortschreitender Eisbildung immer wieder Wärme abgibt. Aber auch durch in der Kartoffel beginnende Eisbildung selbst wird ein Fortschreiten des Gefrierens zugleich wieder sistiert. Durch die erste Eisbildung werden die Zellsäfte konzentrierter, ihr Gefrierpunkt sinkt noch tiefer und das weitere Gefrieren hört zunächst auf. Erst beim Sinken der umgebenden Temperatur kann der Prozeß weitergehen.

Aus diesem Beispiele geht also, kurz gesagt, hervor, daß, wenn Pflanzenteile wirklich gefrieren sollen, eine Abkühlung auf den Gefrierpunkt des Wassers gar nicht hinreicht, vielmehr muß die Temperatur tiefer unter Null sinken, die Pflanzenteile müssen überkältet werden. Diese Forderung tritt bei allen Pflanzenteilen ein, auch bei den Blättern, bei denen sich der Eintritt des Gefrierens, also die Erreichung des Überkältungspunktes, sehr deutlich am Auftreten charakteristischer Flecken wahrnehmen läßt.

Der Gefrierpunkt des Wassers ist also für das Erfrieren der Pflanzen nicht maßgebend, für das Leben der Pflanze liegt der gefährdende Temperaturgrad gewöhnlich bedeutend tiefer, sinkt bei manchen Pflanzen sogar bis auf —8°, ist aber bei verschiedenen Pflanzen nicht gleich.

Trotzdem in diesen Thatsachen sehr wichtige Beiträge zur Aufklärung des Gefrierens der Pflanzen gegeben sind, ist es doch nicht ganz leicht, sich vorzustellen, in welcher Weise die Pflanzen durch das Gefrieren ihrer Gewebe getötet werden. Untersucht man ein hartgefrorenes Gewebe einer Rübe oder einer anderen Pflanze, so lassen sich mikroskopisch die Eismassen, welche sich in dem gefrorenen Pflanzenteile gebildet haben, beobachten. Große Drusen von Eiskrystallen sind an den Außenflächen der Zellhäute, in die Intercellularräume hinein, angeschossen. Zum Teil haben sie die Gewebeelemente auseinandergedrängt, so daß Höhlungen

* Landwirtschaftliche Jahrbücher 1886.

entstanden sind, in welchen die Eismassen Raum gefunden haben. Früher war man der Meinung, die Eisnadeln zerrissen das Zellgewebe mechanisch und führten dadurch das Absterben der Pflanzenteile herbei. Es hat sich aber aus den Beobachtungen ergeben, daß die Zellen gefrorener Pflanzenteile ganz unverletzt sind. Ein Zerspringen oder Zerreißen der Zellen durch die entstehenden Eiskrystalle ist auch deshalb ausgeschlossen, weil diese, wie durch Prillieux, Sachs und Müller nachgewiesen wurde, nicht innerhalb der Zellen, sondern in der Regel in den Intercellularräumen entstehen.*

Auf Beobachtungen gestützt, wurde deshalb von Sachs die Ansicht aufgestellt, daß die Pflanzen nicht durch Gefrieren ihres Zellinhaltes, sondern erst beim Auftauen dem Tode anheimfielen und daß durch langsames Auftauen eine Pflanze immer gerettet werden könne, die bei schnellem Auftauen sicher zu Grunde gehe. Die Beobachtungen waren an Raps, Zuckerrüben, Kohl, Tabak, Bohnen u. a. Pflanzen angestellt und schienen die Berichte der Gärtner und Obstzüchter zu bestätigen, welche vielfach dasselbe behaupteten. Die Entscheidung dieser Frage bietet große Schwierigkeiten, denn man müßte, um dieselbe durch den Versuch zu lösen, denselben Pflanzenteil einmal langsam und dann schnell auftauen lassen, was unmöglich ist. Man kann daher nur so verfahren, daß man Pflanzenteile möglichst gleicher Art verschieden behandelt. Die Untersuchungen Müllers, welche mit einer großen Anzahl der allerverschiedensten Pflanzenteile angestellt sind, ergaben, daß wirklich gefrorene Pflanzenteile sich bei langsamem und schnellem Auftauen ganz gleich verhalten und daß es unmöglich ist, durch langsames Auftauen eine erfrorene Pflanze zu retten. Die gegenteiligen Angaben von Sachs erklären sich nach Müllers Vermutung daraus, daß bei ihnen nicht genau kontrolliert wurde, ob die Versuchspflanzen auch thatsächlich gefroren waren, was bei einer Abkühlung auf 0° oder etwas darunter, wie wir gesehen haben, noch nicht eintritt. Nur wenn also eine ausgiebige Eisbildung in den Zellgeweben wirklich stattgefunden hat, werden die Pflanzen getötet und ist dies geschehen, so können sie durch langsames Auftauen nicht mehr gerettet werden. Zweifellos ist es, daß durch die Eisbildung die Pflanzen getötet werden. Die Eisbildung in den Zellen bedeutet aber zunächst nur eine Wasserentziehung und es muß fraglich erscheinen, ob hierin die eigentliche Ursache des Todes der Gewebe zu suchen ist, da, wie durch die Plasmolyse bewiesen wird, die Zellen im allgemeinen eine Wasserentziehung ohne Schaden ertragen. Es scheint mir deshalb, daß durch die Eisbildung eine chemische Zersetzung des Zellinhaltes herbeigeführt wird, in welcher die eigentliche Todesursache zu erblicken ist, wie dies an anderen Orten auseinandergesetzt wurde.**

Bekannt ist es, daß in harten Wintern auch Stämme der Obst- und anderer Kulturbäume erfrieren und man könnte sich darüber wundern, da das Holz nicht aus saftigen, leicht gefrierenden Geweben besteht, ja

---

* Müller-Thurgau, l. c. 1886, p. 515.
** Flora 1889, p. 408.

überhaupt zum größten Teil aus Zellen, welche kein Protoplasma mehr enthalten. Eine Zersetzung des Zellinhaltes kann hier also nicht mehr stattfinden. In den Holzzellen gefriert thatsächlich auch nur das Wasser, welches im Winter die Zellhöhlungen des Holzes ausfüllt. Bei starken Nord- oder Ostwinden verschwindet aber das Eis langsam aus den Baumstämmen, da bekanntlich das Eis so gut wie das Wasser verdunstet. Das Holz wird dadurch immer wasserärmer, denn da in dem kalten oder gefrorenen Boden die Wurzelthätigkeit des Baumes ganz ruht, so findet von unten her kein Nachschub von Wasser statt. So trocknet denn das Holz im eigentlichsten Sinne infolge des Frostes aus. Überschreitet aber das Austrocknen einen gewissen Grad, so wird das Holz physikalisch und chemisch so verändert, daß es die Fähigkeit, Wasser zu leiten, verloren hat. Bei eintretendem Tauwetter kann das Geschäft der Wasserleitung von einem solchen Baumstamme nicht wieder aufgenommen werden. Ist auch die Wurzel im Boden völlig lebendig geblieben, so leitet das Holz eben das Wasser nicht mehr in den Stamm hinauf und der Baum stirbt ab. So gehen denn unsere Bäume viel weniger durch die Eisbildung selbst, als durch den dadurch verursachten Wasserverlust, mit anderen Worten, durch Austrocknen zu Grunde. Diese Vorgänge sind also von dem Erfrieren saftiger Pflanzenteile zu unterscheiden.

Für die Pflanzenkultur ergeben sich aus diesen wissenschaftlich festgestellten Resultaten verschiedene praktisch wichtige Folgerungen. Die Kenntnis, daß junge saftige Pflanzenteile, wie treibende Laub- und Blütenknospen, leicht erfrieren, veranlaßt den Baumgärtner, im Frühjahr, wo noch Frost zu befürchten steht, das zu frühe Austreiben der Bäume und Sträucher zu verhindern. Es gelingt auch in der That, diese Vorgänge wenigstens um eine Woche zu verzögern. Dies läßt sich erreichen, wenn die zu frühe Erwärmung des Bodens, infolgedessen die Wurzeln ihre Thätigkeit wiederaufnehmen und auch die Knospen zum Wachsen veranlassen, verhindert wird. Dazu ist es nötig, den Boden um die Baumstämme herum, soweit sich vermutlich die Wurzeln erstrecken, mit einem schlechten Wärmeleiter, wie Stroh, Laub u. s. w. zu umgeben. Eine zu schnelle Wiedererwärmnng tritt dann am Tage, so lange nachts noch Frost sich einstellt, nicht ein.

Der Zweck, eine langsamere Wiedererwärmung des Bodens, oder mit anderen Worten, eine langsamere Wiedererweckung der Lebensthätigkeit herbeizuführen, wird noch unterstützt, wenn auch die oberirdischen Teile der Pflanzen durch Schutzwände vor der direkten Bestrahlung der Sonne geschützt werden, so lange noch Nachtfröste zu befürchten sind. Bei Obstbäumen läßt sich diese zweite Schutzmaßregel zwar kaum anwenden, dagegen wohl bei Spalierobst und bei am Spalier gezogenem Wein. Versuche haben gezeigt, daß durch derartige Vorsichtsmaßregeln die Blütezeit 8—14 Tage hinauszuschieben möglich ist, wodurch oft die ganze Blüte einer Kulturpflanze gerettet werden kann.

Wo es möglich ist, wird einem Erfrieren in kalten Frühlingsnächten auch dadurch vorgebeugt werden können, daß man eine starke Abkühlung der Pflanzen verhindert. Sobald die Pflanzen Blätter haben, ist ihre

Oberfläche vergrößert und sie strahlen daher mehr Wärme aus, kühlen sich stärker ab. Die Abkühlung durch Ausstrahlung kann sogar unter die Temperatur der Luft hinuntergehen, so daß die Pflauzen schon bei 0°, sogar etwas über 0° stark leiden. Einer zu starken Ausstrahlung läßt sich durch Bedecken der Pflanzen entgegentreten, da, wie bekannt, die Schutzdecken die Wärme reflektieren, die Verdunstung mindern, so daß die Pflanzen wärmer bleiben. Bekanntlich wirken auch Wolken in dieser Weise und verhindern eine zu starke Abkühlung der Pflanzen in der Nacht, während bei klarem Himmel der Wärmeverlust durch Strahlung so groß ist, daß ein Gefrieren eintreten kann, selbst wenn die Lufttemperatur noch etwas über dem Nullpunkt liegt. In manchen Weingegenden erzeugt man, sobald ein Nachtfrost im Frühjahr vermutet wird und der Himmel durch seine Klarheit das Eintreten desselben begünstigt, künstliche Wolken über den Weinbergen durch Anzünden von trockenem Unkraut, Teer oder sonstigen einen starken Rauch ohne große Erwärmung erzeugenden Substanzen. Dies Mittel hat sich unter umsichtiger Leitung bewährt und verbreitet sich mehr und mehr.

Nicht ohne Absicht sind diese praktischen Mitteilungen hier angeschlossen worden. Sie zeigen, daß die zum Teil so subtilen und anscheinend oft nur wissenschaftliches Forschen befriedigenden physiologischen Versuche die Basis zu weittragenden praktischen Zielen sein können und lehren, von welcher Bedeutung die Verbreitung pflanzenphysiologischer Kenntnisse, abgesehen von dem hohen Interesse, welches die Lebenserscheinungen der Pflanzen darbieten, thatsächlich ist. Möchte dies Buch diese Kenntnisse verbreiten helfen.

Register.

Kolibri 360 GmbH
Ferdinand-Jühlke-Straße 7
99095 Erfurt, Deutschland
produktsicherheit@kolibri360.de